도면 보는 법

– 정밀 가공을 위한 현장 기계도면을 중심으로 –

李載元 著

PREFACE

머리말

기계 도면을 완전히 해독(解讀)할 수 있는 능력을 기른다는 것은 공업 기술인이 되기 위한 첫째 요건이다. 산업 현장에서는 도면에 의해 재료의 재질, 치수를 결정하고 가공 방법, 정밀도, 제작 소요 시간 등을 결정하게 된다. 따라서 도면을 작성하는 사람은 물론 도면에 따라 제품 생산에 종사하는 현장 기술자는 제도통칙(製圖通則)에 규정된 여러 가지 가공 기호, 정밀도 표시 등을 충분히 익혀야 하고, 항상 평면상에 그려진 도면을 보고 입체화된 물품을 정확히 구상해 낼 수 있는 능력을 체계적으로 길러야 한다. 아무리 선반(旋盤) 조작에 능숙한 숙련공이라 할지라도 도면을 오독(誤讀)하면 그가 만든 제품은 쓸모없게 되고 노력과 재료와 시간의 낭비를 초래한다.

솔직히 말해서 지금까지의 기술 교육 현장에서의 제도 교육은 도면을 그리는 데만 지나치게 치중한 결과 학생들이 제도 교본의 도면을 옮겨 그리면서도 본인이 그리는 도면이 입체적으로는 어떠한 모양으로, 어떻게 꾸며져 있는지, 또 어떠한 공구와 공작 기계로 어떤 순서에 따라 가공되어질 것인지 충분히 이해하지 못하는 예가 없지 않았다. 이것은 마치 음(音)도 뜻도 모르면서 어려운 한자(漢字)를 초등학생에게 옮겨 그리게 하는 것과 다를 바가 없다.

선진 외국의 경우 독도법(Blueprint Reading)이라는 교과목이 있어 우선 도면을 충분히 해독(解讀)할 수 있는 능력을 기른 다음 비로소 제도 실습에 임하게 한다. 이것은 마치 초등학교 1학년 학생에게 순이, 철수, 바둑이를 읽게 한 다음 쓰게 하는 것과 같다.

또 하나 우리가 생각할 것은 산업 현장에서는 설계 제도실에서 도면 작성에 종사하는 인원에 비해 기계 공장에서 도면을 보고 생산에 종사하는 인원이 월등하게 많다는 것이다.

다시 말하면 독도 능력을 충분히 갖추고 있어 제품을 보다 정밀, 신속하게 합리적으로 생산하여야 할 현장 기능공의 수가 절대 부족한데도 우리의 제도 교육이 이를 외면하고만 있을 수는 없다고 느껴오던 바이다. 이러한 점을 감안하여 보다 과학적이고 체계적으로 독도 능력을 길러 나갈 수 있도록 이 책을 꾸며 보았다.

그러나 원래 천학비재(淺學非才)하여 뜻만이 앞서고 내용이 따르지 못하여 부족한 점이 많아 스스로 뉘우치는 바가 많다. 여러분의 끊임없는 질정(叱正)과 충고를 기꺼이 받아들여 점차 고쳐나가려 한다.

저자 씀

목 차

제 1 편 기초독도 및 관계지식

제 2 편 응용 독도 과제

제 1 편

독도의 기초

○ 관련 지식

○ 관련 자료와 데이터

○ 기초 독도 과제

단원 1　기초 제도

1. 제도란

도면을 작성하는 작업을 제도라 한다. 제품을 생산하거나 구조물을 건설할 때, 제일 먼저 필요로 하는 것이 도면이다. 도면을 보아야 필요한 재료를 준비할 수가 있고, 제작에 필요한 시간이나 기한 등을 산출해낼 수가 있으며 제작비를 계산해낼 수가 있기 때문이다.

도면에는 제품이나 구조물의 크기, 모양, 재료, 수량, 가공 방법 등이 나타나 있는데, 이들은 모두 정해진 규격에 따라 문자, 기호 등을 사용하여 나타낸 것이다.

물체, 구조물 등을 나타내는 도면이 일반 미술 시간에 그린 그림과 다른 점은 도면 제작자, 즉 제도하는 사람이 자기의 개성이나 감정에 따라 그리는 것이 아니라 시간, 장소 등 주변 여건에 관계 없이 일정한 규격에 따라 그린다는 점이다.

2. 도면 해독의 중요성

도면을 바르게 해독할 수 있는 능력을 갖추는 일은 기술분야에 진출하고자하는 모든 사람에게 매우 중요한 일이라 하겠다. 도면을 한 번 잘못 해독하여 작업을 하게 되면 예상치 못한 큰 손실을 가져올 수가 있기 때문이다. 아무리 고도로 숙련된 현장 기계 기술자라 할지라도 도면을 바르게 해독하는 능력이 없으면 도면 작성자가 의도한 제품을 만들 수가 없게 된다. 재료, 시간, 노력을 낭비하게 될 뿐이다. 이는 선반분야뿐만 아니라 제관, 판금, 용접 분야에서도 마찬가지이다. 공업계 각급 학교, 즉 공업고교, 기능대학, 공업전문대학, 공과대학 학생들이 산업 현장에 진출할 때 직접 도면을 그리는 업무에 종사하는 인원보다는 도면을 보고 이를 생산하는 업무에 종사하는 인원이 훨씬 많다는 것을 감안할 때, 제도 시간을 통하여 도면 해독 능력을 기르는 일은 매우 중요하다 하겠다.

3. 도면과 한국산업규격

앞에서 도면은 일정한 규격에 따라 그려야 한다는 점을 강조하였다. 도면을 그릴 때 반드시 따라야 할 규격이 한국산업규격(KS)으로 제정되어 있다. 한국산업규격(KS)은 국가의 표준규격으로 기본, 기계, 전기, 금속 등 16개 산업 부분으로 나뉘어 규격이 제정되어 있다. 한국산업규격에서 제도에 관련된 규격의 보기를 들면 다음 <표 1-1>과 같다.

<표 1 - 1> 제도에 관련된 한국산업규격의 보기

KS 번호	규격 명칭	KS 번호	규격 명칭
KS A 0005	제도 통칙	KS A 0111	제도에 사용하는 투상법
KS A 0106	도면의 크기 및 형식	KS A 0113	제도에서 치수 기입 방법
KS A 0109	제도에 사용하는 선	KS B 0001	기계 제도

〔과제 1-1〕 인터넷을 통하여 한국표준정보망(http://standard.ksa.or.kr/frame1.asp)에 찾아 가서 한국산업규격(KS)의 부분별 약자를 찾아 다음 표의 빈칸에 나타내어라.

<표 1-2> 한국산업규격의 부분 별 액자

부분	기본	기계	전기	금속	광산	토건	일용품	식료품	섬유	요업	화학	의료	수송기계	조선	항공	정보산업
약자							G									

4. 한국산업규격의 제정, 개정 및 확인

오늘날 기술이 매우 빠른 속도로 발전하고 있다. 새로운 재료, 새로운 공구 기계 장비, 새로운 공법 등이 등장하고 있다. 그래서 국가의 표준규격인 한국산업규격(KS)도 늘 새롭게 제정되거나 종전의 규격을 개정하게 된다. 개정을 필요로 하지 않는 규격도 5년마다 개정할 필요는 없는지 확인하게 된다.

다음 <표 1-3>는 인터넷을 통하여 알아본 제도에 사용하는 투상법(KS A 0111)에 관한 일반적인 정보이다.

<표 1-3> 제도에 사용하는 투상법 (KS A 0111)에 관한 일반 정보

규격 번호	KS A 0111	부문	기본일반
규격명(한글)	제도에 사용하는 투상법		
규격명(영문)	TECHNICAL DRAWING–PROJECTION METHODS		
제정일	1988. 12. 14		
최종개정일		최종확인일	1998. 11. 27
적용범위	이 규격은 공업의 각 분야에서 쓰이는 도면을 작성하는 경우에 사용하는 투상법에 대하여 규정한다.		
부합화 정보			
ICS 코드	01.100.30		
영문화 여부	없음	서비스 방식	인쇄본, PDF
페이지수	5 page		
PDF 가격	2,430원	인쇄본 가격	2,700원

〔과제 1-2〕 위 표를 참고하여 다음 사항을 알아보자.

1. KS A 0111 제도에 사용하는 투상법이 처음 제정된 날짜는?
2. 이 규격이 최종확인된 날짜는?
3. 이 규격이 개정되지 않는다고 할 때 다음 확인할 날짜는?
4. 이 규격의 인쇄본 가격은?
5. 이 규격을 인터넷을 통하여 주문하고 PDF 파일로 전송 받을 때 가격은?

〔과제 1-3〕 인터넷을 통하여 한국표준정보망(http://standard.ksa.or.kr/frame1.asp)에 찾아 가서 제도 통칙(KS A 0005)에 관한 규격에 대해 다음 사항을 알아보자.

1. KS A 0005 제도 통칙이 처음 제정된 날짜는?
2. 이 규격이 최종 개정된 날짜는?
3. 이 규격이 개정되지 않는다고 할 때 다음 확인할 날짜는?
4. 이 규격의 인쇄본 가격은?
5. 이 규격을 인터넷을 통하여 PDF 파일로 전송 받을 때 가격은?

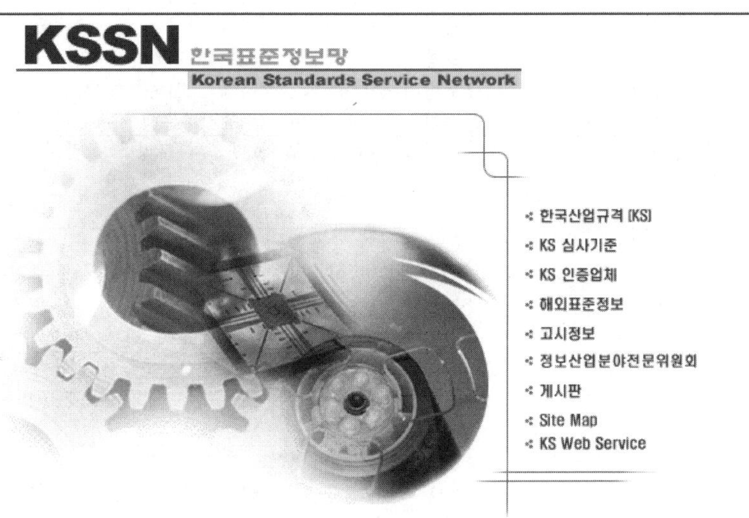

5. 선의 종류와 용도

제도에 사용하는 선(KS A 0109)도 한국산업규격에 규정되어 있다. 이 규격에 따르면 선의 종류를 실선, 파선, 일점 쇄선, 이점 쇄선 4종류로 나누고 있다. 그리고 그 굵기의 비율에 따라 가는 선, 굵은 선, 아주 굵은 선으로 구분하고 있다. 다음 <표 1-4>에 선의 종류에 의한 사용 방법을 나타낸다.

<표 1-4> 선의 종류에 의한 사용 방법

선의 종류	용도에 의한 명칭	선의 용도
굵은 실선	외형선	대상물의 보이는 부분의 모양을 나타내는데 사용한다.
가는 실선	치수선 치수 보조선 지시선 회전 단면선 중심선 수준면 선	치수를 기입하는데 사용한다. 치수를 기입하기 위하여 도형에서 끌어내는데 사용한다. 기술·기호 등을 표시하기 위하여 끌어내는데 사용한다. 도형 내에 그 부분의 절단면을 90° 회전시켜서 표시하는데 사용한다. 도형의 중심선을 간략하게 표시하는데 사용한다. 수면, 액면 등의 위치를 표시하는데 사용한다.
가는 파선 또는 굵은 파선	숨은 선	대상물의 보이지 않는 부분의 모양을 표시하는데 사용한다.
가는 1점 쇄선	중심선 기준선 피치선	(1) 도형의 중심을 표시하는데 사용한다. (2) 중심이 이동한 중심궤적을 표시하는데 사용한다. 특히 위치결정의 근거임을 명시하는데 사용한다. 반복 도형의 피치를 잡는 기준이 되는 선이다.
굵은 1점 쇄선	기준선 특수 지정선	기준선 중 특히 강조하고 싶은 것에 사용한다. 특수한 가공을 하는 부분 등 특별한 요구사항을 적용할 범위를 표시하는데 사용한다.
가는 2점 쇄선	가상선(1) 무게 중심선	(1) 인접하는 부분 또는 공구, 지그 등을 참고로 표시하는데 사용한다. (2) 가동부분을 이동 중의 특정한 위치 또는 이동 한계의 위치로 표시하는데 사용한다. 단면의 무게 중심을 연결한 선이다.
파형의 가는 실선(2) 또는 지그재그선(2)	파단선	대상물의 일부를 파단한 경계 또는 일부를 떼어 낸 경계를 표시하는 선이다.
가는 1점 쇄선으로 끝부분 및 방향이 바뀌는 부분을 굵게 한 것(3)	절단선	단면도를 그릴 때 그 절단 위치를 대응하는 그림을 표시하는데 사용한다.
가는 실선으로 규칙적으로 나열한 것	해 칭	도형의 한정된 특정한 부분을 다른 부분과 구별하는데 사용한다. 보기를 들면 단면도의 절단면을 표시한다.

주 (1) 가상선은 투상법상으로는 도형에 나타나지 않으나 편의상 필요한 모양을 표시하는데 사용한다. 또 기능상, 공작상의 이해를 돕기 위해, 도형을 보조적으로 표시하기 위해서도 사용한다.

(2) 파형의 가는 실선은 프리 핸드로 그린다. 또 지그재그 선의 지그재그 부분은 프리핸드로 그려도 좋다.

(3) 다른 용도와 혼용될 우려가 없을 때에는 끝부분 및 방향이 바뀌는 부분을 굵게 할 필요는 없다.

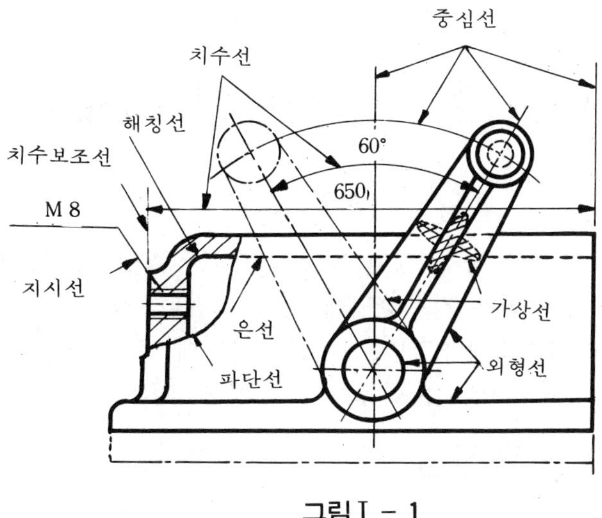

그림 I - 1

〔익힘 문제〕

(1) 다음 도면에서 (A)～(F) 선의 용도에 의한 명칭을 써 넣어라.

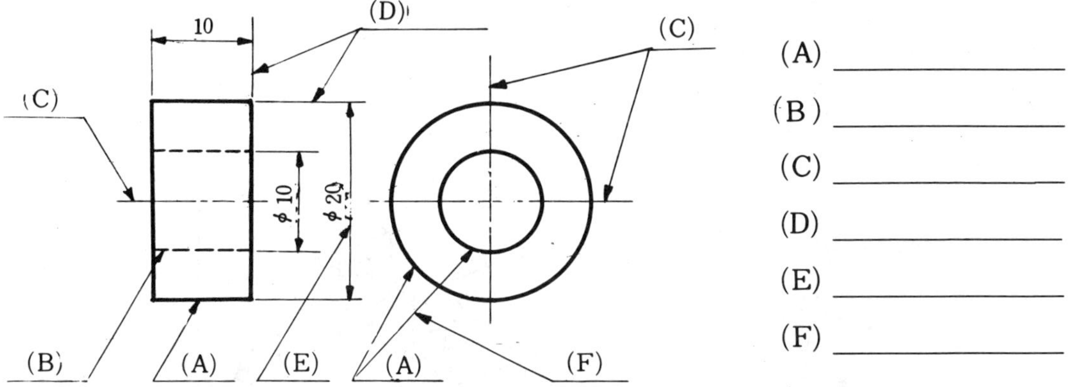

(A) ____________

(B) ____________

(C) ____________

(D) ____________

(E) ____________

(F) ____________

(2) 다음 도면에서 (A)～(G) 선의 용도에 의한 명칭을 써넣어라.

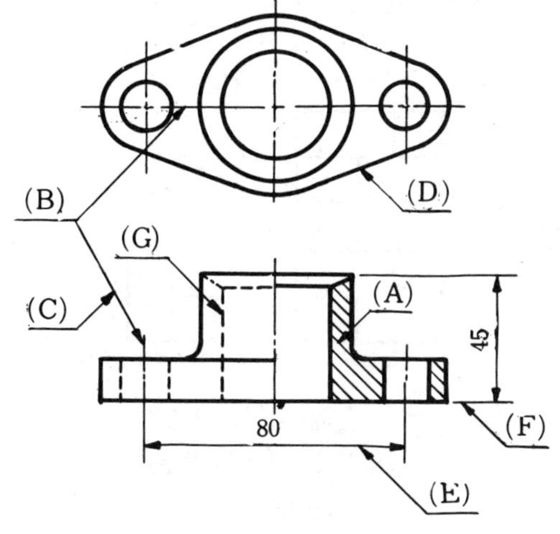

(A) ____________

(B) ____________

(C) ____________

(D) ____________

(E) ____________

(F) ____________

G) ____________

단원 2 투상도의 이해

1. 투상법

일정한 법칙에 따라 대상물의 모양을 평면상에 나타내는 방법을 투상법이라 한다. 투상법에는 여러 가지가 있으나 기계 도면은 정투상법에 따라 그린다. 정투상법에는 물체와 눈, 그리고 투상면의 위치 관계에 따라 1각법과 3각법으로 분류되는데 우리나라에서는 3각법으로 나타내도록 한국산업규격에서 규정하고 있다(KS A 0111 제도에서 사용하는 투상법).

2. 제3각법 (제3각 정투상법)

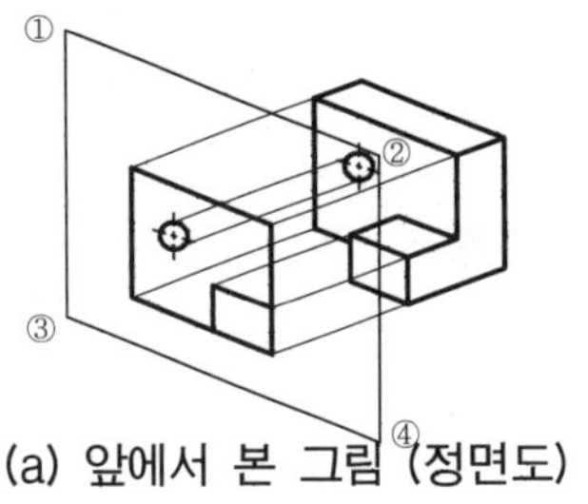

(a) 앞에서 본 그림 (정면도)

(b) 위에서 본 그림 (평면도)

(c) 우측에서 본 그림

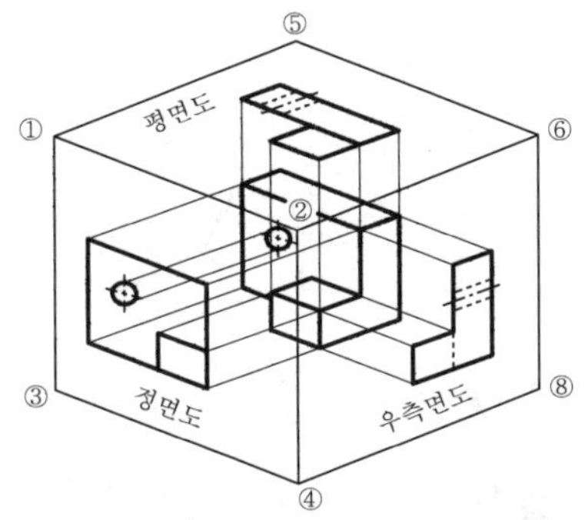

(d) 앞과 위쪽 · 우측에서 본 그림

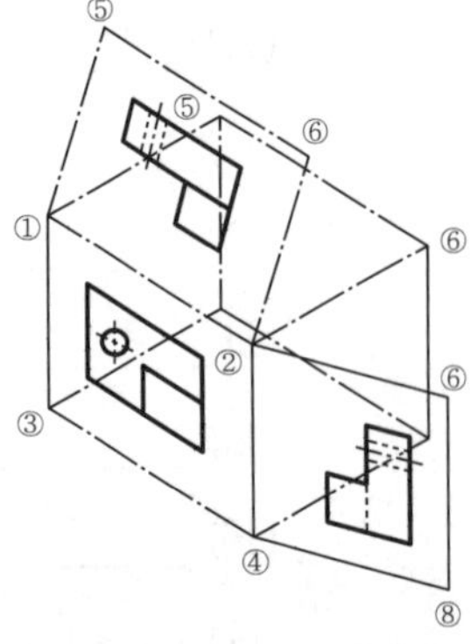

(e) 그림 (d)를 정면도를 기준으로 펼친 그림

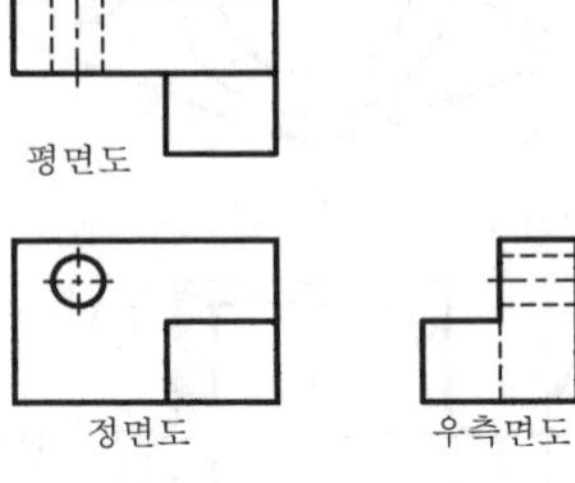

(f) 도면에 나타낸 제3각 정투상도-경계선 등은 나타내지 않음

〔과제 2-1〕 다음 20개의 물체의 정면도를 아래 칸에 3각법으로 나타내었다(1-24). 각각의 물체의 정면도를 골라 그 번호를 ○ 속에 적어 넣어라. (단, 같은 번호가 하나 이상의 물체의 정면도가 될 수 있다.)

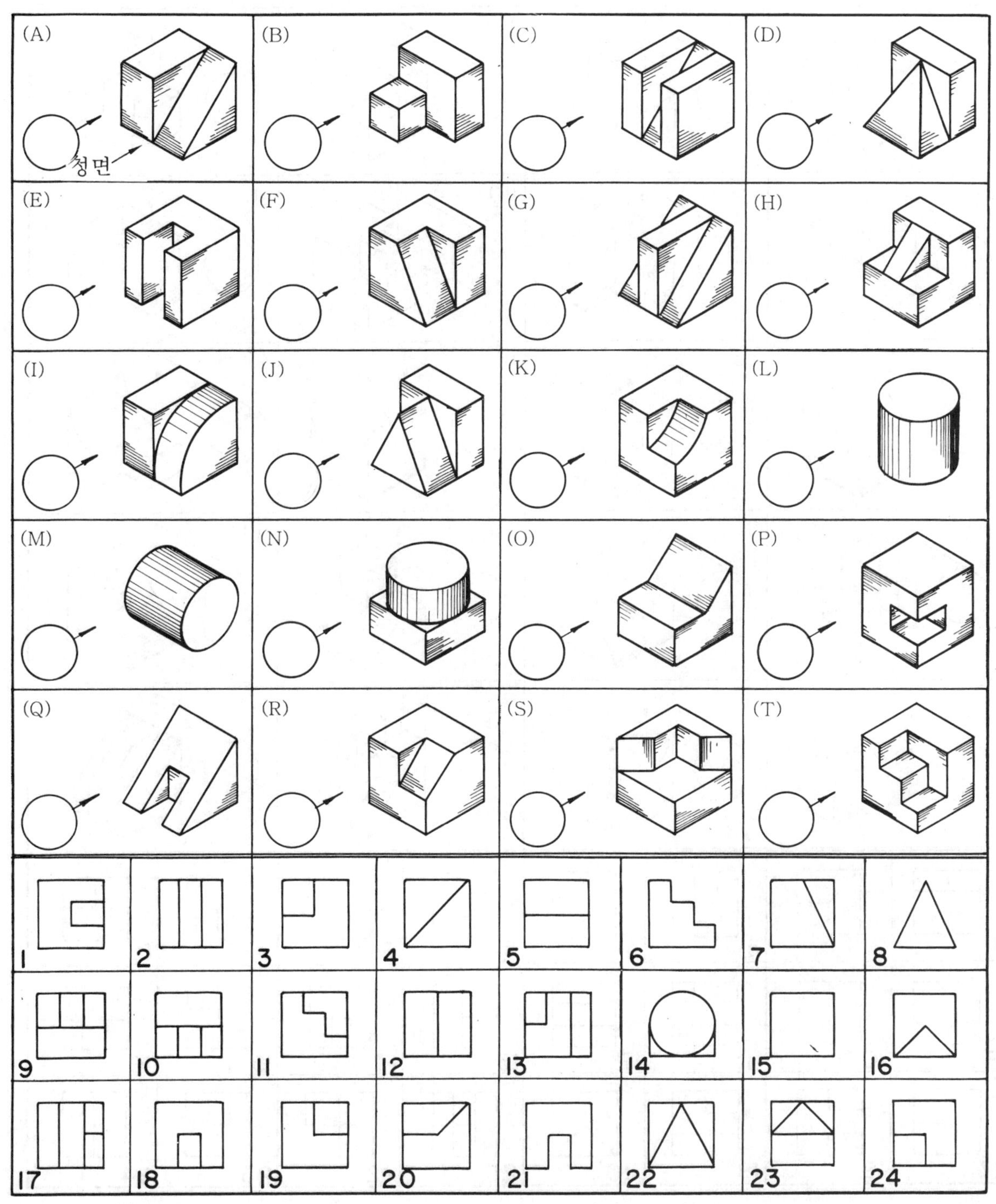

〔과제 2-2〕 다음 20개의 물체의 평면도를 아래 칸에 3각법으로 나타내었다(1-24).
각각의 물체의 평면도를 골라 그 번호를 ○ 속에 적어 넣어라. (단, 같은 번호가 하나 이상의 물체의 평면도가 될 수 있다.)

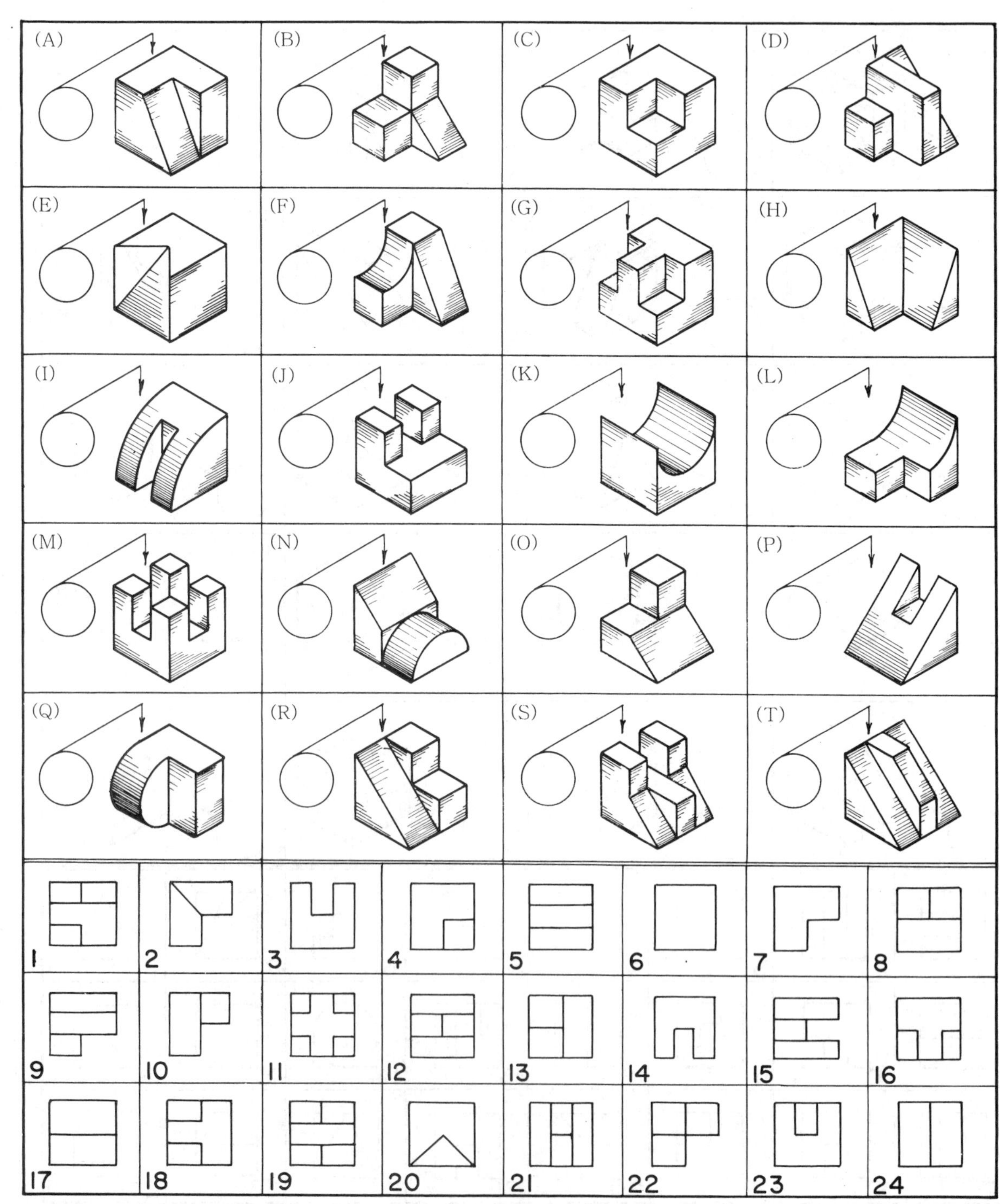

〔과제 2-3〕 다음 20개의 물체의 우측면도를 아래 칸에 3각법으로 나타내었다(1-24).
각각의 물체의 우측면도를 골라 그 번호를 ○ 속에 적어 넣어라. (단, 같은 번호가 하나 이상의 물체의 우측면도가 될 수 있다.)

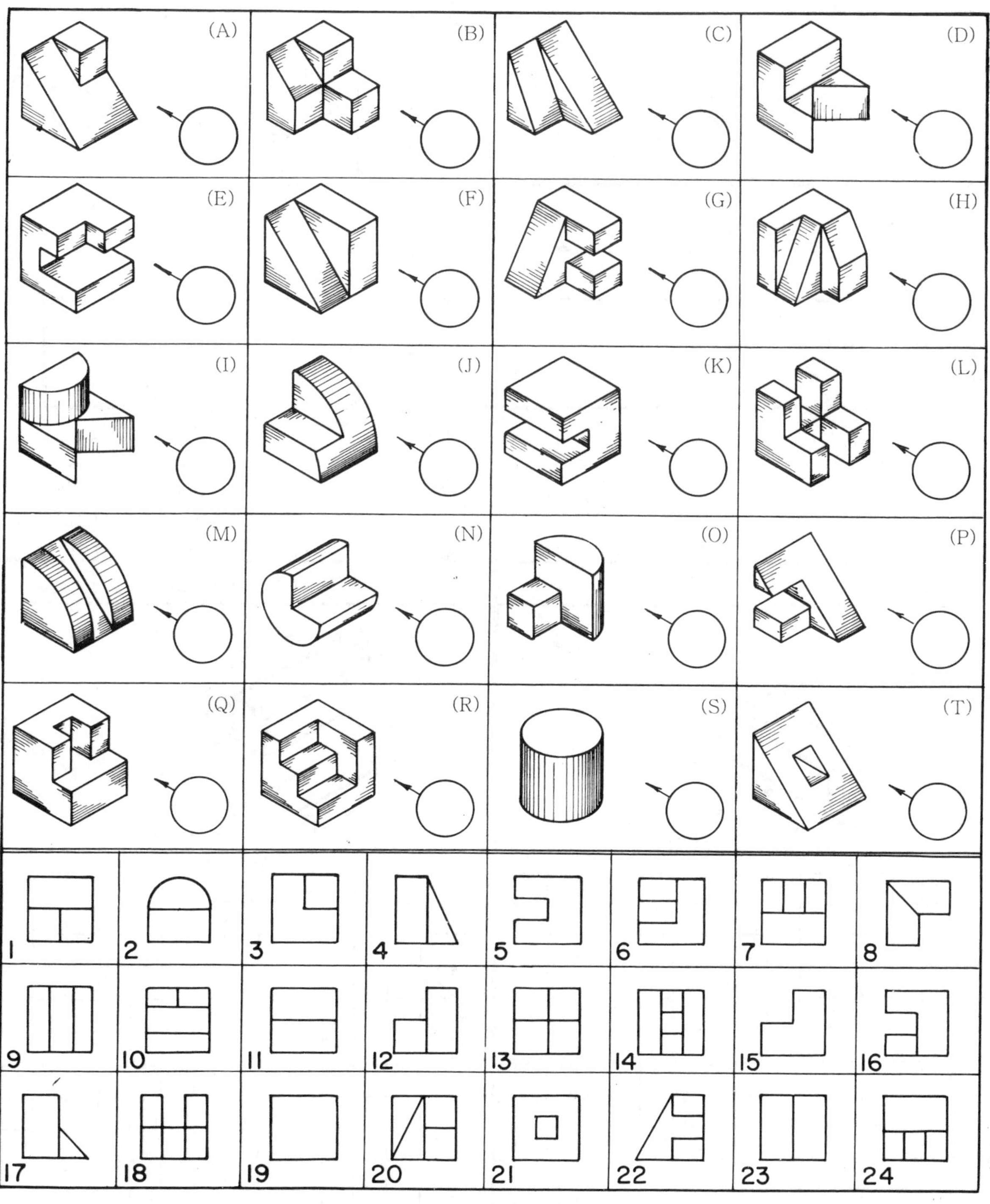

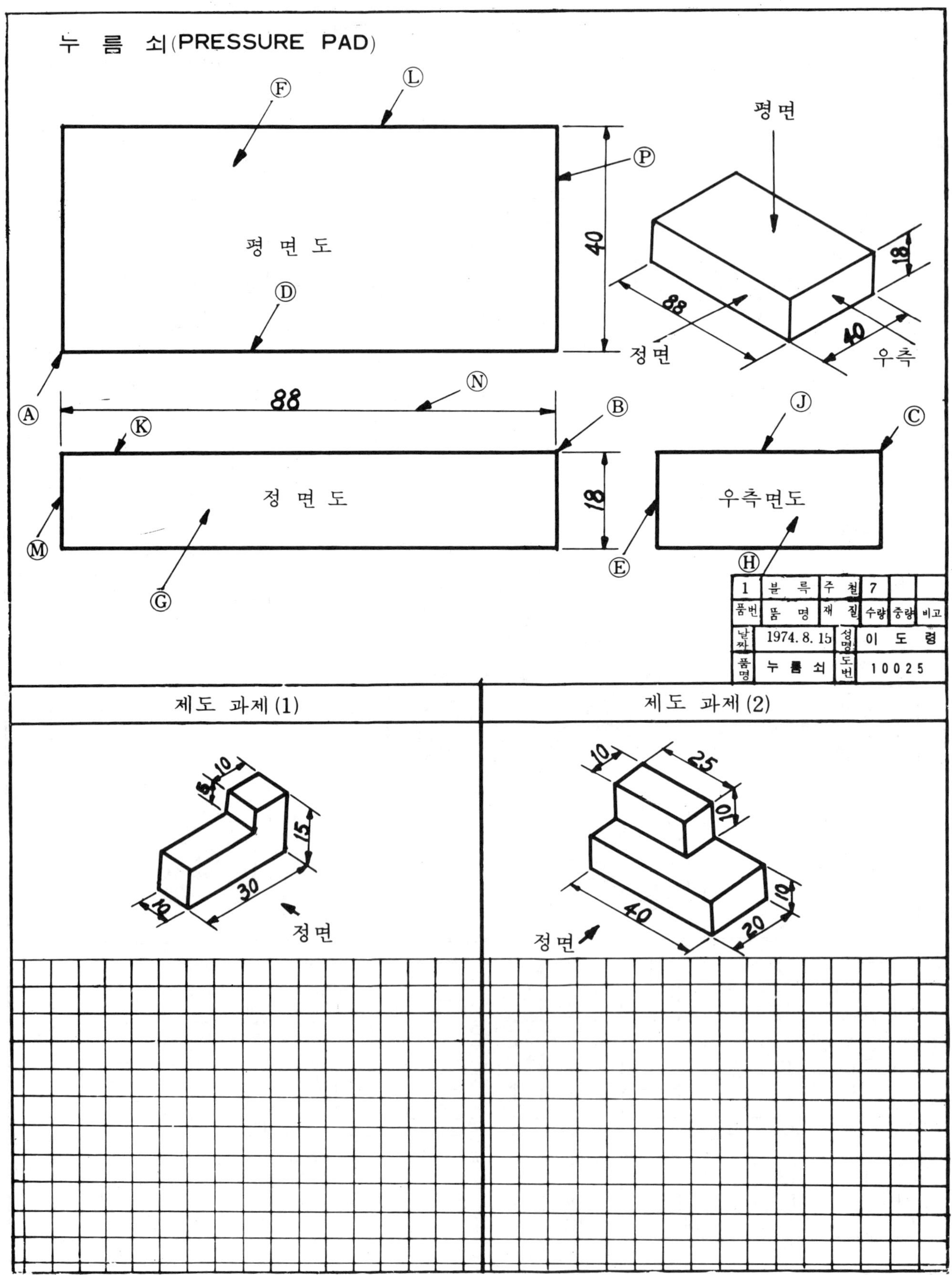
누 름 쇠(PRESSURE PAD)
평 면 도
정 면 도
우측면도
평면
정면
우측
88
40
18
1 블 록 주 철 7
품번 품 명 재 질 수량 중량 비고
날짜 1974. 8. 15 성명 이 도 령
품명 누 름 쇠 도번 10025
제도 과제 (1)
제도 과제 (2)

누 름 쇠(Pressure Pad)

A. 독 도 과 제 ( ) 반 ( ) 번 이름 ( )

1. 제품의 품명은? 1 ______
2. 도면 번호는? 2 ______
3. 제작 수량은? 3 ______
4. 제 몇각법에 의한 투상도? 4 ______
5. 제품의 길이는? 5 ______
6. 제품의 높이는? 6 ______
7. 제품의 폭은? 7 ______
8. 제품의 재질은? 8 ______
9. 제품의 실제 길이가 나타나 있는 두 투영도는? 9 ______
10. 제품의 실제 폭이 나타나 있는 두 투영도는? 10 ______
11. 제품의 실제 높이가 나타나 있는 두 투영도는? 11 ______
12. 평면도의 Ⓕ면은 정면도의 어느 선으로 나타나 있느냐? 12 ______
13. 우측면도의 Ⓗ면은 평면도의 어느 선으로 나타나 있느냐? 13 ______
14. 정면도의 Ⓖ면은 평면도의 어느 선으로 나타나 있느냐? 14 ______
15. 정면도의 Ⓖ면은 우측면도의 어느 선으로 나타나 있느냐? 15 ______
16. 우측면도의 Ⓙ선은 어느 면을 나타낸 선인가? 16 ______
17. 점 Ⓐ는 정면도의 어느 선을 나타낸 것인가? 17 ______
18. 점 Ⓑ는 평면도의 어느 선을 나타낸 것인가? 18 ______
19. 선 Ⓝ의 용도상의 명칭은? 19 ______
20. 선 Ⓛ의 용도상의 명칭은? 20 ______

B. 제 도 과 제

1. 모눈 종이에 주어진 물체의 정면도, 평면도, 우측면도, 좌측면도, 하면도를 제3각 투상법으로 그리시오. 모눈 종이 1눈금을 5㎜로 잡는다.
2. 모눈 종이에 주어진 물체의 정면도, 평면도, 우측면도를 제3각 투상법으로 그리시오. 모눈 종이 1눈금을 5㎜로 잡는다.

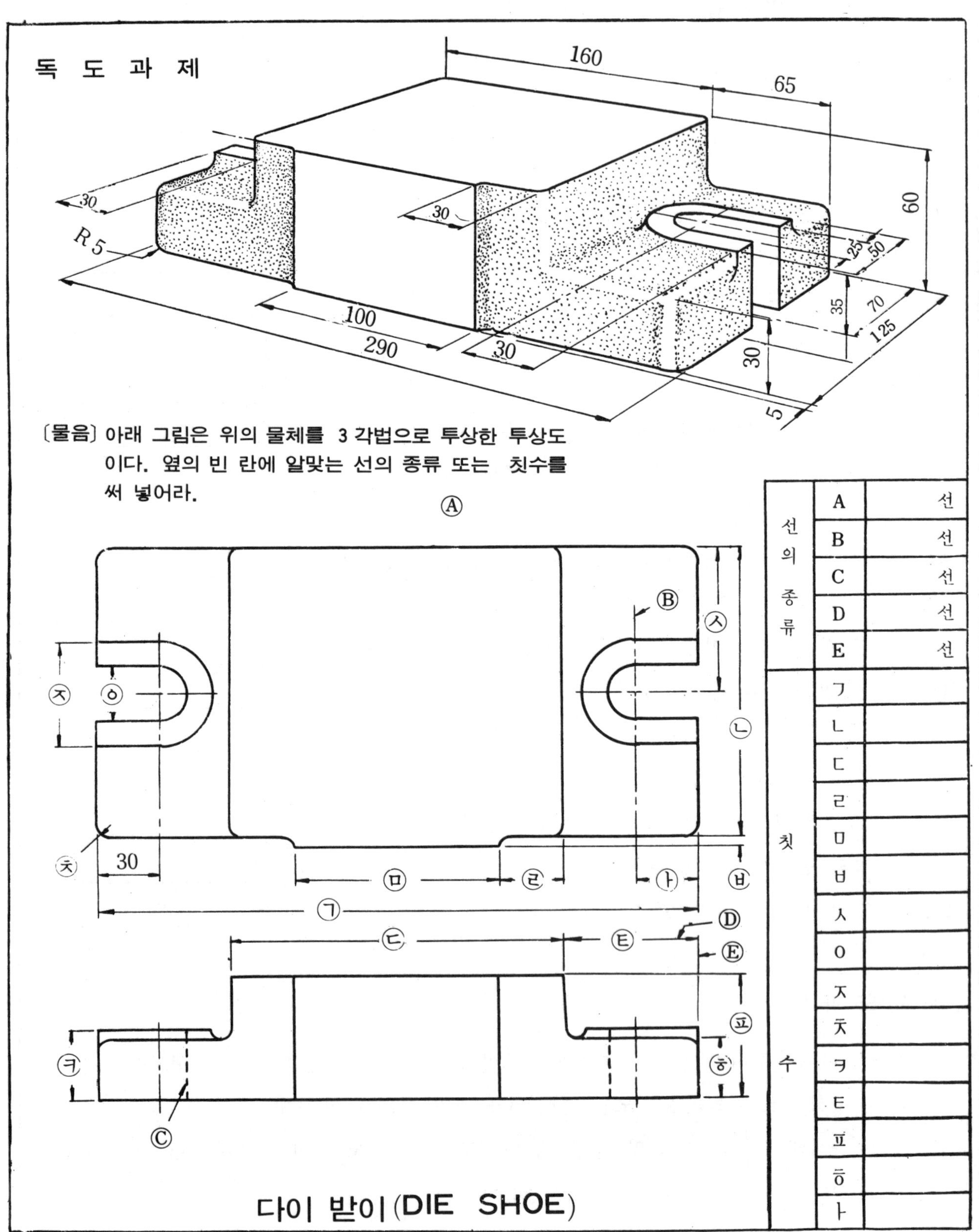
독 도 과 제
160
65
60
30
30
R 5
25
50
35
70
125
100
290
30
30
5
〔물음〕 아래 그림은 위의 물체를 3 각법으로 투상한 투상도 이다. 옆의 빈 란에 알맞는 선의 종류 또는 칫수를 써 넣어라.
Ⓐ
Ⓑ
Ⓒ
Ⓓ
Ⓔ
㉠ ㉡ ㉢ ㉣ ㉤ ㉥ ㉦ ㉧ ㉨ ㉩ ㉪ ㉫ ㉬ ㉭ ㉮
30
선의 종류
A 선
B 선
C 선
D 선
E 선
칫수
ㄱ ㄴ ㄷ ㄹ ㅁ ㅂ ㅅ ㅇ ㅈ ㅊ ㅋ ㅌ ㅍ ㅎ ㅏ
다이 받이(DIE SHOE)

도면보는법해답

BM 성안당

도면 보는법 해답

정 오 표

페이지	줄(행)	원문에서 그릇된 부분	바 로 잡 음
36	그림 3 헐거운 끼워 맞춤	최대죔새	최대틈새
	그림 4 억지 끼워 맞춤	최대틈새	최대죔새
37	보기 : 중간 끼워 맞춤	최소틈새=A−b=0.030mm	최대틈새=A−b=0.030mm
41	윗줄에서 7줄	$\phi\ 100\pm^{0.033}_{0.0}$ 알셔있고	$\phi\ 100\pm^{0.035}_{0}$ 알셔있고
	연습문제 ϕ 100H 7	$\phi\ 100\pm^{0.035}_{0.}$	$\phi\ 100\pm^{0.}_{0.035}$
55	위에서 14줄째	중간 끼워 맞춤. 축49.995	39.995

p 2. [과제 1−1]

부분	기본	기계	전기	금속	광산	토건	의약품	식료품	섬유	요업	화학	의료	수송기계	조선	항공	정보기술
약자	A	B	C	D	E	F	G	H	K	L	M	P	R	V	W	X

p 2. [과제 1−2]

1. 1988. 12. 14
2. 1998. 12. 27
3. 2003. 12. 27
4. 2,700원(2002. 11. 10 현재)
5. 2,430원(2002. 11. 10 현재)

p 3. [과제 1−3]

1. 1966. 12. 22
2. 1988. 12. 03
3. 2003. 07. 06
4. 2,700원(2002. 11. 10 현재)
5. 2,430원(2002. 11. 10 현재)

p 5. (1)

(A) 외형선
(B) 은 선
(C) 중심선
(D) 치수보조선
(E) 치수선
(F) 지시선

p 5. (2)

(A) 해칭선
(B) 중심선
(C) 지시선
(D) 외형선
(E) 치수선
(F) 치수보조선
(G) 은 선

p 7. [과제 2−1]

A 12	B 24	C 2	D 22
E 2	F 7	G 2	H 9
I 15	J 22	K 19	L 15
M 15	N 5	O 5	P 1
Q 18	R 19	S 9	T 11

p 8. [과제 2−2]

A 4	B 22	C 4	D 9
E 20	F 22	G 16	H 2
I 14	J 18	K 6	L 2
M 11	N 24	O 8	P 23
Q 7	R 8	S 19	T 12

p 9. [과제 2−3]

A 3	B 13	C 23	D 1
E 10	F 23	G 22	H 20
I 1	J 15	K 5	L 18
M 9	N 11	O 12	P 16
Q 7	R 6	S 19	T 21

p 11.

1. 누름쇄
2. 100, 02 5
3. 7
4. 3각법
5. 88
6. 18
7. 40
8. 주철
9. 평면도, 정면도
10. 평면도, 우측면도
11. 정면도, 우측면도
12. Ⓚ
13. Ⓟ
14. Ⓓ
15. Ⓔ
16. Ⓕ
17. Ⓜ
18. Ⓟ 1
19. 치수선
20. 외형선

p 12.

A. 외형선
B. 중심선
C. 은 선
D. 치수선
E. 치수보조선
ㄱ. 290
ㄴ. 125
ㄷ. 160
ㄹ. 30
ㅁ. 100
ㅂ. 5
ㅅ. 70
ㅇ. 25
ㅈ. 50
ㅊ. R5
ㅋ. 35
ㅌ. 65
ㅍ. 60
ㅎ. 30
ㅏ. 30

p 13.

1. A 외형선
2. B 중심선
3. C 치수보조선
4. D 은 선
5. E 치수선
6. ㄱ ϕ10
7. ㄴ ϕ25
8. ㄷ 30
9. ㄹ 60
10. ㅁ 100
11. ㅂ 150
12. ㅅ 75
13. ㅇ R20
14. ㅈ 40
15. ㅊ ϕ70
16. ㅋ ϕ40
17. ㅌ 50
18. ㅍ 80
19. ㅌ 30
20. ㅏ 35
21. G 20
22. F 50

p.15

다음 각 물체의 투상도를 제 3 각법으로 나타내고 아래 마름모 모눈종이에 등각 투상도를 그려라.(밑의 홈은 관통되어 있음)

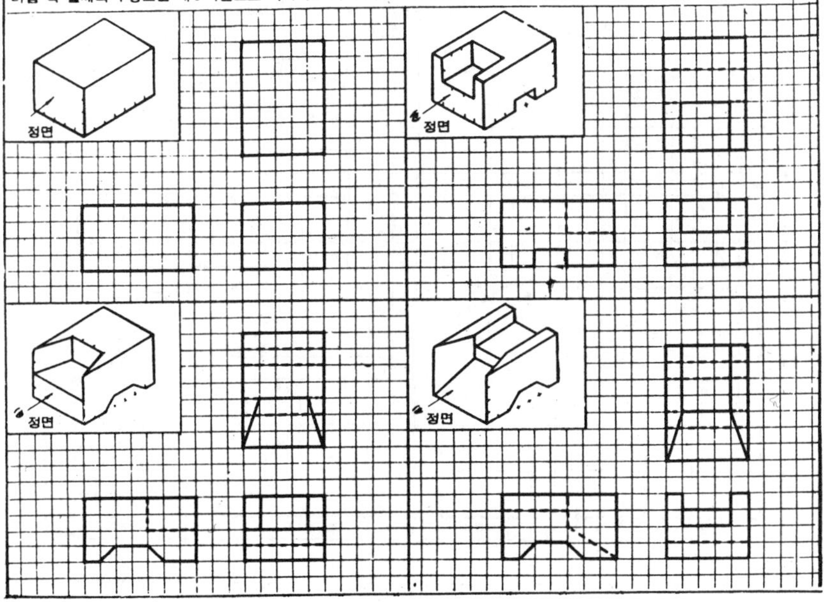

정면

정면

정면

정면

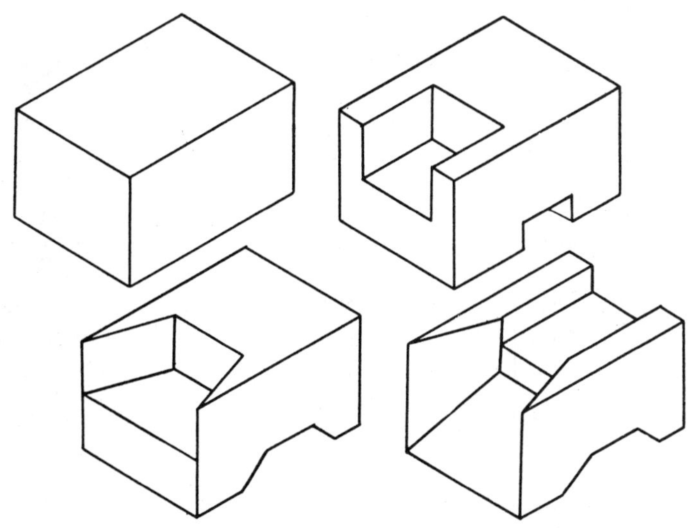

p 16도면

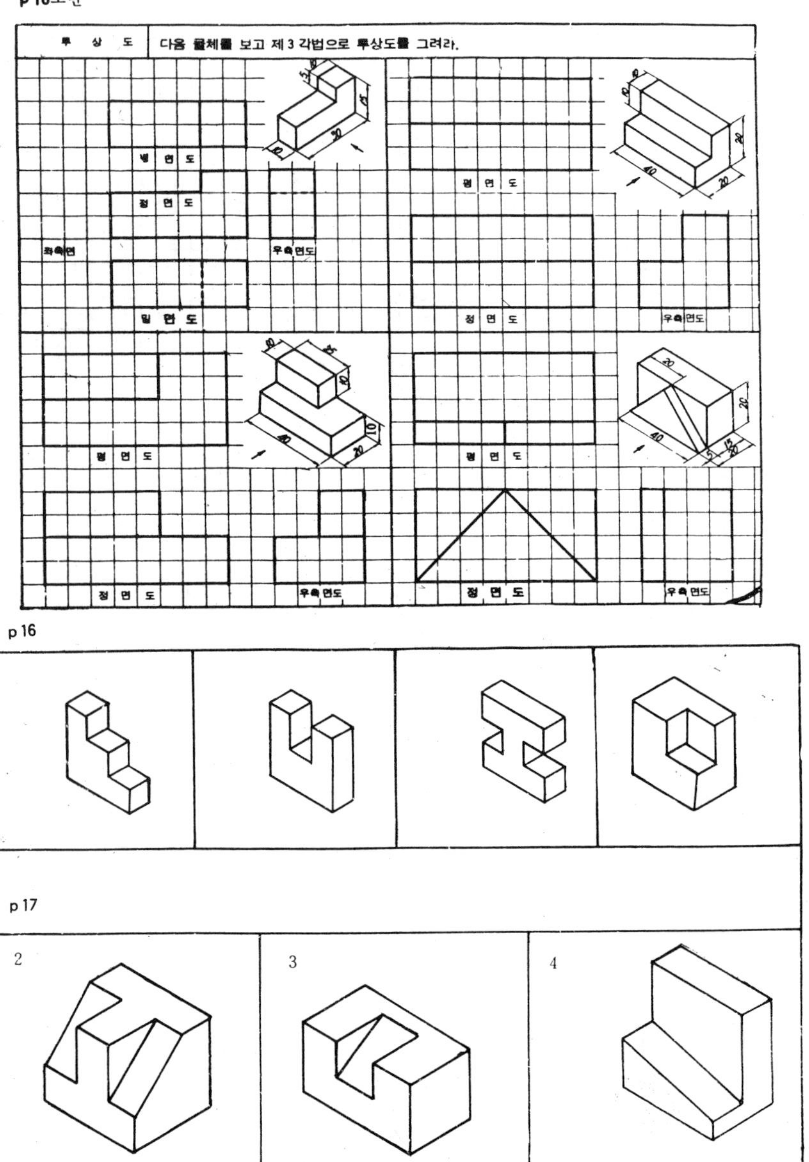

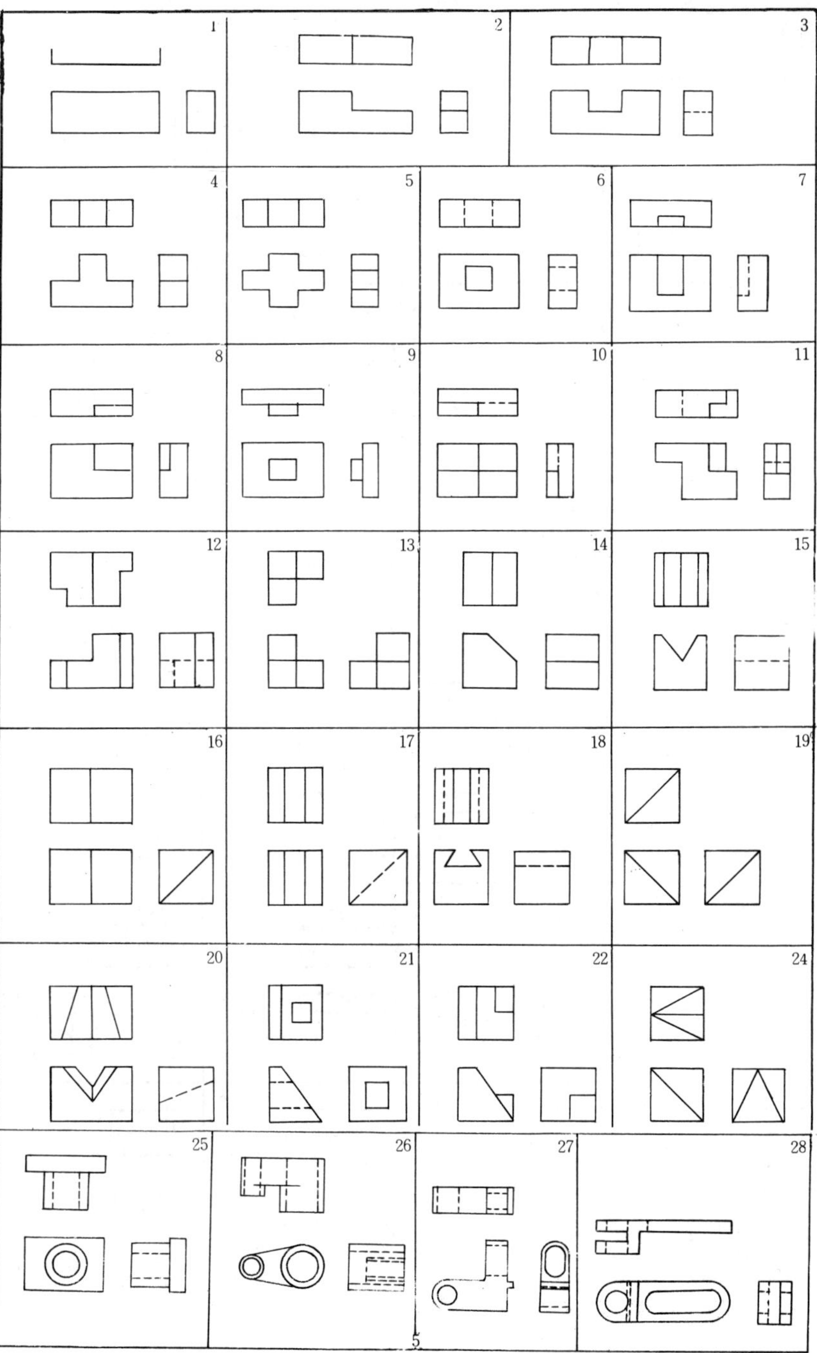
1
2
3
4
5
6
7
8
9
10
11
12
13
14
15
16
17
18
19
20
21
22
24
25
26
27
28

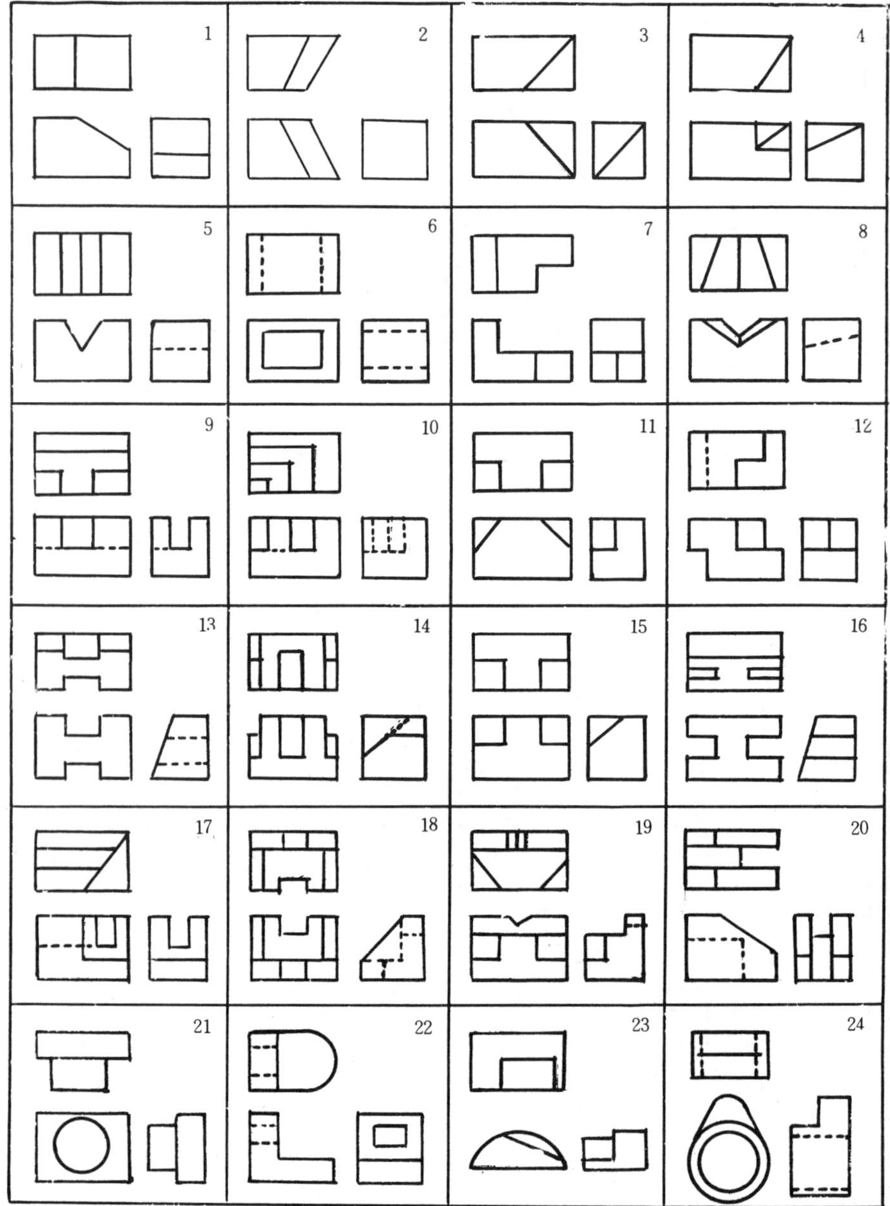
1
2
3
4
5
6
7
8
9
10
11
12
13
14
15
16
17
18
19
20
21
22
23
24

p 20 (투영도 과제－3)

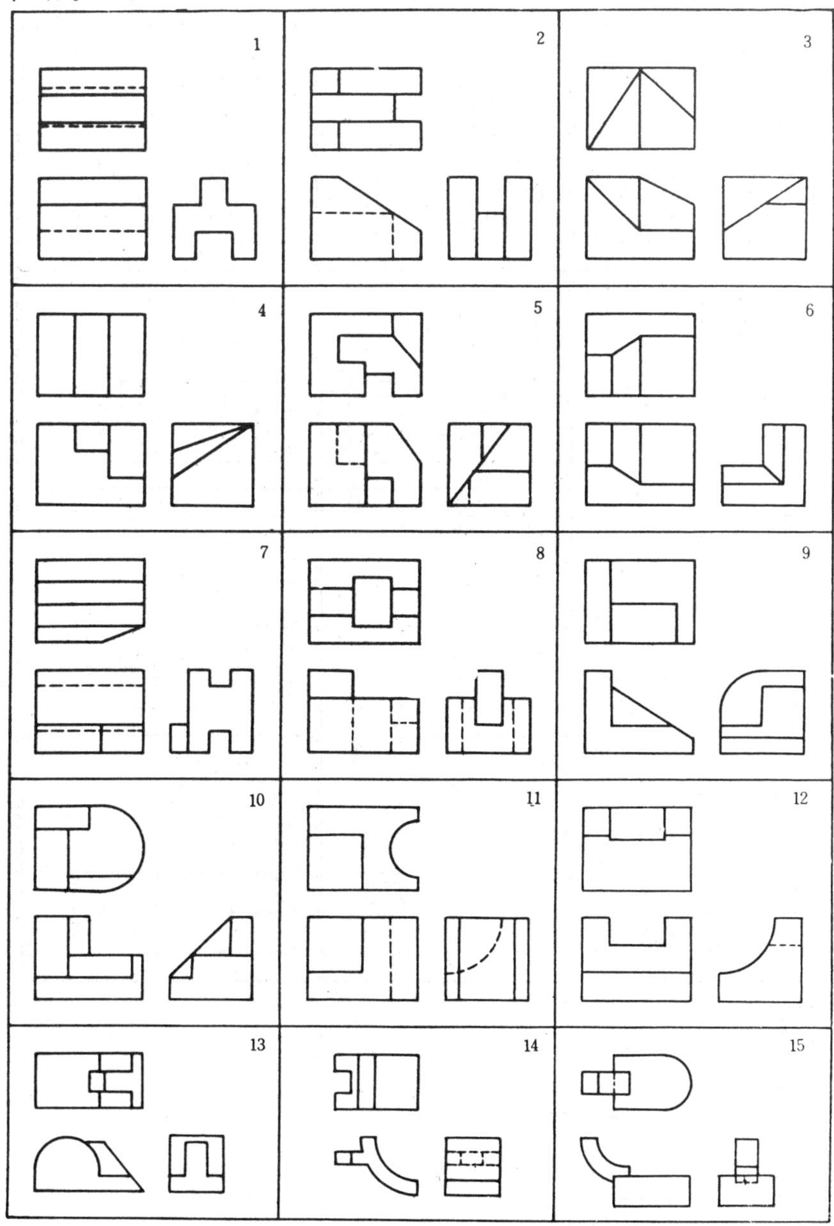

p 20 (투영도 과제 — 3)

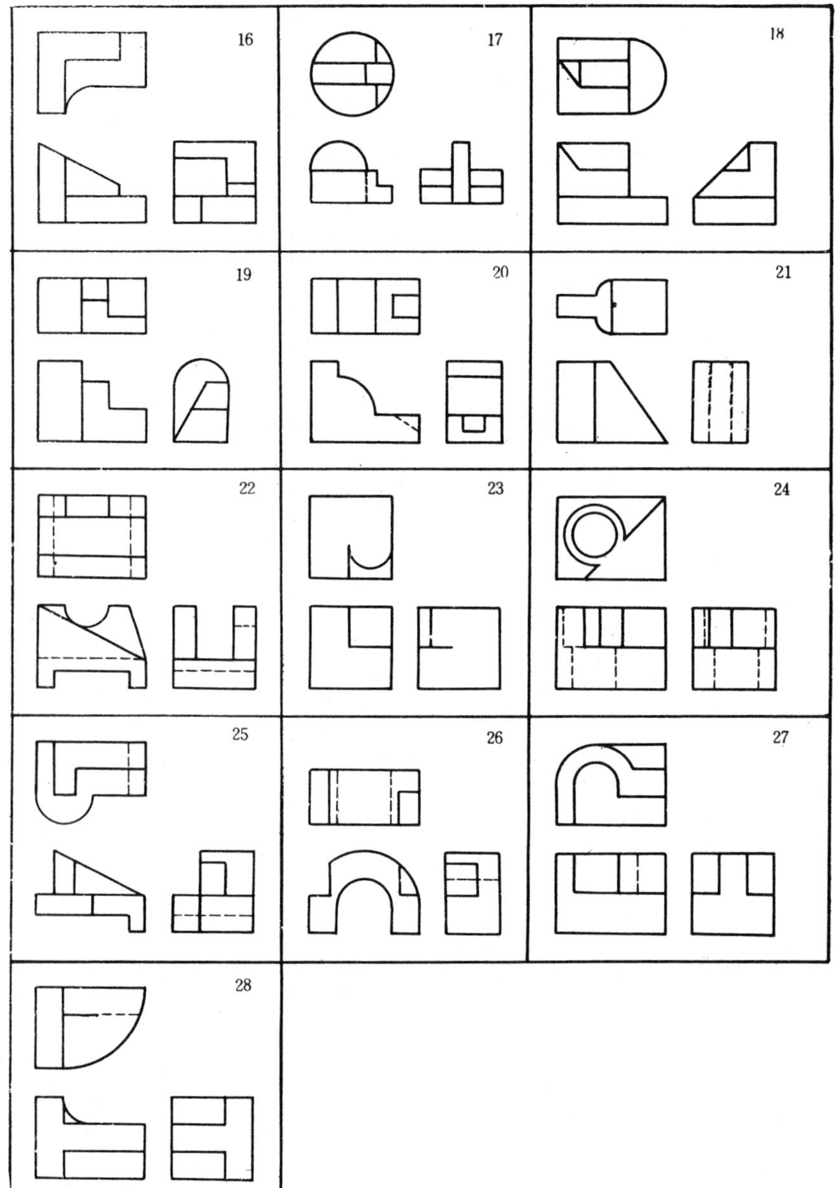

p21 (투영도 과제－4)

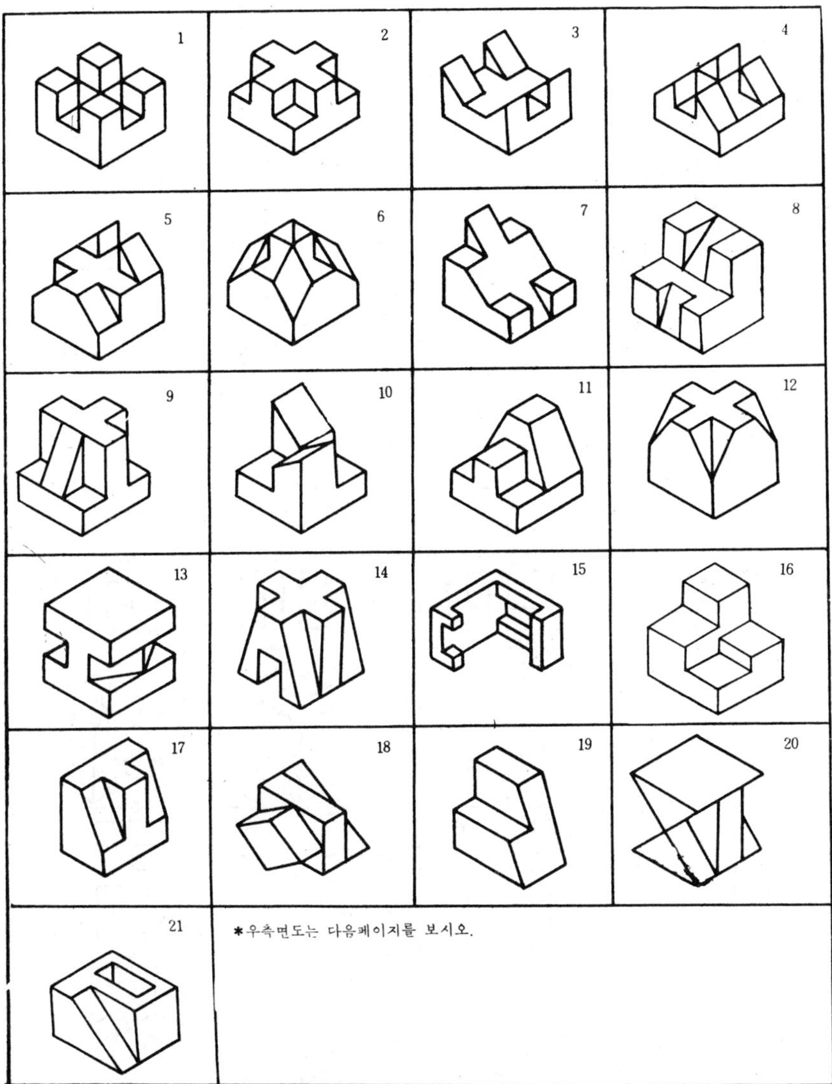

p 21 투영도 과제 4 (우측면도)

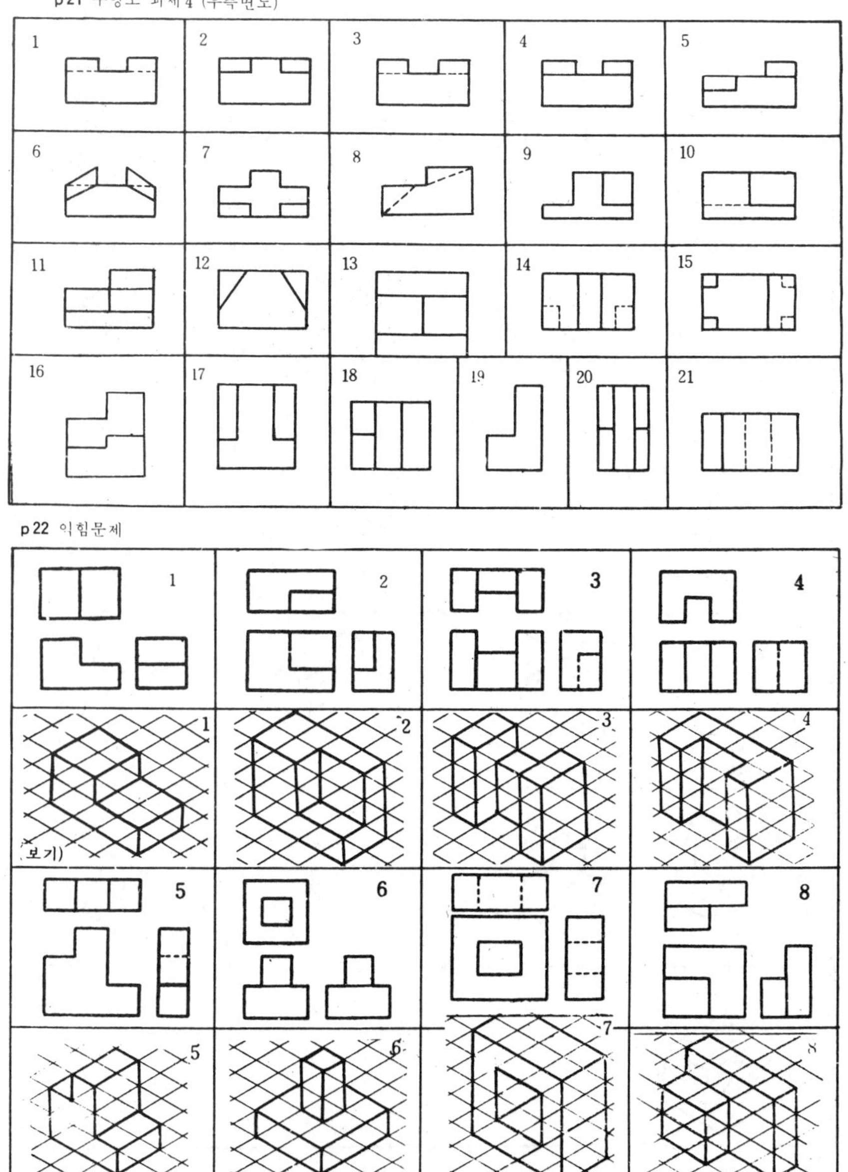

p 22 익힘문제

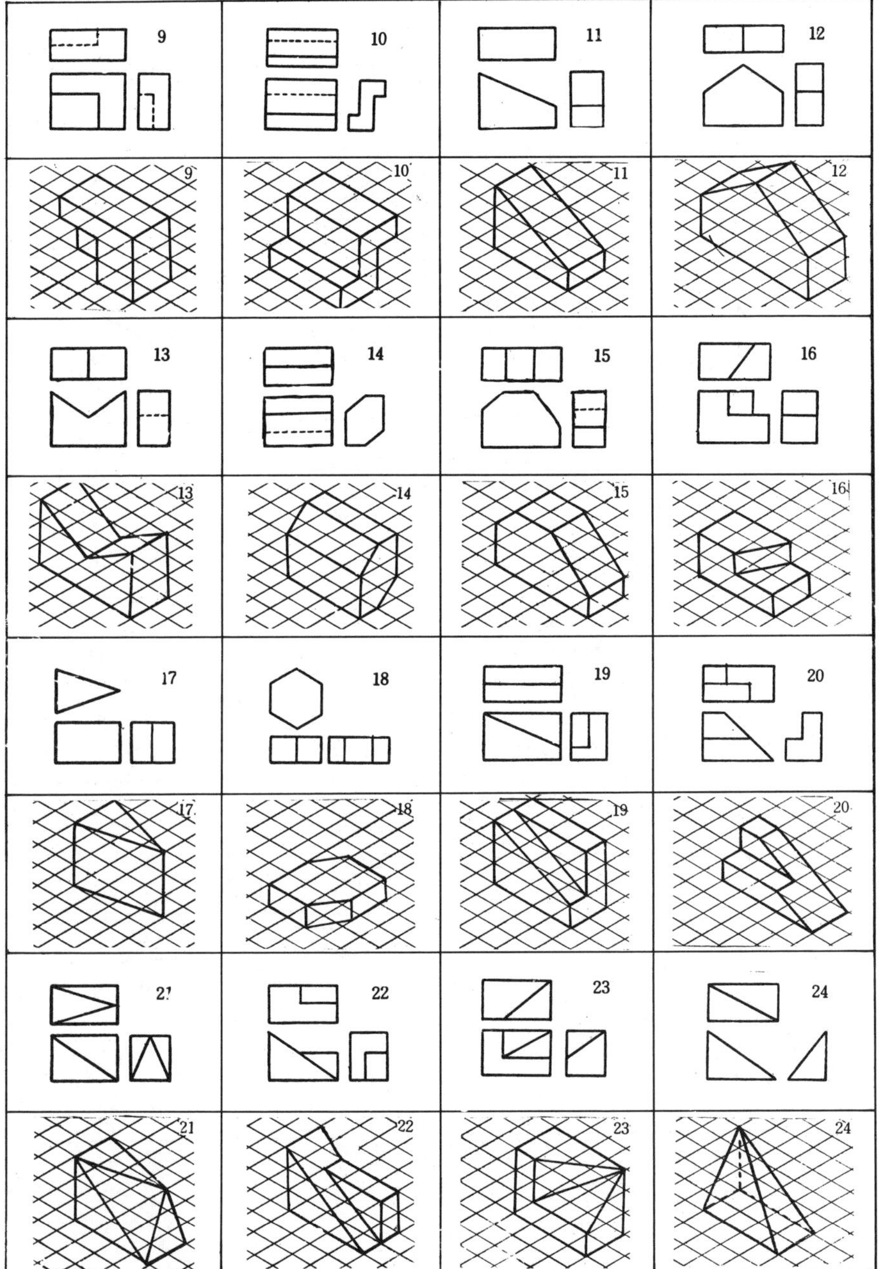
9
10
11
12
9
10
11
12
13
14
15
16
13
14
15
16
17
18
19
20
17
18
19
20
21
22
23
24
21
22
23
24

p 25 (투영도 과제 7

1	2	3	4
5	6	7	8
9	10	11	12
13	14	15	16
17	18	19	20
21	22	23	24

p 25 (투영도 과제)

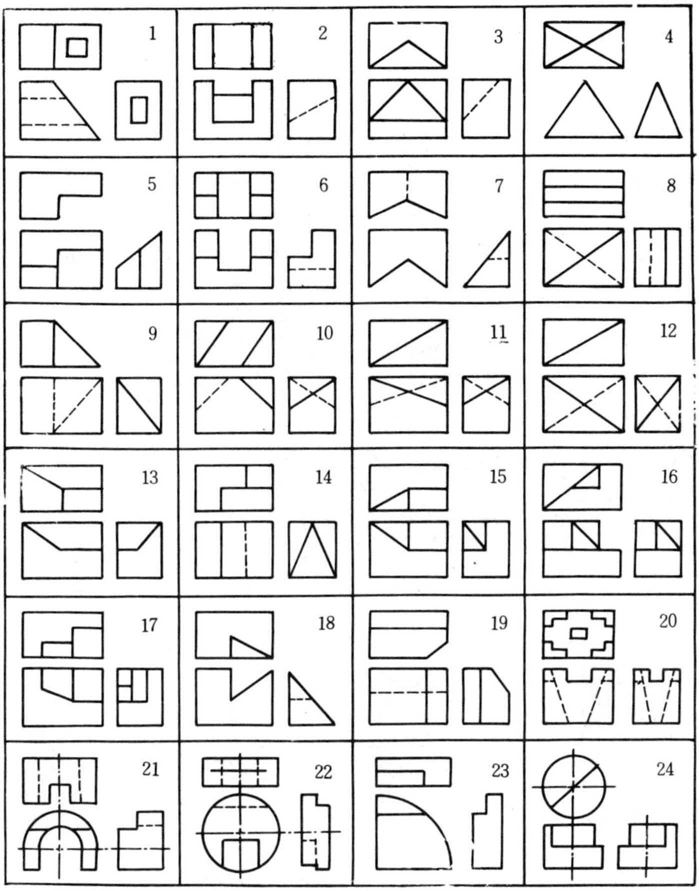

p 27 크로오스 스라이드 (CROSS SLIDE)

1. 수 천
2. 144
3. 60
4. 80
5. 은 선
6. 드릴구멍
7. Ⓑ Ⓡ
8. Ⓜ
9. Ⓗ
10. Ⓕ
11. Ⓟ
12. ϕ 16
13. 40
14. 20
15. 관 통
16. 96
17. 80
18. 80
19. 외형선
20. 중심선
21. Ⓛ
22. Ⓖ
23. 46
24. Ⓞ
25. 45.3cm³
26. 326. 3 kg
27. 52. 2cm³
28. 376. 3 kg

p 33 슬라이드 밸브(Slide Valve)

Ⓐ	80	Ⓞ	24
Ⓑ	6	Ⓟ	28
Ⓒ	6	Ⓡ	27
Ⓓ	64	Ⓢ	6
Ⓔ	16	Ⓣ	14
Ⓕ	6	Ⓤ	R10
Ⓖ	12	Ⓥ	3
Ⓗ	6	Ⓦ	6
Ⓙ	68	Ⓧ	80
Ⓚ	22	Ⓨ	40
Ⓛ	18		
Ⓜ	23		
Ⓝ	4		

P 33 (C)인힘문제 (A) (B) (A)

p 34. 도면

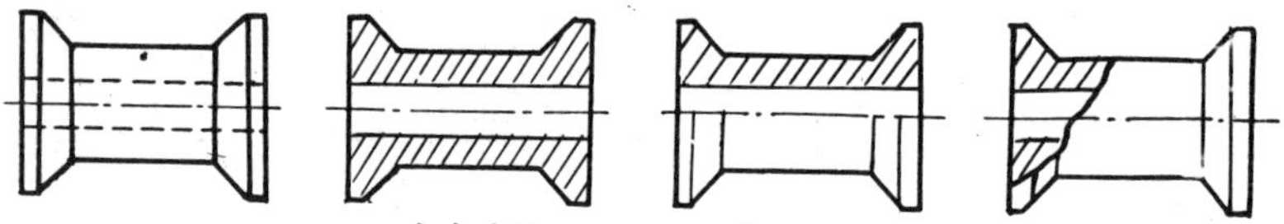

전단면도 반단면도 부분단면도

P 34 〔제도과제 2〕

전단면도

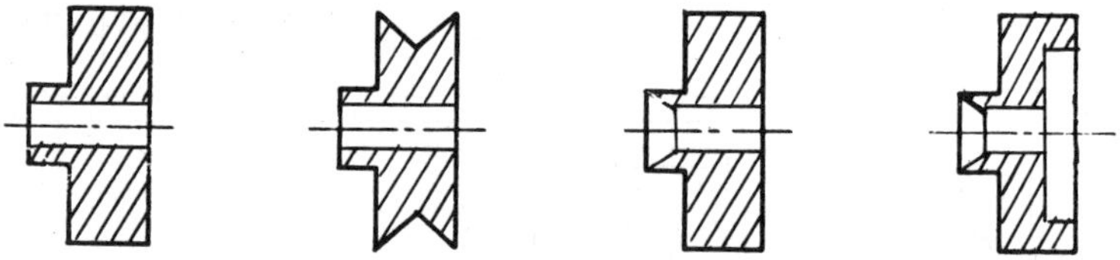

반단면도

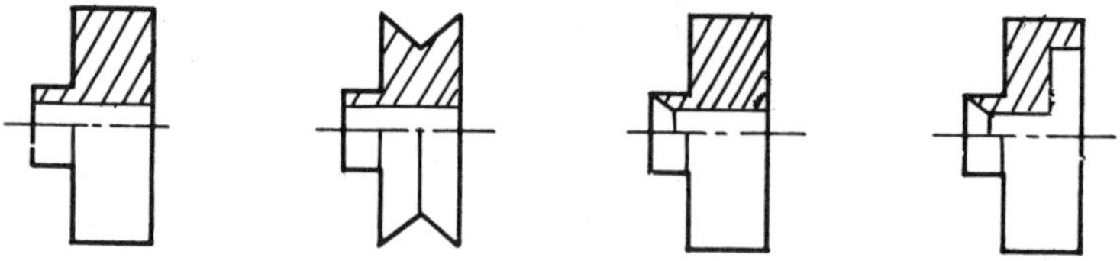

부분단면도

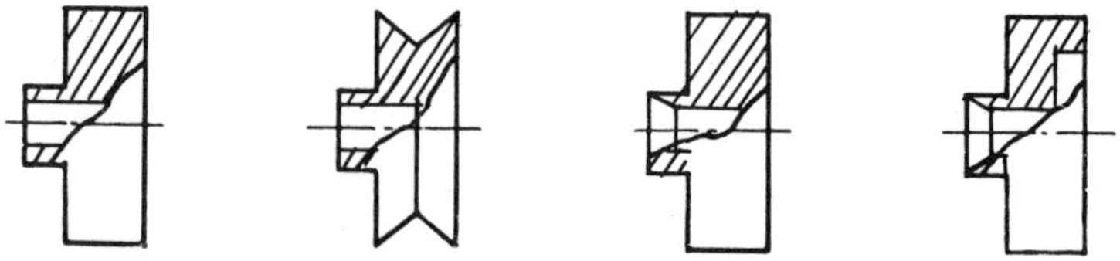

P36 【연습문제】

최대틈새 = 400.085 − 399.950 = 0.135
최소틈새 = 400,000 = 399,975 = 0.025.

P39 【문 제】

(1) (0.016)　(6) (0.057)　(11) (같다)
(2) (0.016)　(7) (0.025)　(12) (9 급)
(3) (0.062)　(8) (0.025)　(13) (8 급)
(4) (0.062)　(9) (0.025)　(14) (6 급)
(5) (0.036)　(10) (0.140)　(15) (7 급)

P41 【연습문제】

	$\phi\ 10\pm^{0.001}_{0.}$	+0.001	0.000		$\phi\ 10\pm^{0.}_{0.001}$	0.000	−0.001
	$\phi\ 10\pm^{0.0015}_{0.}$	+0.0015	0.000		$\phi\ 10\pm^{0.}_{0.0015}$	0.000	−0.0015
	$\phi\ 10\pm^{0.004}_{0.}$	+0.004	0.000		$\phi\ 10\pm^{0.}_{0.004}$	0.000	−0.004
	$\phi\ 10\pm^{0.022}_{0.}$	+0.022	0.000		$\phi\ 10\pm^{0.}_{0.022}$	0.000	−0.022
	$\phi\ 10\pm^{0.058}_{0.}$	+0.058	0.000		$\phi\ 10\pm^{0.}_{0.058}$	0.000	−0.058

P42 【문제 2】

		ϕ40e 6 −0.050 −0.066	39.950 39.934	0.016	축의 최대허용칫수가 기준칫수보다 작다.
		ϕ40f 6 −0.025 −0.041	39.975 39.959	0.016	〃
		ϕ40g 6 −0.009 −0.025	39.991 39.975	0.016	〃
		ϕ40h 6 −0. −0.016	40.000 39.984	0.016	축의 최대허용칫수가 기준칫수와 같다.
		ϕ40j 6 +0.011 −0.005	40.011 39.995	0.016	축의최대허용칫수는기준칫수보다크고 최소허용칫수가 기준칫수보다 작다.
		ϕ40m6 +0.025 +0.009	40.025 40.009	0.016	축의 최소허용칫수가 기준칫수보다 크다.
		ϕ40p 6 +0.042 +0.026	40.042 40.026	0.016	〃
		ϕ40u 6 +0.076 +0.060	40.076 40.060	0.016	〃
		ϕ400e6 −0.125 −0.161	399.875 399.839	0.036	축의 최대허용칫수가 기준칫수보다 작다.
		ϕ400p6 +0.098 +0.062	400.098 400.062	0.036	축의 최소허용칫수가 기준칫수보다 크다.

P42 【문 3】

1. 같다.
2. e
3. 같다.
4. 축
5. 구멍. 단, (4)번은 양쪽기준이 될 수 있다.

P44 【연습문제】

1. 60,113
2. 60,100
3. 120,071
4. 120,036
5. 150,005
6. 149,995
7. 199,779
8. 199,733
9. 501,090
10. 500,840

P 45 【문 제】

	ϕ2F6 +0.012 +0.006	2.012 2.006	0.006	구멍의 최소칫수가 호칭칫수보다 크다.
	ϕ20G6 +0.020 +0.007	20.020 20.007	0.013	〃
	ϕ20H6 +0.013 +0.	20.013 20.000	0.013	구멍의 최소칫수가 호칭칫수와 같다.
	ϕ20J6 +0.008 −0.005	20.008 19.995	0.013	구멍의 최소칫수가 호칭칫수보다 작다. 최대칫수는 크다
	ϕ20K6 +0.002 −0.011	20.002 19.989	0.013	〃
	ϕ20M6 −0.004 −0.017	19.996 19.983	0.013	구멍의 최대칫수가 호칭칫수보다 작다.
	ϕ20N6 +0.011 −0.024	19.989 19.976	0.013	〃
	ϕ20P6 −0.018 −0.031	19.982 19.969	0.013	구멍의 최대칫수가 호칭칫수보다 작다.
	ϕ100H5 +0.015 −0.000	100.015 100.000	0.015	구멍의 최소칫수가 호칭칫수와 같다.
	ϕ100H6 +0.022 −0.000	100.022 100.000	0.022	〃
	ϕ100H7 +0.035 −0.000	100.035 100.000	0.035	〃
	ϕ100H8 +0.054 −0.000	100.054 100.000	0.054	〃
	ϕ100H9 +0.087 −0.000	100.087 100.000	0.087	〃
	ϕ100E8 +0.126 +0.072	100.126 100.072	0.054	구멍의 최소칫수가 호칭칫수보다 크다.
	ϕ100F8 +0.090 +0.036	100.090 100.036	0.054	〃
	ϕ100E9 +0.159 +0.072	100.159 100.072	0.087	〃
	ϕ100D8 +0.174 +0.120	100.174 100.120	0.054	〃
	ϕ100D9 +0.207 +0.120	100.207 100.120	0.087	〃
	ϕ100C9 +0.257 +0.170	100.257 100.170	0.087	〃
	ϕ100B10 +0.360 +0.220	100.360 100.220	0.140	〃
	ϕ100R7 −0.038 −0.073	99.962 99.927	0.035	구멍의 최대칫수가 호칭칫수보다 작다.
	ϕ100S7 −0.058 −0.093	99.942 99.907	0.035	〃
	ϕ100X7 −0.165 −0.200	99.835 99.800	0.035	〃

P 46 【연습문제】

1. 구멍기준식 중간 끼워맞춤
2. 구멍기준식 억지 끼워맞춤
3. 〃
4. 구멍기준식 헐거운 끼워맞춤
5. 축기준식 헐거운 끼워맞춤
6. 〃
7. 〃
8. 축기준식 억지 끼워맞춤

P 49 【연습문제】

1. 100.010
2. 100.000
3. 0.010
4. 100.015

5. 100.000
6. 0.015
7. 100.022
8. 100.000
9. 0.022
10. 100.034
11. 100.012
12. 0.022
13. 100.058
14. 100.036
15. 0.022
16. 99.829
17. 99.807
18. 0.022
19. 0.046
20. 〃
21. 〃
22. 〃
23. 0.029
24. 0.029
25. 〃
26. 〃
27. 〃
28. 〃
29. 〃
30. 〃
31. 〃
32. 〃
33. 〃
34. 〃
35. 〃
36. 0.115

P51 【일반공차 연습문제】

1. 100.000
2. 99.990
3. 0.010
4. 100.000
5. 99.985
6. 0.015
7. 100.000
8. 99.978
9. 99.022
10. 99.988
11. 99.966
12. 0.022
13. 99.964
14. 99.942
15. 0.022
16. 100.200
17. 100.178
18. 0.022
19. 0.046
20. 〃
21. 〃
22. 〃
23. 0.029
24. 〃
25. 0.029
26. 〃
27. 〃
28. 〃
29. 〃
30. 〃
31. 〃
32. 〃
33. 〃
34. 〃
35. 〃
36. 0.115

P55 【익 힘 문 제】

	0.025	0.025	0.025	0.016	0.025	0.016
	+0.025	−0.025	+0.025	+0.011	+0.025	+0.050
−0.050	0.000	−0.050	0.000	−0.005	0.000	+0.034
	0.075		0.030		—	
	0.025		—		—	
	—		0.011		0.050	
	—		—		0.009	

	(억 지)		(헐거운)		(중 간)	
	80.030	80.094	80.030	79.990	80.030	80.039
	80.000	80.075	80.000	79.971	80.000	80.020
	0.030	0.019	0.030	0.019	0.030	0.019
	+ 0.030	+0.094	+0.030	− 0.010	+ 0.030	+ 0.039
	− 0.000	+ 0.075	0.000	− 0.029	0.000	+ 0.020
	—		0.059		0.010	
	—		0.010		—	
	0.094		—		0.039	
	0.045		—		—	

P 55 【끼워맞춤 연습문제】

								—
	400.000	399.982	0.018					
	199.989	199.969	0.020	중 간	3	—	31	—
	200.000	199.986	0.014					
	150.009	149.091	0.018	〃	21	—	9	—
	150.000	149.988	0.012					
	329.949	329.913	0.036	억 지	—	—	87	26
	330.000	329.975	0.025					
	159.980	159.955	0.025	〃	—	—	45	2
	160.000	159.982	0.018					
	50.034	50.009	0.025	헐 거 운	50	9	—	—
	50.000	49.984	0.016					
	185.079	185.050	0.029	〃	108	50	—	—
	185.000	184.971	0.029					
	3.010	3.000	0.010	중 간	16	—	0	—
	3.000	2.994	0.006					
	6.001	5.995	0.006	〃	5	—	5	—
	6.000	5.996	0.004					
	24.989	24.976	0.013	억 지	—	—	24	2
	25.000	24.991	0.009					
	0.998	0.994	0.004	중 간	1	—	6	—
	1.000	0.997	0.003					

P 57 【전동기축】

1. SM35C
2. φ45×410
3. 4
4. φ40.059
5. φ40.043
6. 0.016
7. 억지
8. 0.059
9. 0.018
10. 30.011
11. 30.002
12. 0.009
13. 중 간
14. 최대죔새 0.013
    최대틈새 0.014
15. 28.000
16. 0.013
17. 0
18. −0.013
19. 중간 끼워맞춤
20. 45°각따기(변길이 2)
21. 7 × 4
22. 유니버어셜 밀링머신

P 59 【랙 컬럼 브래킷】

1. GC 20
2. 20
3. 6
4. 124×72
5. 76
6. 22
7. 4
8. 12
9. 24
10. 44
11. 56
12. 24
13. 베이스의 밑면
14. 22±0.002
15. ±0.002
16. 0.021
17. 구멍기준식
18. 22.021
19. 22.000
20. 0.025
21. 32.025
22. 32.000
23. 42
24. 4.998~5.030
25. 3.5

P 96

재료기호

답

1. SB50
2. SWS50A
3. SBV34
4. SBB35
5. SPS6

6. S
7. PWR4
8. MSWR4
9. PWR 3
10. HSWR3
11. WR
12. GC15
13. SC37
14. BM C32
15. WM C36
16. BC 1
17. BsC3
18. C
19. STC3
20. STS2
21. STS3
22. STD4
23. T

P 97 재료기호

102. 기계구조용 탄소강 강재 최저인장강도15kg/mm²
103. 청동주물 2종
104. 회주철 3종 최저인장강도20kg/mm²
201. 일반구조용 압연강제 1종 최저인장강도34kg/mm²
202. 탄소강단강품최저인장강도40kg/mm²
302. 황동주물 3종
301. 연강선재 3종
303. 스프링강 6종
401. 회주철3종 최저인장강도20kg/mm²
402. 단조용 황동봉 2종
403. 쾌삭 황동봉 1종

501. 탄소주강품 2종 최저인장강도42kg kg/mm²
502. 청동주물 3종
503. 베어링용동연합금주물 2종
504. 화이트메탈 3종
505 흑심가단 주철품 2종
601. 탄소공구강 2종
602. 스테인레스강재 24종
603. 니켈크롬강강재 1종
604. 크롬강재 3종
605. 흑심가단주철품 2종

P 104
나사에관한과제

1. 60°
2. 20
3. 17, 294
4. 2, 5
5. 1, 5
6. 있다.
7. 1
8. M20
9. 60°
10 (20)
11. 18, 143
12. 55°
13. 1. 162
14. 1, 353
15. 미터나사
16. 미터나사
17. 없다.
18. 60° 판판(P100참조)
19. 55° 둥글다(P101참조)
20. 60° 둥글다(P102참조)
21. 60° 둥글다(P100참조)
22. 55° 둥글다(P101참조)
23. 60° 둥글다(P102참조)
24. 생략(P100, 100, 102, 참조)
25. 생략(P100, 101, 102, 참조)

P 111
보울트·너트

1. 관통보울트
2. 탭 보울트
3. 스텃 보울트
4. 32
5. 1종
6. 16
7. 55
8. 45
9. 32
10. 2종
11. 16
12. 3종
13. 12
14. 35
15. 78
16. 28
17. 40
18. 17

P 113
보울트·너트(BOLT NUT)

1. 4
2. 5
3. 4
4. 5
5. 관통 보울트
6. 탭 보울트
7. 스텃 보울트
8. 드릴
9. 32
10. 64
11. 숫나사의 골
12. 너트의면취부분
13 ϕ 22
14, M20
15풀림방지
16그림(1)은면취그림(2)는 라운딩
17. 13
18. 드릴
19. 40
20. 40
21. (ㄴ)
22. 보울트머리의면취부
23. ϕ 17
24. 25와38
25. 너트 2개
26. 암나사의 골
27. 보울트의 골
28. 120 °(118 °)
29. 79
30. 그림 3
31. 60°
32. 미터나사
33 육각너트 3종상1급 4 TM20

P117
드릴 규격

1. 0.0135″
2. 0.0960″
3. 0.1610″
4. 0.1935″
5. 0.2280″
6. 0.2340″
7. 0.4130″
8. X번
9. 7
10. Q, 0.3320″

P123
코터 조인트

1. 75
2. 70
3. 70
4. 중간끼워 맞춤
5. 200
6. 20
7. 1/20
8. 한쪽
9. 분할핀
10. 90
11. 분할핀ϕ·8 SM45C
12. 없다
13. 있다 (1/20)
14. ▽▽
15. 부품 ② 축의 코터 구멍가공 기호위치
16. 0.049
17. 0°
18. 228

P125

1. 10mm
2. 12mm
3. 12mm
4. 10mm
6. 75mm
7. 52mm
8. 24mm
9. 16mm
10. 180mm
11. 16.8mm
12. 2 열 맞대기이음
13. 16×40SBV34

* P122의도면② ϕ 70h 6 가 잘못인쇄되었으니 고쳐주시오

P127
리벳 이음 보일러

1. 16
2. 12
3. ϕ 1600
4. 12
5. ϕ 22
6. ϕ 23
7. 100
8. ㄷ
9. 12
10. 12
11. 8
12. 16
13. 93
14. ㄹ
15. 1,500
16. 68
17. 4
18. 305,41kg
19. 715.16kg
20. 703,158 kg
21. 15,5
22. 15.5
23. ϕ 22×35
24. 502.4cm
25. 강(SBV41B)

P132. P133 그림생략 *우측면도화살표에 D누락요 보충

P133 ② 번… 5개의부품

용접도면의 판독과제 P 134

1. V형
2. 8
3. 양측판
4. 연속
5. 필릿
6.
7. 연속
8. 양쪽
9. 필릿
10. 연속
11. 9
12. 11
13. 9

P137
플랜지 커플링

1. 28
2. 12×8
3. 90
4. 100
5. 200
6. 0.025
7. 0.000
8. 0.025
9. 중간끼워맞춤
10. 0.057
11. 0.000
12. 0.036
13. 16.018
14. 15.922
15. 리머작업

P139
유니버어셜 조인트(Universal Joint)

정정 : P140 21번 부품 Ⓔ을 부품①로 고쳐주시오.

1. 12
2. ㉠
3. ㉤
4. ㉢
5. ㉣
6. ④
7. 스플릿핀
8. 된다.
9. 7
10. ϕ 30
11. ϕ 6
12. ϕ 30
13. ④와⑤
14. ③
15. ④
16. 탄소강단강품(SF45) 인장강도 최 저 45 mm^2
17. 청동주물(BC 2) 2종
18. 23
19. 열간둥근머리리벳트 (SBV 34)
20. 헐거운 끼워 맞춤
21. 헐거운 끼워 맞춤
22. 헐거운 끼워 맞춤
23. 〃
24. 1
25. 연결하고자 하는 두축 중심선이 일치하지 않고 교차할 때

P141
맞물림 클러치(Dog Clutch)

1. 3
2. 전달 된다
3. 때려맞춤키이
4. 미끄럼 키이
5. ①
6. 아님
7. 10×15
8. 49,950
9. 헐거운 끼워 맞춤
10. 0.075

P 147
미끄럼 베어링(Sliding Bearing)

1. ϕ 26
2. 25
3. ϕ20
4. 8
5. 리브
6. 24
7. (주철)
8. (청동)
9. 셋트 스크류우
10. 육각구멍붙이 셋트스크루유
11. 윤활유 주입구

12. 0.021
13. 20.021
14. 20,000
15. 헐거운 끼워 맞춤
16. 0.049
17. 4
18. 8
19. 45
20. 12

P 149

분할 미끄럼 베어링(Split Sliding Bearing)

1. 82
2. 250
3. 64
4. 42
5. 140
6.
7. 64
8. 18
9. 파이프용 테이퍼 평행암나사
10. 78
11. 78
12. 66
13. 50
14. 84
15. 78
16. 70
17. 62
18. 66
19. 화이트 메탈
20. ▽▽

P153

V 벨트 풀리(V Belt Pully)

1. 38°
2. 34°
3. 12.5
4. 12.5
5. 63
6. 71
7. 63
8. 20
9. 50
10. 25,021
11. 25,000
12, 0.021
13. 0.050(P53참조)
14. 50,025
15. 50,000
16. 0.025
17. 헐거운 끼워 맞춤
18. 0.041(P53참조)
19. 7×7
20. 12×8

P 154

벨트 풀리(Belt Pulley)

1. 가형
2. 100
3. 350
4. 풀리일체형 350×100GC20
5. 346
6. 334
7. 326
8. 314
9. 80
10. 76
11. 96
12. 10×8
13. 축구멍
14. 회전목형
15. 0.025

P 156

1 .커진다
2. 작아진다
3. 10P
4. 225회전

P160

1 .(B) ③ (A)
2. (A) ④(B)
1. (A) (4)(B)
1. (B(4)) (A) (3)(4)

P 163

스퍼어 기어(Spur Gear)

1. 이끝원
2. 핏치원
3. 이뿌리원
4. 40
5. 보스
6. 50
7. 35
8. 0.025
9. 208
10. 200
11. 216
12. 150
13. 40
14. 4
15. 4,628
16. 0.628
17. 4
18. 없다
19. 4.5
20. 10×8
21. ϕ 40 주물구멍 6개소 있다.

P164

스퍼어 기어(SUPER GEAR)

1. 308
2. 319
3. 40
4. 60
5. 0.025
6. 4
7. 생략 +자형
8. 10×8
9. 5.5
10. 165
11. 176
12. 236.5
13. 핏치원
14. 308
15. 이끝원
16. 이뿌리원

P165

베벨 기어(Bevel Gear)

1. 180
2. 112°38′
3. 33°41′
4. 185,46

5. 78, 186
6. 3°39′
7. 3°04′
8. 58°58′
9. 53°15′
10. 120
11. 46°19′
12. 78, 186
13. 3°39′
14. 3°04′
15. 37°20′
16. 30°37′
17. 5

P 167

베벨 기어(Bevel Gear)

1. 26°34′
2. 63°26′
3. 63°26′
4. 26°34′
5. 120
6. 240
7. 128, 944
8. 244, 724
9. 117,77
10. 2°08′
11. 2°08′
12. 3°20′
13. 2°40′
14. 28°42′
15. 65°34′
16. 23°54′
17. 60°46′
18. 90°
19. 30, 021
20. 40, 025
21. 0.021
22. 0.025
23. 8
24. 7×7
25. 10×8

P 169

워엄 및 워엄기어(Worm and Worm Gear)

1. 194
2. 6°42′ 오른 방향
3. 68
4. 320
5. 8
6. 25. 14
7. 10
8. 시계반대방향
9. 56
1.. 56, 030
11. 56, 000
12. 0.030
13. 8
14. 10
15. 20°
16. 50. 26
17. ϕ 352×80
18. 4
19. 110
20. 15×10
21. 생략

P 175

안 전 밸 브

1. M56P 2
2. ▽▽▽
3. 0.244
4. 28
5. 28
6. 29
7. 스프링
8. 90°
9. 90°
10. 아니다
11. 덮개 ②
12. ③
13. 낮아진다.
14. 청동주물 2종(BC 2)
15. 스프링강 3종(SPS 3)

P 177

글로우브 밸브(Gloub Valve)

1. 육각너트 1종중3급 4TM10
2. 밸브대
3. 핸들
4. 덮개
5. 미터 가는 나사(M32×1.5)
6. 미터 가는 나사(M32×1.5)
7. 미터가는나사(M50×2)와파이프용 테이퍼 나사(PT 1½)
8. 미터 가는 나사(M50×2)와 (M32×1.5)
9. 29° 사다리꼴나사(TW18)
10. 29° 사다리꼴나사(TW18)
11. 없다.
12. ④
13. 미터가는 나사(M25×1.5)
14. 덮개
15. 덮개를 열어야 뽑아진다.
16. 41㎜
17. 27㎜
18. 38㎜
19. 6
20. 1¼″
21. 핸들
22. 청동주물 3종
23. 쾌삭황동봉 1종
24. 몸통과 디스크가 접촉하는 면
25. 27
26. ②와⑥
25. ②와⑦

P 181

콤파운드 슬라이드 레스트(Comp-ound Slid Rest)

1. 152
2 45
3. 72
4. 32
5. 48
6. 36
7. Ⓢ
8. Ⓓ

9. 18
10. 20
11. Ⓝ
12. Ⓜ
13. 576
14. 648
15. 6,992
16. 49.536
17. 63,540
18. 19
19. 12
20. Ⓣ

P183

세파레이터 브래킷(Separator Bracket)

정정 : P182정면도에서높이
90밑에16보충해 주시오

1. ㉠
2. 4
3. 2
4. 보링 머신
5. 8
6. 2개, 16
7. 62
8. 400
9.
10. 144
11. 164
12. 124
13. 카운터 보아
14. 48
15. 4
16. 카운터 보아
17. 32
18. 1
19.
20. 82
21. 20
22. 82
23. 12
24. 142
25. P=72 V=24
Q=112 W=32
R=30 X=144
S=72 Y=114
T=288 Z=8
U=90

P185

옵셀 브래킷(OFF SET BRAKET)

Ⓐ 24	Ⓑ 16	Ⓒ 28
Ⓓ 68	Ⓔ 48	Ⓕ 44
Ⓖ 16	Ⓗ 60	Ⓘ 44
Ⓙ 28	Ⓚ 44	Ⓛ 12
Ⓜ 24	Ⓝ 158	Ⓞ 48
Ⓟ 112	Ⓠ 32	Ⓡ 24
Ⓢ 24	Ⓣ 86	Ⓤ 48
Ⓥ 160	Ⓦ 16	Ⓧ 25
Ⓨ 16	Ⓩ 8	

P 187

트립 박스(Trip Box)

1. ⑩
2. ⑨ ②
3. ⑫
4. 7
5. ⑦
6. 100
7. 20
8. 18

9. 20
10. 20
11. ⑬
12. Ⓓ
13. Ⓕ
14. 28
15. [illegible]
16. Ⓗ
17. Ⓛ
18. 8
19. 7
20. Ⓟ

P 188

셔 틀(Shuttle)

1. A=12 B=8
C=16 D=104
E=30 F=80
G=170 H=64
2. ②
3. ⑤
4. ⑮
5. ㉗
6. ⑥
⑦. ⑧
8. ④
9. ⑪ ㉖
10. Ⓡ
11. Ⓠ
12. Ⓠ
13. 128
14. ⑩
15. 44
16. ③
17. ⑲㉒⑦⑱
⑭Ⓧ⑯⑰
18. ⑫
19. 174
20. 128
21. 256
22. 152
23. 66
24. ⑬
25. 61. 36

P 191

훗 드(Hood)

정정 : P190 평면도에서
W10山24는10－24
NC－2로 고쳐주시오

1. 정면도, 평면도, 좌측면도
2. 2
3. 2
4. 4
5. 그리이스 닛플
6. ⑫
7. ⑯
8. ⑪
9. ⑤
10. ⑦ ⑩
11. ⑮ ⑲
12. ⑬
13. 110
14. 44
15. 64
16. 24
17. 16
18. 평행 키이
19. 위치결정
20. 테이퍼 핀 구멍
21. 40
22. ⑰
23. 42
24. 18
25. 24
26. 20
27. 28
28. Ⓢ
29. 42
30. 18
31. ⑳ Ⓖ
32. 25번드릴 0.1495
(P115참조)
33

[illegible]6㎜ Ⓥ 24㎜ Ⓦ 48㎜
Ⓧ 48㎜ Ⓩ 44㎜
⑱ 42R ㉑ 40㎜ ㉒ 2 ㎜
㉓ 10R ㉔ 64㎜ ㉕ 40㎜
㉕ 36㎜ ㉗ 45도 ㉘ 22㎜
㉙ 36㎜ ㉚ φ 56 ㉛ W-1/2″
㉜ 28 깊이 ㉝ 2″No4 테이퍼 핀
㉞ 24㎜ ㉟ 48㎜ ㊱ 7 ×3.5
㊲ 14㎜ ㊳ 64㎜ ㊴ W-1/2″
㊵ 7 × 7 ㊶ 96㎜ ㊷ 3.5㎜
㊸ 45도 ㊹ 44. 5㎜ ㊺ R 4
㊻ 6 ㎜ ㊼ R 10 ㊽ R 4
㊾ 60㎜ ㊿ φ 42 (51) R 10
(52) 24㎜ (53) 96㎜ (54) 96㎜
(55) 44㎜ (56) R 10

P 19

케이스 커버(Case Cover)

1. 12
2. 0.18
3. 0.59
4. 8
5. 0.30
6. 0.50
7. 0.85
8. 0.092~0.093
9. 0.38
10. 45°
11. 0.21
12. 0.5
13. 3.62
14. 1.69 1.70
15. 0.07 0.08
16. 0.3
17. 1.06
18.
19. 0.374 0.376
20. 0.4975
21. Ⓤ
22. Ⓧ
23. 0.29

P194

인덱스 페데스탈
(Index Pedestal)

1. 80
2. Ⓟ
3. 16
4. 144
5. 12
6. 28
7. 20
8. 14
9. Ⓤ
10. 26
11. 3
12. 72
13. 88
14. 1 가지(▽)
15. 20
16. 39
17. 132
18. φ 32
19. 선(③)
20 Ⓦ
21. ⑨
22. 3

23. 204
24. 우측면Ⓦ옆
V 표가 있는곳
25. 3
26. R98
27. 36

P 197

인터럭 베이스(Interlock Base)

정정 : 문제 15번
㉓나사구멍→ ㉒나사구멍으로 고쳐 주시오

1. ⑩ ⑤
2. ⑨
3. ⑬ ⑪
4. ⑦
5. ⑥ ⑲
6. ⑰ ⑭
7. Ⓝ ⑮
8. 10
9. (없음)
10. 없음
11. 10
12. 11
13. ⑲
14. ㉑
⑮. Z Z
16. Ⓙ
17. ㉖ Ⓢ
18. 56
19. 105
20. 48
21. W-3/8″나사 구멍
22. 65
23. Ⓚ
24. ㉛
25. 36
26. 32
27. 28
28. 16
29. ㉝
30. Ⓣ
31. Ⓤ
32. ⑯

P 198

코일 프레임(Coil frame)

1. Ⓕ
2. 암의 단면 위치에서
3. 4
4. ⑦
5. ⑬
6. ⑩
7. ⑳
8. ⑲
9. ㉑
10. ㉖
11. ㉕
12. ㉓
13. 136
14. 17°
15° 10°
16. 48
17. 392
18. φ 32
19. 410.5
20. 62
21. 36
22. 410
23. 356
24. Ⓖ=16 Ⓠ=28
Ⓗ=48 Ⓡ=64
Ⓘ=16 Ⓢ=452
Ⓧ=92 Ⓣ=64
Ⓨ=356 Ⓤ=68
Ⓞ=320 Ⓛ=5
Ⓟ=392 Ⓜ=143

P 201

드라이브·하우징
(Drive Housing)

1. 밀링머신또는세이퍼
2. 1,634
3. 0.625″
4. 11/16″
5. 3/8 파이프 탭구멍
6. 실제품에서는 필요없어서 완전 가공후 제거할 부분.
7. (　　　)
8. 8
9. 드릴링→랩핑
10. 아니다.
11. Ⓗ
12. Ⓑ
13. 15개소
14. 1″
15. 정면도
16. 5,125″
17. 1/2″
18. 1⅝″, 1,9997″
19. 5/16,″ 5/8,′ 7″
20. 2.03095″
21. 1/16″
22. 0.9375,″ 5,19166″
23. $1\frac{13''}{16}$
24. 모는 기계 가공이 끝난뒤에 떼어 내어야 한다.

P 202

유니버어셜

정정 : P203도면 저면도치수
6 4/3 은한칸올려주시오

1. Ⓙ
2. 없다.
3. Ⓚ
4. 20개
5. Ⓝ
6. 2
7. 15
8. Ⓤ
9. 11
10. Ⓡ
11. ⑦
12. 58⅞″
13. 7/8″
14. Ⓝ
15. 27 구멍 제외

P 205

공구 받침대(Rear tool post)

1. 6
2. ¼-28NF-3 ① 5/16-24NF-3①
   5/16-18NC-2 ② 7/16-14NC-2 ②
3. 5/16-24NF-3—①
   5/16-18NC-2—②
4. ϕ ¼″, ϕ ⅜″
5. ½″
6. Ⓤ—¼″ Ⓕ—½″
7. 13/16″
8. 11/16″×2⅛″
9. ②
10. ⑤
11. ⑦ ③
12. Ⓡ
13. 9/16″
14. ϕ 9/16″ ×ϕ 2″
15. ⅝″
16. ⑧
17. 2 7/16″
18. ⅜″
19. ⅜″
20. Ⓚ
21. Ⓨ 평면도

P 206

이련식 펌푸의 수통(Water Cylinder for Duplex Pump)

1. 680
2. 4
3. 40
4. 460
5. 684
6. 224
7. 96
8. 328
9. 360
10. 112
11. 112
12. 128
13. 24
14. 132
15. 20
16. 176
17. 21
18. 8 AM STD. 파이프 탭
    24—10NC —2 탭.
19. 252
20. 8 —ϕ 28
21. 288
22. 수통의 저면
23. 68
24. 56
25. 24
26. ⑦

P 209

라이즈 블록(Raise block)

1. ϕ 16
2. M10
3. ϕ 12— 2 개
4. Ⓡ
5. Ⓢ
6. ②
7. ③
8. ⑧
9. 4
10. 68
11. 100
12. 124
13. 14
14. 28
15. 44
16. 26
17. 24
18. ⑰
19. 18
20. ㉕
21. ⑱
22. ⑳
23. 8
24. 52
25. 144
26. 16
27. 28
28.
29. 36
30. 44

P 210

코너 브래킷(Coner Bracket)

1. 9
2. 4 개—M18
3. 2—ϕ 48, ϕ 56
4. 4 —ϕ 20
5.
6.
7. 243
8. 조립후
9. Ⓨ
10. Ⅱ의 Ⓛ
11. Ⓢ
12. Ⓟ
13. Ⓣ
14. Ⓦ

15. 16
16. 48
17. 36
18. Ⓕ

P 213

서포오트 아셈브리 밸브(Suppa Assembly Valve)

1. 4
2. 8 ×80×96
3. ④
4. 56
5. 13
6. 윗판
7. 밑판
8. 10×48×80
9. 12×28×72
10. 14×24×80
11. 46
12. 80
13. 96
14. 286.2784g
15. 12
16. 휠렛
17. 단속
18. 휠렛(구석살)기호
19. 연속
20. 생략
21. SM41P
22. 기계구조용강
23. 인장강도(최저)
24. 플레이트
25. 기계구조용압연 강제와 일반구조용강

P 214

스파이더(Spider)

1. Ⓢ
2. Ⓜ
3. 50.32
4. 935
5. 생략
6. ϕ 13/16″
7. M20×200
8. 꺾어진 단면을 펼쳐서 그리니까
9. M20
10. 50
11. 24
12. 632
13. 34
14. 332
15. ϕ 48
16. 단면⑦과 같은 것
17. Ⓗ
18. 6
19. 48×ϕ ⅜″

P 217

스핀들 베어링(Spindle Bearing)

1. 20
2. 23
3. 19
4. 12
5. 15
6. 8
7. 8
8. 10
9. ⑤
10. ⑩
11. ⑮
12. 그림5－⑳
13. 7
14. 생략
15. ⑦
16. A－A
17. C－C
18. B－B
19. 6
20. 40

21. 152°
22. ⑥
23. 20
24. ⑨
25. 6
26. ⑱ ㉒
27. ⑯
28. ⑲
29. 1
30. 0.5

P 218

보조 펌프 받침(Auxiliary pump Base)

1. 주철
2. 7
3. Ⓧ
4. ① 또는 ②
5. 28
6. 1
7. 4
8. ϕ 28
9. 24
10. 12
11. 16
12. 48
13. 52
14. 96
15. 410
16. 64
17. 128
18. 126
19. 8
20. 받침 고정용 보울트 너트의 체결을 하는데 공구를 사용하기 위함

P 221

스파크 조정기(Spark Adjuster)

정정 : 문제10번(P 참조) P117참조) 로

1. 13
2. Ⓔ
3. ⑩
4. ④
5. ⑨
6. ⑦
7. ⑤
8. 82
9. 13
10. W
11. 0.339″
12. 0.386″
13. 13
14. 12
15. 20°
16. 70°
17. 62
18. ⑥
19. ⑧
20. 16
21. 30.4139
22. 120
23. 12
24. ③

P 222

유체압력 밸브

1. 5
2. 황동
3. 고무
4. 황동
5. 황동선
6. 황동
7. 1 $\frac{23}{32}$″
8. 0.269
9. 3.5″
10. Ⓑ

11. 6
12. 5/32″
13. ⑤의 나사부분의 절단부 ①의 윗부분
14. 1인치당 11산 ⅝(호칭경) 11 (산수) NC(보통나사) 2 (2급)
15. 3″
16. 1⅜″
17. 0.0621″
18. 1¾″
19. 3″
20. 생략
21. 생략
22. 1 1/16″
23. 30°
24. 60°

P 225

네 바퀴 트로오리(Four-Wheel Trolley)

1. 생략
2. 〃
3. 〃
1. 그리이스 주입 구멍
2. P−P선
3. L−L선
4. 생략
5. Ⓗ
6. Ⓕ
7. I−Beam
8. Hyatt Bearing
9. 그리이스 cup
10. 생략
11. 리벳트
12. 스프링 와셔
13. 9°27′ (약)
14. 18°54′ (〃)
15. ½″
16.

P 226

요 오 크(Yoke)

1. 2-#21(0.159″)
2. 16
3. 21°
4. φ0.627″
5. φ0.281″
6. 0.75
7.
8. 0.750
9. 0.323
10. 0.193
11. 0.383
12. 0.761
13. 0.2834
14. 0.381
15. 25°
16. 0.73035
17. Ⓛ
18. 6.6326
19. 2.4985+⑲=답
20. R9/32″

P 228

기어펌프(Gear Pump)

1. 육각보울트 M6×15.6개
2. 육각보울트 M6×17.2개
3. 사각보울트 M8×12−1개
4. 팩킹. 기름이 새어나오지 못하게함
5. 0.5
6. 39
7. 39,025
8. 39,000
9. 0.025
10. 0.016 45.500 45,484
11. 0.018. 13.972. 13,954
12. 0.011 14,000, 13,089
13. 헐거운 끼워 맞춤
14. 0.035, 0.006
15. 축 기준식
16. 12
17. SF50 (탄소강단강품 4종 최저인강도 50kg/mm²
18. 기어홉빙머신.
19. 0.018. 14.024. 14,006
20. 헐거운 끼워 맞춤
21. 0.035
22. 0.006
23. 축기준식
24. 0.018 . 13,996, 13,978
25. 억지 끼워 맞춤
26. 0.007
27. 0.022
28. 8(석면 패킹 t=0.5를 더하여)
29. 0.054 0.5
30. A
31. PT ¼″
32. 19
33. 8

P 231

컨트롤 브래킷(Control Bracket)

Ⓐ=28 Ⓑ=16
Ⓒ=13 Ⓓ=16
Ⓔ=10 Ⓕ=6
Ⓖ=4 Ⓗ=6
Ⓙ=30 Ⓚ=2
Ⓛ=2 Ⓜ=7
Ⓝ32 Ⓟ=0.1285″
Ⓠ=45° Ⓡ=8
Ⓢ=4 Ⓣ=8
Ⓤ=65 Ⓥ=6−32NC−2 탭구멍
Ⓦ=18 Ⓧ=6
Ⓨ=8 Ⓩ=16

⑮=44 ⑯=
⑰=4 ⑱=16
⑲=12 ⑳=6
㉑=12 ㉒=26
㉓=24 ㉔=14
㉕=R 2 ㉖=20
㉗=4 ㉘=8
㉙=4 ㉚=16
㉛=16 ㉜=8
㉝=12 ㉞=3
㉟=2 ㊱=12
㊲=16 ㊳=2
㊴=30 ㊵=4
㊶=4 ㊷=4
㊸=6 −32N2 −2 탭구멍 깊이−12
㊹=34 ㊺=4
㊻=12 ㊼=4

P 232

페데스탈 베어링

1. 18.2677
2. 96 64
3. 264
4. Ⓕ
5. 48
6. 48
7. 40
8. 66
9. 364
10. 76
11. 24
12. ⓞ
13. 183
14.
15. 292
16. 저면도
17. ⑦
18. 12
19. 88
20. 119 14
21. 352
22. 52×168

P 235

기어 하우징(Gear Housing)

1. ⑨
2. ⑧
3. ⑦
4. ⑫
5. ⑮
6. ϕ 12
7. ⑬
8. ⑩
9. ϕ 64
10. R98
11. R 274
12. 64
13. 142
14. 36
15. 126
16. ϕ 452
17.
18. Ⓠ
19. ⑤
20. 4
21. ②
22. R44
23. 9
24. 14
25. 16
26. 38
27. ⑩
28. ⑯
29. ⑩ 면이 2,825 낮다.
30. 6

독 도 과 제

기어 아암 (Gear Arm)

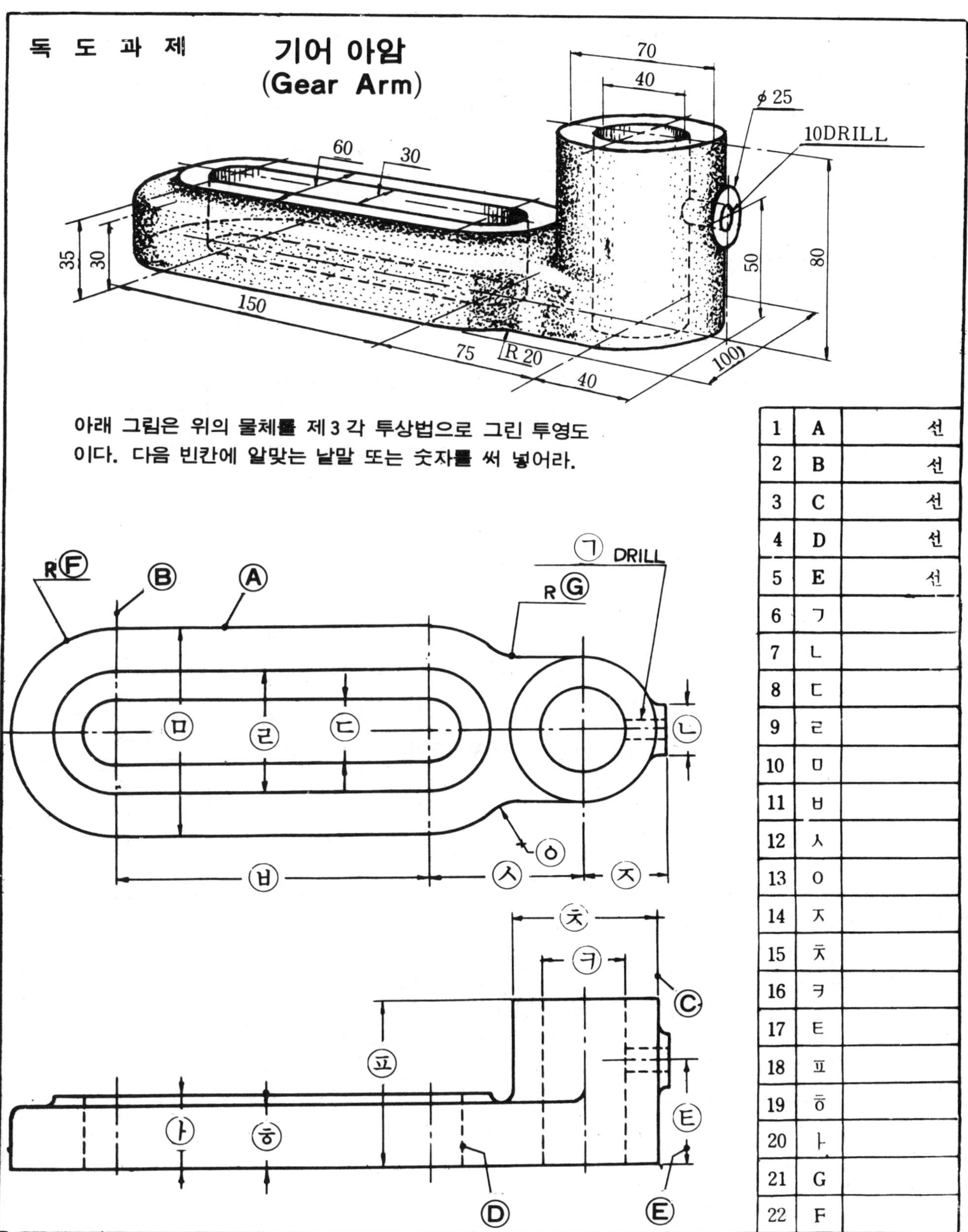

아래 그림은 위의 물체를 제3각 투상법으로 그린 투영도이다. 다음 빈칸에 알맞는 낱말 또는 숫자를 써 넣어라.

1	A	선
2	B	선
3	C	선
4	D	선
5	E	선
6	ㄱ	
7	ㄴ	
8	ㄷ	
9	ㄹ	
10	ㅁ	
11	ㅂ	
12	ㅅ	
13	ㅇ	
14	ㅈ	
15	ㅊ	
16	ㅋ	
17	ㅌ	
18	ㅍ	
19	ㅎ	
20	ㅏ	
21	G	
22	F	

투상도 그리기

투상도를 가장 효과적으로 그리려면 다음과 같은 순서로 그린다.

(1) 입체를 잘 보고 연구해서 어떠한 투상도를 몇 개 그리면 물체의 형상을 가장 잘 나타낼 수 있는가를 생각한다(그림 ①).

(2) HB정도의 무른 연필로 약하게 투상도의 대강의 윤곽을 그린다(그림 ②).

(3) 세부를 그리며, 이 때 각 투상도를 병행해서 그린다(그림 ③).

(4) 외형선을 충분히 굵게 그린다(그림 ④).

(5) 세부를 굵은 실선으로 뚜렷하게 그려서 물체의 보이는 부분의 모양을 완성한다(그림 ⑤).

(6) 파선으로 보이지 않는 부분의 모양을 그린다. 파선의 굵기는 외형선의 반굵기로 그려야 한다(그림 ⑥).

(7) 완성한 투상도를 입체도와 대조해서 차근 차근 검사한다.

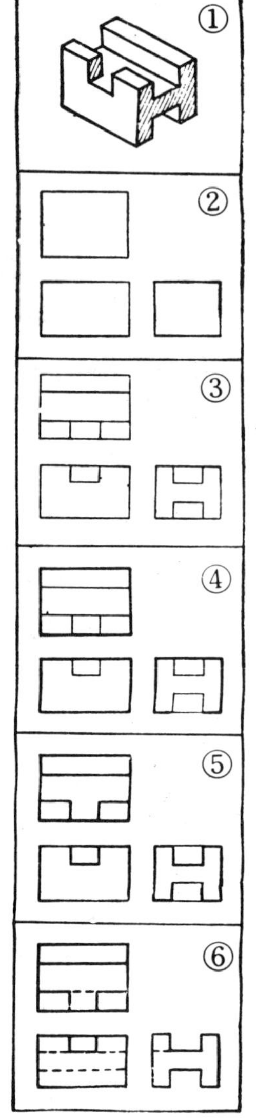

입체도 그리기

도면을 판독하는데 가장 효과적인 방법의 하나는 투상도를 보고 그것을 입체도로 나타내는 방법이다. 즉 아래그림 ②와 같이 OX를 수직으로 하고 OY, OZ를 수평선과 30° 각도가 되게 3개의 축을 그린 다음 이축에다 ③과 같이 입체의 각변에 비례한 길이 L과 높이 H, 폭 D를 표시해 놓고 각각 평행선을 그어서 ④와 같이 입체를 완성시키는 것이다. 이렇게 그린 입체도를 **동각투상도**라고 한다.

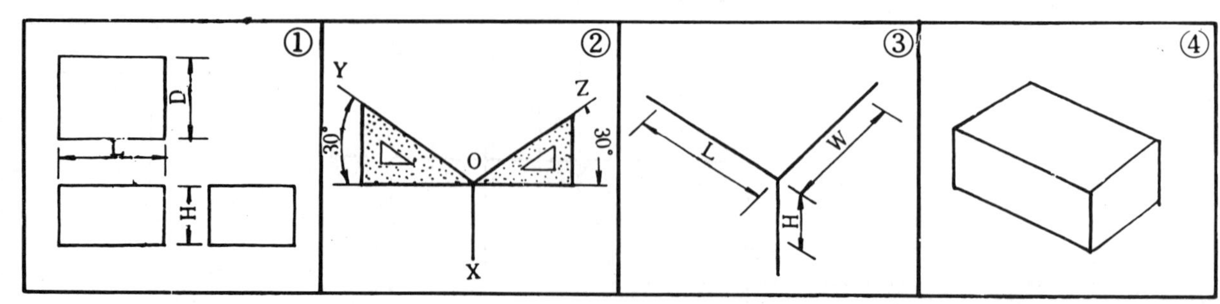

다음 각 물체의 투상도를 제 3 각법으로 나타내고 아래 마름모 모눈종이에 등각 투상도를 그려라.(밑의 홈은 관통되어 있음)

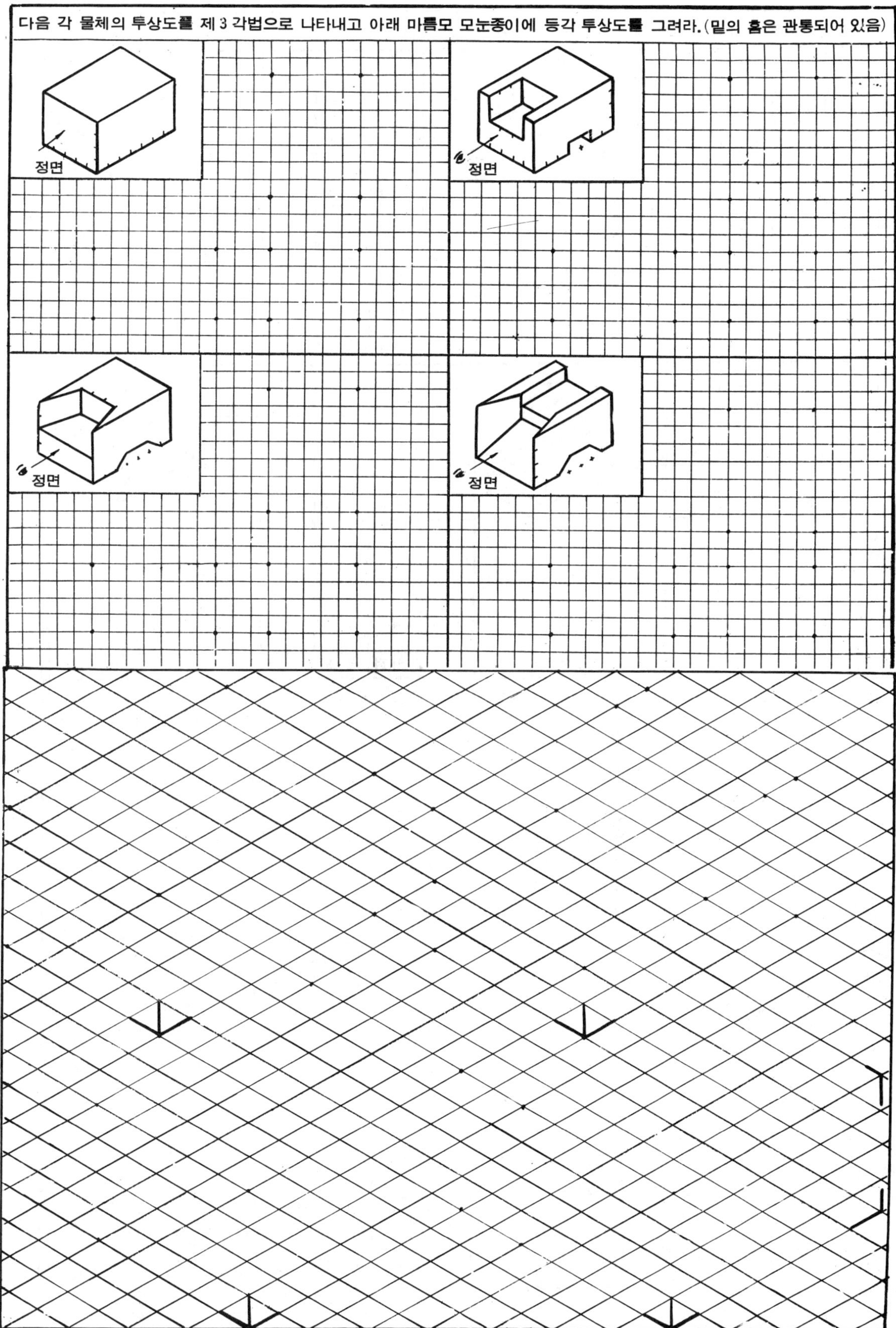

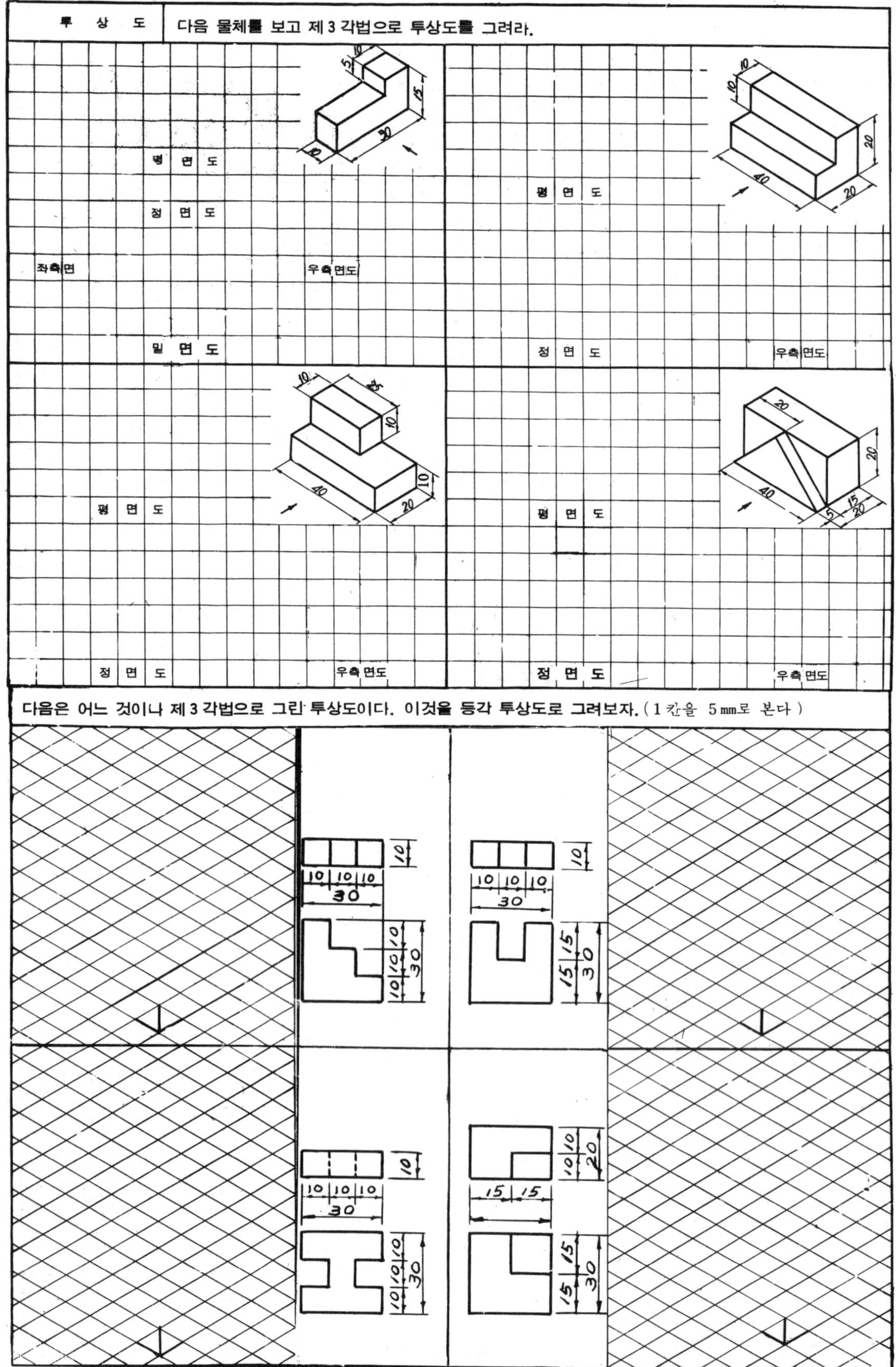
투 상 도
다음 물체를 보고 제 3 각법으로 투상도를 그려라.
평 면 도
정 면 도
좌측면
우측면도
밑 면 도
정 면 도
우측면도
평 면 도
정 면 도
우측면도
평 면 도
정 면 도
우측면도
다음은 어느 것이나 제 3 각법으로 그린 투상도이다. 이것을 등각 투상도로 그려보자.(1 칸을 5 mm로 본다)

투영도의 해독 주어진 투영도를 보고 물체를 등각투상도로 나타내어라.

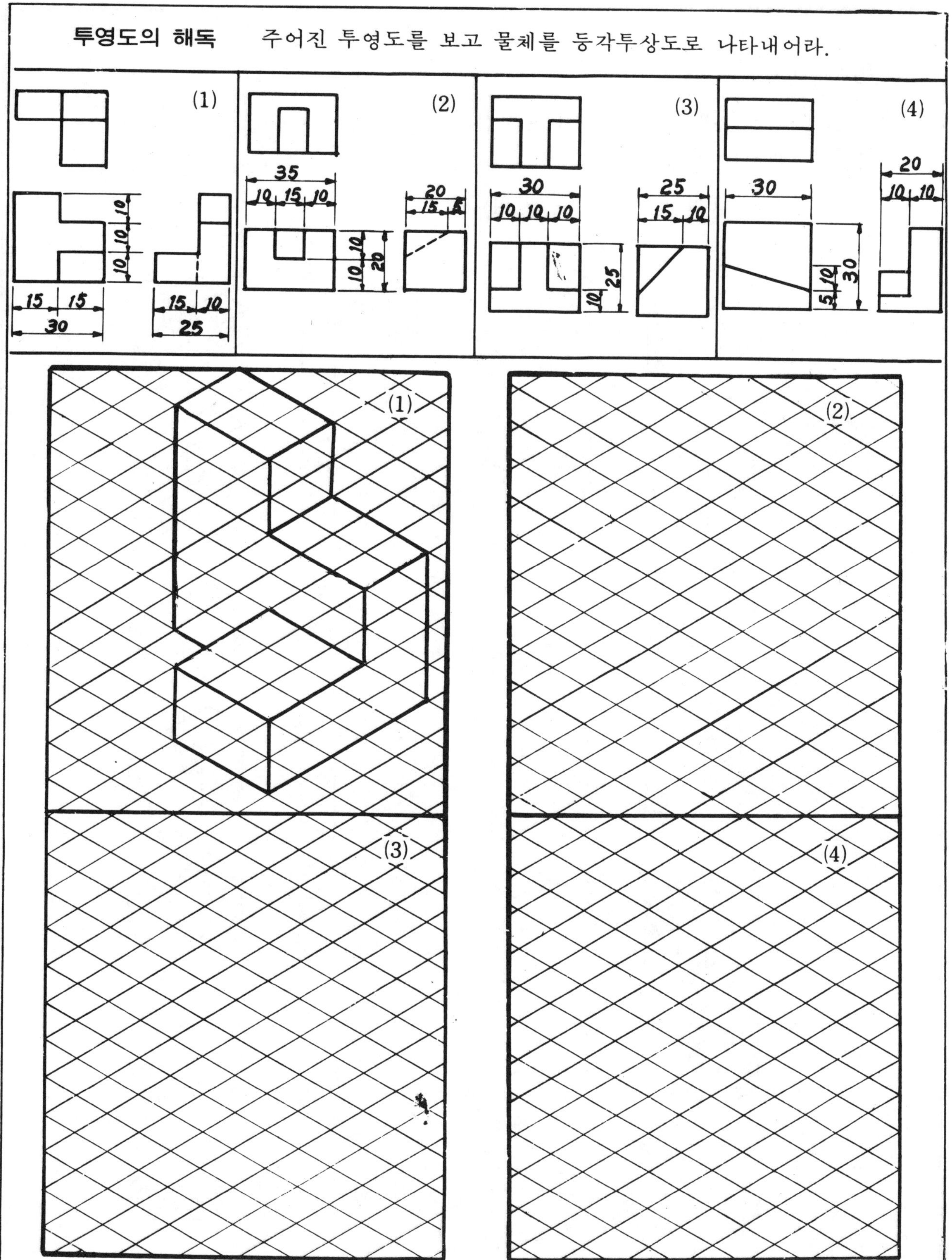

〔투영도 과제 - 1〕

다음 물체를 제3각 투영법에 따라 모눈지에 정면도, 평면도, 우측면도를 그려라. (본 과제에서는 투영도의 이해가 주목적이므로 칫수는 그림의 칫수 비례에 따라 알맞는 크기로 그린다. P14참조할 것)

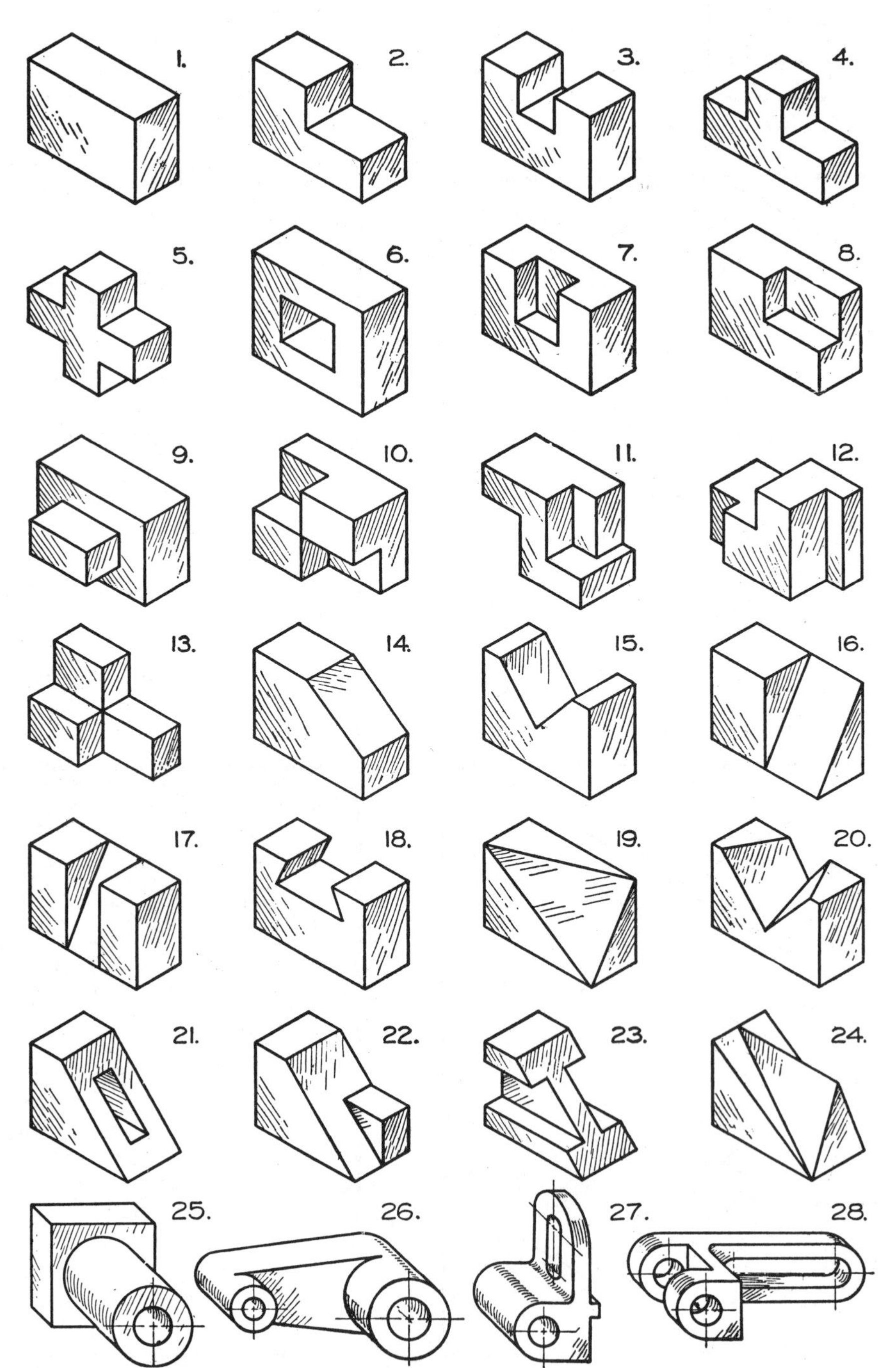

투영도 과제 –2)

다음 물체를 제 3 각 투영법에 따라 정면도, 평면도, 우측면도를 그려라.

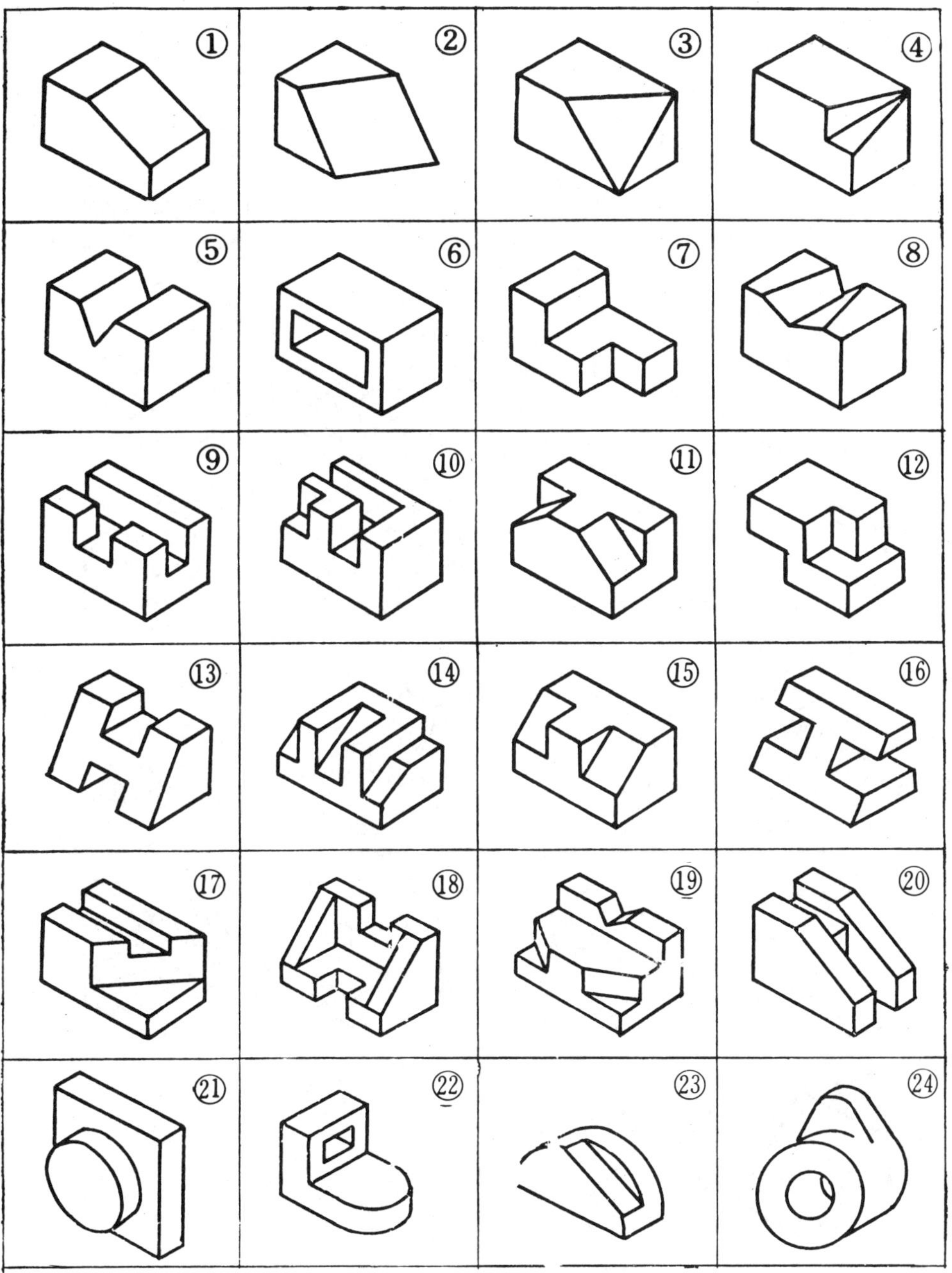

(본 과제에서 투영도의 이해가 주목적이므로 치수는 그림의 치수비례에 따라 그릴 것.)

〔투영도 과제 - 3〕

다른 물체를 제3각 투영법에 따라 모눈지에 정면도, 평면도, 우측면도를 그려라. (본 과제에서는 투영도의 이해가 목적이므로 칫수는 그림의 칫수비례에 따라 알맞는 크기로 그린다. P14참조할 것)

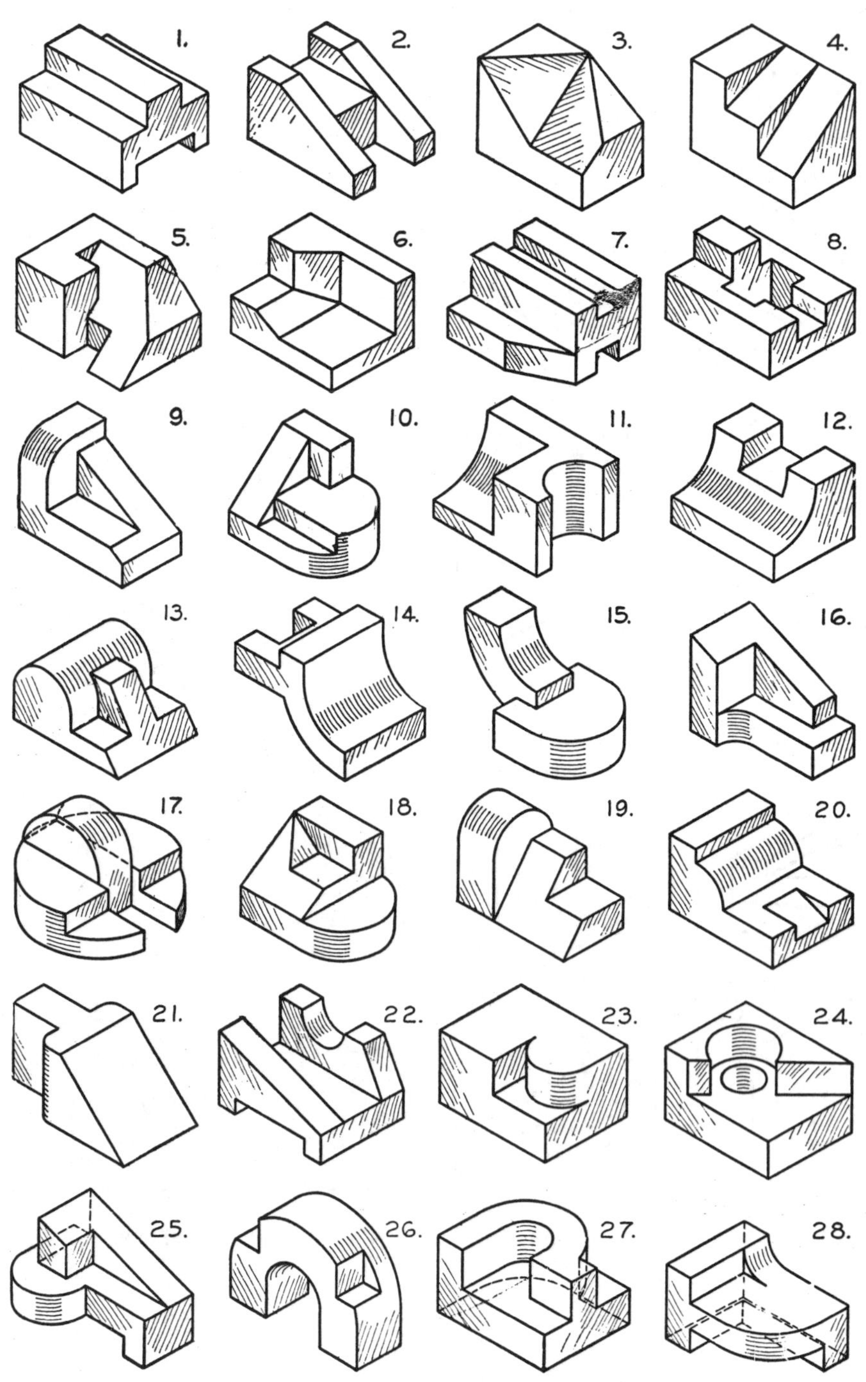

〔투영도 과제 - 4〕

다음 1~21번 까지의 그림은 어떤 물체의 평면도와 정면을 그린것이다. 모눈종이에 평면도와 정면도를 옮기는 동시에 14페이지를 참조하여 우측면도를 완성하여라. 또 각 물체의 등각 투영도를 그려라.

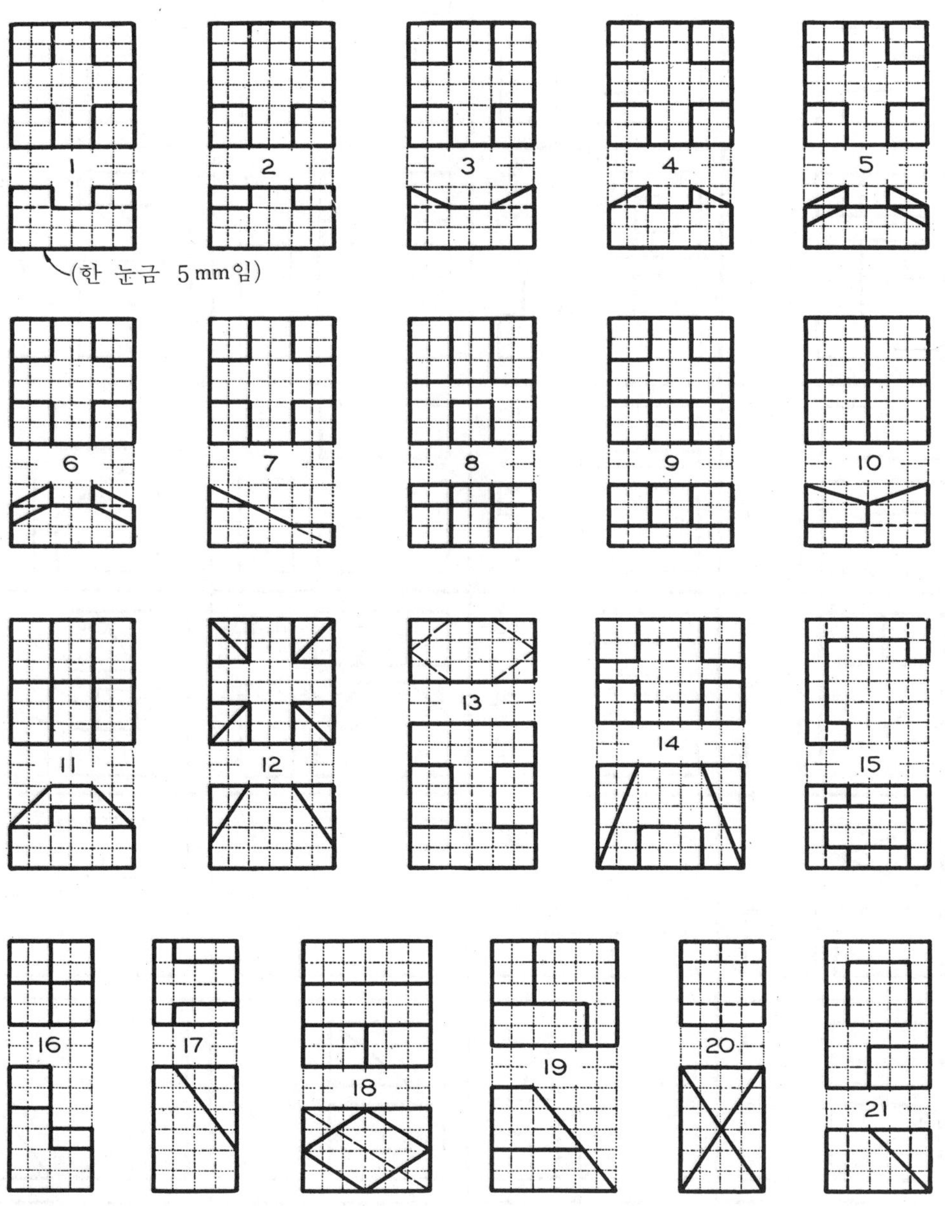

〔익힘 문제〕

다음(1 ~24) 제3각 투상법으로 그린 투상도에 빠진 선을 보충하여라.

또 다음 페이지에 예시한 대로 평면에 그려진 투상도로부터 물체를 등각투상법에 의하여 입체로 나타내어라.

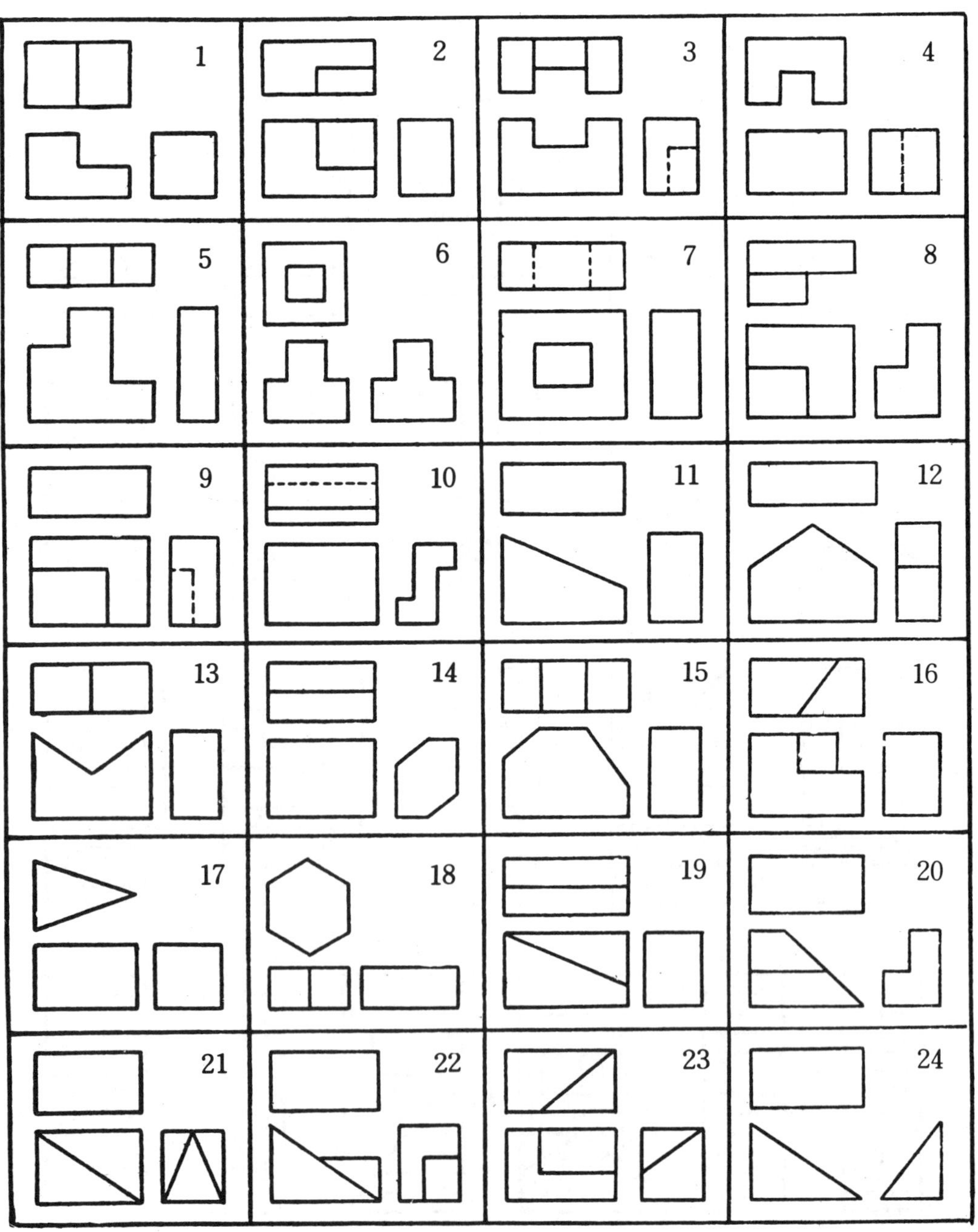

투영도를 입체로 나타내기

앞 페이지의 제3각법 투상도를 등각투상법으로 나타내어라. 적당한 크기로 모양을 잘 나타낼 것.

(보기)

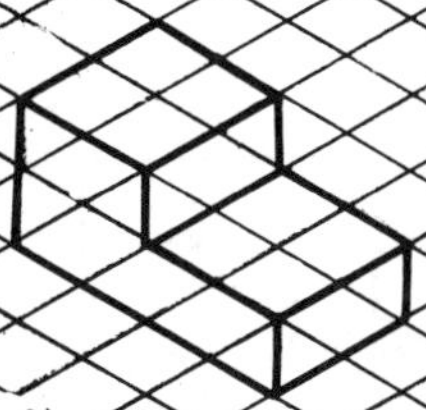

1 2 3 4

5 6 7 8

9 10 11 12

13 14 15 16

17 18 19 20

21 22 23 24

투영도의 이해

다음 투영도가 나타내는 물체를 등각 투영도로 나타내어라.
(14페이지 및 17페이지를 참고 할것)

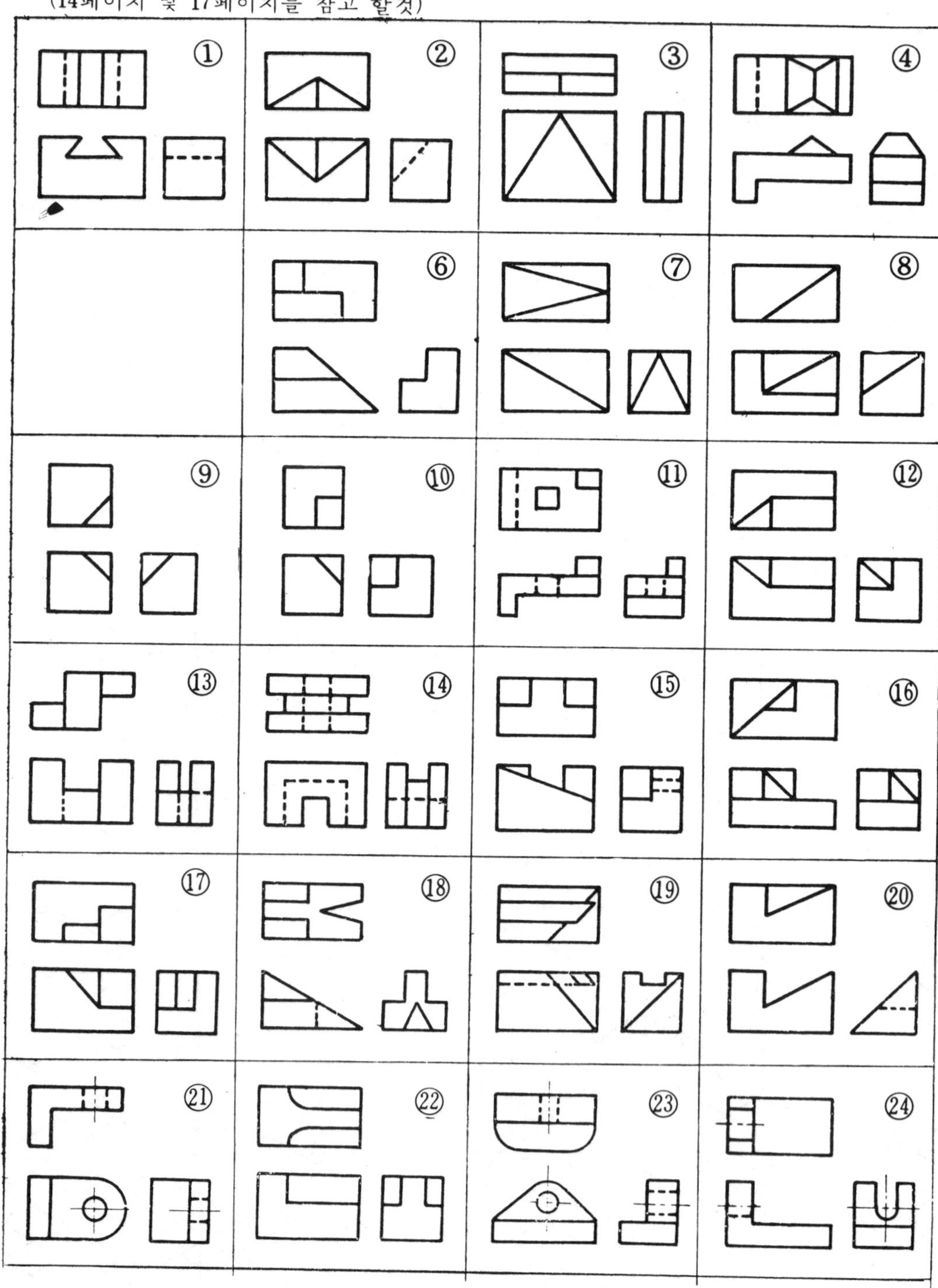

(본 과제는 투영도의 이해가 주목적이므로 치수는 투영도의 치수비례에 따라 그릴 것.)

〔투영도 과제 - 7〕

다음(1 ~24)　3각 투상법으로 그린 투상도에는 빠진 선이 하나 이상 있다. 그 빠진선을 보충하여라 또 입체로로 각 물체를 나타내어 보아라.

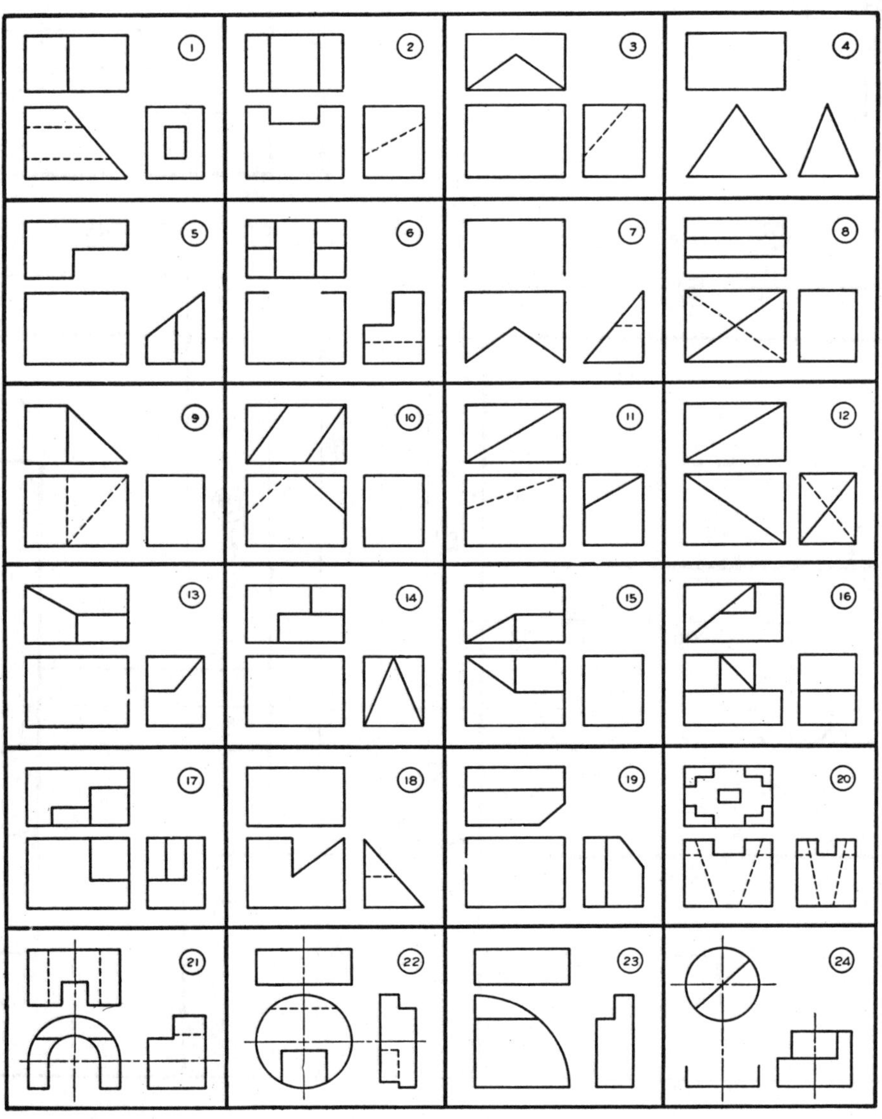

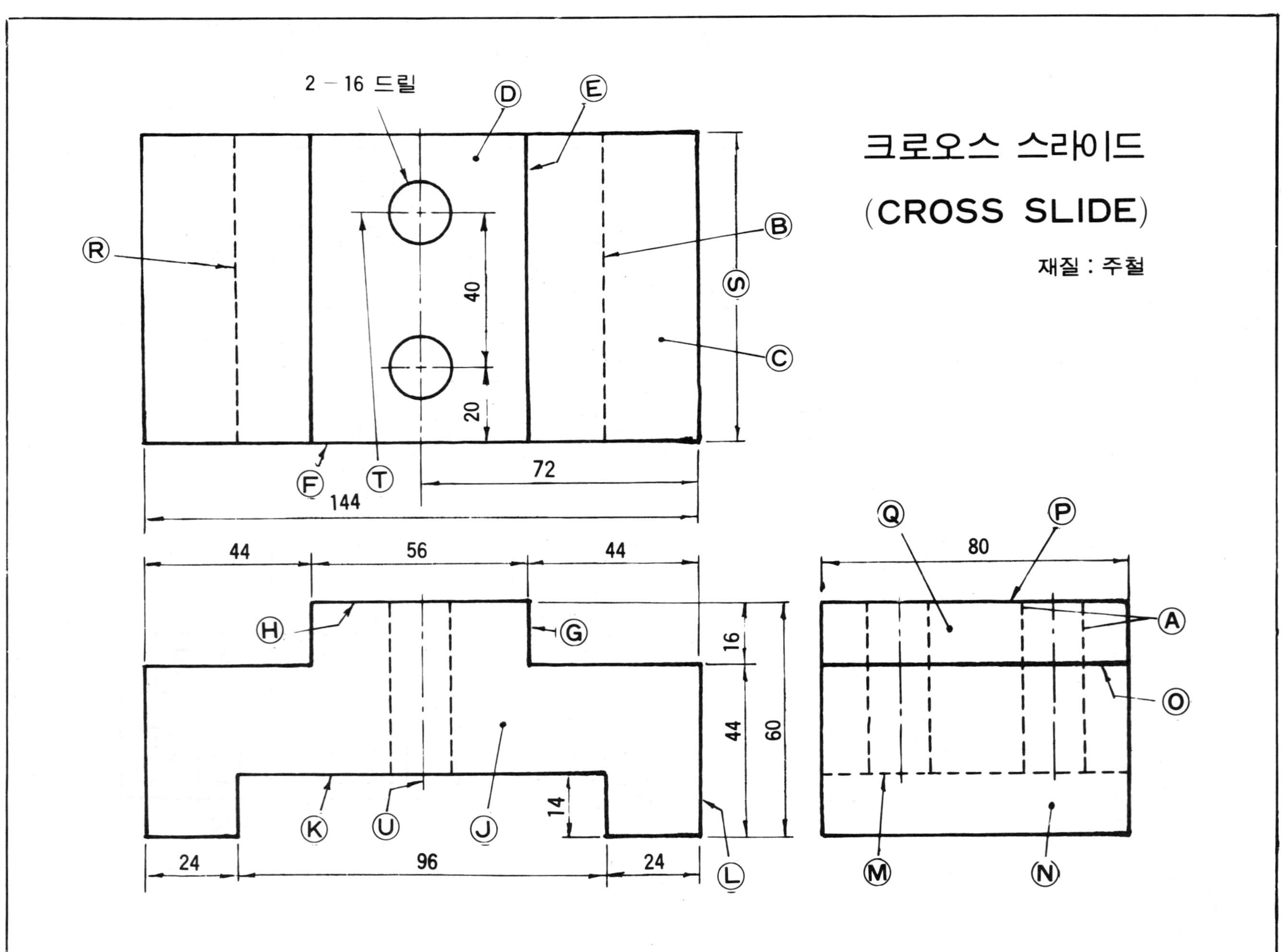

크로오스 스라이드
(CROSS SLIDE)
재질 : 주철
2 — 16 드릴
Ⓐ
Ⓑ
Ⓒ
Ⓓ
Ⓔ
Ⓕ
Ⓖ
Ⓗ
Ⓙ
Ⓚ
Ⓛ
Ⓜ
Ⓝ
Ⓞ
Ⓟ
Ⓠ
Ⓡ
Ⓢ
Ⓣ
Ⓤ
40
20
72
144
44
56
44
16
44
60
14
24
96
24
80

크로오스 스라이드(CROSS SLIDE)

( )반 ( )번 이름( )

1. 크로오스 스라이드의 재질은 무엇인가? 1. ______
2. 크로오스 스라이드의 전체 길이는 얼마냐? 2. ______
3. 크로오스 스라이드의 전체 높이는 얼마냐? 3. ______
4. 크로오스 스라이드의 전체 폭은 얼마냐? 4. ______
5. Ⓐ와 Ⓑ선의 용도상의 명칭은 무엇이냐? 5. ______
6. Ⓐ선은 무엇을 나타내느냐? 6. ______
7. 밑의 홈을 나타내는 선은 평면도에서 어느 선들이냐? 7. ______
8. 밑의 홈을 나타내는 선은 우측면도에서 어느선이냐? 8. ______
9. Ⓓ면은 정면도에서 어느선으로 나타나 있느냐? 9. ______
10. Ⓙ면은 평면도에서 어느선으로 나타나 있느냐? 10. ______
11. Ⓓ면은 우측면도에서 어느선으로 나타나 있느냐? 11. ______
12. 구멍의 지름은 얼마냐? 12. ______
13. 구멍의 중심간의 치수는 얼마냐? 13. ______
14. 크로오스 스라이드의 앞면에서 첫째구멍의 중심까지의 거리는 얼마냐? 14. ______
15. 구멍은 관통되어 뚫여 있느냐? 15. ______
16. 밑의 홈의 폭은 얼마냐? 16. ______
17. 밑의 홈의 깊이는 얼마냐? 17. ______
18. Ⓢ의 치수는 얼마냐? 18. ______
19. Ⓞ선과 Ⓟ선의 용도상의 명칭은 무엇이냐? 19. ______
20. Ⓤ선의 용도상의 명칭은 무엇이냐? 20. ______
21. Ⓝ면은 정면도에서 어느선으로 나타나 있느냐? 21. ______
22. Ⓠ면은 정면도에서 어느 선으로 나타나 있느냐? 22. ______
23. 구멍의 깊이는 얼마냐? 23. ______
24. Ⓒ면은 우측면도의 어느선으로 나타나 있느냐? 24. ______
25. 완전가공후의 크로오스 스라이드 100개의 부피는 몇 cm^3인가? 25. ______
26. 완전가공후의 크로오스 스라이드 100개의 무게는 몇kg인가? (주물의 비중 7.21) 26. ______
27. 주물 100개의 부피는 얼마인가? (단 주물에는 구멍이 뚫여있지 않으며, 모든 면은 3mm의 가공여유가 있다.) 27. ______
28. 주물 100개의 무게는 몇 kg인가? 28. ______

배점 ①—㉔ 각 3점, ㉕—6점, ㉖—5점, ㉗—12점, ㉘—5점

단원 3 단면의 표시

1. 단 면

보이지 않는 부분은 은선으로 나타내지만 구조가 복잡하면 파선으로는 내부의 모양을 명확하게 나타내기 어렵다. 이럴 때에는 물체를 절단 평면으로 자르고 그 단면을

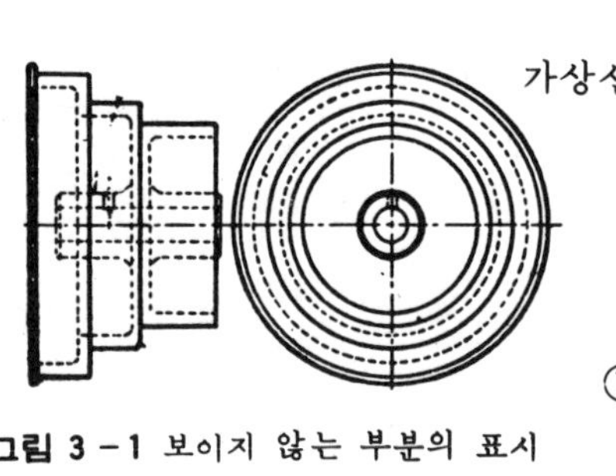

그림 3-1 보이지 않는 부분의 표시

그림으로 나타내면 내부를 잘 알 수 있다. 이 그림을 단면도라 한다.

그림 Ⅲ-2는 절단 평면으로 절단한 전단면(full section)과 그 단면도이다.

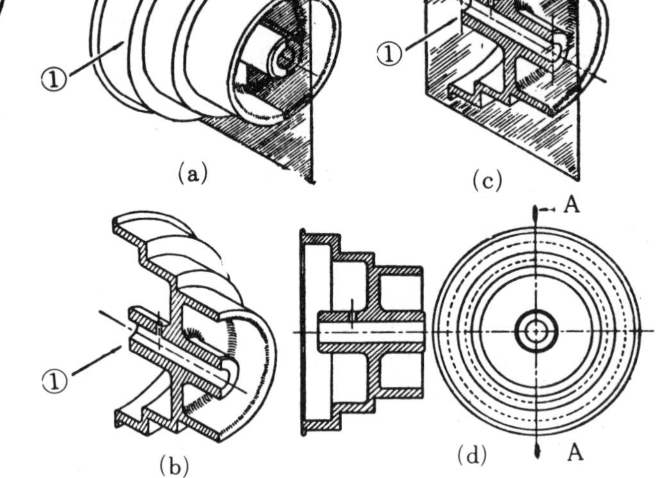

그림 3-2 평면도와 단면도

(a) 단면 (b) 앞 반 이동 (c) 전단면 이동
(d) 완전 단면 A-A : 보는 방향

단면도에 대한 일반 법칙은 정투상도를 그릴 때와 같은 방법이 적용된다.

절단면 위치는 쇄선에 의해 지시되며, 양끝을 굵게 하고 중간은 가는 일점 쇄선으로 한다. 절단면 쇄선에 있어서 화살표에 의하여 보여진 절단면은 대문자(로마자의 기호)에 의해 표시된다.

2. 절단의 위치

단면은 기본 중심선으로 절단한 면으로 나타내는 것이 보통이다. 그러나, 필요할 때에는 기본 중심선 아닌 곳에서 절단한 면으로 나타내어도 좋다.

(1) 전 단 면(full section)

전단면은 그림 Ⅲ-2와 같이 물체 전체를 절단한 것이다.

(2) 반 단 면(half section)

대칭인 일부분만 잘라 내어서 단면도로 한 것이다

대칭인 물체에서 대칭 중심선의 오른쪽 또는 위쪽을 단면으로 표시한다.

(3) 부분 단면(partial section)

물체의 일부분만 잘라 내어서 단면도로 한 것이다. 대체로, 전체 모양이 단순하고 일부분만의 단면이 필요할 때 또는 전체를 절단하면 어떤 필요한 부분의 겉모양을 나타낼 수 없을 때 쓰인다.

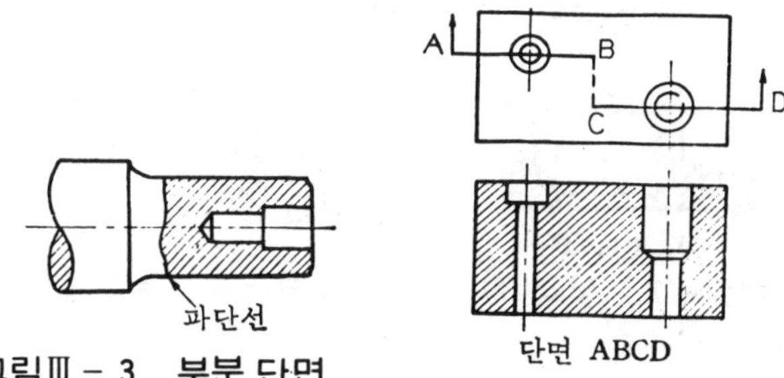

그림Ⅲ - 3 부분 단면

그림Ⅲ - 4 계단상 절단

(4) 계단상 절단(staggered section)

투상면에 평행인 둘 또는 세개의 평면으로 물체를 계단상 으로 절단하는 방법이다.

단면도에 표시하고 싶은 부분이 일직선 위에 위치하지 않을 때 쓰인다.

(5) 예각 절단(acute angle section)

대칭인 물체의 중심에서 만나는 2개의 평면으로 절단하는 방법으로, 대칭의 중심선을 경계로 한쪽 부분은 투상면에 평행으로 절단하고, 다른 쪽은 투상면에 어떤 각도를 이루고 절단하는 것이다. 투상면과 각도를 가지고 절단한 단면은 그 각도만큼 투상면 쪽으로 회전하여 도시한다.

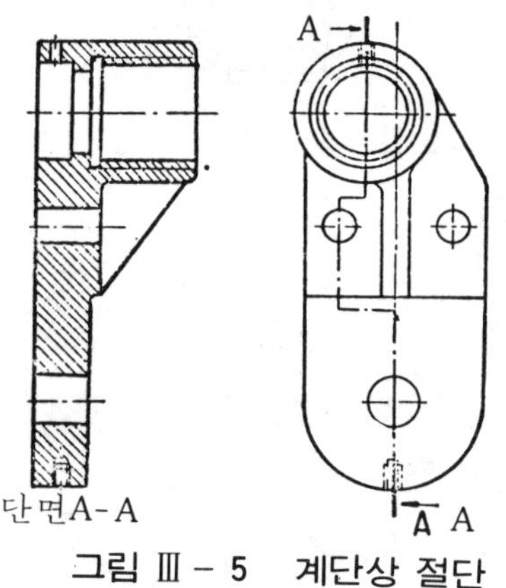

그림 Ⅲ - 5 계단상 절단

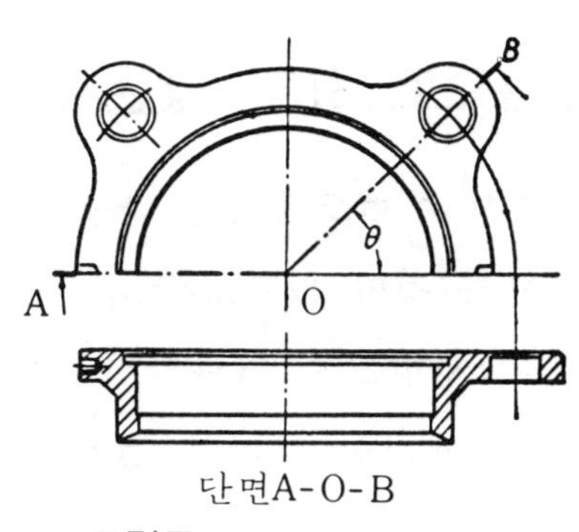

그림Ⅲ - 6 예각 절단

(6) 직각 절단(right-angle section)

그림 Ⅲ-7 에서는 θ가 커져 90°가 되었을 때이다. 중심선의 한쪽 반은 투상면에 평행으로 절단하고, 다른 쪽의 반은 투상면에 직각으로 절단하여 그 직각으로 절단한 단면을 90° 회전하여 투상면에 평행인 위치까지 가져오도록 도시하는 방법이다.

(7) 곡면 절단(curved section)

특별한 경우로서, 중심선이 구부러진 물체에 대해서는 그 중심선을 포함하는 구부러진 평면으로 절단한다(그림Ⅲ-8)

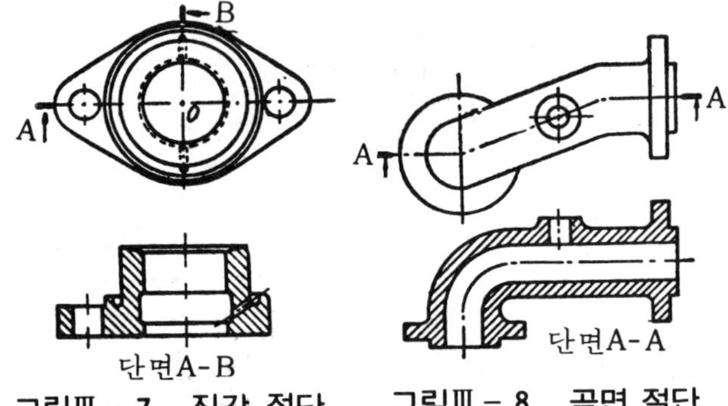

그림Ⅲ-7 직각 절단 **그림Ⅲ-8 곡면 절단**

(8) 여러 개의 합성 절단

하나의 물체에 대해서, 앞에서 설명한 여러 절단법이 둘 또는 셋이 동시에 합성하여 이루어진 단면이다.

그림 Ⅲ-9 에서 절단선과 단면도에는 같은 로마자의 기호를 기입한다.

절단선 양끝에 표시한 화살표는 단면을 보는 방향을 나타낸다.

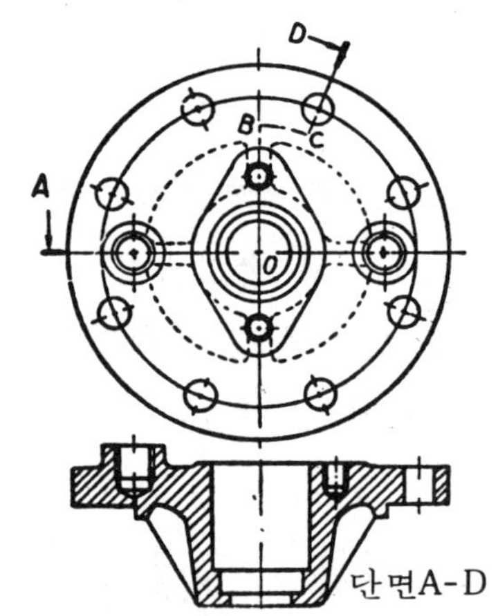

그림Ⅲ-9 합성 절단

3. 단면으로 하지 않는 부분

제도의 관습상 단면도에서는 항상 절단해서는 안되는 것이 있다. 즉, 절단 평면이 길이의 방향으로 지나가더라도 그 단면을 표시해서는 안되는 것이 있다.

(가) **물체**의 일부를 이루는 특정부분

㉠ 바퀴의 아암(arm) ㉡ 물체의 일부에 있는 리브(rib) 및 벽(wall) ㉢ 톱니바퀴의 이 ㉣ 임펠러의 날개(blade)

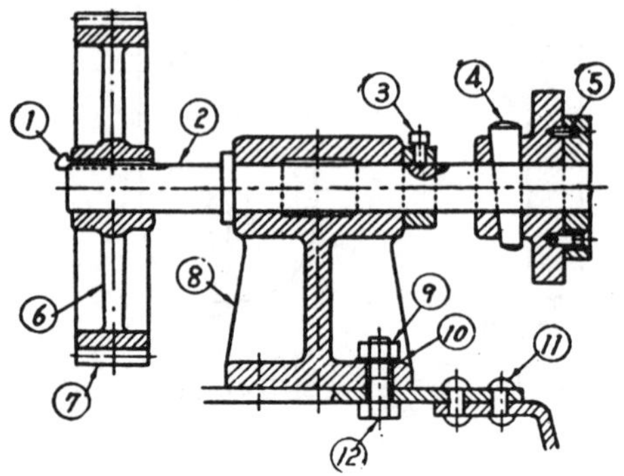

그림Ⅲ-10 절단하지 않는 것

① 키이 ② 축 ③ 죔나사 ④ 코터 ⑤ 노크핀 ⑥ 아암 ⑦ 이 ⑧ 리브 ⑨ 너트 ⑩ 와셔 ⑪ 리벳 ⑫ 보울트

㉤ 스포우크(spoke) ㉥ 핸들의 손잡이(grib)

(나) 부품으로 그 전체를 항상 절단 하지 않는 것

㉠ 축(shaft), 차축(axle). 막대류 (rod, spindle, slem) ㉡ 보울트(bolt), 너트(nut) 등 ㉢ 나사 ㉣ 리벳(rivet) ㉤ 키이(key), 코터(cotter) ㉥ 핀(pin) ㉦ 원판 밸브, 보올 밸브 등이다.

4. 회전 단면과 이동 단면

(1) 회전 단면도

바퀴의 아암, 스포우크 등과 같이 물체의 일부분을 이루는 것으로 그 단면의 모양이 단순한 것은 도형 안의 그 자리에서 90°회전시켜서 도시할 수 있다. 이 때에는 가상선으로 표시한다.

(2) 이동 단면도

이동 단면도란 회전단면도 때와 같은 요령에 의해 작도된 직각 단면을 제자리로부터 이동시켜 따로 작도한 것을 말한다.

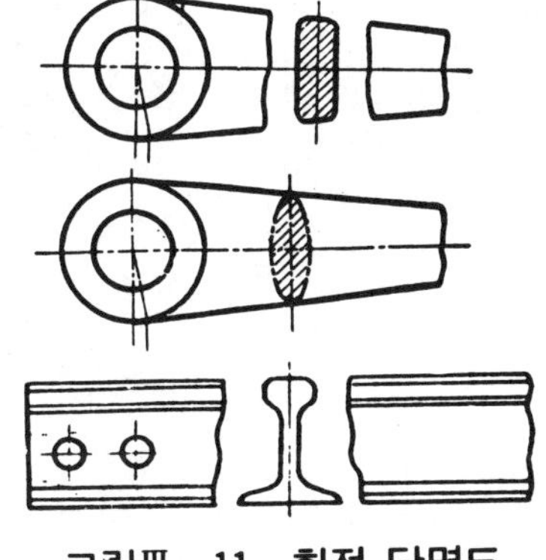

그림Ⅲ-11 회전 단면도

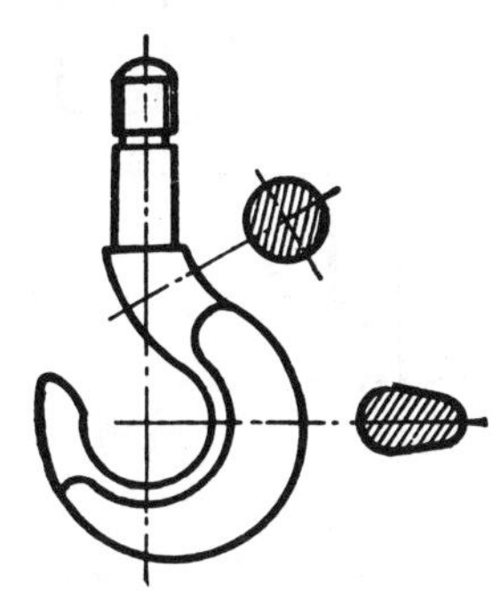

그림Ⅲ-12 이동 단면도

5. 단 면 기 호

단면은 해칭으로 표시하지만, 그 재질을 구별할 수 없기 때문에, 그림 Ⅲ-13 과 같은 기호를 써서 그 재질을 나타 낸다.

그러나, 이 방법으로서도 재질을 엄밀하게 나타내기 힘들기 때문에, 이 밖의 적당한 표시법을 써서 나타낼 수 있게 하고 있으며, 이 때에 재질은 따로 문자로 나타낸다.

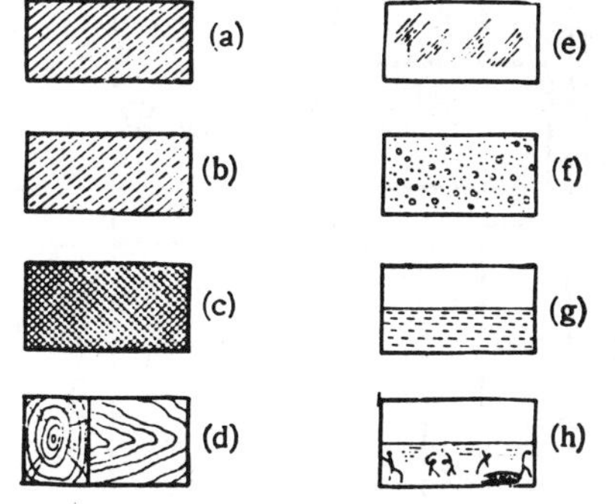

그림 Ⅲ-13 단면 기호

(a) 철강류 (ㄴ) 비철 금속류 (c) 운모, 파이버, 도자기, 고무, 종이, 가죽, 석면 등 (d) 목재 (e) 유리 (f) 콘크리이트 (g) 액체 (h) 흙

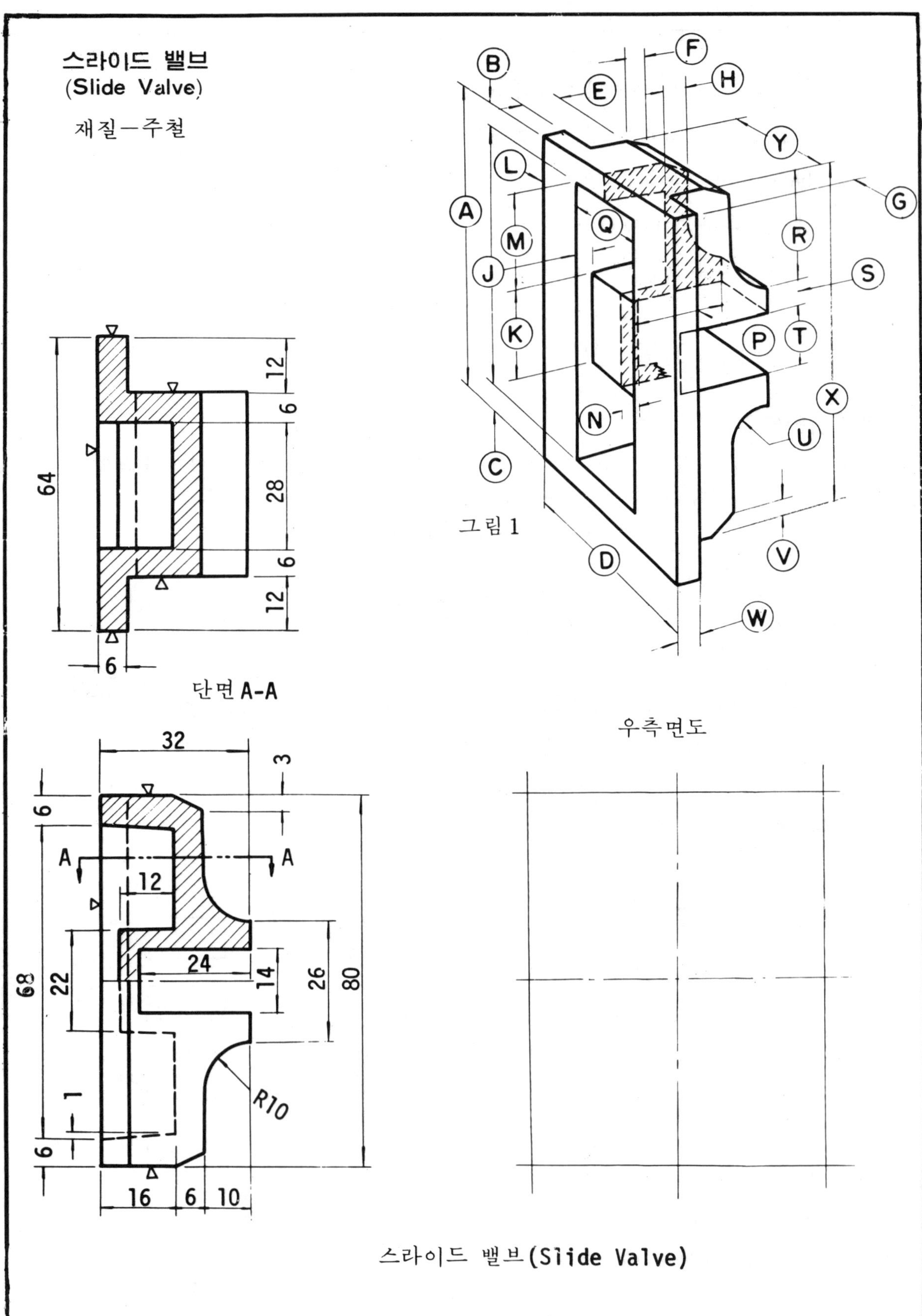

스라이드 밸브(Slide Valve)

스라이드 밸브 (Slide Valve)

(　　) 반 (　　) 번 이름 (　　　　　　　)

A. 제 도 과 제

앞 페이지 빈자리에 스라이드 밸브(Slide Valve) 의 우측면도 를 프리이 핸드로 그리시오.

B. 독 도 과 제

겨냥도의 Ⓐ~Ⓨ부분의 치수를 다음에 적어 넣으시오 (단위 : mm)

Ⓐ______ Ⓕ______ Ⓛ______ Ⓡ______ Ⓦ______

Ⓑ______ Ⓖ______ Ⓜ______ Ⓢ______ Ⓧ______

Ⓒ______ Ⓗ______ Ⓝ______ Ⓣ______ Ⓨ______

Ⓓ______ Ⓙ______ Ⓟ______ Ⓤ______

Ⓔ______ Ⓚ______ Ⓠ______ Ⓥ______

C. 익 힘 문 제 :

다음 물체의 전단면도, 반단면도, 부분단면도를 (A), (B) 두 학생이 그렸다. 어느 학생이 옳게 그렸나?

단 면 도	전 단 면 도	반 단 면 도	부 분 단 면 도
옳게 그린 학생	(　　)	(　　)	(　　)

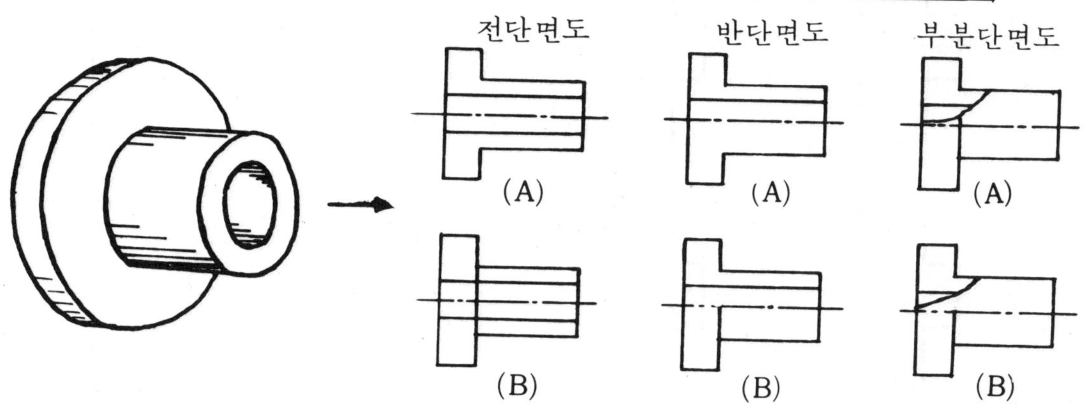

단 면 도

( ) 반 ( ) 번 이름 ( )

〔제도과제 1〕 다음 실패의 전단면도, 반단면도 및 부분단면도를 그려라.

전단면도 반단면도 부분단면도

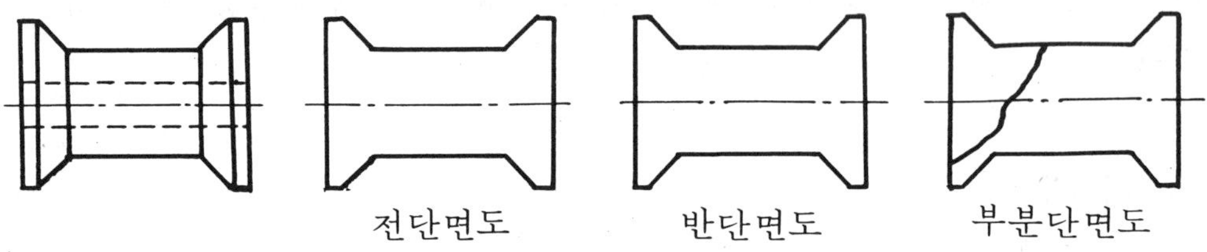

〔제도과제 2〕 다음 네 바퀴의 전단면도, 반단면도 및 부분단면도를 그려라.

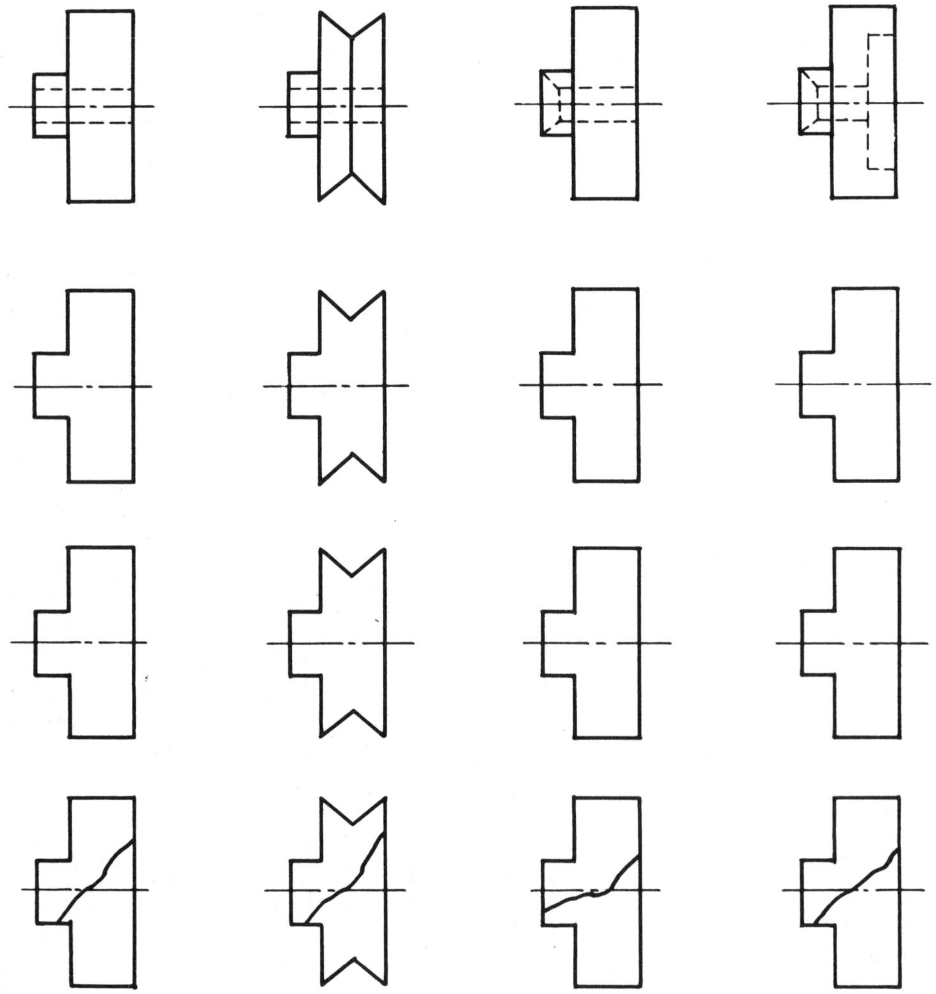

전단면도

반단면도

부분단면도

(파단선 위 부분이 절단된 부분이다.)

단 원 4 치수 공차 및 끼워맞춤

한국 공업규격 **KS B 0401**(1964. 12. 30 제정된 다음 1971. 12. 10 개정되었음)에는 치수공차 및 끼워 맞춤에 대하여 규정하고 있다.

우리나라 공업이 발전하고 수출이 증대되고 외국과의 기술교류가 활발하여짐에 따라 가공정밀도의 중요성은 더욱 높아져 가고 있다. 그래서 치수공차 및 끼워맞춤에 관한 규격도 국제 표준규격(I.S.O)에 따라 개정되었다. 설계제도에 종사하는 사람은 물론 현장 기능공도 더욱 제품의 정밀도를 높이기 위해서는 이것을 충분히 이해하고 있어야 하겠다.

끼워맞춤, 틈새, 죔새

끼워맞춤 구멍과 축이 그들 사이에 적당한 틈새 또는 죔새를 가지고 끼워 맞추어지는 관계를 끼워맞춤이라 한다.

틈새 축지름이 구멍지름보다 작을 때의 두지름의 차를 틈새라 한다. (**그림 1** 참조)

죔새 축지름이 구멍지름보다 클 때의 두 지름의 차를 죔새라 한다. (**그림 1** 참조)

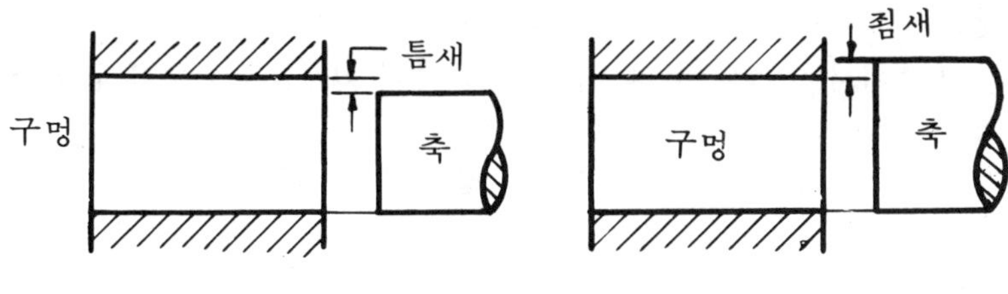

그림 1

실치수, 허용한계치수, 최대허용 치수, 최소허용치수

실치수 기계부분의 실재로 다듬질 된 치수를 실치수라 한다. (가공 부품의 실제 측정치수)

한계허용치수 실치수를 미리 정한 치수로 다듬질하는 것은 보통 곤란하므로 구멍과 축의 사용 목적에 따라 적당한 대소 두 한계사이로 다듬질하는 것을 허용한다. 이 두 한계를 표시하는 치수를 한계치수라 한다.

최대허용치수와 최소허용치수 허용한계치수의 큰 쪽을 최대 허용치수, 작은 쪽을 최소허용치수라한다 즉 실치수에 대하여 허용되는 최대 및 최소치수 (**그림 2** 참조)

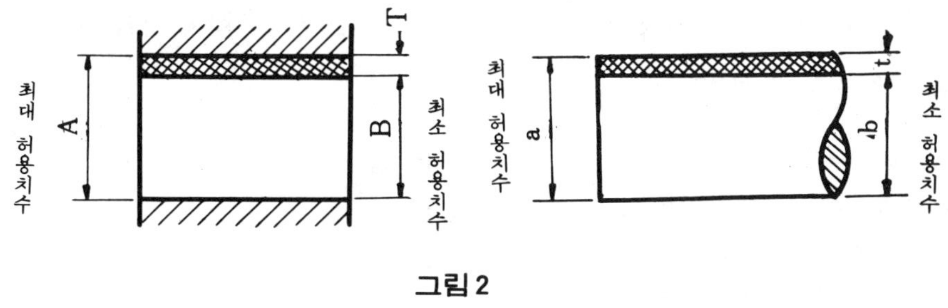

그림 2

	구멍	축
보기 : 최대허용치수	A=50.025mm	a=49.975mm
최소허용치수	B=50.000mm	b=49.950mm

치수 공차 최대허용치수와 최소허용치수의 차를 공차라 한다. (**그림 2** 참조)

보기 : 구멍의 치수공차 T=A-B=50.025-50.000=0.025㎜

축의 치수공차 t=a-b=49.975-49.950=0.025㎜

헐거운 끼워맞춤, 억지끼워맞춤, 중간끼워맞춤

헐거운 끼워맞춤 구멍의 최소허용치수 보다 축의 최대허용치수가 작을 때의 끼워맞춤을 헐거운 끼워맞춤이라 하며 구멍과 축사이에는 반드시 틈새가 있다.

억지끼워맞춤 구멍의 최대허용치수보다 축의 최소허용치수가 클 때(둘이 같을 때도 포함한다.)의 끼워맞춤을 억지끼워맞춤이라 하며 구멍과 축사이에는 반드시 죔새가 있다.

중간끼워맞춤 구멍의 최소허용치수 보다 축의 최대허용치수가 크고(둘이 같을 때도 포함한다.) 또한 구멍의 최대허용치수 보다 축의 최소허용치수가 작을 때의 끼워맞춤을 중간끼워 맞춤이라 한다. 따라서 끼워맞춤에서는 구멍과 실치수에 따라 죔새가 생길 수도 있고, 틈새가 생길 수도 있다.

최소틈새, 최대틈새, 최대죔새, 최소죔새

최소틈새 헐거운 끼워맞춤에서 구멍의 최소허용치수와 축의 최대허용치수와의 차를 최소틈새라 한다. (**그림 3** 참조)

최대틈새 헐거운 끼워맞춤에서 구멍의 최대허용치수와 축의 최소허용치수와의 차를 최대틈새라 한다. (**그림 3** 참조)

최대죔새 억지끼워맞춤에서 축의 최대허용치수와 구멍의 최소허용치수와의 차를 최대죔새라 한다. (**그림 4** 참조)

최소죔새 억지끼워맞춤에서 축의 최소허용치수와 구멍의 최대허용치수와의 차를 최소죔새라 한다. (**그림 4** 참조)

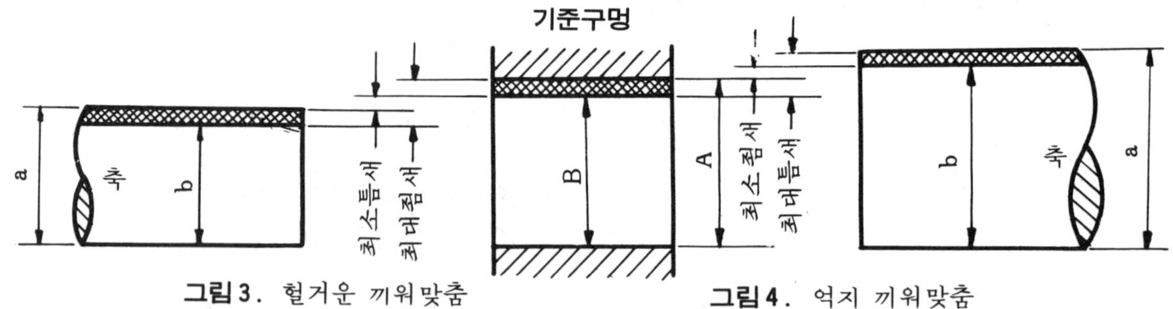

그림 3. 헐거운 끼워맞춤

그림 4. 억지 끼워맞춤

보기 : 헐거운 끼워맞춤 (그림 3)

	구멍	축
최대허용치수	A=50.025㎜	a=49.975㎜
최소허용치수	B=50.000㎜	b=49.950㎜

최대틈새=A−b=0.075㎜

최소틈새=B−a=0.025㎜

〔**연 습 문 제**〕

구멍	축
A=400.085	a=399.975
B=400.000	b=399.950

최대 틈새=

최소 틈새=

보기 : 억지 끼워맞춤

	(그림 4)	축
최대허용치수	A=50.025mm	a=50.050mm
최소허용치수	B=50.000mm	b=50.034mm

최대죔새=a−B=0.050mm

최소죔새=b−A=0.009mm

보기 : 중간 끼워맞춤

	(그림 6)	축
최대허용치수	A=50.025mm	a=50.011mm
최소허용치수	B=50.000mm	b=49.995mm

최대죔새=a−B=0.011mm

최소틈새=A−b=0.030mm

기준치수 구멍 또는 축의 지름의 크기를 나타내는 기본이 되는 치수를 기준치수라 한다. 서로 끼워맞추어지는 구멍과 축에 대해서는 기준치수를 공통으로 한다.

윗치수허용차, 아랫치수허용차

윗치수허용차 최대 허용치수에서 기준치수를 뺀것을 윗치수허용차라 한다.(그림 **5** 및 **6**)

아랫치수허용차 최소 허용치수에서 기준치수를 뺀것을 아랫치수허용 차라 한다. (그림 **5** 및 **6**)

기본치수보다 한계치수가 클때에는 치수차의 수치에 (+)의 부호, 작을 때에는 치수차의 수치에 (−)의 부호를 붙인다.

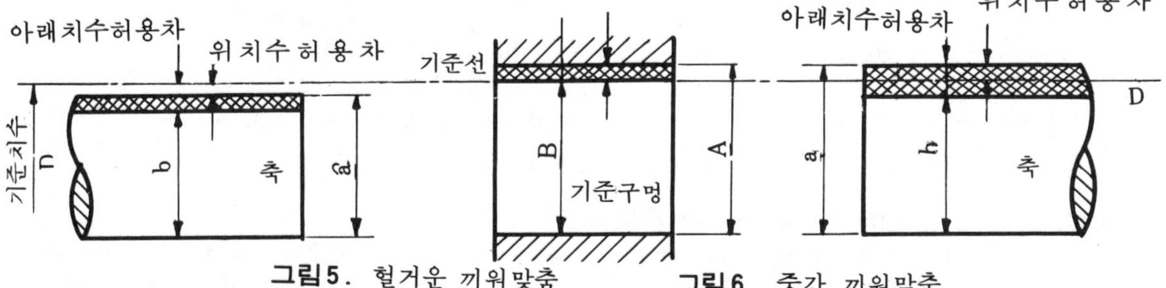

그림 5. 헐거운 끼워맞춤 **그림 6.** 중간 끼워맞춤

보기 : 윗치수차, 아랫치수차

	구멍	(그림 5 의 축) 축(헐거운끼워맞춤)	(그림 6 의 축) 축(중간 끼워맞춤)
기준치수	D=50.000mm	D=50.000mm	D=50.000mm
최대허용치수	A=50.025mm	a=49.975mm	a=50.011mm
최소허용치수	B=50.000mm	b=49.950mm	b=49.995mm
윗치수허용차	A−D=+0.025mm	a−D=−0.025mm	a−D=+0.011mm
아랫치수허용차	B−D= 0	b−D=−0.050mm	b−D=−0.005mm

기초가 되는 치수허용차 : 허용한계 치수와 기준치수와의 관계를 결정하는 기초가 되는 치수의 차이며 구멍, 축의 종류에 의하여 윗치수 허용차와 아랫치수 허용차가 된다. 일반으로 이것은 윗치수허용차와 아랫치수 허용차 가운데 기준선에 가까운 쪽의 치수허용차로 되고 구멍, 축의 같은 종류마다 각 등급을 통해서 공통한 값을 갖는다.

표 준 온 도

이 규격의 치수의 수치는 20℃때 측정한 것으로 한다.

500mm이하의 치수에 대한 공차와 치수허용차 및 끼워맞춤

치수의 구분

500mm이하의 치수의 구분은 다음과 같다.

단위 mm

일반 구분		중간 구분[1]	
	3 이하	—	
3을 초과	6 이하	—	
6을 초과	10 이하	—	
10을 초과	18 이하	10을 초과	14 이하
		14를 초과	18 이하
18을 초과	30 이하	18을 초과	24 이하
		24를 초과	30 이하
30을 초과	50 이하	30을 초과	40 이하
		40을 초과	50 이하
50을 초과	80 이하	50을 초과	65 이하
		65를 초과	80 이하
80을 초과	120 이하	80을 초과	100 이하
		100을 초과	120 이하
120을 초과	180 이하	120을 초과	140 이하
		140을 초과	160 이하
		160을 초과	180 이하
180을 초과	250 이하	180을 초과	200 이하
		200을 초과	225 이하
		225를 초과	250 이하
250을 초과	315 이하	250을 초과	280 이하
		280을 초과	315 이하
315를 초과	400 이하	315를 초과	355 이하
		355를 초과	400 이하
400을 초과	500 이하	400을 초과	450 이하
		450을 초과	500 이하

주[1] 중간구분은 억지끼워맞춤의 죔새가 클 때 (r~zc 및 R~ZC) 또 헐거운 끼워맞춤의 틈새가 클 때 (a~c 및 A~C) 에 쓰 이는 것으로 한다.

기본공차의 수치, 공차계열 및 구멍과 축의 등급

같은 구분에 속하는 치수에 대하여는 같은 공차를 주며 이것을 **기본공차**라 하고 각 구분에 대한 기본공차의 무리를 **공차계열**이라고 한다. 또한 같은 호칭치수의 구분에 대한 기본공차의 대소에 따라 공차계열을 01,0,1,2……16의 18등급으로 나눈다. 각 등급마다의 각호칭치수의 구분에 대한 기본공차의 수치는 **표 1**과 같다.

그러나 상용하는 끼워맞춤의 구멍과 축에 있어서는구멍을 5급에서 10급까지 6등급, 축을 4급에서 9급까지의 6등급으로 나눈다. (46페이지 표 4 참조)

〔**해 설**〕 ϕ35와 ϕ45의 구멍을 예로 들면 30을 초과 50이하의 구분에 있으므로, 두구멍 모두 같은 기본공차를 갖게 된다. 이 구멍들이 6급 공차계열의 구멍이라 하면 부표1에 의하여 기본공차는 둘다 0.016이 된다. 그러나 같은 6급공차 계열의 구멍이라 할지라도 구멍의 크기가 ϕ200 이면 기본공차는 부표1에 의하여 0.029가 된다. 즉 같은 급수에서 기본공차는 지름이 큰 부분에서는 크게, 작은 구분에서는 작게 되어 있다 이와 같이 각 구분에 대한 기본공차의 무리를 **공차계열**이라한다.

또 동일한 구분안에서도 다듬질의 정밀도에 따라서 등급이 정해진다. 이것을 **공차등급**이라 한다. 등급이 낮을수록 기본공차는 적고 정밀하게 되어 있다.

〔문　제〕

(1) ϕ40인 구멍이 있다. 공차등급이 6급이면 기본공차는 얼마냐?　(　　　　　　)

(2) ϕ48인 구멍이 있다. 공차등급이 6급이면 기본공차는 얼마냐?　(　　　　　　)

(3) ϕ40인 구멍이 있다. 공차등급이 9급이면 기본공차는 얼마냐?　(　　　　　　)

(4) ϕ48인 구멍이 있다. 공차등급이 9급이면 기본공차는 얼마냐?　(　　　　　　)

(5) ϕ400인 구멍이 있다. 공차등급이 6급이면 기본공차는 얼마냐?　(　　　　　　)

(6) ϕ400인 구멍이 있다. 공차등급이 7급이면 기본공차는 얼마냐?　(　　　　　　)

(7) ϕ40인 축이 있다. 공차등급이 7급이면 기본공차는 얼마이냐?　(　　　　　　)

(8) ϕ48인 축이 있다. 공차등급이 7급이면 기본공차는 얼마이냐?　(　　　　　　)

(9) ϕ40인 축이 있다. 공차등급이 7급이면 기본공차는 얼마이냐?　(　　　　　　)

(10) ϕ400인 축이 있다. 공차등급이 9급이면 기본공차는 얼마이냐?　(　　　　　　)

(11) 같은 공차등급 6급에서 ϕ40인 구멍과 ϕ48인 구멍은 어느 쪽이 기본공차가 크냐?　(　　　　　　)

(12) 같은 지름 ϕ40인 구멍에서 6급과 9급은 어느 쪽이 기본공차가 크냐?　(　　　　　　)

(13) ϕ400인 구멍에서 6급, 7급, 8급에서 기본공차가 가장 큰 것은?　(　　　　　　)

(14) 위 (13)에서 기본공차가 가장 작은 것은?　(　　　　　　)

(15) ϕ48인 구멍에서 6급과 7급중 어느 것이 기본공차가 크냐?　(　　　　　　)

표 1　IT 기본 공차의 값

단위 : μ=0.001mm

치수의 구분 (mm)		기본공차																	
		IT 01	IT 0	IT 1	IT 2	IT 3	IT 4	IT 5	IT 6	IT 7	IT 8	IT 9	IT 10	IT 11	IT 12	IT 13	IT 14	IT 15	IT 16
초과	이하	(01급)	(0급)	(1급)	(2급)	(3급)	(4급)	(5급)	(6급)	(7급)	(8급)	(9급)	(10급)	(11급)	(12급)	(13급)	(14급)	(15급)	(16급)
—	3	0.3	0.5	0.8	1.2	2	3	4	6	10	14	25	40	60	100	140	250	400	600
3	6	0.4	0.6	1	1.5	2.5	4	5	8	12	18	30	48	75	120	180	300	480	750
6	10	0.4	0.6	1	1.5	2.5	4	6	9	15	22	36	58	90	150	220	360	580	900
10	18	0.5	0.8	1.2	2	3	5	8	11	18	27	43	70	110	180	270	430	700	1100
18	30	0.6	1	1.5	2.5	4	6	9	13	21	33	52	84	130	210	330	520	840	1300
30	50	0.6	1	1.5	2.5	4	7	11	16	25	39	62	100	160	250	390	620	1000	1600
50	80	0.8	1.2	2	3	5	8	13	19	30	46	74	120	190	300	460	740	1200	1900
80	120	1	1.5	2.5	4	6	10	15	22	35	54	87	140	220	350	540	870	1400	2200
120	180	1.2	2	3.5	5	8	12	18	25	40	63	100	160	255	400	630	1000	1600	2500
180	250	2	3	4.5	7	10	14	20	29	46	72	115	185	290	460	720	1150	1850	2900
250	315	2.5	4	6	8	12	16	23	32	52	81	130	210	320	520	810	1300	2100	3200
315	400	3	5	7	9	13	18	25	36	57	89	140	230	360	570	890	1400	2300	3600
400	500	4	6	8	10	15	20	27	40	63	97	155	250	400	630	970	1550	2500	4000
500	630								44	70	110	175	280	440	700	1100	1750	2800	4400
630	800								50	80	125	200	320	500	800	1250	2000	3200	5000
800	1000								56	90	140	230	360	560	900	1400	2300	3600	5600
1000	1250								66	105	165	260	420	660	1050	1650	2600	4200	6600
1250	1600								78	125	195	310	500	780	1250	1950	3100	5000	7800
1600	2000								92	150	230	370	600	920	1500	2300	3700	6000	9200
2000	2500								110	175	280	440	700	1100	1750	2800	4400	7000	11000
2500	3150								135	210	330	540	860	1350	2100	3300	5400	8600	13500

비고　IT01~IT4의 IT 기본공차는 주로 게이지류, IT5~IT10은 주로 끼워맞추는 부분, IT11~IT16은 주로 끼워맞출 수 없는 부분의 치수공차로 적용한다.

치수차에 의하여 분류한 구멍과 축의 종류 및 표시

종류 구멍과 축의 종류는 각각의 호칭치수에 대한 윗, 아랫치수차의 관계에 따라 각 등급마다 여러종류로 나눈다. 이들 각 등급의 구멍과 축의 종류, 그 기호, 위 및 아랫치수차는 **부표** 및 **3** 과 같다.

표시 구멍과 축의 표시는 다음과 같다.

구멍의 표시는 지름을 나타내는 수치의 오른 쪽에 영문 대문자의 구멍기호와 등급을 나타내는 숫자를 차례로 같은 크기로 쓴다.

보기 : 35H 7

또 축의 표시는 지름을 나타내는 수치 오른 쪽에 영문 소문자의 축기호 및 등급을 나타내는 숫자를 차례로 쓴다. 단, 숫자의 크기는 구멍의 표시의 경우와 같다.

보기 : 35 e 8

그 밖에 필요할 때는 치수차의 수치를 이에 부가하여도 좋다.

보기 : $\phi 38g5^{-0.009}_{-0.020}$

〔**해설**〕 이들 기호중 H는 구멍의 최소허용치수가 기준치수와 일치한 구멍을, h는 축의 최대허용 치수가 축의 기준치수와 일치한 축을 표시하도록 되어 있다. (**그림 8** 및 **9** 참고)

	← 구멍의 최소치수가 기준 치수보다 커진다.	기준	구멍의 최대치수가 기준 치수보다 작아진다. →
구멍	A. B. C. CD. D. E. EF. F. FG. G.	H.	(J) (JS) K. M. N. P. R. S. T. U. V. X. Y. Z. ZA. ZB. ZC
축	a. b. c. cd d e. ef. f. fg. g.	h.	(j) (js) k. m. n. p. r. s. t. u. v. x. y. z. za. zb. zc.
	← 축의 최대치수가 호칭치수보다 작아진다	기준	축의 최소치수가 호칭치수보다 커진다. →

단, J및 JS는 기준선의 아래 위에 걸려 있어 예외이다.

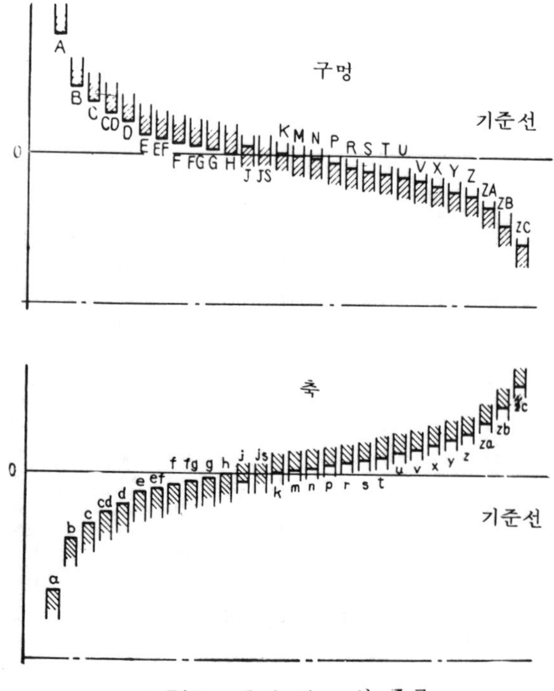

그림 7. 구멍 및 축의 종류

기준구멍과 기준축

구멍과 축의 종류에는 **그림 8** 및 **그림 9** 와 같이 각각 28종의 있다 이중에서 구멍은 H구멍을 기준으로 하고 축은 h축을 기준으로 한다. **그림 7** 에서 보는 바와 같이 H구멍은 아래치수차가 0 이고, h 축은 윗치수차가 0 이다. 즉 H구멍은 급수에 관계없이 어느 것이나 기준치수보다 크게 뚫여있고 h 축은 어느 것이나 기준치수 보다 적게 깎이어 있다. 또 급수가 높아짐에 따라 치수공차의 절대값이 커짐도 **그림 8** 과 **그림 9** 에서 알 수 있다。

따라서 ϕ 100H 7 인 구멍은 39페이지 표 1 의 IT기본공차의 값에서 바로 ϕ $100\pm^{0.033}_{0.0}$ 임을 알 셔 있고 ϕ 200h 6 축은 ϕ $\pm^{0.}_{0.029}$ 임을 알 수 있다.

図 8 主軸端 (ISO DR 931)

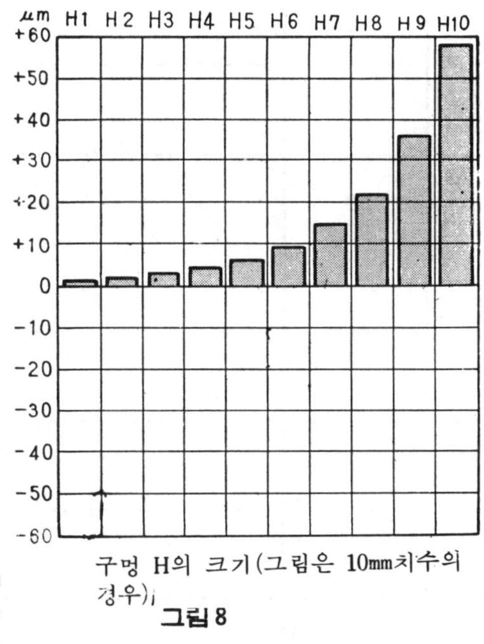

구멍 H의 크기(그림은 10mm치수의 경우)

그림 8

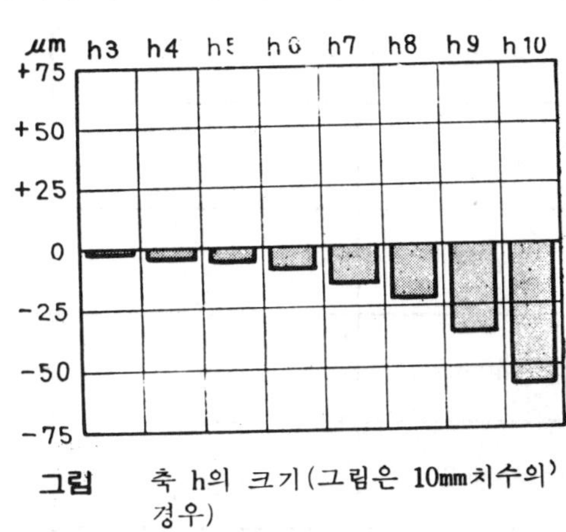

그림 축 h의 크기(그림은 10mm치수의 경우)

그림 9

〔**연습 문제**〕 다음 기준구멍과 기준축을 보기와 같이 나타내어라. (P 39 표 1 참조)

기준구멍	치수차 부가한 공차 표시	위치수 허용차	아래치수 허용차	기준축	치수차 부가한 공차 표시	위치수 허용차	아래치수 허용차
ϕ 100H 7	ϕ $100\pm^{0.035}_{0.}$	+0.035	0.000	ϕ 100 h 7	ϕ $100\pm^{0.035}_{0.}$	0.000	−0.035
ϕ 10H 1				ϕ 10h 1			
ϕ 10H 2				ϕ 10h 2			
ϕ 10H 4				ϕ 10h 4			
ϕ 10H 8				ϕ 10h 8			
ϕ 10H10				ϕ 10h10			

일반 공차 표시 기호의 해득

〔문제 2〕 표 1 (P 39) 및 표 2 를 참고로 하면서 끼워맞춤기호를 보기와 같이 해석해서 나타내고 차이점을 서로 비교해 보아라.

일반공차표시		치수차를 부가한 공차표시	최대 허용치수 최소 허용치수	공 차	비 고
보기 :	ϕ40p 6	ϕ40p 6 $^{+0.042}_{+0.026}$	40.042 40.026	0.016	축의 최소허용치수가 기준 치수보다 크다
(1)	ϕ40e 6				
(2)	ϕ40f 6				
(3)	ϕ40g 6				
(4)	ϕ40h 6				
(5)	ϕ40j 6				
(6)	ϕ40m 6				
(7)	ϕ40p 6				
(8)	ϕ40u 6				
(9)	ϕ400e 6				
(10)	ϕ400p 6				

〔문 3〕

① ϕ 40e6와 ϕ 40f6 는 어느 쪽이 공차가 더 크냐? ( )

② 영어 알파벳 순에서 e와 f는 어느 쪽이 먼저 인가? ( )

③ ϕ 40f6와 ϕ 40g6는 어느 쪽이 공차가 더 크냐? ( )

④ 위표 〔문 2〕의 (1)~(10)의 공차표시는 구멍, 축 중 어느 쪽을 나타낸 것이냐? ( )

⑤ 위표 〔문 2〕의 (1)~(10)은 축기준식이냐 구멍기준식이냐? ( )

〔**문제**〕 표 1 및 표 3을 참고로 하면서 공차기호를 보기와 같이 해석해서 나타내고 차이점을 서로 비교해 보아라.

일반공차표시	치수차를·부가한 공차표시	최대치수 최소치수	공 차	비 고
보기 : ϕ40P 6	ϕ40P 6 $^{-0.021}_{-0.037}$	39.979 39.963	0.016	구멍의 최대치수가 호칭치수보다 작다.
(1) 2ϕF 6				
(2) ϕ20G 6				
(3) ϕ20H 6				
(4) ϕ20J 6				
(5) ϕ20K 6				
(6) ϕ 20 M 6				
(7) ϕ 20 N 6				
(8) ϕ 20 P 6				
(9) ϕ 100 H 5				
(10) ϕ 100 H 6				
(11) ϕ 100 H 7				
(12) ϕ 100 H 8				
(13) ϕ 100 H 9				
(14) ϕ 100 E 8				
(15) ϕ 100 F 8				
(16) ϕ 100 E 9				
(17) ϕ 100 D 8				
(18) ϕ 100 D 9				
(19) ϕ 100 C 9				
(20) ϕ 100 B 10				
(21) ϕ 100 R 7				
(22) ϕ 100 S 7				
(23) ϕ 100 X 7				

표 4 상용하는 끼워 맞춤

(4 - 1) 상용하는 구멍기준 끼워맞춤

기준구멍	축의 종류와 등급																
	헐거운 끼워맞춤						중간끼워맞춤				억지 끼워맞춤						
	b	c	d	e	f	g	h	js	k	m	n	p	r	s	t	u	x
H5						4	4	4	4	4							
H6						5	5	5	5	5	(6)[2]						
					6	6	6	6	6	6	6[2]	6[2]					
H7				(6)	6	6	6	6	6	6	6	6[2]	6[2]	6	6	6	6
				7	7	(7)	7	7	(7)	(7)	(7)	(7)	(7)[2]	(7)	(7)	(7)	(7)
H8					7		7										
				8	8		8										
			9	9													
H9			8	8			8										
		9	9	9			9										
H10	9	9	9														

주[2] 이들의 끼워맞춤은 치수의 구분에 따라 예외가 생긴다.

(4 - 2) 상용하는 축기준 끼워 맞춤

기준축	구멍의 종류와 등급																
	헐거운 끼워 맞춤						중간끼워맞춤				억지 끼워맞춤						
	B	C	D	E	F	G	H	Js	K	M	N	P	R	S	T	U	X
h 4							5	5	5	5							
h 5							6	6	6	6	6[2]	6					
h 6					6	6	6	6	6	6	6	6[2]					
				(7)	7	7	7	7	7	7	7	7[2]	7[2]	7	7	7	7
h 7				7	7	(7)	7	(7)	(7)	(7)	(7)	(7)	(7)[2]	(7)			
					8		8										
h 8			8	8	8		8										
			9	9			9										
h 9			8	8			8										
		6	9	9			9										
	10	10	10														

주[2] 이들의 끼워맞춤은 치수의 구분에 따라 예외가 생긴다.

비고 1. 표중의 괄호를 붙인 것은 될 수 있는대로 사용하지 않는다.

2. 중간끼워맞춤 및 억지끼워 맞춤에서는 기능을 확보하기 위하여 선택조합을 필요한 것이 많다.

상용하는 끼워맞춤의 적용

이 규격이 정하는 구멍과 축은 필요에 따라 임의로 조합하여서 사용할 수 있다. 일반용으로 추천할 수 있는 상용끼워맞춤은 다음**표 4** 및 **그림10** 및 **11**과 같고 그 명세는 **부표 4**와 **5**에 표시한다.

또한 꼭끼워맞춤에 있어서는 기능을 확실히 보증하기 위하여 일반으로 선택조합이 요구된다. 또 억지끼워맞춤에 있어서도 이것이 요구되는 경우가 있다.

〔연습 문제〕

다음 끼워 맞춤 표시에 보기와 같이 끼워맞춤의 종류를 써라.

〔보기〕 ϕ 50 H 5 m 4 (구멍기준식헐거운끼워맞춤)

(1) ϕ 500 H 5 m 4 (　　　　　　　　)　　(5) ϕ 50 G 7 h 6 (　　　　　　　　)

(2) ϕ 100 H 6 p 6 (　　　　　　　　)　　(6) ϕ 100 D 9 h 9 (　　　　　　　　)

(3) ϕ 100 H 7 p 7 (　　　　　　　　)　　(7) ϕ 100 F 6 h 6 (　　　　　　　　)

(4) ϕ 100 H 8 e 8 (　　　　　　　　)　　(8) ϕ 100 X 7 h 6 (　　　　　　　　)

그림10. 상용하는 구멍기준 끼워맞춤(그림의 치수는 30mm의 경우)

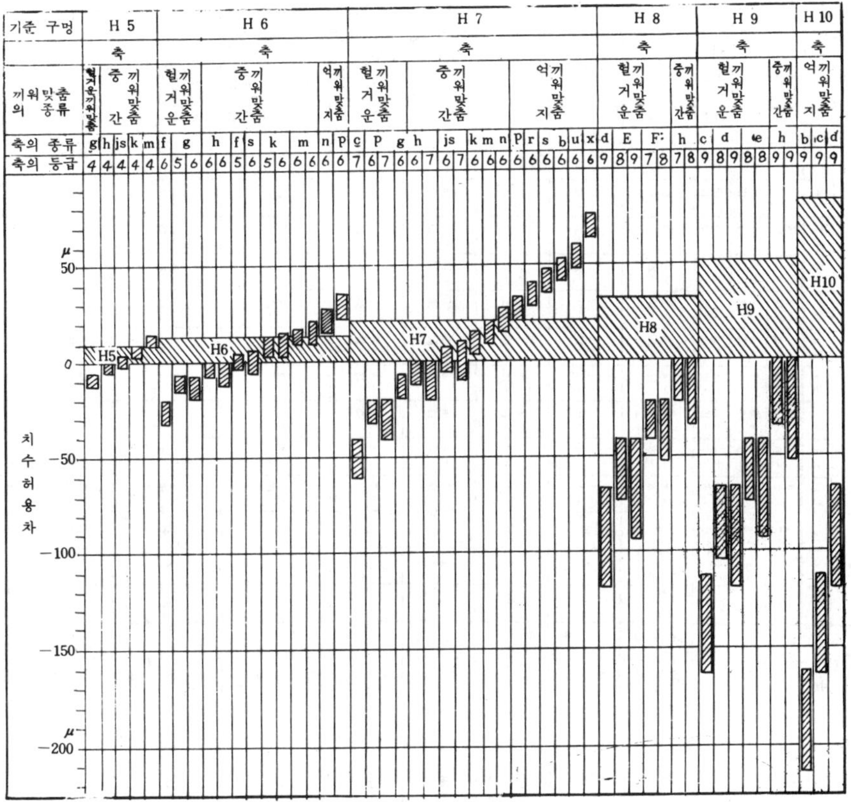

그림11. 상용하는 축기준 끼워맞춤(그림의 치수는 30mm의 경우)

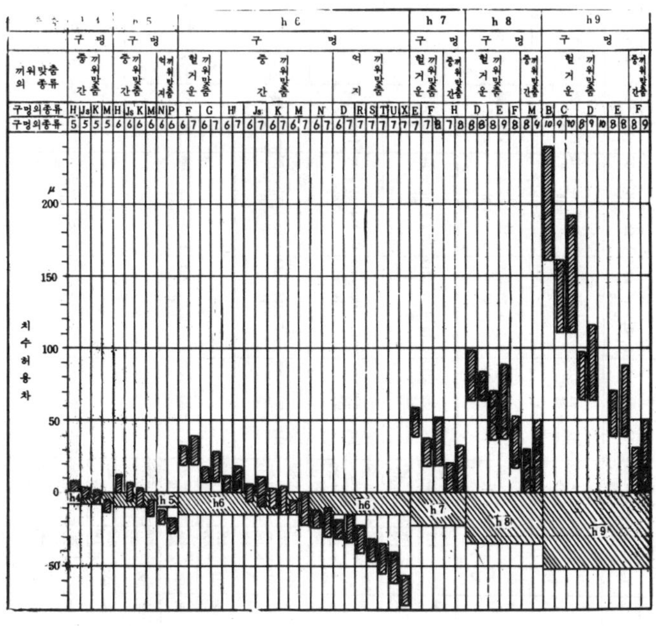

표 5 - 1 상용하는 끼워맞춤의 구멍치수 허용차

(KS B 0401-1971-P19에서 옮김)

단위 μ=0.001mm

치수 구분		B	C		D			E			F			G		H					
초과	이하	B10	C9	C10	D8	D9	D10	E7	E8	E9	F6	F7	F8	G6	G7	H5	H6	H7	H8	H9	H10
	3	+180 +140	+85 +60	+100	+34	+45 +20	+60	+24	+28 +14	+39	+12	+16 +6	+20	+8	+12 +2	+4	+6	+10 0	+14	+25	+40
3	6	+188 +140	+100 +70	+118	+48	+60 +30	+78	+32	+38 +20	+50	+18	+22 +10	+28	+12	+16 +4	+5	+8	+12 0	+18	+30	+48
6	10	+208 +150	+116 +80	+138	+62	+76 +40	+98	+40	+47 +25	+61	+22	+28 +13	+35	+14	+20 +5	+6	+9	+15 0	+22	+36	+58
10	14	+220 +150	+138 +95	+165	+77	+93 +50	+120	+50	+59 +32	+75	+27	+34 +16	+43	+17	+24 +7	+8	+11	+18 0	+27	+43	+70
14	18																				
18	24	+244 +160	+162 +110	+194	+98	+117 +65	+149	+61	+73 +40	+92	+33	+41 +20	+53	+20	+28 +7	+9	+13	+21 0	+33	+52	+84
24	30																				
30	40	+270 +170	+182 +120	+220	+119	+142 +80	+180	+75	+89 +50	+112	+41	+50 +25	+64	+25	+34 +9	+11	+16	+25 0	+39	+62	+100
40	50	+280 +180	+192 +130	+230																	
50	65	+310 +190	+214 +140	+260	+146	+174 +100	+220	+90	+106 +60	+134	+49	+60 +30	+76	+29	+40 +10	+13	+19	+30 0	+46	+74	+120
65	80	+320 +200	+224 +150	+270																	
80	100	+360 +220	+257 +170	+310	+174	+207 +120	+260	+107	+126 +72	+159	+58	+71 +36	+90	+34	+47 +12	+15	+22	+35 0	+54	+87	+140
100	120	+380 +240	+267 +180	+320																	
120	140	+420 +260	+300 +200	+360	+208	+245 +145	+305	+125	+148 +85	+185	+68	+83 +43	+106	+39	+54 +14	+18	+25	+40 0	+63	+100	+160
140	160	+440 +280	+310 +210	+370																	
160	180	+470 +310	+330 +230	+390																	
180	200	+525 +340	+355 +240	+425	+242	+285 +170	+355	+146	+172 +100	+215	+79	+96 +50	+122	+44	+61 +15	+20	+29	+46 0	+72	+115	+185
200	225	+565 +380	+375 +260	+445																	
225	250	+605 +420	+395 +280	+465																	
250	280	+690 +480	+430 +300	+510	+271	+320 +190	+400	+162	+191 +110	+240	+88	+108 +56	+137	+49	+69 +17	+23	+32	+52 0	+81	+130	+210
280	315	+750 +540	+460 +330	+540																	
315	355	+830 +600	+500 +360	+590	+299	+350 +210	+440	+182	+214 +125	+265	+98	+119 +62	+151	+54	+75 +18	+25	+36	+57 0	+89	+140	+230
355	400	+910 +680	+540 +400	+630																	
400	450	+1010 +760	+595 +440	+690	+327	+385 +230	+480	+198	+232 +135	+290	+108	+131 +68	+165	+60	+83 +20	+27	+40	+63 0	+97	+155	+250
450	500	+1090 +840	+635 +480	+730																	

비고 : 표의 각단에서 윗쪽의 값은 윗치수 허용차, 아래쪽의 값은 아래치수 허용차를 나타낸다.

표 5 - 2 상용하는 끼워맞춤의 구멍치수 허용차

(KS B 0401-1971-P.20에서 옮김)

단위 μ=0.001mm

치수 구분		Js			K			M			N		P		R	S	T	U	X
초과	이하	Js5	Js6	Js7	K5	K6	K7	M5	M6	M7	N6	N7	P6	P7	R7	S7	U7	U7	X7
	3	±2	±3	±5	0 −4	0 −6	0 −10	−2 −6	−2 −8	−2 −12	−4 −10	−4 −14	−6 −12	−6 −16	−10 −20	−14 −24	—	−18 −28	−20 −30
3	6	±25	±4	±6	0 −5	+2 −6	+3 −9	−3 −8	−1 −9	0 −12	−5 −13	−4 −6	−7 −17	−8 −20	−11 −23	−15 −27	—	−19 −31	−24 −36
6	10	±3	±4.5	±7.5	+1 −5	+2 −7	+5 −10	−4 −10	−3 −12	0 −15	−7 −16	−4 −19	−12 −21	−9 −24	−13 −28	−17 −32	—	−22 −37	−28 −43
10	14	±4	±5.5	±9	+2 −6	+2 −9	+6 −12	−4 −12	−4 −15	0 −18	−9 −20	−5 −23	−15 −26	−11 −29	−16 −34	−21 −39	—	−26 −44	−33 −51
14	18																		−38 −56
18	24	±4.5	±6.5	±10.5	+1 −8	+2 −11	+6 −15	−5 −14	−4 −17	0 −21	−11 −24	−7 −28	−18 −31	−14 −35	−20 −41	−27 −48	—	−33 −54	−46 −67
24	30																−33 −54	−40 −61	−56 −77
30	40	±5.5	±7	±12.5	+2 −9	+3 −13	+7 −18	−5 −16	−4 −20	0 −25	−12 −28	−8 −33	−21 −37	−17 −42	−25 −50	−34 −59	−39 −64	−51 −76	—
40	50																−45 −70	−61 −86	
50	65	±6.5	±9.5	±15	+3 −10	+4 −15	+9 −21	−6 −19	−5 −24	0 −30	−14 −33	−9 −39	−26 −45	−21 −51	−30 −60	−42 −72	−55 −85	−76 −106	—
65	80														−32 −62	−48 −78	−64 −94	−91 −121	
80	100	±7.5	±11	±17.5	+2 −13	+4 −18	+10 −25	−8 −23	−6 −28	0 −35	−16 −38	−10 −45	−30 −52	−24 −59	−38 −73	−58 −93	−78 −113	−111 −146	—
100	120														−41 −76	−66 −101	−91 −126	−131 −166	
120	140	±9	±12.5	±20	+3 −15	+4 −21	+12 −28	−9 −27	−8 −33	0 −40	−20 −45	−12 −52	−36 −61	−28 −68	−48 −88	−77 −117	−107 −147	—	-
140	160														−50 −90	−85 −125	−119 −159		
160	180														−53 −93	−93 −133	−131 −171		
180	200	±10	±14.5	±23	+2 −18	+5 −24	+13 −33	−11 −31	−8 −37	0 −46	−22 −51	−14 −60	−41 −70	−33 −79	−60 −106	−115 −151	—	—	—
200	225														−63 −109	−113 −159			
225	250														−67 −113	−123 −169			
250	280	±11.5	±16	±26	+3 −20	−5 −27	+16 −36	−13 −36	−9 −41	0 −52	−25 −57	−14 −66	−47 −79	−36 −88	−74 −126	—	—	—	—
280	315														−78 −130				
315	355	±12.5	±18	±28.5	+3 −22	+7 −29	+17 −40	−14 −39	−10 −46	0 −57	−26 −62	−16 −73	−51 −87	−41 −98	−87 −144	—	—	—	—
355	400														−93 −150				
400	450	±13.5	±20	±31.5	+2 −25	+8 −32	+18 −45	−16 −43	−10 −50	0 −63	−27 −67	−17 −80	−55 −95	−45 −108	−103 −166	—	—	—	—
450	500														−109 −172				

비고 : 표의 각단에서 윗쪽의 값은 윗치수 허용차 아래쪽의 값은 아래치수 허용차를 나타낸다.

일반 공차 연습문제

( )반 ( )번 성명( )

1. ϕ 100 H 4 의 최대 허용치수는?
2. ϕ 100 H 4 의 최소 허용치수는?
3. ϕ 100 H 4 의 치수 공차는?
4. ϕ 100 H 5 의 최대 허용치수는?
5. ϕ 100 H 5 의 최소 허용치수는?
6. ϕ 100 H 5 의 치수 공차는?
7. ϕ 100 H 6 의 최대 허용치수는?
8. ϕ 100 H 6 의 최소 허용치수는?
9. ϕ 100 H 6 의 치수 공차는?
10. ϕ 100 G 6 의 최대 허용치수는?
11. ϕ 100 G 6 의 최소 허용치수는?
12. ϕ 100 G 6 의 치수 공차는?
13. ϕ 100 F 6 의 최대 허용치수는?
14. ϕ 100 F 6 의 최소 허용치수는?
15. ϕ 100 F 6 의 치수 공차는?
16. ϕ 100 X 6 의 최대 허용치수는?
17. ϕ 100 X 6 의 최소 허용치수는?
18. ϕ 100 X 6 의 치수 공차는?
19. ϕ 200 E 7 의 치수 공차는?
20. ϕ 200 F 7 의 치수 공차는?
21. ϕ 200 H 7 의 치수 공차는?
22. ϕ 200 Js7 의 치수 공차는?
23. ϕ 200 F 6 의 치수 공차는?
24. ϕ 200 G 6 의 치수 공차는?
25. ϕ 200 H 6 의 치수 공차는?
26. ϕ 200 Js6 의 치수 공차는?
27. ϕ 200 K 6 의 치수 공차는?
28. ϕ 200 M 6 의 치수 공차는?
29. ϕ 200 N 6 의 치수 공차는?
30. ϕ 200 P 6 의 치수 공차는?
31. ϕ 200 R 6 의 치수 공차는?
32. ϕ 200 S 6 의 치수 공차는?
33. ϕ 200 T 6 의 치수 공차는?
34. ϕ 200 U 6 의 치수 공차는?
35. ϕ 200 X 6 의 치수 공차는?
36. ϕ 200 B 9 의 치수 공차는?

1. ______
2. ______
3. ______
4. ______
5. ______
6. ______
7. ______
8. ______
9. ______
10. ______
11. ______
12. ______
13. ______
14. ______
15. ______
16. ______
17. ______
18. ______
19. ______
20. ______
21. ______
22. ______
23. ______
24. ______
25. ______
26. ______
27. ______
28. ______
29. ______
30. ______
31. ______
32. ______
33. ______
34. ______
35. ______
36. ______

표 6 － 1 상용하는 끼워맞춤의 축 치수허용차

(KS B 0401－1971－P.21에서 옮김)

單位 μ＝0.001㎜

치수 구분		b	c	d		e			f			g			h					
초과	이하	b 9	c 9	d 8	d 9	e 7	e 8	e 9	f 6	f 7	f 8	g 4	g 5	g 6	h 4	h 5	h 6	h 7	h 8	h 9
	3	−140 −165	− 60 − 85	− 20 − 34	− 45	− 24	− 14 − 28	− 39	− 12	− 6 − 16	− 20	− 5	− 2 − 6	− 8	− 3	− 4	0 − 6	−10	−14	− 25
3	6	−140 −170	− 70 −100	− 30 − 48	− 60	− 32	− 20 38	− 50	− 18	−10 − 22	− 28	− 8	− 4 − 9	−12	− 4	− 5	0 − 8	−12	−18	− 30
6	10	−150 −186	− 80 −116	− 40 − 62	− 76	− 40	− 25 − 47	− 61	− 22	−13 − 28	− 35	− 9	− 5 −11	−14	− 4	− 6	0 − 9	−15	−22	− 36
10	14	−150 −193	− 95 −138	− 50 − 77	− 93	− 50	− 32 − 59	− 75	− 27	−16 − 34	− 43	−11	− 6 −14	−17	− 5	− 8	0 −11	−18	−27	− 43
14	18																			
18	24	−160 −212	−110 −162	− 65 − 98	−117	− 61	− 40 − 73	− 92	− 33	−20 − 41	− 53	−13	− 7 −16	−20	− 6	− 9	0 −13	−21	−33	− 52
24	30																			
30	40	−170 −232	−120 −182	− 80 −119	−142	− 75	− 50 − 89	−112	− 41	−25 − 50	− 64	−16	− 9 −20	−25	− 7	−11	0 −16	−25	−39	− 62
40	50	−180 −242	−130 −192																	
50	65	−190 −264	−140 −214	−100 −146	−174	− 90	− 60 −106	−134	− 49	−30 − 60	− 76	−18	−10 −23	−29	− 8	−13	0 −19	−30	−46	− 74
65	80	−200 −274	−150 −224																	
80	100	−220 −307	−170 −257	−120 −174	−207	−107	− 72 −126	−159	− 58	−36 − 71	− 90	−22	−12 −27	−34	−10	−15	0 −22	−35	−54	− 87
100	120	−240 −327	−180 −267																	
120	140	−260 −360	−200 −300	−145 −208	−245	−125	− 85 −148	−185	− 68	−43 − 83	−106	−26	−14 −32	−39	−12	−18	0 −25	−40	−63	−100
140	160	−280 −380	−210 −310																	
160	180	−310 −410	−230 −330																	
180	200	−340 −455	−240 −355	−170 −242	−285	−146	−100 −172	−215	− 79	− 50 − 96	−122	−29	−15 −35	−44	−14	−20	0 −29	−46	−72	−115
200	225	−380 −495	−260 −375																	
225	250	−420 −535	−280 −395																	
250	280	−480 −610	−300 −430	−190 −271	−320	−162	−110 −191	−240	− 88	−56 −108	−137	−33	−17 −40	−49	−16	−23	0 −32	−52	−81	−130
280	315	−540 −670	−330 −460																	
315	355	−600 −740	−360 −500	−210 −299	−350	−182	−125 −214	−265	− 98	−62 −119	−151	−36	−18 −43	−54	−18	−25	0 −36	−57	−89	−140
355	400	−680 −820	−400 −540																	
400	450	−760 −915	−440 −595	−230 −327	−385	−198	−135 −232	−290	−108	−68 −131	−165	−40	−20 −47	−60	−20	−27	0 −40	−63	−97	−155
450	500	−840 −995	−480 −635																	

비고：표속의 각단에서 윗쪽의 값을 윗치수 허용차, 아래쪽의 값은 아랫치수 허용차를 나타낸다.

표 6 － 2 상용하는 끼워맞춤의 축 치수허용차

(KS B 0401－1971－P.22에서 옮김)

單位 μ＝0.001㎜

치수 구분		js				k			m			n	p	r	s	t	u	x
초과	이하	js 4	js 5	js 6	js 7	k 4	k 5	k 6	m 4	m 5	m 6	n 6	p 6	r 6	s 6	t 6	u 6	x 6
	3	± 1.5	± 2	± 3	± 5	+ 3	+ 4 0	+ 6	+ 5	+ 6 + 2	+ 8	+10 + 4	+ 12 + 6	+ 16 + 10	+ 20 + 14	—	+ 24 + 18	+26 +20
3	6	± 2	± 2.5	± 4	± 6	+ 5	+ 6 + 1	+ 9	+ 8	+ 9 + 4	+12	+16 + 8	+ 20 + 12	+ 23 + 15	+ 27 + 19	—	+ 33 + 23	+36 +28
6	10	± 2	± 3	± 4.5	± 7.5	+ 5	+ 7 + 1	+10	+10	+12 + 6	+15	+19 +10	+ 24 + 15	+ 28 + 19	+ 32 + 23	—	+ 37 + 28	+43 +34
10	14	± 2.5	± 4	± 5.5	± 9	+ 6	+ 9 + 1	+12	+12	+15 + 7	+18	+23 +12	+ 29 + 18	+ 34 + 23	+ 39 + 28	—	+ 44 + 33	+51 +40
14	18																	+56 +45
18	24	± 3	± 4.5	± 6.5	±10	+ 8	+11 + 2	+15	+14	+17 + 8	+21	+28 +15	+ 35 + 22	+ 41 + 28	+ 48 + 35	—	+ 54 + 41	+67 +54
24	30															+ 54 + 41	+ 61 + 48	+77 +64
30	40	± 3.5	± 5.5	± 8	±12	+ 9	+13 + 2	+18	+16	+20 + 9	+25	+33 +17	+ 42 + 26	+ 50 + 34	+ 59 + 43	+ 64 + 48	+ 76 + 60	—
40	50															+ 70 + 54	+ 86 + 70	
50	65	± 4	± 6.5	± 9.5	±15	+10	+15 + 2	+21	+19	+24 +11	+30	+39 +20	+ 51 + 32	+ 60 + 41	+ 72 + 53	+ 85 + 66	+106 + 87	—
65	80													+ 62 + 43	+ 78 + 59	+ 94 + 75	+121 +102	
80	100	± 5	± 7.5	±11	±17	+13	+18 + 3	+25	+23	+28 +13	+35	+45 +23	+ 59 + 37	+ 73 + 51	+ 93 + 71	+113 + 91	+146 +124	—
100	120													+ 76 + 54	+101 + 79	+126 +104	+166 +144	
120	140	± 6	± 9	±12.5	±20	+15	+21 + 3	+28	+27	+33 +15	+40	+52 +27	+ 68 + 43	+ 88 + 63	+117 + 92	+147 +122	—	—
140	160													+ 90 + 65	+125 +100	+159 +134		
160	180													+ 93 + 68	+133 +108	+171 +146		
180	200	± 7	±10	±14.5	±23	+18	+24 + 4	+33	+31	+37 +17	+46	+60 +31	+ 79 + 50	+106 + 77	+151 +122	—	—	—
200	225													+109 + 80	+159 +130			
225	250													+113 + 84	+169 +140			
250	280	± 8	±11.5	±16	±26	+20	+27 + 4	+36	+36	+43 +20	+52	+66 +34	+ 88 + 56	+126 + 94	—	—	—	—
280	315													+130 + 98				
315	355	± 9	±12.5	±18	±28	+22	+29 + 4	+40	+39	+46 +21	+57	+73 +37	+ 98 + 62	+144 +108	—	—	—	—
355	400													+150 +114				
400	450	±10	±13.5	±20	±31	+25	+32 + 5	+45	+43	+50 +23	+63	+80 +40	+108 + 68	+166 +126	—	—	—	—
450	500													+172 +132				

비고：표속의 각단에서 윗쪽의 값을 위치수허용차, 아래쪽의 값은 아랫치수허용차를 나타낸다.

일반 공차 연습문제

( )반 ( )번 성명( )

1. ϕ 100h 4 의 최대 허용치수는? 1. ____
2. ϕ 100h 4 의 최소 허용치수는? 2. ____
3. ϕ 100h 4 의 치수 공차는? 3. ____
4. ϕ 100h 5 의 최대 허용치수는? 4. ____
5. ϕ 100h 5 의 최소 허용치수는? 5. ____
6. ϕ 100h 5 의 치수 공차는? 6. ____
7. ϕ 100h 6 의 최대 허용치수는? 7. ____
8. ϕ 100h 6 의 최소 허용치수는? 8. ____
9. ϕ 100h 6 의 치수 공차는? 9. ____
10. ϕ 100g 6 의 최대 허용치수는? 10. ____
11. ϕ 100g 6 의 최소 허용치수는? 11. ____
12. ϕ 100g 6 의 치수 공차는? 12. ____
13. ϕ 100f 6 의 최대 허용치수는? 13. ____
14. ϕ 100f 6 의 최소 허용치수는? 14. ____
15. ϕ 100f 6 의 치수 공차는? 15. ____
16. ϕ 100x 6 의 최대 허용치수는? 16. ____
17. ϕ 100x 6 의 최소 허용치수는? 17. ____
18. ϕ 100x 6 의 치수 공차는? 18. ____
19. ϕ 200e 7 의 치수 공차는? 19. ____
20. ϕ 200f 7 의 치수 공차는? 20. ____
21. ϕ 200h 7 의 치수 공차는? 21. ____
22. ϕ 200js7의 치수 공차는? 22. ____
23. ϕ 200f 6 의 치수 공차는? 23. ____
24. ϕ 200g 6 의 치수 공차는? 24. ____
25. ϕ 200h 6 의 치수 공차는? 25. ____
26. ϕ 200js 6 의 치수 공차는? 26. ____
27. ϕ 200k 6 의 치수 공차는? 27. ____
28. ϕ 200m6 의 치수 공차는? 28. ____
29. ϕ 200n 6 의 치수 공차는? 29. ____
30. ϕ 200p 6 의 치수 공차는? 30. ____
31. ϕ 200r 6 의 치수 공차는? 31. ____
32. ϕ 200s 6 의 치수 공차는? 32. ____
33. ϕ 200t 6 의 치수 공차는? 33. ____
34. ϕ 200u 6 의 치수 공차는? 34. ____
35. ϕ 200x 6 의 치수 공차는? 35. ____
36. ϕ 200b 9 의 치수 공차는? 36. ____

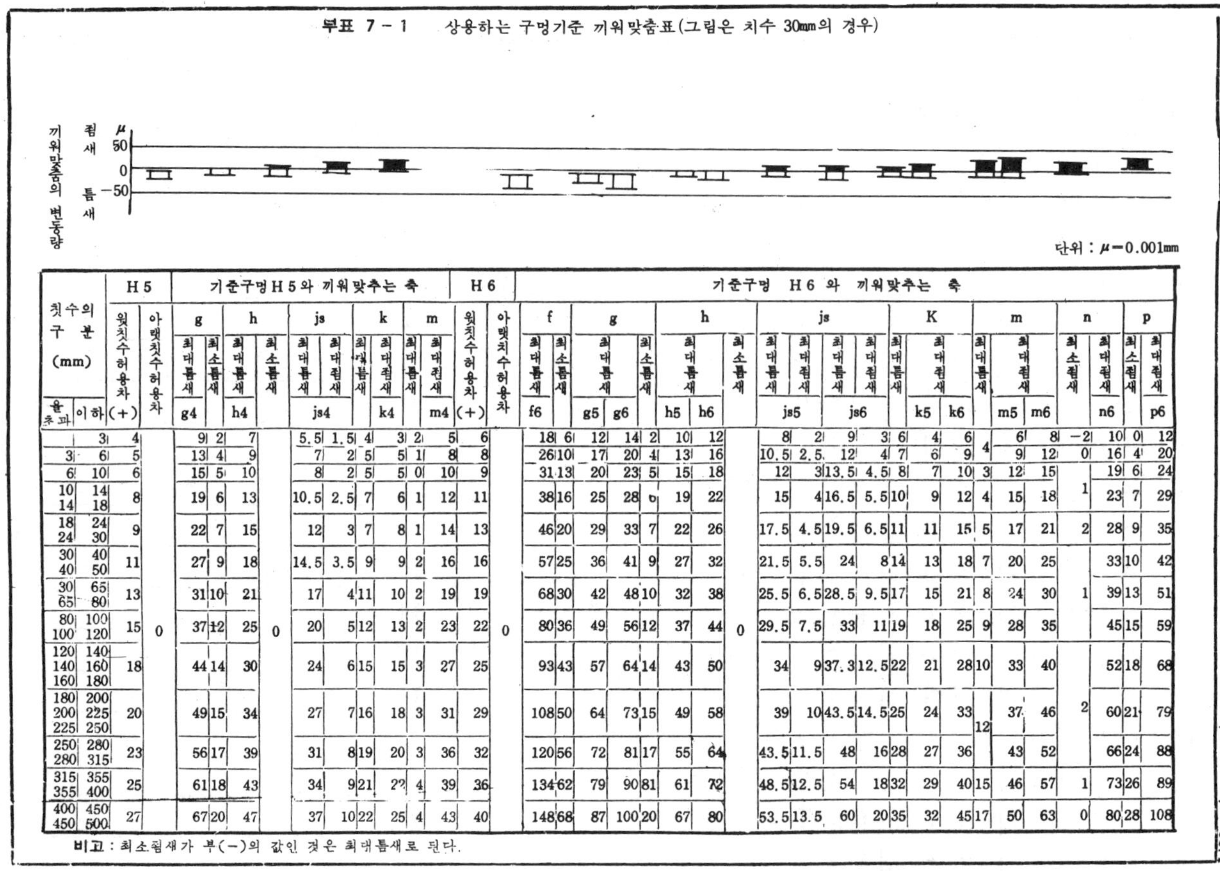

부표 7-1　상용하는 구멍기준 끼워맞춤표(그림은 치수 30㎜의 경우)

단위 : μ=0.001㎜

칫수의 구분(mm) 초과	이하	H5 윗칫수허용차(+)	H5 아랫칫수허용차	g 최대틈새 g4	g 최소틈새	h 최대틈새 h4	h 최소틈새	js 최대틈새 js4	js 최대죔새 js4	k 최대틈새	k 최대죔새 k4	m 최대틈새	m 최대죔새 m4
	3	4		9	2	7		5.5	1.5	4	3	2	5
3	6	5		13	4	9		7	2	5	5	1	8
6	10	6		15	5	10		8	2	5	5	0	10
10 14	14 18	8		19	6	13		10.5	2.5	7	6	1	12
18 24	24 30	9		22	7	15		12	3	7	8	1	14
30 40	40 50	11		27	9	18		14.5	3.5	9	9	2	16
30 65	65 80	13		31	10	21		17	4	11	10	2	19
80 100	100 120	15	0	37	12	25	0	20	5	12	13	2	23
120 140 160	140 160 180	18		44	14	30		24	6	15	15	3	27
180 200 225	200 225 250	20		49	15	34		27	7	16	18	3	31
250 280	280 315	23		56	17	39		31	8	19	20	3	36
315 355	355 400	25		61	18	43		34	9	21	[illegible]	4	39
400 450	450 500	27		67	20	47		37	10	22	25	4	43

칫수의 구분(mm) 초과	이하	H6 윗칫수허용차(+)	H6 아랫치수허용차	f 최대틈새 f6	f 최소틈새	g 최대틈새 g5	g 최대틈새 g6	g 최소틈새	h 최대틈새 h5	h 최대틈새 h6	h 최소틈새	js 최대틈새 js5	js 최대죔새 js5	js 최대틈새 js6	js 최대죔새 js6	K 최대틈새	K 최대죔새 k5	K 최대죔새 k6	m 최대틈새	m 최대죔새 m5	m 최대죔새 m6	n 최소죔새	n 최대죔새 n6	p 최소죔새	p 최대죔새 p6
	3	6		18	6	12	14	2	10	12		8	2	9	3	6	4	6	4	6	8	−2	10	0	12
3	6	8		26	10	17	20	4	13	16		10.5	2.5	12	4	7	6	9		9	12	0	16	4	20
6	10	9		31	13	20	23	5	15	18		12	3	13.5	4.5	8	7	10	3	12	15		19	6	24
10 14	14 18	11		38	16	25	28	[illegible]	19	22		15	4	16.5	5.5	10	9	12	4	15	18	1	23	7	29
18 24	24 30	13		46	20	29	33	7	22	26		17.5	4.5	19.5	6.5	11	11	15	5	17	21	2	28	9	35
30 40	40 50	16		57	25	36	41	9	27	32		21.5	5.5	24	8	14	13	18	7	20	25		33	10	42
30 65	65 80	19		68	30	42	48	10	32	38		25.5	6.5	28.5	9.5	17	15	21	8	24	30	1	39	13	51
80 100	100 120	22	0	80	36	49	56	12	37	44	0	29.5	7.5	33	11	19	18	25	9	28	35		45	15	59
120 140 160	140 160 180	25		93	43	57	64	14	43	50		34	9	37.3	12.5	22	21	28	10	33	40		52	18	68
180 200 225	200 225 250	29		108	50	64	73	15	49	58		39	10	43.5	14.5	25	24	33	12	37	46	2	60	21	79
250 280	280 315	32		120	56	72	81	17	55	64		43.5	11.5	48	16	28	27	36		43	52		66	24	88
315 355	355 400	36		134	62	79	90	81	61	72		48.5	12.5	54	18	32	29	40	15	46	57	1	73	26	89
400 450	450 500	40		148	68	87	100	20	67	80		53.5	13.5	60	20	35	32	45	17	50	63	0	80	28	108

비고 : 최소죔새가 부(−)의 값인 것은 최대틈새로 된다.

KS B 0401-1971

부표 7-2　상용하는 구멍기준 끼워맞춤표(그림은 치수 30㎜의 경우)

끼워맞춤의 변동량
죔새
틈새
μ
100
0
−100

단위 : μ=0.001㎜

칫수의 구분(㎜) 을초과	이하	H7 윗칫수허용차(+)	H7 아랫치수허용차	e 최대틈새 e7	e 최소틈새	f 최대틈새 f6	f 최대틈새 f7	f 최소틈새	g 최대틈새 g6	g 최소틈새	h 최대틈새 h6	h 최대틈새 h7	최대틈새	js 최대틈새 js6	js 최대죔새 js6	js 최대틈새 js7	js 최대죔새 js7
—	3	10		34	14	22	26	6	18	2	10	20		13	3	15	5
3	6	12		44	20	30	34	10	24	4	20	24		16	4	18	6
6	10	15		55	25	37	43	13	29	5	24	30		19.5	4.5	22.5	7.5
10 14	14 18	18		68	32	45	52	16	35	6	29	36		23.5	5.5	27	9
18 24	24 30	21		82	40	54	62	20	41	7	34	42		27.5	6.5	31.5	10.5
30 40	40 50	25	0	100	50	66	75	25	50	9	41	50		33	8	37.5	12.5
50 65	65 80	30		120	60	79	90	30	59	10	49	60		39.5	9.5	45	15
80 100	100 120	35		142	72	93	106	36	69	12	57	70		46	11	52.5	17.5
120 140 160	140 160 180	40		165	85	108	123	43	79	14	65	80		52.5	12.5	60	20
180 200 225	200 225 250	46		192	100	125	142	50	90	15	75	90		60.5	14.5	69	23
250 280	280 315	52		214	110	140	160	56	101	17	84	104		68	16	78	26
315 355	355 400	57		239	125	155	176	62	111	18	93	114		75	18	85.5	28.5
400 450	450 500	63		261	135	171	104	68	123	20	10	223		83	20	94.5	31.5

칫수의 구분(㎜) 을초과	이하	k 최대틈새	k 최대죔새 k6	m 최대틈새	m 최대죔새 m6	n 최대틈새	n 최대죔새 n6	p 최소죔새	p 최대죔새 p6	r 최소죔새	r 최대죔새 r6	s 최소죔새	s 최대죔새 s6	t 최소죔새	t 최대죔새 t6	u 최소죔새	u 최대죔새 u6	x6 최소죔새	x6 최대죔새 x6
—	3	10	6	8	8	6	10	−4	12	0	16	4	20	—	—	8	24	10	26
3	6	11	9		12	4	16		20	3	23	7	27	—	—	11	31	16	36
6	10	14	10	9	15	5	19		24	4	28	8	32	—	—	13	37	19	43
10 14	14 18	17	12	11	18	6	23		20	5	34	10	39	—	—	15	44	22 27	51 56
18 24	24 30	19	15	13	21	6	28	1	35	7	41	14	48	— 20	— 54	20 27	54 61	33 43	67 77
30 40	40 50	23	18	16	25	8	33		42	9	50	18	59	23 29	64 70	35 45	76 86	—	—
50 65	65 80	28	21	19	30	10	39	2	51	11 13	60 62	23 29	72 78	36 45	85 94	57 72	106 121	—	—
80 100	100 120	32	25	22	35	12	45		59	16 19	73 76	36 44	93 101	56 69	113 126	89 109	146 166	—	—
120 140 160	140 160 180	37	28	25	40	13	52	3	68	23 25 28	88 90 93	52 60 68	117 125 133	82 94 106	147 169 171	—	—	—	—
180 200 225	200 225 250	42	33	29	46	15	60	4	79	31 34 38	106 109 113	79 84 94	151 159 169	—	—	—	—	—	—
250 280	280 315	48	36	32	52	18	66		88	42 46	126 130	—	—	—	—	—	—	—	—
315 355	355 400	53	40	36	57	20	73	5	98	51 57	144 150	—	—	—	—	—	—	—	—
400 450	450 500	58	45	40	63	23	80		108	63 69	166 172	—	—	—	—	—	—	—	—

비고 최소죔새가 −의 값인 것은 최대틈새로 된다.

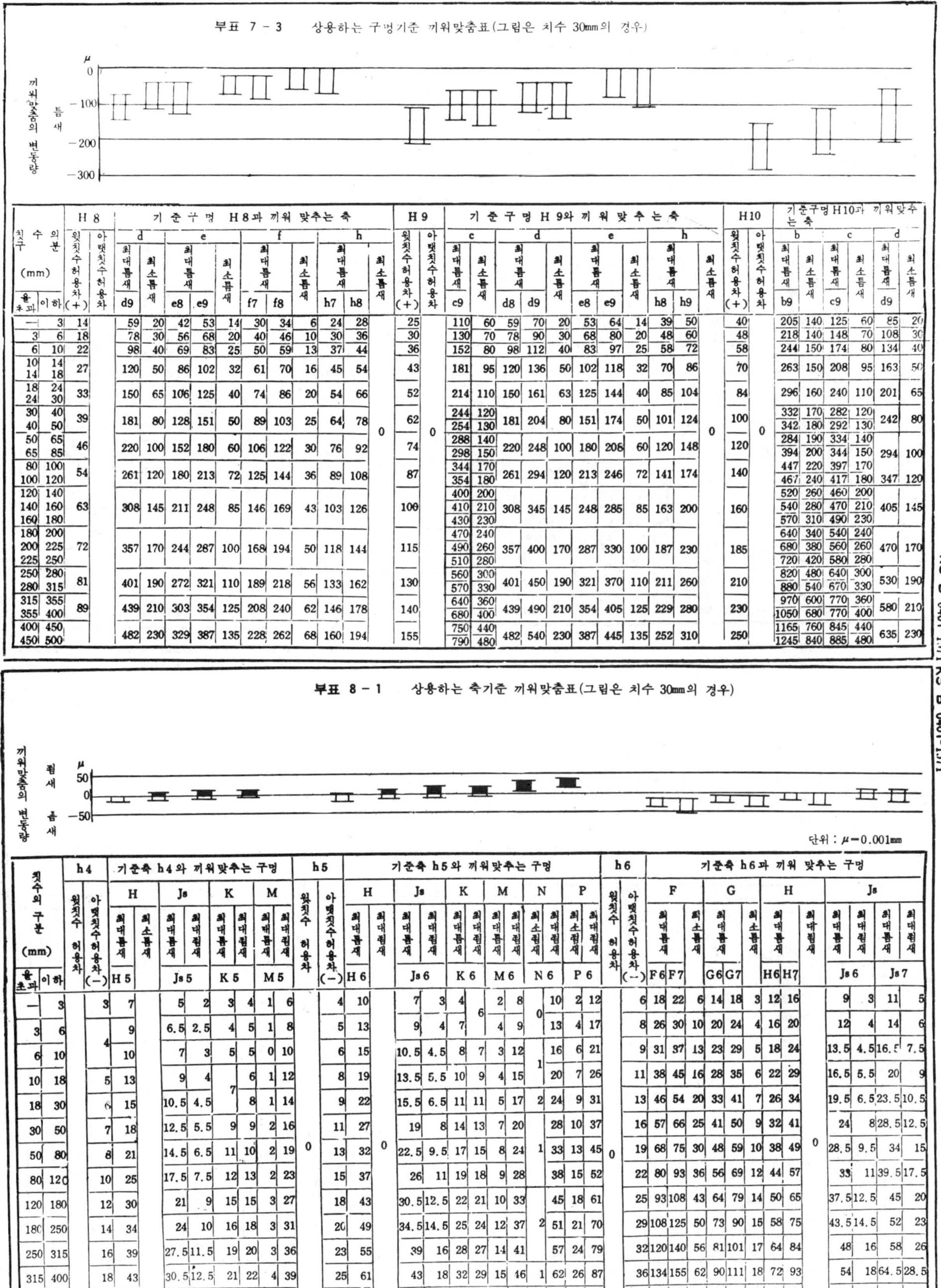

부표 7 - 3 상용하는 구멍기준 끼워맞춤표(그림은 치수 30mm의 경우)

치수의 구분 (mm) 초과	이하	H8 윗치수 허용차 (+)	H8 아랫치수 허용차	d 최대틈새 d9	d 최소틈새	e 최대틈새 e8	e 최대틈새 e9	e 최소틈새	f 최대틈새 f7	f 최대틈새 f8	f 최소틈새	h 최대틈새 h7	h 최대틈새 h8	h 최소틈새
—	3	14		59	20	42	53	14	30	34	6	24	28	
3	6	18		78	30	56	68	20	40	46	10	30	36	
6	10	22		98	40	69	83	25	50	59	13	37	44	
10 14	14 18	27		120	50	86	102	32	61	70	16	45	54	
18 24	24 30	33		150	65	106	125	40	74	86	20	54	66	
30 40	40 50	39	0	181	80	128	151	50	89	103	25	64	78	0
50 65	65 85	46		220	100	152	180	60	106	122	30	76	92	
80 100	100 120	54		261	120	180	213	72	125	144	36	89	108	
120 140 160	140 160 180	63		308	145	211	248	85	146	169	43	103	126	
180 200 225	200 225 250	72		357	170	244	287	100	168	194	50	118	144	
250 280	280 315	81		401	190	272	321	110	189	218	56	133	162	
315 355	355 400	89		439	210	303	354	125	208	240	62	146	178	
400 450	450 500			482	230	329	387	135	228	262	68	160	194	

치수의 구분 (mm) 초과	이하	H9 윗치수 허용차 (+)	H9 아랫치수 허용차	c 최대틈새 c9	c 최소틈새	d 최대틈새 d8	d 최대틈새 d9	d 최소틈새	e 최대틈새 e8	e 최대틈새 e9	e 최소틈새	h 최대틈새 h8	h 최대틈새 h9	h 최소틈새	H10 윗치수 허용차 (+)	H10 아랫치수 허용차	b 최대틈새 b9	b 최소틈새	c 최대틈새 c9	c 최소틈새	d 최대틈새 d9	d 최소틈새
—	3	25		110	60	59	70	20	53	64	14	39	50		40		205	140	125	60	85	20
3	6	30		130	70	78	90	30	68	80	20	48	60		48		218	140	148	70	108	30
6	10	36		152	80	98	112	40	83	97	25	58	72		58		244	150	174	80	134	40
10 14	14 18	43		181	95	120	136	50	102	118	32	70	86		70		263	150	208	95	163	50
18 24	24 30	52		214	110	150	161	63	125	144	40	85	104		84		296	160	240	110	201	65
30 40	40 50	62	0	244 254	120 130	181	204	80	151	174	50	101	124	0	100	0	332 342	170 180	282 292	120 130	242	80
50 65	65 85	74		288 298	140 150	220	248	100	180	206	60	120	148		120		284 394	190 200	334 344	140 150	294	100
80 100	100 120	87		344 354	170 180	261	294	120	213	246	72	141	174		140		447 467	220 240	397 417	170 180	347	120
120 140 160	140 160 180	100		400 410 430	200 210 230	308	345	145	248	285	85	163	200		160		520 540 570	260 280 310	460 470 490	200 210 230	405	145
180 200 225	200 225 250	115		470 490 510	240 260 280	357	400	170	287	330	100	187	230		185		640 680 720	340 380 420	540 560 580	240 260 280	470	170
250 280	280 315	130		560 570	300 330	401	450	190	321	370	110	211	260		210		820 880	480 540	640 670	300 330	530	190
315 355	355 400	140		640 680	360 400	439	490	210	354	405	125	229	280		230		970 1050	600 680	770 770	360 400	580	210
400 450	450 500	155		750 790	440 480	482	540	230	387	445	135	252	310		250		1165 1245	760 840	845 885	440 480	635	230

부표 8 - 1 상용하는 축기준 끼워맞춤표(그림은 치수 30mm의 경우)

단위 : μ=0.001mm

치수의 구분 (mm) 초과	이하	h4 윗치수 허용차	h4 아랫치수 허용차 (−)	H 최대틈새 H5	H 최소틈새	Js5 최대틈새	Js5 최대죔새	K5 최대틈새	K5 최대죔새	M5 최대틈새	M5 최대죔새	h5 윗치수 허용차	h5 아랫치수 허용차 (−)	H 최대틈새 H6	H 최대죔새	Js6 최대틈새	Js6 최대죔새	K6 최대틈새	K6 최대죔새	M6 최대틈새	M6 최대죔새	N6 최소죔새	N6 최대죔새	P6 최소죔새	P6 최대죔새
—	3		3	7		5	2	3	4	1	6		4	10		7	3	4	6	2	8	0	10	2	12
3	6		4	9		6.5	2.5	4	5	1	8		5	13		9	4	7		4	9		13	4	17
6	10			10		7	3	5	5	0	10		6	15		10.5	4.5	8	7	3	12	1	16	6	21
10	18		5	13		9	4	7	6	1	12		8	19		13.5	5.5	10	9	4	15		20	7	26
18	30		6	15		10.5	4.5		8	1	14		9	22		15.5	6.5	11	11	5	17	2	24	9	31
30	50		7	18		12.5	5.5	9	9	2	16		11	27		19	8	14	13	7	20	1	28	10	37
50	80		8	21		14.5	6.5	11	10	2	19	0	13	32	0	22.5	9.5	17	15	8	24		33	13	45
80	120		10	25		17.5	7.5	12	13	2	23		15	37		26	11	19	18	9	28		38	15	52
120	180		12	30		21	9	15	15	3	27		18	43		30.5	12.5	22	21	10	33	2	45	18	61
180	250		14	34		24	10	16	18	3	31		20	49		34.5	14.5	25	24	12	37		51	21	70
250	315		16	39		27.5	11.5	19	20	3	36		23	55		39	16	28	27	14	41		57	24	79
315	400		18	43		30.5	12.5	21	22	4	39		25	61		43	18	32	29	15	46	1	62	26	87
400	500		20	47		33.5	13.5	22	25	4	43		27	67		47	20	35	32	17	50	0	67	28	95

치수의 구분 (mm) 초과	이하	h6 윗치수 허용차	h6 아랫치수 허용차 (−)	F 최대틈새 F6	F 최대틈새 F7	F 최소틈새	G 최대틈새 G6	G 최대틈새 G7	G 최소틈새	H 최대틈새 H6	H 최대틈새 H7	H 최대죔새	Js6 최대틈새	Js6 최대죔새	Js7 최대틈새	Js7 최대죔새
—	3		6	18	22	6	14	18	3	12	16		9	3	11	5
3	6		8	26	30	10	20	24	4	16	20		12	4	14	6
6	10		9	31	37	13	23	29	5	18	24		13.5	4.5	16.5	7.5
10	18		11	38	45	16	28	35	6	22	29		16.5	5.5	20	9
18	30		13	46	54	20	33	41	7	26	34		19.5	6.5	23.5	10.5
30	50		16	57	66	25	41	50	9	32	41		24	8	28.5	12.5
50	80	0	19	68	75	30	48	59	10	38	49	0	28.5	9.5	34	15
80	120		22	80	93	36	56	69	12	44	57		33	11	39.5	17.5
120	180		25	93	108	43	64	79	14	50	65		37.5	12.5	45	20
180	250		29	108	125	50	73	90	15	58	75		43.5	14.5	52	23
250	315		32	120	140	56	81	101	17	64	84		48	16	58	26
315	400		36	134	155	62	90	111	18	72	93		54	18	64.5	28.5
400	500		40	148	171	68	100	123	20	80	103		60	20	71.5	31.5

KS B 0401-1971

부표 8 − 2 상용하는 축기준 끼워맞춤표 (그림은 치수 30mm의 경우)

끼워맞춤의 변동량 μ 죔새 100 0 틈새 −100

단위 : μ−0.001mm

치수의 구분 (mm) 초과	이하	h6 윗치수 허용차	h6 아랫치수 허용차 (−)	K6 최대틈새	K6 최대죔새	K7 최대틈새	K7 최대죔새	M6 최대틈새	M6 최대죔새	M7 최대틈새	M7 최대죔새	N6 최대틈새	N6 최대죔새	N7 최대틈새	N7 최대죔새	P6 최대틈새	P6 최대죔새	P7 최소죔새	P7 최대죔새	R7 최소죔새	R7 최대죔새	S7 최소죔새	S7 최대죔새	T7 최소죔새	T7 최대죔새	U7 최소죔새	U7 최대죔새	X7 최소죔새	X7 최대죔새
—	3	0	6	6	6	6	10	4	3	4	12	2	10	2	14	0	12	0	16	4	20	8	24	—	—	12	28	14	30
3	6		8	10		11	9	7	9	8		3	13	4	16	1	17		20	3	23	7	27	—	—	11	31	16	36
6	10		9	11	7	14	10	6	12	9	15	2	16	5	19	3	21		24	4	28	8	32	—	—	13	37	19	43
10	14		11	13	9	17	12	7	15	11	18		20	6	23	4	26		29	5	34	10	39	—	—	15	44	22	51
14	18																											27	56
18	24		13	15	11	19	15	9	17	13	21		24		23	5	31	—	35	7	41	14	43	—	—	20	54	33	67
24	30																							20	54	27	51	43	77
30	40		16	19	13	23	18	12	20	16	25	4	28	8	33	5	37		42	9	50	18	59	23	64	35	76	—	—
40	50																							29	70	45	80		
50	65		19	23	15	28	21	14	24	19	30	5	33	10	39	7	45	2	57	11	60	23	72	36	85	57	106	—	—
65	80																			13	62	29	73	45	94	72	121		
80	100		22	26	18	32	25	16	28	22	35	6	38	12	45	8	52		59	16	73	36	93	56	113	89	146	—	—
100	120																			19	76	44	101	69	126	109	166		
120	140		25	29	21	37	28	17	33	25	40	5	45	13	52	11	61	3	68	23	88	52	117	82	147	—	—	—	—
140	160																			25	90	60	125	94	159				
160	180																			28	93	68	133	106	171				
180	200		29	34	24	42	33	21	37	29	46	7	51	15	60	12	70	4	79	31	106	76	151	—	—	—	—	—	—
200	225																			34	106	84	159						
225	250																			38	113	94	169						
250	280		32	37	27	48	36	23	41	32	52		57	18	66				88	42	126	—	—	—	—	—	—	—	—
280	315																			46	130								
315	355		36	13	29	53	40	26	46	36	57	10	62	20	73	15	87	5	98	51	144	—	—	—	—	—	—	—	—
355	400																			57	150								
400	450		40	48	32	58	45	30	59	40	63	13	67	23	80		95		108	63	166	—	—	—	—	—	—	—	—
450	500																			69	172								

치수의 구분 (mm) 초과	이하	h7 윗치수 허용차	h7 아랫치수 허용차 (−)	E7 최대틈새	E 최소틈새	F7 최대틈새	F8 최대틈새	F 최소틈새	H7 최대틈새	H8 최대틈새	H 최소틈새
—	3	0	10	34	14	26	30	6	20	24	0
3	6		12	44	20	34	40	10	24	30	
6	10		15	55	25	43	50	13	30	37	
10	18		18	63	32	52	61	16	36	45	
18	30		21	82	40	62	74	20	42	54	
30	50		25	100	50	70	89	25	50	64	
50	80		30	120	60	90	106	30	60	76	
80	120		35	142	72	106	125	36	70	89	
120	180		40	165	85	123	146	43	80	103	
180	250		46	192	100	142	168	50	92	118	
250	315		52	214	110	160	189	56	104	133	
315	400		57	239	125	176	208	62	114	146	
400	500		63	261	135	194	228	68	126	160	

KS B 0401-1971

부표 8 − 3 상용하는 축기준 끼워맞춤표 (그림은 치수 30mm의 경우)

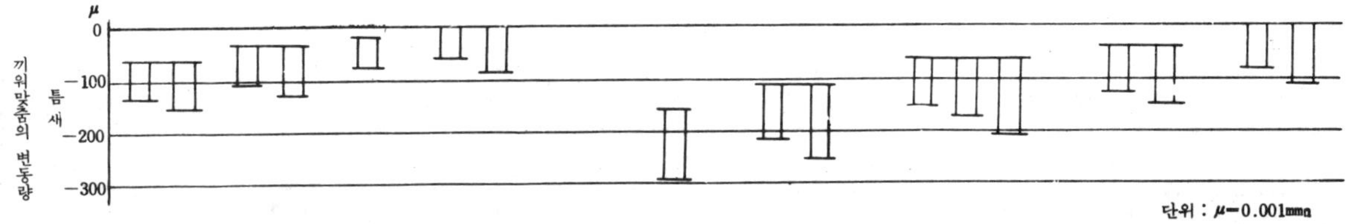

끼워맞춤의 변동량 μ 0 틈새 −100 −200 −300

단위 : μ−0.001mm

치수의 구분 (mm) 초과	이하	h8 윗치수 허용차	h8 아랫치수 허용차 (−)	D8 최대틈새	D9 최대틈새	D 최소틈새	E8 최대틈새	E9 최대틈새	E 최소틈새	F (E8) 최대틈새	F 최소틈새	H8 최대틈새	H9 최대틈새	H 최소틈새
—	3	0	14	48	59	20	42	53	14	34	6	28	39	0
3	6		18	66	78	30	56	68	20	46	10	36	48	
6	10		22	84	98	40	69	83	25	57	13	44	58	
10	18		27	104	120	50	86	102	62	70	16	54	70	
18	30		33	131	150	65	106	125	40	86	20	66	85	
30	50		39	158	181	80	128	151	50	103	25	78	101	
50	80		46	192	220	100	152	180	60	122	30	92	120	
80	120		54	228	261	120	180	213	72	144	36	108	141	
120	180		63	271	308	145	211	248	85	169	43	126	163	
180	250		72	314	357	170	244	287	100	194	50	144	187	
250	315		81	352	401	190	272	321	110	218	56	162	211	
315	400		89	388	439	210	303	354	125	240	62	178	229	
400	500		97	424	482	380	329	337	135	262	63	194	252	

치수의 구분 (mm) 초과	이하	h9 윗치수 허용차	h9 아랫치수 허용차 (−)	B10 최대틈새	B 최소틈새	C9 최대틈새	C10 최대틈새	C 최소틈새	D8 최대틈새	D9 최대틈새	D10 최대틈새	D 최소틈새	E8 최대틈새	E9 최대틈새	E 최소틈새	H8 최대틈새	H9 최대틈새	H 최소틈새
—	3	0	25	205	140	110	125	60	59	70	85	20	53	64	14	39	50	0
3	6		30	218	140	130	148	70	78	90	108	30	68	80	20	48	60	
6	10		36	244	150	152	174	80	98	112	134	40	83	97	25	58	72	
10	18		43	263	150	181	208	95	120	136	163	50	102	118	32	70	86	
18	30		52	296	160	214	246	110	150	169	201	65	125	144	40	85	104	
30	40		62	332	170	244	282	120	181	204	242	80	151	174	50	101	124	
40	50			342	180	254	292	130										
50	65		74	334	190	288	334	140	220	248	294	100	180	208	60	120	148	
65	80			394	200	298	344	150										
80	100		87	447	220	344	397	170	261	294	347	120	213	246	72	141	174	
100	120			467	240	354	407	180										
120	140		100	520	260	400	460	200	308	345	405	145	248	285	85	163	200	
140	160			540	280	410	470	210										
160	180			570	310	430	490	230										
180	200		115	640	340	470	540	240	357	400	470	170	287	330	100	187	230	
200	225			680	380	490	560	260										
225	250			720	420	510	580	280										
250	280		130	820	480	560	640	300	401	450	530	190	321	370	110	211	260	
280	315			880	540	590	670	330										
315	355		140	970	600	640	730	360	439	490	580	210	354	405	125	229	280	
355	400			1050	680	680	770	400										
400	450		155	1165	760	750	845	440	482	540	635	230	287	445	135	252	310	
450	500			1245	840	790	885	480										

KS B 0401-1971

끼워맞춤 연습문제

다음 빈칸을 보기와 같이 표를 찾아 채우고 차이점을 비교하여 보아라.

해석 \ 표시		최대허용치수 (① 구멍 ② 축)	최소허용치수 (① 구멍 ② 축)	치수공차 (① 구멍 ② 축)	끼워맞춤 종류	틈새 (μ) ※(1) 최대	틈새 (μ) ※(1) 최소	죔새 (μ) ※(2) 최대	죔새 (μ) ※(2) 최소
보기 400K 5h4	①	400.003	399.978	0.025	중간	21		22	—
	②								
(1) 200M 5h4	①								
	②								
(2) 150Js 5h4	①								
	②								
(3) 330P 6h5	①								
	②								
(4) 160N 6h5	①								
	②								
(5) 50G 7h6	①								
	②								
(6) 185F 6h6	①								
	②								
(7) 3H7h6	①								
	②								
(8) 6K5h4	①								
	②								
(9) 25N 6h5	①								
	②								
(10) 1M5h4	①								
	②								

※ (1), (2)는 해당되는 난에만 기입할 것.

끼워맞춤 방식

종류 끼워맞춤 방식에는 구멍기준식과 축기준식의 두가지가 있다. 구멍기준 끼워맞춤은 여러가지 축을 한가지 구멍에 끼워 맞춤으로서 틈새나 죔새가 다른 여러가지의 끼워 맞춤을 얻는 방식. 기준구멍으로 H구멍을 쓴다.

축기준 끼워맞춤은 여러가지 구멍을 한가지 축에 끼워 맞춤으로서 틈새나 죔새가 다른 여러가지의 끼워 맞춤을 얻는 방식. 기준축으로 h축을 쓴다.

보기: H7 / e7 (H7 – e7 또는 $\frac{H7}{e7}$) (구멍기준식)

F8 / h7 (F8 – h7 또는 $\frac{F8}{h7}$) (축기준식)

익 힘 문 제

1. 다음표의 빈 칸에 해당되는 숫자를 써 넣어라

끼워맞춤의종류	헐거운 끼워맞춤 구멍	헐거운 끼워맞춤 축	중간 끼워맞춤 구멍	중간 끼워맞춤 축	억지 끼워맞춤 구멍	억지 끼워맞춤 축
최대허용치수	40.025	39.975	40.025	40.011	40.025	40.050
최소허용치수	40.000	39.950	40.000	49.995	40.000	40.034
치수공차						
위치수허용차						
아래치수허용차						
최대틈새						
최소틈새						
최대죔새						
최소죔새						

끼워맞춤의종류	(　　)끼워맞춤 ø80H7 t6 구멍	축	(　　)끼워맞춤 ø80H7 g6 구멍	축	(　　)끼워맞춤 ø80H7 n6 구멍	축
최대허용치수						
최소허용치수						
치수공차						
위치수허용차						
아래치수허용차						
최대틈새						
최소틈새						
최대죔새						
최소죔새						

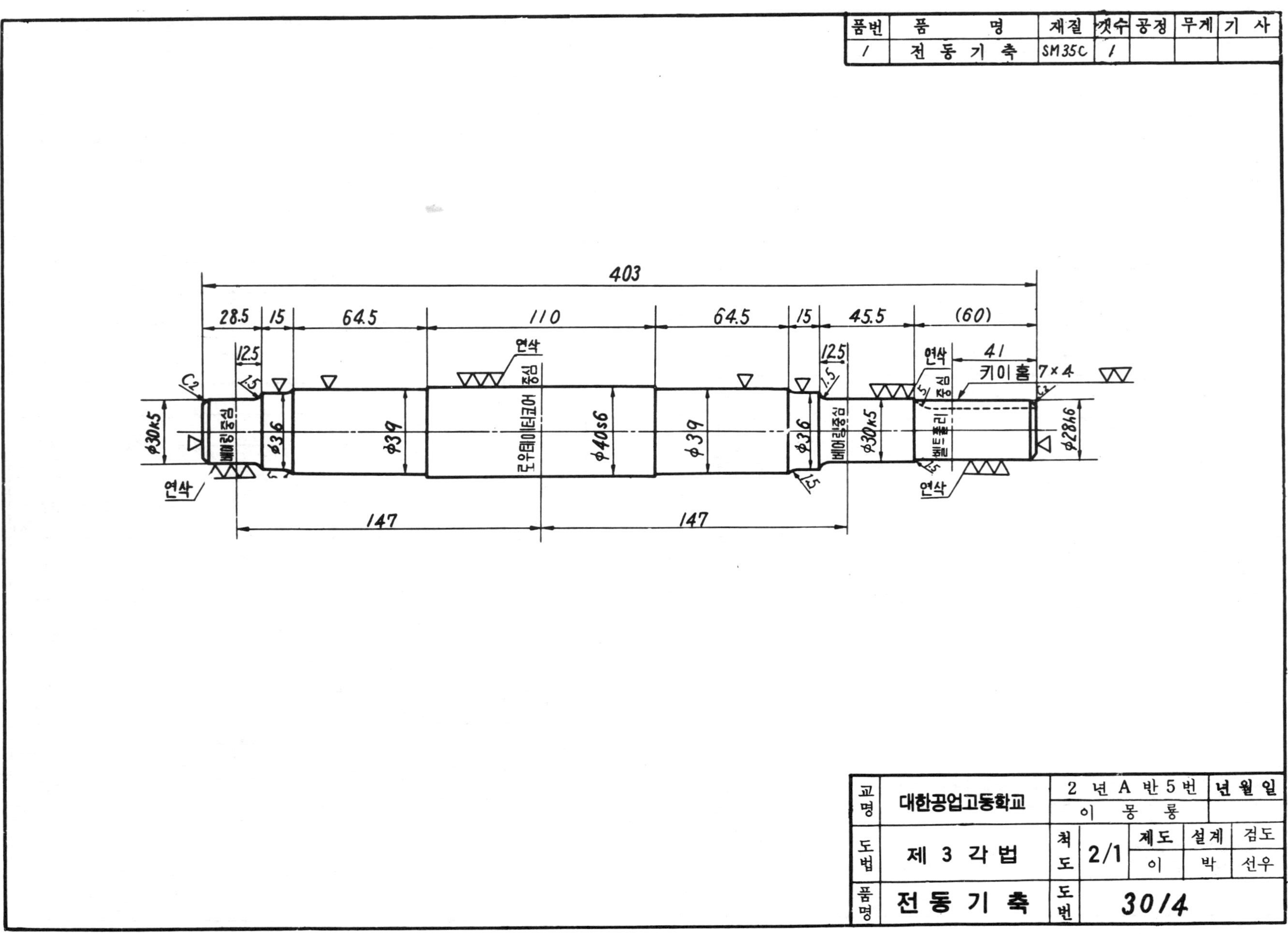

품번
품명
재질
갯수
공정
무게
기사
1
전동기 축
SM35C
1
403
28.5
15
64.5
110
64.5
15
45.5
(60)
12.5
12.5
41
키이 홈
7×4
연삭
연삭
연삭
연삭
C2
1.5
φ30k5
φ36
φ39
φ40s6
φ39
φ36
φ30k5
φ28h6
베어링 중심
베어링 중심
147
147
교명
대한공업고등학교
2 년 A 반 5 번
이 몽 룡
년 월 일
도법
제 3 각 법
척도
2/1
제도
설계
검도
이
박
선우
품명
전 동 기 축
도번
30/4

전동기축 (Electrical Motor Shaft) 번호(　　) 이름(　　　)

1. 어떠한 재질로 만들어야 하느냐?	1. ________
2. 어떠한 크기의 재료를 제작에 앞서 준비하여야 하느냐?	2. ________
3. 연삭가공하여야 할 부분은 몇 군데인가?	3. ________
4. ϕ40인 부분의 최대허용치수는 얼마이냐?	4. ________
5. ϕ40인 부분의 최소허용치수는 얼마이냐?	5. ________
6. ϕ40인 부분의 공차는 얼마이냐?	6. ________
7. ϕ40인 부분을 ϕ40H7구멍에 끼워 맞출때 어떤 끼워 맞춤이 되겠느냐?	7. ________
8. ϕ40인 부분을 ϕ40H7 구멍에 끼워 맞출때 최대 죔새는 얼마인가?	8. ________
9. ϕ40인 부분을 ϕ40H7 구멍에 끼워 맞출 때 최소 틈새는 얼마인가	9. ________
10. ϕ30인 부분의 최대허용치수는 얼마인가?	10. ________
11. ϕ30인 부분의 최소허용치수는 얼마인가?	11. ________
12. ϕ30인 부분의 공차는 얼마인가?	12. ________
13. ϕ30인 부분을 ϕ30 H6인 구멍에 끼워 맞추면 어떠한 끼워 맞춤이 되겠는가?	13. ________
14. ϕ30인 부분을 ϕ30H6 인 구멍에 끼워 맞출때 최대죔새와 최소죔새는 각각 얼마인가?	14. ________
15. ϕ28h6인 부분의 기준치수는 얼마인가?	15. ________
16. ϕ28 h6인 부분의 공차는 얼마인가?	16. ________
17. ϕ28 h6의 위치수차는 얼마인가?	17. ________
18. ϕ28 h6의 아래 치수차는 얼마인가?	18. ________
19. ϕ28 h6를 ϕ28H7 에 끼워 맞출때 어떠한 끼워 맞춤이 되느냐?	19. ________
20. C2는 무엇을 나타내느냐?	20. ________
21. 이 전동축에 끼워질 키이의 크기는 얼마인가?	21. ________
22. 이 축의 키이 홈을 가공하기 위한 공작기계로 가장 적합한 것은?	22. ________

— 〈**퀴즈 휴계실**〉 —

어떤 병원의 세균 실험실의 실험 결과 한 세균이 1분 지나면 2개로 번식되고 또 1분이 지나면 다시 번식해서 4개가 되었다. 이렇게 해서 1개의 세균이 시험관에 꽉 차는데 1시간 걸렸다. 이 세균을 같은 크기의 시험관에 처음에 2개 넣었을 때는 시험관에 꽉 차려며는 몇 분 걸리느냐(제한시간 30초)

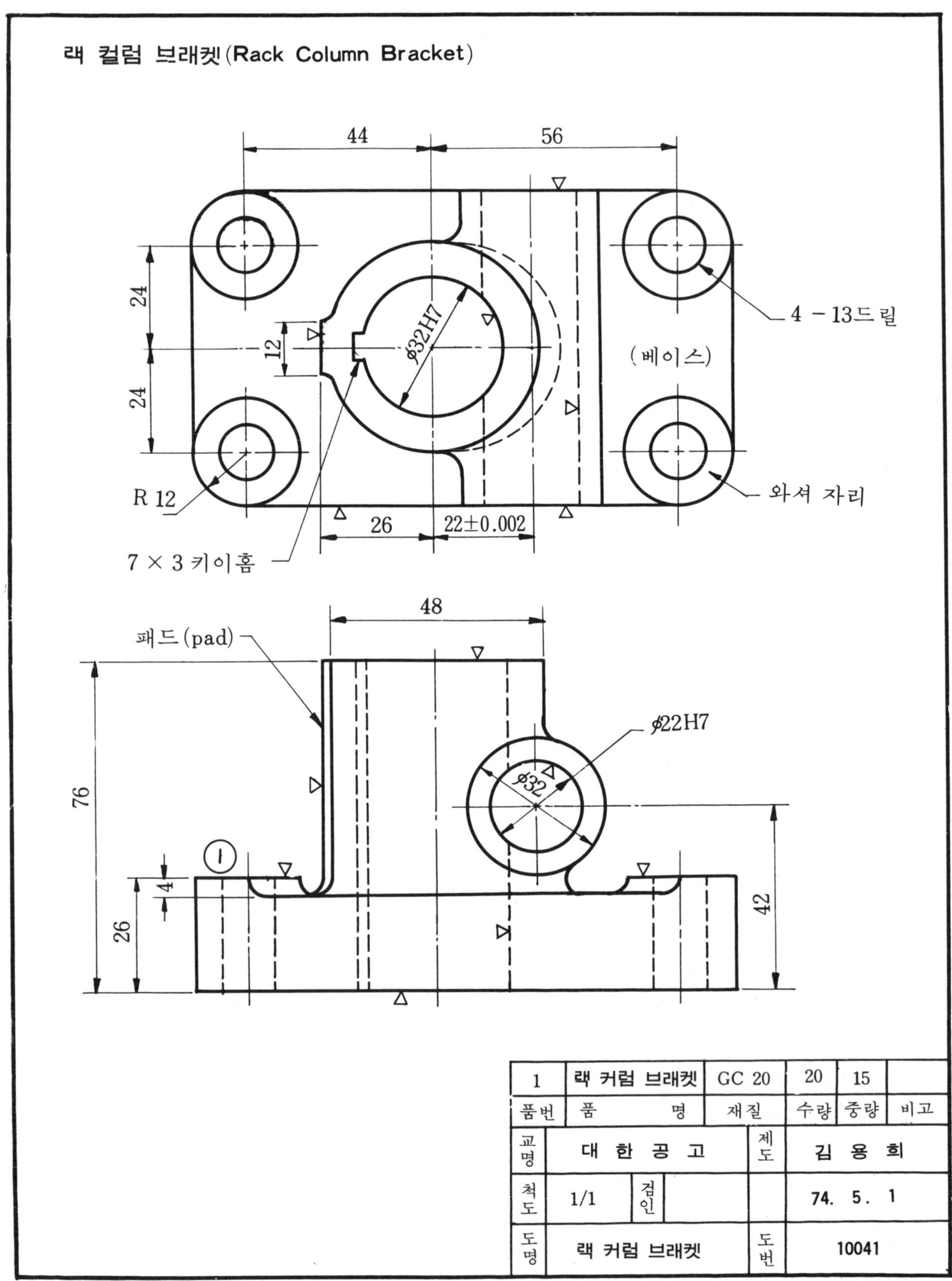
랙 컬럼 브래킷(Rack Column Bracket)
44
56
24
24
12
φ32H7
4 − 13드릴
(베이스)
R 12
26
22±0.002
와셔 자리
7 × 3 키이홈
48
패드(pad)
76
φ22H7
φ32
1
4
26
42
1
랙 커럼 브래켓
GC 20
20
15
품번
품 명
재질
수량
중량
비고
교명
대 한 공 고
제도
김 용 희
척도
1/1
검인
74. 5. 1
도명
랙 커럼 브래켓
도번
10041

랙 컬럼 브래킷(Rack Column Bracket) (　　) 반 (　　) 번 성명(　　　　)

독 도 과 제

1. 제품의 재질은? 1. ______
2. 제작 수량은? 2. ______
3. 구멍(드릴, 리이머, 보오링)의 수는 모두 몇개인가? 3. ______
4. 전체 길이 및 폭의 치수는 얼마인가? 4. ______
5. 제체 높이는 얼마인가? 5. ______
6. 와셔 자리를 제외한 베이스(base)만의 높이는? 6. ______
7. 베이스 윗면에서 잰 와셔 자리만의 높이는? 7. ______
8. 베이스 네 모서리의 라운딩 부분 반지름은? 8. ______
9. 베이스에 있는 와셔 자리의 지름은? 9. ______
10. 세로 구멍의 중심선에서 왼쪽 베이스위에 있는 와셔 자리까지의 거리는? 10. ______
11. 세로 구멍의 중심선에서 오른쪽 베이스 위에 있는 와셔자리 중심까지의 거리는? 11. ______
12. 베이스의 수평 중심선에서 와셔 자리 중심 까지의 거리는? 12. ______
13. 이 물체를 가공할 때 치수의 기준이 되는 점은 어디냐? 13. ______
14. 수직 구멍과 수평 구멍의 중심거리는 얼마냐? 14. ______
15. 두 구멍의 중심기리의 공차는 얼마냐? 15. ______
16. 수평 구멍의 공차는? 16. ______
17. 축 기준식이냐? 구멍 기준식이냐? 17. ______
18. 수평 구멍의 최대 치수는? 18. ______
19. 수평 구멍의 최소 치수는? 19. ______
20. 수직 구멍의 공차는? 20. ______
21. 수직 구멍의 최대 치수는? 21. ______
22. 수직 구멍의 최소 치수는? 22. ______
23. 수평 구멍의 중심과 베이스 밑면과의 거리는? 23. ______
24. 수평 구멍과 수직 구멍이 겹치는 부분의 치수범위를 말하여라. 24. ______
25. 키이 홈(key way)의 깊이는 얼마로 하여야 하느냐? (P 121 참조) 25. ______

모양(形狀) 및 위치에 관한 정밀도의 정의 및 허용치 도시법

1. 개요(槪要)

급속한 공업기술의 발전은 정밀도가 높은 기계부품의 생산을 요구하고 있다. 또 전자공학 또는 광학등을 이용한 정밀 측정계기의 개발은 조잡한 제품을 외누리 없이 정확하게 식별해 내고 있다.

기계도면은 제작하고져 하는 물건에 대한 갖가지 정보를 완벽하게, 정확하게, 그리고 신속하게 전달하는 것이 그 역활의 하나이다. 그리고 그 정보는 가급적 수치(数値)로 나타내는것이 필요조건으로 되어 있다. 길이, 크기, 다듬질 정도등은 칫수, 칫수허용차, 표면거칠기등에 의해서 수치화되어 도면에 지시전달되도록 이미 규격화되어 있다. 또 모양 및 위치의 정밀도, 다시 말하면 제품의 모양(形狀) 또 그 모양안의 특별한 부분의 위치가, 표시된 기하학적으로 바른 모양 및 위치에서 벗어남을 허용하는 값의 표시(表示)방법은 1967년 정밀도에관련된 규격(KS B 0601 진직도 0602직각도 0603평면도 0604진원도 0605동심도 0606평행도 0607원통도)에 규정은 되어 있다. 그러나 그후 외국과의 기술교류가 활발해지고 우리 공업제품이 해외시장에 진출되어짐에 따라 도면의 국제화가 절실히 요구되어져 왔다. 또 세계 여러나라가 국제규격(ISO)을 따르고 있는 점을 감안하여 우리나라에서는 1973년에 KS B 0608로 "모양 및 위치의 정밀도 허용치 도시 방법"이 제정 고시되었으나, 아직 기술현장에 널리 보급되어 있지 못한 형편이다. 이것은 국제규격은 물론 선진 외국의 규격과 공통점이 많기 때문에 우리나라의 정밀기계공업 발전을 위해서 설계제도자는 물론 현장 기술기능인은 이 방면의 충분한 지식이 있어야 할 것이다.

모양 및 위치의 정밀도의 종류 및 기호

종류 / 각국 규격 비교	모양에 관한 것						방향에 관한 것			위치에 관한 것			흔들림
	진직도	평면도	진원도	원통도	선의윤곽도	면의윤곽도	평행도	직각도	경사도	위치도	동축도	대칭도	
국제규격 ISO RIIOI	—	▱	○	⌭	⌒	⌓	//	⊥	∠	⌖	◎	⌯	↗
한국규격 KS B0608	同 *	同	同	同	규정안됨	규정안됨	同	同	규정안됨	규정안됨	同	규정안됨	규정안됨
미국규격 ANSI Y14.5 영국규격 BS 308	同	同	同	同	同	同	同	同	同	同	同	同	同
일본 JIS B0021	同	同	同	同	同	同	同	同	同	同	同	同	同

※同은 국제규격(I. S. O)과 동일기호를 나타낸다.

2. 용어의 뜻

(1) 직선부분 : 기능상(機能上) 직선과 같게 지정된 부분. 예 : 평면부분을 이에 수직한 평면으로 절단하였을 때 절단부분에 나타나는 단면윤곽선, 축선(軸線) 원통의 모선(母線), 나이프 에지(Knife edge)의 선단(先端)

(2) 축선 : 직선부분 중 원통과 같은 회전대칭체의 각 가로 단면에 생기는 단면 윤곽선의 중심[1]을 잇는 선

註(1) 단면 윤곽선의 중심이란 그 단면 윤곽선을 두개의 중심이 같은(同心) 기하학적 원사이에 들어 있도록 하였을때 두 원의 반지름의 차가 최소로 되는 경우의 동심원의 중심을 뜻한다.

(3) 평면부분 : 기능(機能)상 평면과 같게 지정된 부분 (중심면을 포함)

(4) 중심면 : 평면부분 중 서로 면 대칭(面対称)인 두 면 위의 대응하는 두개의 점을 이은 직선의 중점을 포함하는 면

(5) 원형(円形)부분 : 기능상 원과 같게 지정된 물체의 윤곽(예. 원의 평면도형 또는 물체의 원형단면 등).

(6) 원통 부분 : 기능상 원통면과 같게 지정된 부분

(7) 선의 윤곽 : 기능상 정하여진 모양(形狀)을 나타내도록 지정된 표면의 요소로서의 외형선

(8) 면의 윤곽 : 기능상 정하여진 모양을 나타내도록 지정된 표면

(9) 기준직선 또는 기준평면 : 방향 또는 위치에 관한 정밀도를 결정하기 위하여 기준으로 사용되는 직선부분 또는 평면부분. 그 모양(진직도 또는 평면도)은 그 목적에 비추어 볼 때 충분히 정확한 것으로 한다.

(10) 기준축선 또는 기준중심 평면 : 방향 또는 위치에 관한 정밀도를 결정하기 위하여 기준으로 사용되는 축선[2] 또는 중심면. 그 모양(진직도 또는 평면도)은 그 목적에 비추어 볼 때 충분히 정확한 것으로 한다.

註(2) 기준축선은 흔들림(run- out)를 결정하기 위해서도 사용된다.

3. 定義

3.1. 진직도(Straightness) : 직선 부분의 기하학적 직선으로 부터 어긋남의 크기를 말한다.

3.2. 평면도(Flatness) : 평면부분의 기하학적 평면으로 부터 어긋남의 크기를 말한다.

3.3. 진원도(Circularity, Roundness) : 원형부분의 기하학적 원으로 부터 어긋남의 크기를 말한다.

3.4. 원통도(Cylndricity) : 원통부분의 기하학적 원통면(面)으로 부터 어긋남의 크기를 말한다.

3.5. 선의 윤곽도(Profile of any line) : 이론적으로 정확한 치수에 의해서 정해진 기하학적 윤곽으로 부터 선 윤곽의 어긋남의 크기를 말한다.

3.6. 면의 윤곽도(Profile of any surface) : 이론적으로 정확한 치수에 의하여 정해진 기하학적 윤곽으로 부터 면 윤곽의 어긋남의 크기를 말한다.

3.7. 평행도(Parallelism) : 평행하여야 할 直線부분과 直線부분, 直線부분과 平面부분 혹은 平面부분과 平面부분이 짝지어 있을때 그 중 한 쪽을 기준으로 하고, 이 기준直線 또는 기준平面에 대하여 平行한 기하학적 直線 또는 기하학적 平面으로 부터 다른 한 쪽의 直線부분 또는 平面부분의 어긋남 크기를 말한다.

3. 8. 직각도 (Perpendicularity, Squareness) : 직각이어야 할 直線부분과 直線부분, 直線부분과 平面부분, 또는 平面부분과 平面부분이 짝지어 있을 때 그 중 한 쪽을 기준으로하고, 이 기준直線 또는 기준平面에 대하여 直角인 기하학적 直線 또는 기하학적 平面으로 부터 다른 한 쪽의 直線부분 또는 平面부분의 어긋남의 크기를 말한다.

3. 9. 角度精度 Angularity) : 이론적으로 정확한 각도(직각을 제외)을 이루고 있어야 할 直線부분과 直線부분, 直線부분과 平面부분, 平面부분과 平面부분이 짝지어 있을 때 그 중 한 쪽을 기준으로하고, 이 기준 직선 또는 기준평면에 대한 이론적으로 정확한 각도를 이루고 있는 기하학적 直線 또는 기하학적 平面으로 부터 다른 한 쪽의 直線부분 또는 平面부분의 어긋남의 크기를 말한다.

3. 10. 위치도 (**位置度** Position) : 点, 線, 直線부분 또는 平面부분 중 基準되는 부분 또는 다른 부분과 관련되어 定해진 이론적으로 정확한 위치로부터 어긋남의 크기를 말한다.

3. 11. 동축도 (**同軸度** Concentricity and Coaxiality) : 기준축선과 동일 선상에 있어야 할 축선이 기준축선으로 부터의 어긋남의 크기를 말한다.

〔참고〕 **평면도형으로서 두개의 원인 경우에는 기준으로 잡은 원의 중심에 대한 다른 하나의 원의 중심위치의 어긋남 크기를 同心度라고 한다.**

3. 12. 대칭도 (Symmetry) : 기준축선 또는 기준 중심평면에 대하여 서로 대칭이어야 할 부분이 대칭위치로 부터 어긋남의 크기를 말한다.

3. 13. 흔들림 (Run-Out) : 기준축선의 둘레에 기계부품을 회전시켰을 때, 고정점에 대해 그 표면이 지정된 방향[3]으로 변위(変位)하는 크기를 말한다.

〔註〕(3) 지정된 방향이란 기준축선과 교차되며 기준축에 대해 수직 또는 경사진 방향, 또는 기준축에 평행한 방향을 말한다.

4. 表示

4. 1. 眞直度 : 진직도는 직선부분이 차지하는 영역(領域)의 크기에 따라 다음 (1)~(2)와 같이 나타낸다.

(1) **일정방향의 진직도** : 직선부분의 양 끝을 잇는 기하학적 직선을 포함하는 정해진 하나의 투영평면내에서의 진직도로 그 투영 평면에 수직이고 서로 나란한 두개의 기하학적 평면으로 직선부분을 사이에 끼울때 그 두 평면의 간격이 최소로 될 경우의 두 평면 간격으로 나타낸다.

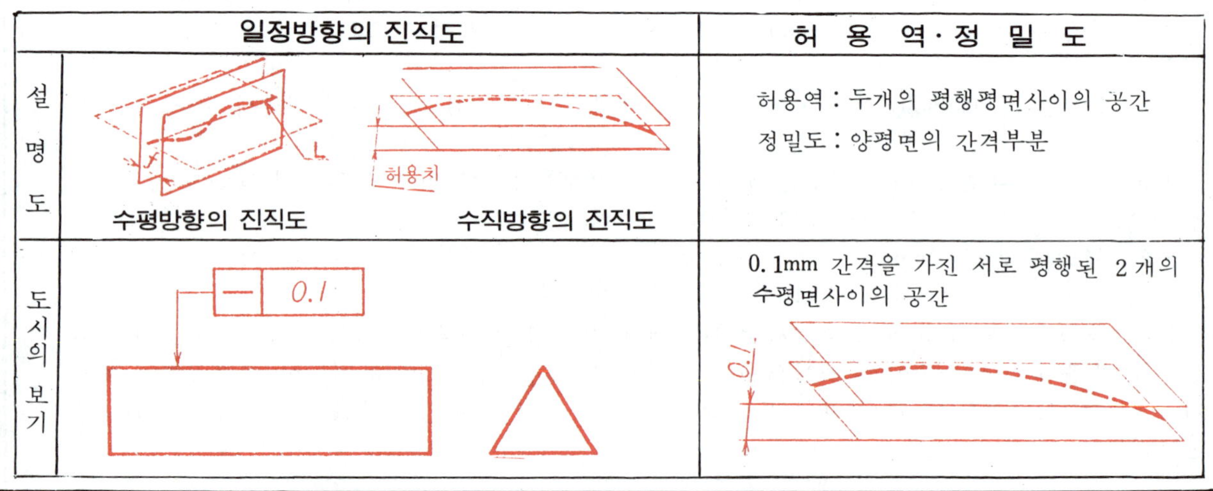

	일정방향의 진직도	허 용 역 · 정 밀 도
설명도	수평방향의 진직도 / 수직방향의 진직도 (L, 허용치)	허용역 : 두개의 평행평면사이의 공간 정밀도 : 양평면의 간격부분
도시의 보기	— 0.1	0. 1mm 간격을 가진 서로 평행된 2개의 수평면사이의 공간 (0.1)

L : 직선부분(이하 같음)

(2) 서로 직각인 두 방향의 진직도 : 서로 직각인 두 방향의 진직도는 그 두 방향에 각각수직한 두 쌍의 기하학적 평행 두평면으로 직선부분을 사이에 끼울때 두 쌍의 평행두평면의 간격이 각각 최소인 경우의 평행 두평면의 각각의 간격으로 나타낸다.

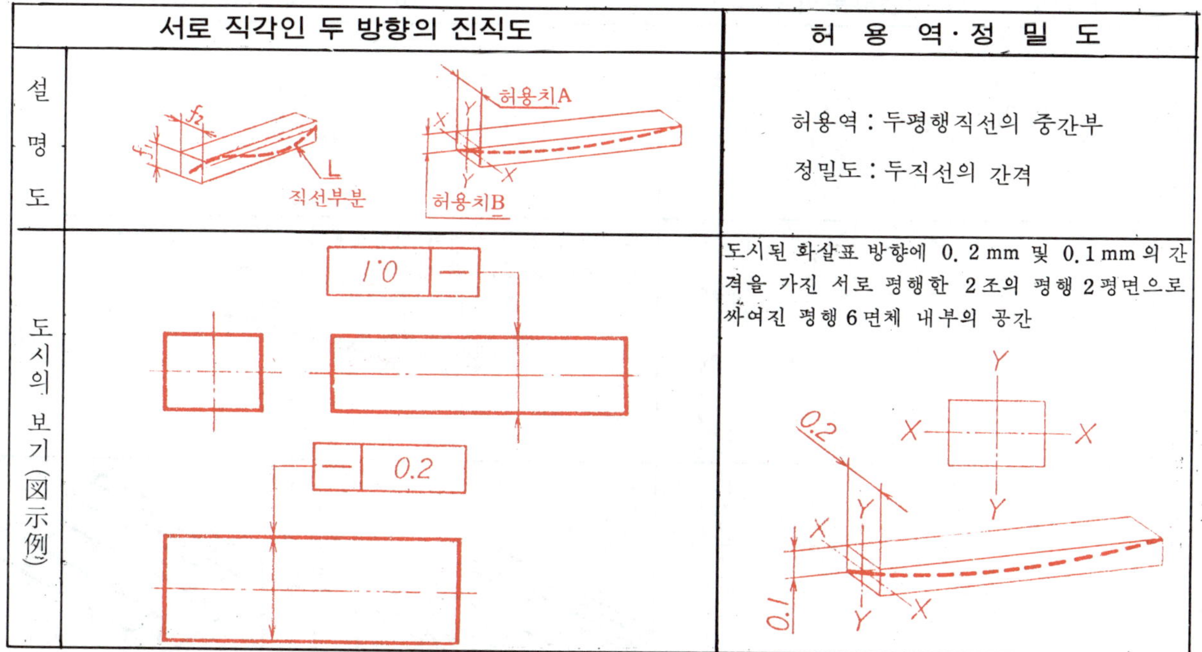

	서로 직각인 두 방향의 진직도	허 용 역·정 밀 도
설명도		허용역 : 두평행직선의 중간부 정밀도 : 두직선의 간격
도시의 보기(図示例)		도시된 화살표 방향에 0. 2 mm 및 0. 1 mm 의 간격을 가진 서로 평행한 2조의 평행 2평면으로 싸여진 평행 6면체 내부의 공간

(3) 방향을 정하지 않을 경우의 진직도 : 방향을 정하지 않을 경우(예. 원통의 축선등) 의 진직도는 그 직선부분을 모두 포하는 기하학적 원통 중 가장 작은 원통의 지름으로 나타낸다.

	방향을 정하지 않을 경우의 진직도	허 용 역·정 밀 도
설명도	f L 직선부분 ϕ 허용치	허용역 : 원통내부의 공간 정밀도 : 원통의 지름
도시의 보기(1)	— ϕ0.08	지름 0. 08 mm 의 원통 내부의 공간 ϕ0.08
도시의 보기(2)	— ϕ0.1/100	0. 1 mm 의 간격을 가진 서로 평행된 2개의 수평 평면 사이의 공간 ϕ0.1 100

(4) 표면의 요소로서의 직선부분의 진직도 : 표면의 요소로서의 직선부분(회전대체제의 모선)등의진직도는서로 평행한 두개의 기하학적 직선으로, 직선부분을 사이에 끼울때 이들 두직선 사이의 간격이 최소로 될 경우의 두 직선의 간격으로 나타낸다.

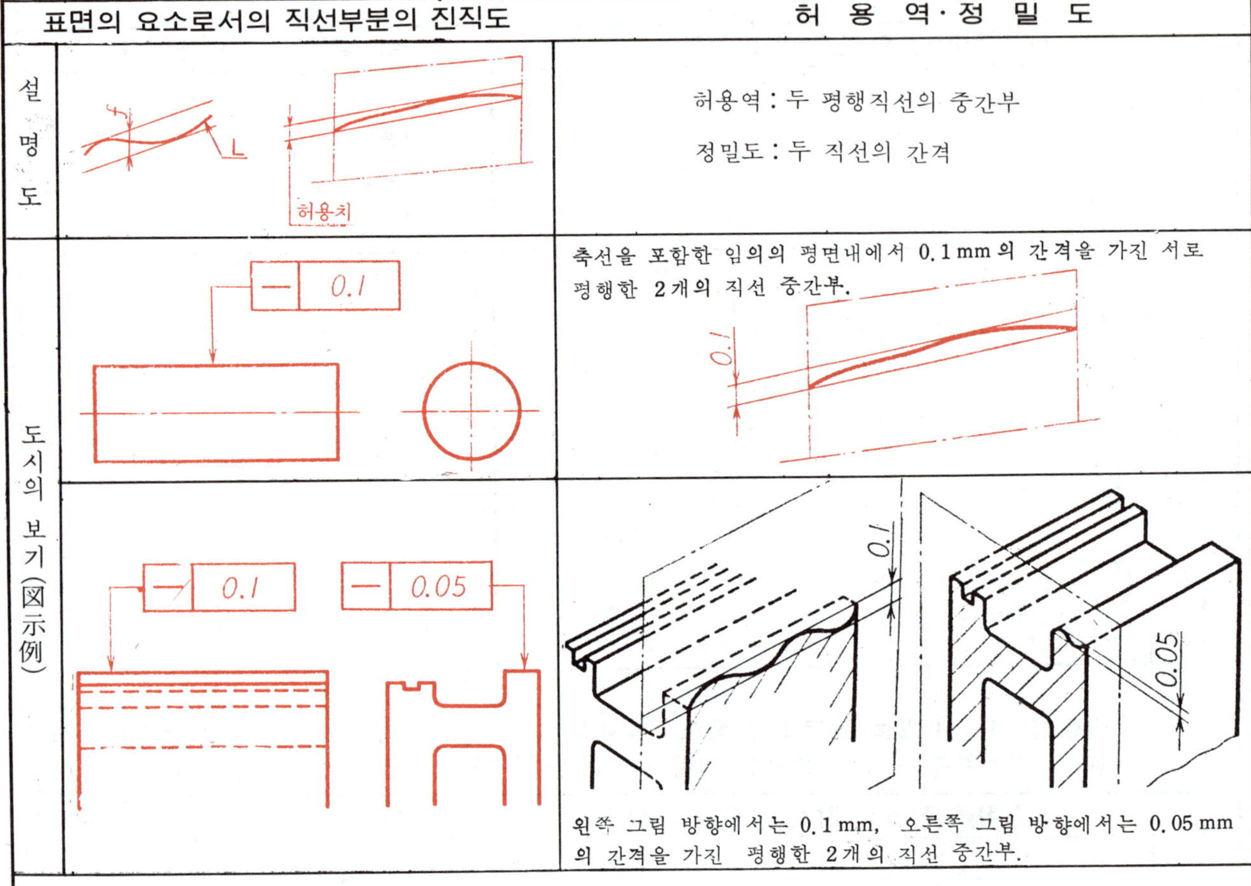

4.2. 평면도 : 평면부분을 서로 평행한 두개의 기하학적 평면으로 사이에 끼울 때, 그 두 평면의 간격이 최소로 되는 경우의 두 평면의 간격으로 나타낸다.

	평 면 도	허 용 역·정 밀 도
설명도	P 허용치	허용역 : 두 평행평면 사이의 공간 정밀도 : 두 평면의 간격
도시의 보기(図示例)	▱ 0.1	0.1 0.1mm의 간격을 두고 서로 평행된 2개 평면 사이의 공간.

도시의 보기(2)

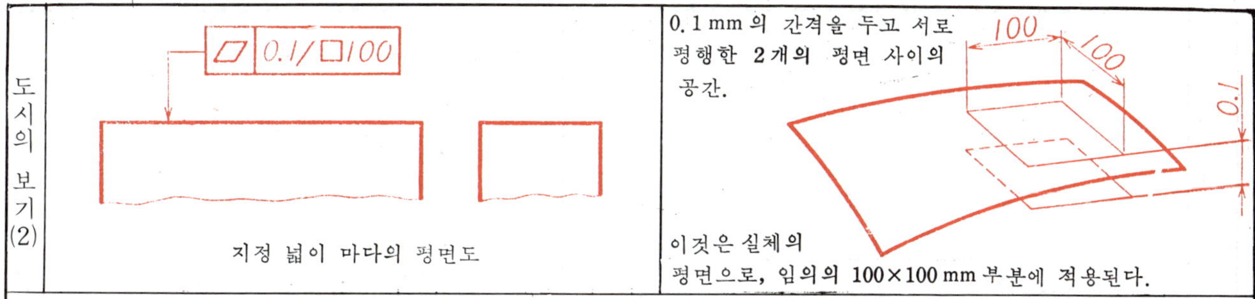

4.3. 진원도 : 원형부분을 두개의 중심이 같은(同心) 기하학적 원으로 사이에 끼울때 두원의 간격이 최소가 되는 경우의 두원의 반지름의 차로 나타낸다.

	진 원 도	허 용 역 · 정 밀 도
설명도	 C, f, 허용치	허용역 : 두 동심원의 중간부 정밀도 : 두원의 반지름차
도시의 보기(図示例)	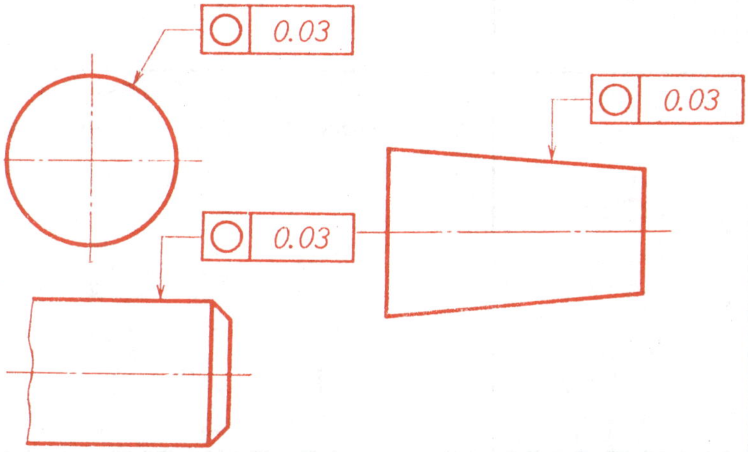 ○ 0.03 ○ 0.03 ○ 0.03	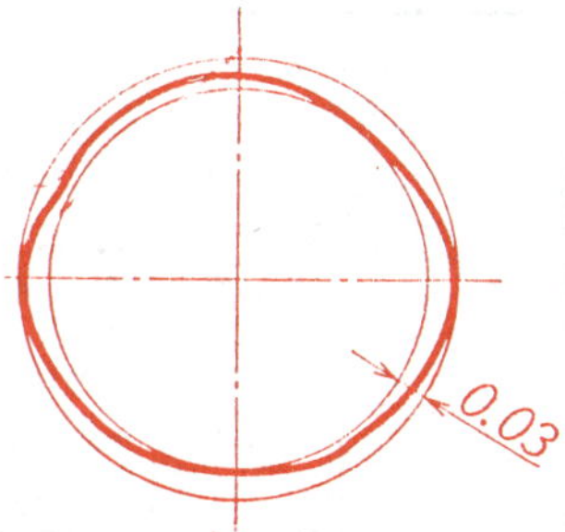 0.03 반지름이 0.03 mm 의 차를 가진 동심 두원의 중간부. 이것은 축선에 직간된 임의의 단면에 적용된다.

4.4. 원통도 : 원통부분을 축이 같은(同軸인) 두개의 기하학적 원통사이에 끼울 때 두 원통면의 간격이 최소로 되는 경우의 두 원통면의 반지름의 차(差)로 나타낸다.

비 고 : 원통 부분의 모양의 정밀도는 가로단면에 있어서의 윤곽선의 정밀도(진원도)와 세로 단면에 있어서의 윤곽선의 정밀도(모선의 진직도와 평행도)로 나누어 생각할 수도 있다.

	원 통 도	허 용 도 · 정 밀 도
설명도	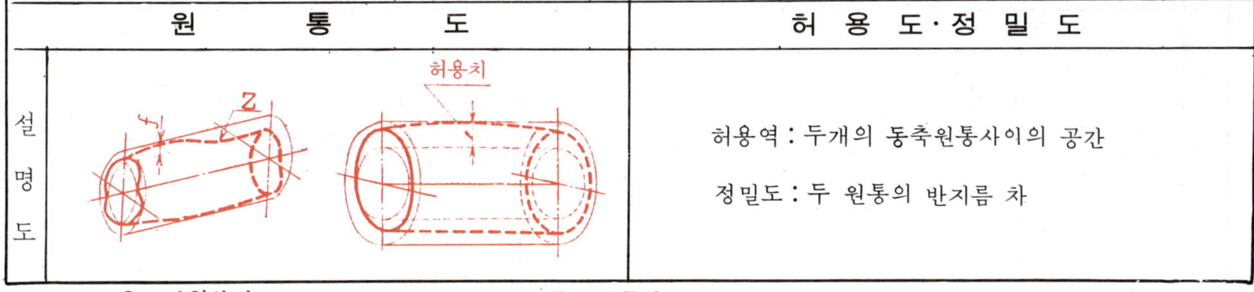	허용역 : 두개의 동축원통사이의 공간 정밀도 : 두 원통의 반지름 차

C : 원형부분 **Z** : 원통부분

도시의 보기	0.1	반지름이 0.1 mm 의 차를 가진 동축의 두 원통 사이의 공간. 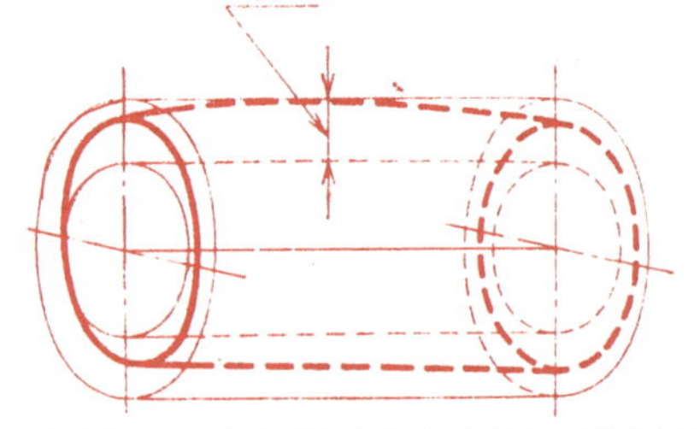

4.5. 선의 윤곽도 : 이론적으로 정확한 치수에 의해서 결정된 기하학적 윤곽선상에 중심이 있는 같은 지름의 기하학적 원의 두 포락선의 선으로 그 윤곽을 사이에 끼울 때 이들 두 포락선의 간격이 최소로 될 경우의 두 포락선의 간격, 즉 원의 지름으로 나타낸다.

	선의윤곽도	허용역·정밀도
설명도	K KT f 허용치	허용역 : 두 포락선의 중간부 정밀도 : 포락선의 간격(원의 지름)
도시의 보기	0.04 R60	정해진 기하학적 윤곽선상의 모든점이 중심을 갖고, 지름 0.04mm인 원을 포락하는 두 곡선의 중간부 ϕ0.04

4.6. 면의 윤곽도 : 이론적으로 정확한 치수에 의해서 결정된 기하학적 윤곽면상에 중심이 있는 같은 지름의 기하학적 공(球)의 두 포락선면으로 면의 윤곽을 사이에 끼울때 이들 두 포락면의 간격 즉 공(球)의 지름으로 나타낸다.

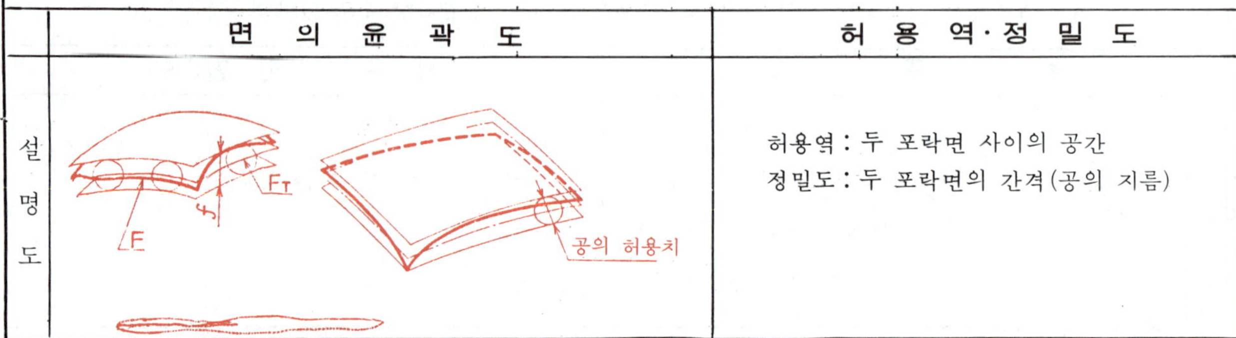

	면의윤곽도	허용역·정밀도
설명도	F FT f 공의 허용치	허용역 : 두 포락면 사이의 공간 정밀도 : 두 포락면의 간격(공의 지름)

K : 선의 윤곽 K_T : 기하학적 윤곽선 F : 면의 윤곽 F_T : 기하학적 윤곽면

도시의 보기(図示例)	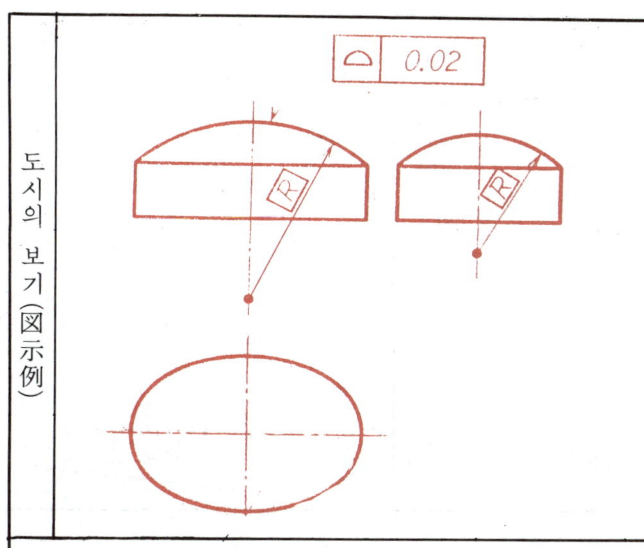	정해진 기하학적 윤곽상의 모든점을 중심을 갖고, 지름 0.02mm의 공(球)으로 포락되어 있는 두개의 곡면 사이의 공간 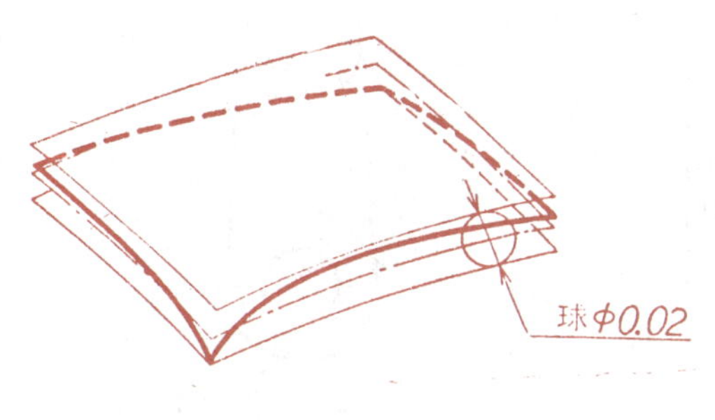

4.7. 평행도 : 직선부분 또는 평행부분이 기준직선 또는 기준평면에 대하여 수직 방향에서 차지하는 영역의 크기에 따라 다음 (1)～(3)과 같이 나타낸다.

(1) 직선부분의 기준직선에 대한 평행도

(a) **일정방향의 평행도**…한 방향에 수직이고 기준직선에 평행한 두 개의 기하학적 평면으로 직선을 사이에 끼울때 그 두 평면의 간격이 최소로 될 경우의 두 평면의 간격으로 나타낸다.

비 고 : 일정방향은 일반적으로 세로 방향과 가로방향으로 구별한다.
세로방향이란 직선부분의 어느 한끝과 기준직선을 포함하는 평면 안에서 기준직선에 수직한 방향을 말하고, 가로방향이란 그 평면에 수직한 방향을 말한다.

	일정방향의 평행도	허 용 역·정 밀 도
설명도	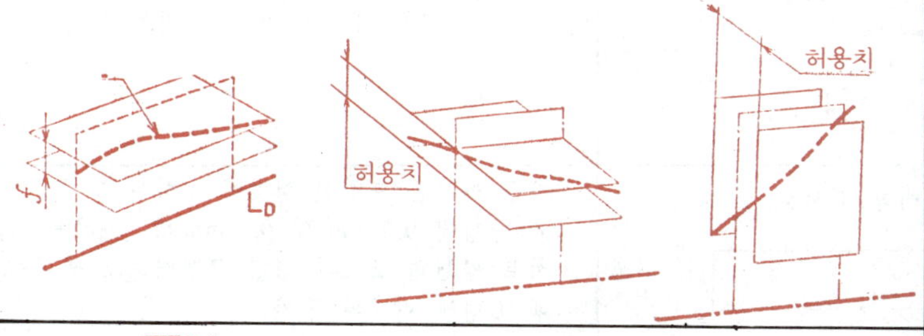 f, L_D, 허용치, 허용치	허용역 : 기준직선에 평행한 두 평행 평행면 사이의 공간 정밀도 : 두 평면의 간격
도시의 보기(1)(図示例)	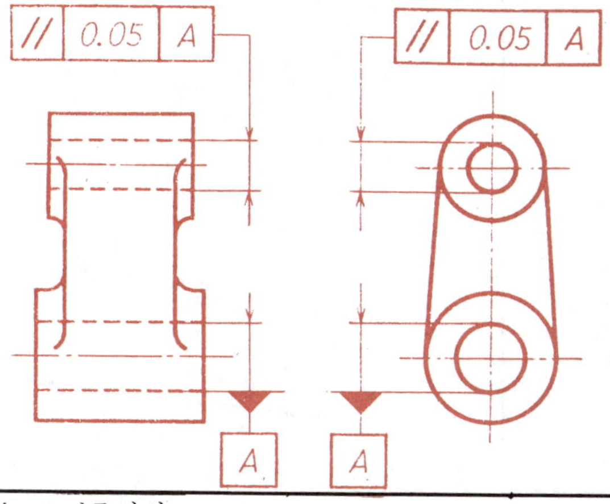 // 0.05 A, // 0.05 A, A, A	기준 직선을 포함한 평면에 직교하여 0.05 mm의 간격을 가진 서로 평행된 두 평면 사이의 공간. 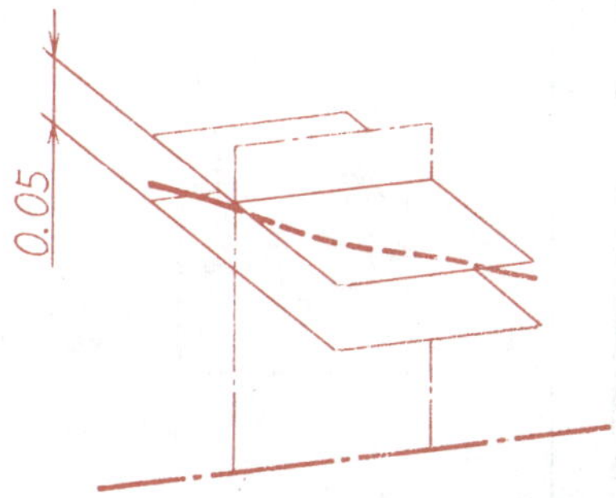 0.05

L_D : 기준직선

L : 직선부분

도시의 보기(2)	직선부분의 기준 직선에 대한 가로 방향의 평행도 (구멍축선의 경우)	기준 직선을 포함한 평면에 평행한 0.2 mm 의 간격을 가진 서로 평행한 두 평면 사이의 공간.

(b) **서로 직각인 두 방향의 평행도**····서로 직각인 두방향〔예**4.7** (**1**) (a)의 **비고**의 세로 방향 및 가로방향〕의 평행도는 기준 직선에 평행하고 그 두방향에 각각 수직인 두쌍의 기하학적 평행 두 평면으로 직선부분을 사이에 끼울때 두쌍의 평행 두 평면사이의 간격이 각각 최소로 되는 경이의 평행 두 평면의 각각의 간격으로 나타낸다. 우

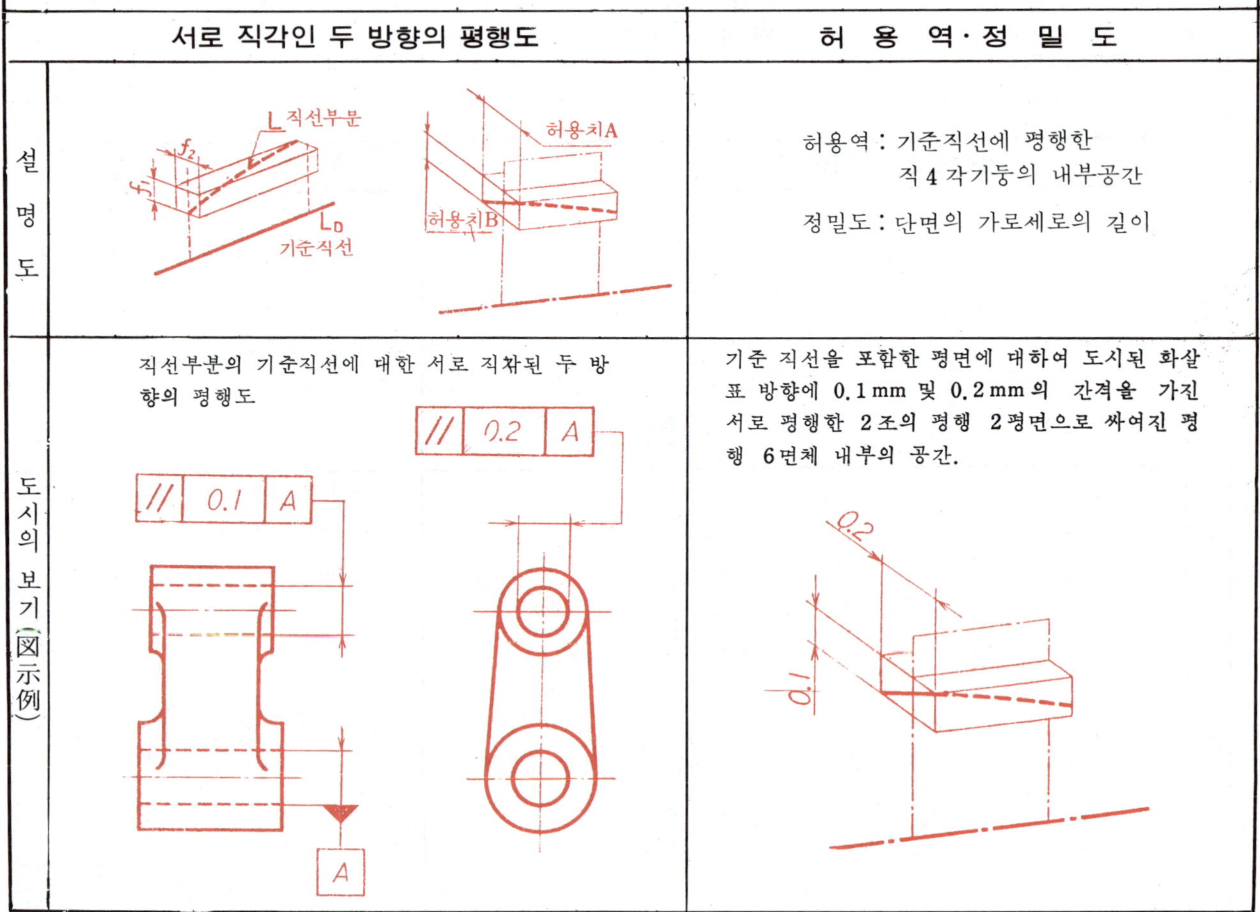

	서로 직각인 두 방향의 평행도	허 용 역 · 정 밀 도
설명도		허용역 : 기준직선에 평행한 직 4 각기둥의 내부공간 정밀도 : 단면의 가로세로의 길이
도시의 보기(図示例)	직선부분의 기준직선에 대한 서로 직각된 두 방향의 평행도	기준 직선을 포함한 평면에 대하여 도시된 화살표 방향에 0.1 mm 및 0.2 mm 의 간격을 가진 서로 평행한 2조의 평행 2평면으로 싸여진 평행 6면체 내부의 공간.

(c) **방향을 정하지 않을때의 평행도**…기준 직선에 평행하고 그 직선부분을 모두 포함하는 기하학적 원통 중 가장 지름이 작은 원통의 지름으로 나타낸다.

	방향을 정하지 않을때의 평행도	허 용 역·정 밀 도
설명도	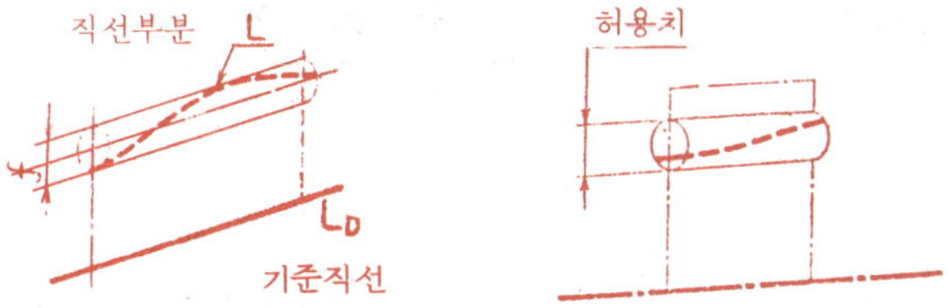 직선부분 L, L_D, 기준직선, 허용치	허용역 : 기준직선에 평행한 원통 내부의 공간 정밀치 : 원통의지름
도시의 보기(図示例)	직선부분의 기준 직선에 대한 평행도 (구멍 축선의 경우) // Φ0.05 A A	기준 직선을 포함한 평면내에서 기준 직선에 평행한 축선을 가진 지름 0.05 mm 의 원통 내부의 공간. Φ0.05

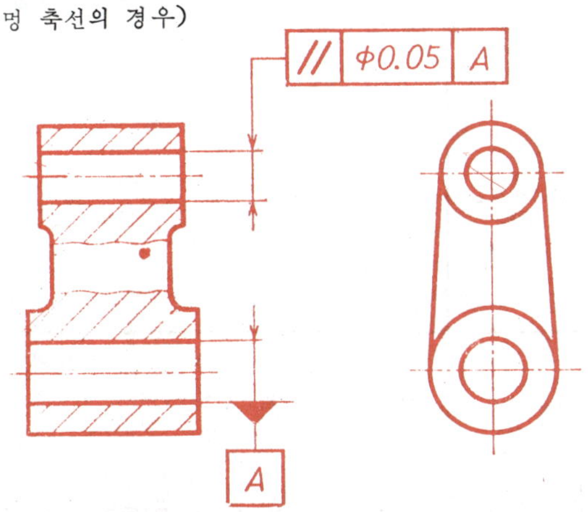

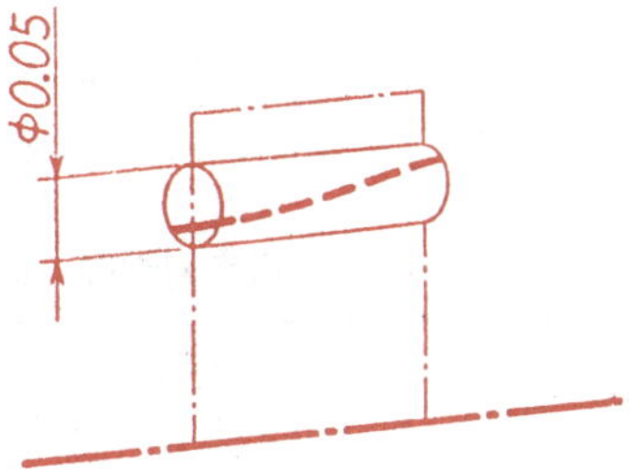

(2) **식선부분의 기준평면에 대한 평행도** : 기준평면에 평행한 두 기하학적 평면으로 그 직선부분을 사이에 끼울때 두 평면의 간격이 최소로 될 경우의 두 평면의 간격으로 나타낸다.

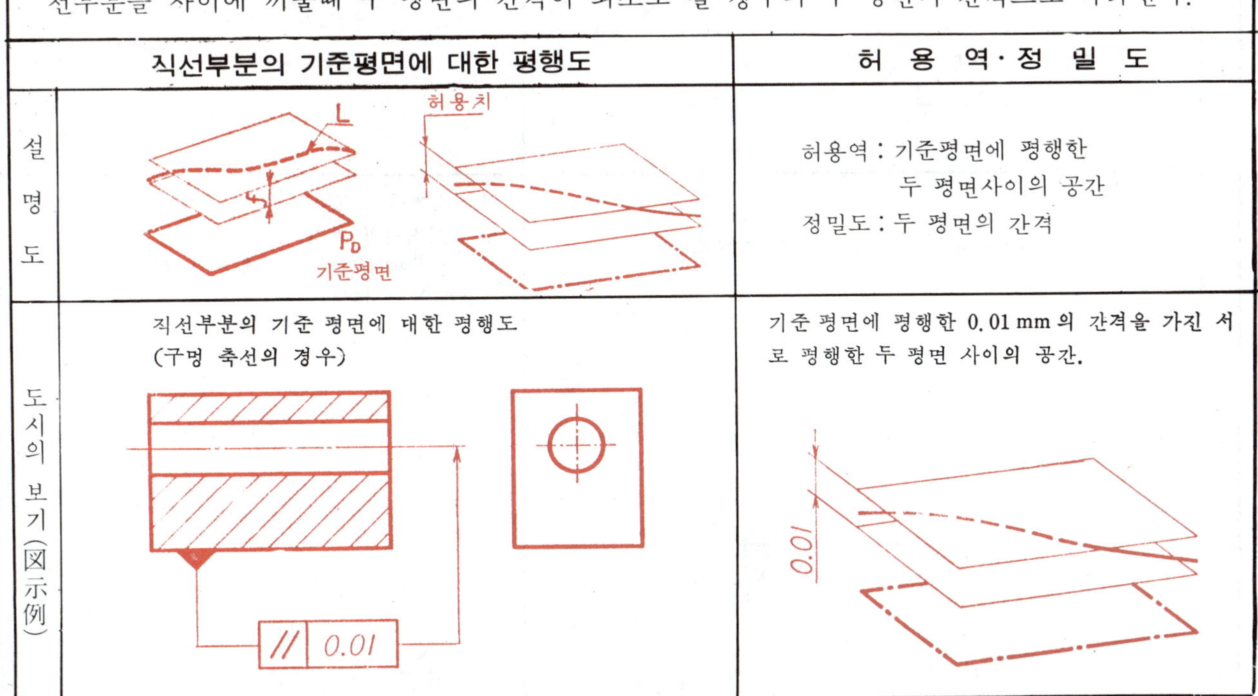

	식선부분의 기준평면에 대한 평행도	허 용 역·정 밀 도
설명도	L, P_D, 기준평면, 허용치	허용역 : 기준평면에 평행한 두 평면사이의 공간 정밀도 : 두 평면의 간격
도시의 보기(図示例)	직선부분의 기준 평면에 대한 평행도 (구멍 축선의 경우) // 0.01	기준 평면에 평행한 0.01 mm 의 간격을 가진 서로 평행한 두 평면 사이의 공간. 0.01

(3) **평면부분의 기준직선 또는 기준평면에 대한 평행도** : 기준직선 또는 기준평면에 평행한 두개의 기하학적 평면으로 그 평면을 사이에 끼울 때 두 평면의 간격이 최소가 될 경우의 두 평면의 간격으로 나타낸다.

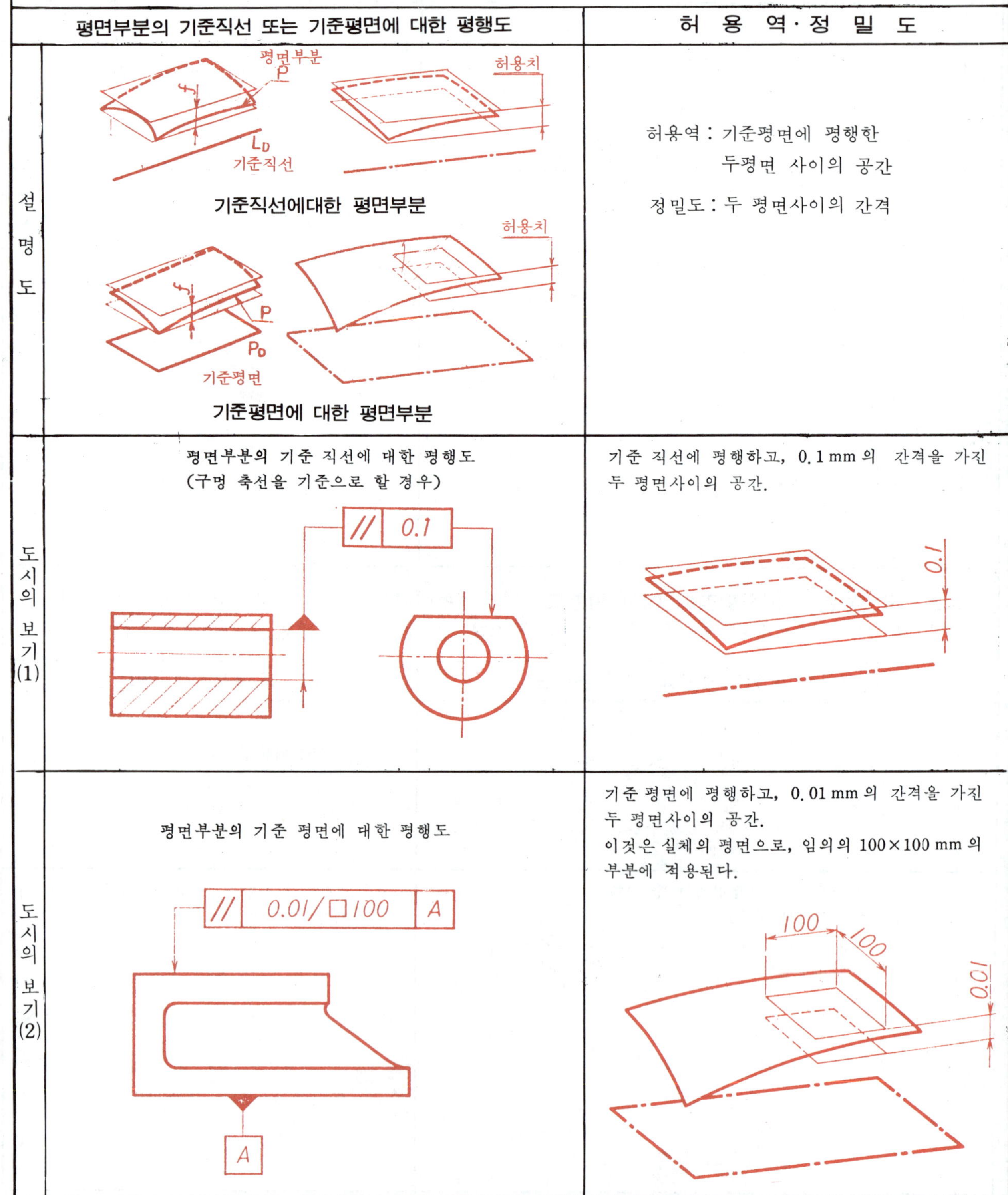

	평면부분의 기준직선 또는 기준평면에 대한 평행도	허 용 역 · 정 밀 도
설명도	기준직선에대한 평면부분 기준평면에 대한 평면부분	허용역 : 기준평면에 평행한 두평면 사이의 공간 정밀도 : 두 평면사이의 간격
도시의 보기 (1)	평면부분의 기준 직선에 대한 평행도 (구멍 축선을 기준으로 할 경우)	기준 직선에 평행하고, 0.1 mm 의 간격을 가진 두 평면사이의 공간.
도시의 보기 (2)	평면부분의 기준 평면에 대한 평행도	기준 평면에 평행하고, 0.01 mm 의 간격을 가진 두 평면사이의 공간. 이것은 실체의 평면으로, 임의의 100×100 mm 의 부분에 적용된다.

4.8. 직각도 : 직각도는 직선부분 또는 평면부분이 기준직선 또는 기준평면에 대하여 평행한 방향에서 찾이하는 영역의 크기에 따라서 다음 (1)~(3)과 같이 나타낸다.

(1) **직선부분 또는 평면부분의 기준직선에 대한 직각도 :** 기준직선에 수직한 두개의 기하학적 평면으로 그 직선부분 또는 평면 부분을 사이에 끼울때 이들 두 평면의 간격이 최소로 될 경우의 두 평면의 간격으로 나타낸다.

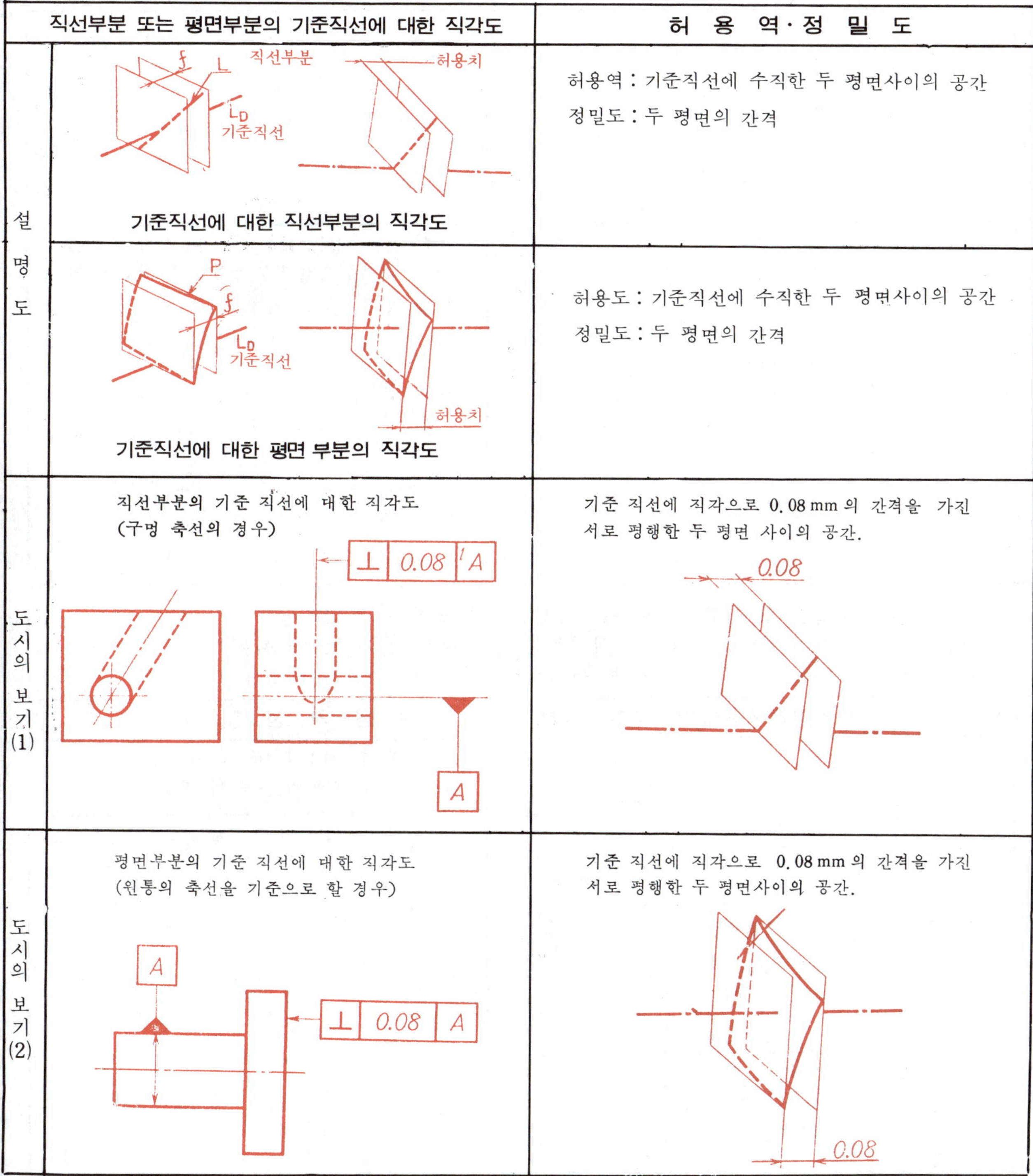

	직선부분 또는 평면부분의 기준직선에 대한 직각도	허 용 역 · 정 밀 도
설명도	기준직선에 대한 직선부분의 직각도	허용역 : 기준직선에 수직한 두 평면사이의 공간 정밀도 : 두 평면의 간격
설명도	기준직선에 대한 평면 부분의 직각도	허용도 : 기준직선에 수직한 두 평면사이의 공간 정밀도 : 두 평면의 간격
도시의 보기 (1)	직선부분의 기준 직선에 대한 직각도 (구멍 축선의 경우)	기준 직선에 직각으로 0.08 mm 의 간격을 가진 서로 평행한 두 평면 사이의 공간.
도시의 보기 (2)	평면부분의 기준 직선에 대한 직각도 (원통의 축선을 기준으로 할 경우)	기준 직선에 직각으로 0.08 mm 의 간격을 가진 서로 평행한 두 평면사이의 공간.

(2) 직선부분의 기준평면에 대한 직각도

(a) **일정방향의 직각도**…일정방향의 직각도는 그 방향과 기준평면에 수직이고 서도 평행한 두개의 기하학적 평면으로 그 직선부분을 사이에 끼울때, 이들 두 평면의 간격으로 나타낸다.

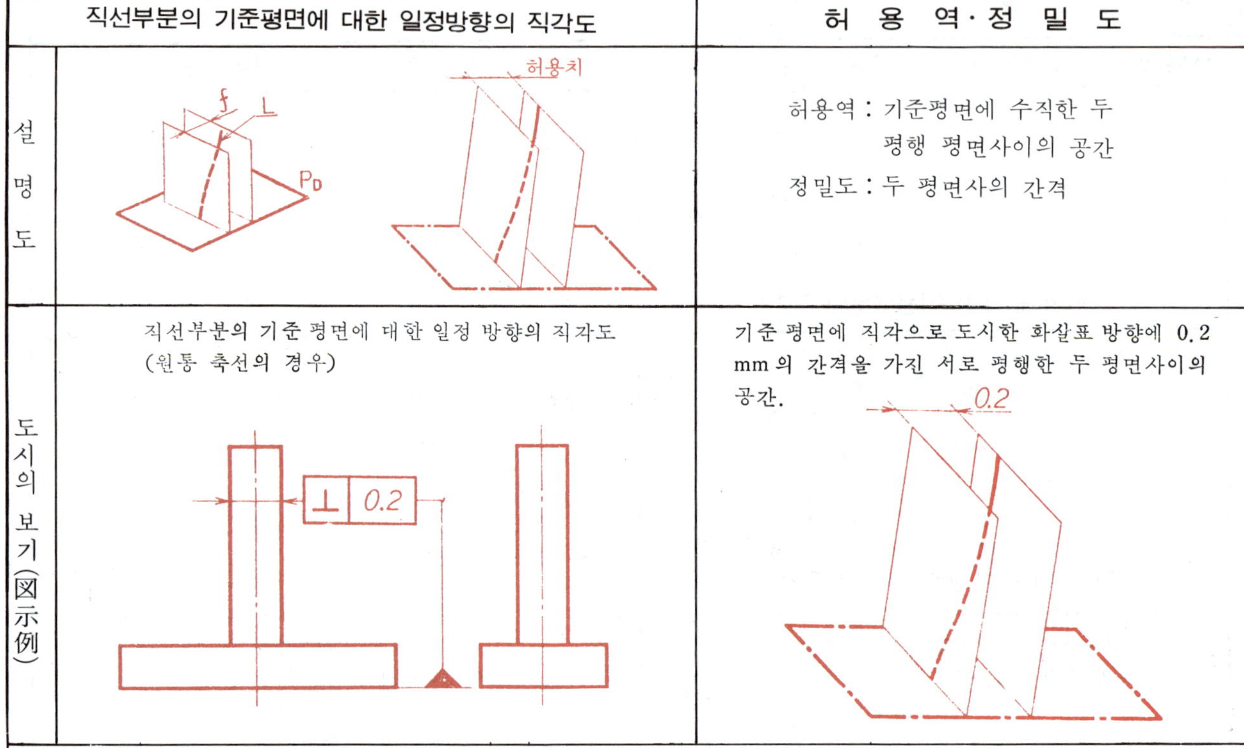

(b) **서로 직각인 두 방향의 직각도**…기준평면에 수직하고 그 두방향에 각각 수직한 두 짝(組)의 기하학적 평행 두 평면으로 직선부분을 사이에 끼울 때, 두 짝의 평행 두 평면의 간격이 각각 최소로 될 경우의 평행 두 평면의 각각의 간격으로 나타낸다.

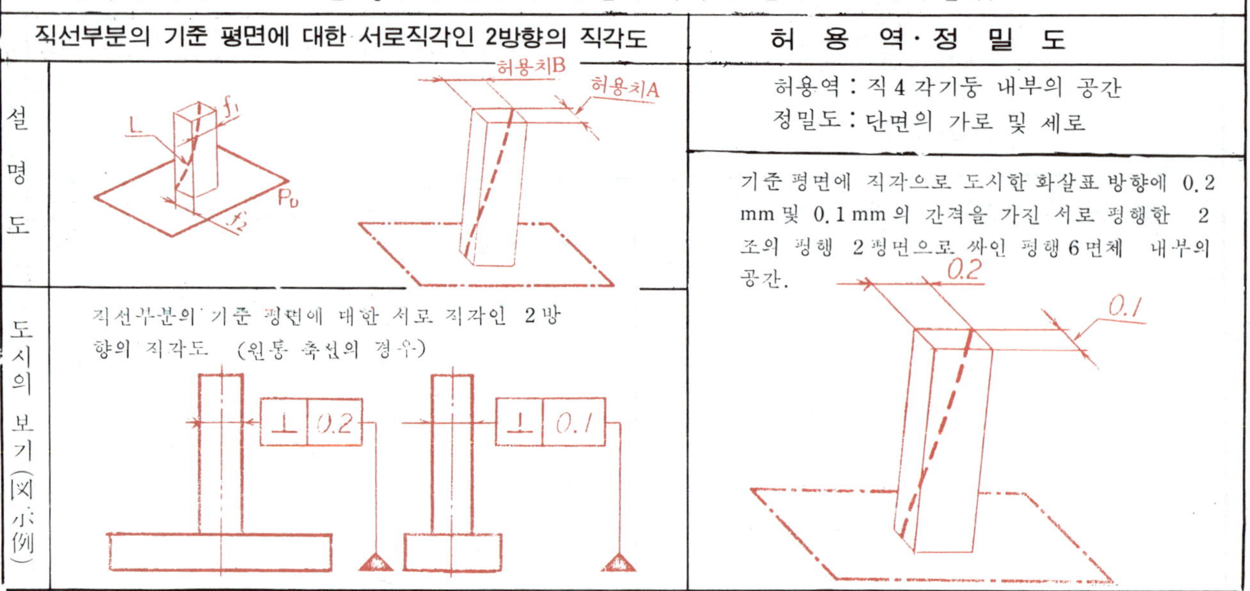

P_D : 기준평면

(c) **방향을 정하지 않을 경우의 직각도**…기준평면에 수직이고 그 직선부분을 모두 포함하는 기하학적 원통 중 그 지름이 가장 작은 원통의 지름으로 나타낸다.

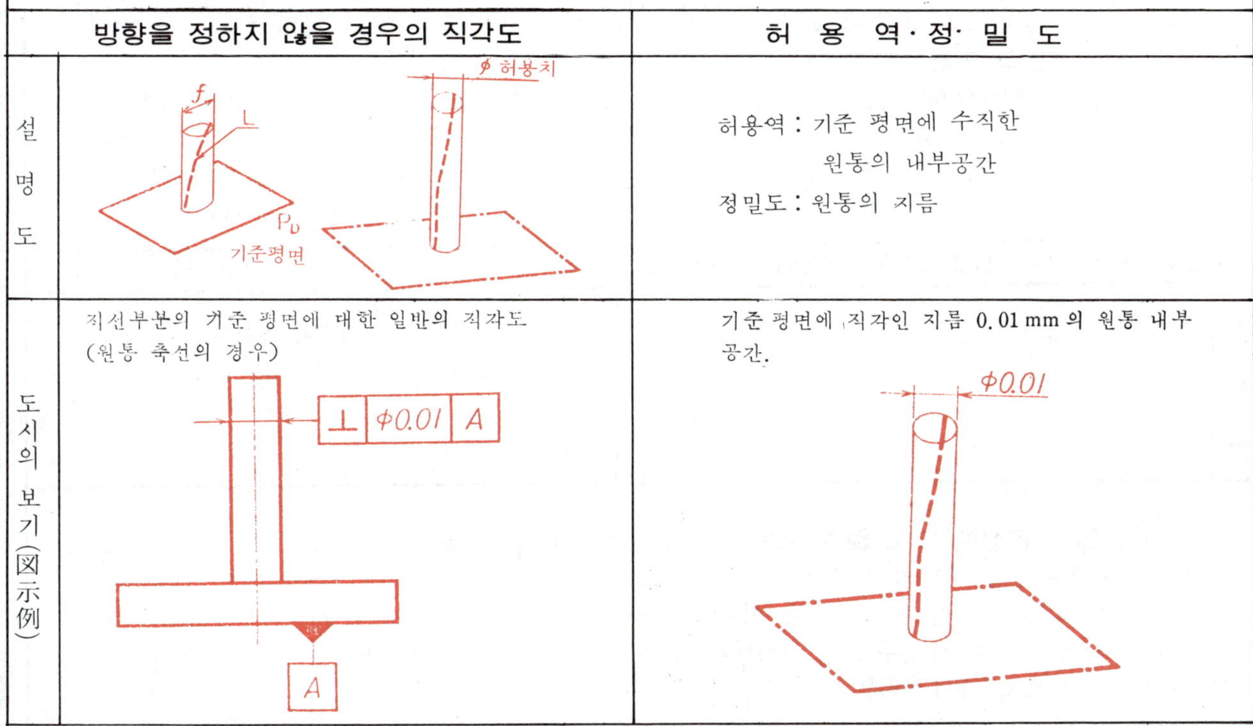

	방향을 정하지 않을 경우의 직각도	허 용 역·정 밀 도
설명도		허용역 : 기준 평면에 수직한 원통의 내부공간 정밀도 : 원통의 지름
도시의 보기(図示例)	직선부분의 기준 평면에 대한 일반의 직각도 (원통 축선의 경우) 	기준 평면에 직각인 지름 0.01 mm 의 원통 내부 공간.

(3) **평면부분의 기준 평면에 대한 직각도** : 기준평면에 수직이면서 서로 평행한 두개의 기하학적 평면으로 그 평면부분을 사이에 끼울 때, 이 들 두평면의 간격이 최소로 되는 경우의 두 평면의 간격으로 나타낸다.

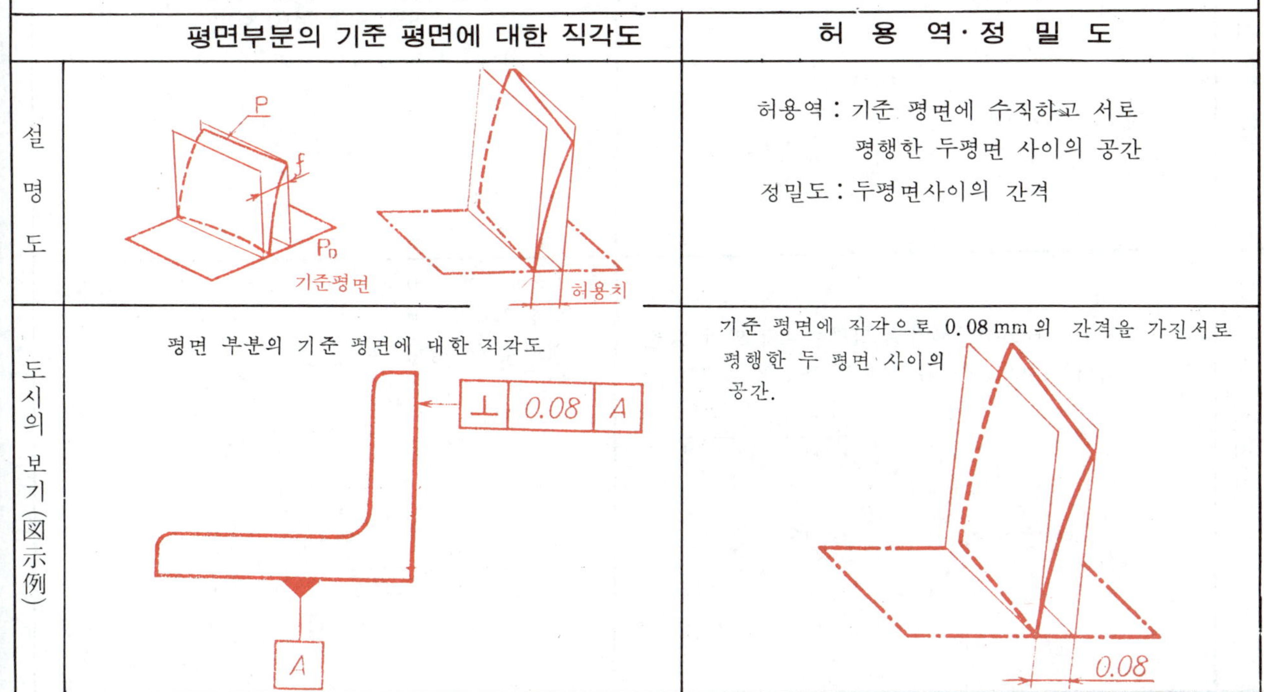

	평면부분의 기준 평면에 대한 직각도	허 용 역·정 밀 도
설명도		허용역 : 기준 평면에 수직하고 서로 평행한 두평면 사이의 공간 정밀도 : 두평면사이의 간격
도시의 보기(図示例)	평면 부분의 기준 평면에 대한 직각도 	기준 평면에 직각으로 0.08 mm 의 간격을 가진서로 평행한 두 평면 사이의 공간.

4.9. 경사도(각도정도) : 경사도는 직선부분 또는 평면부분이 기준직선 또는 기준 평면에 대하여 이론적으로 정확한 각도(角度)를 이루는 기하학적 직선 또는 기하학적 평면에 수직한 방향으로 찾이하는 영역(領域)의 크기에 따라 다음 (1)~(3)과 같이 나타낸다.

(1) 직선부분의 기준직선에 대한 경사도

(a) **동일 평면샀에 있을때**····동일평면상에 있어야 할 직선부분의 기준직선에 대한 경사도는, 직선부분의 어느 한끝과 기준직선을 포함하는 기하학적 평면에 수직하고, 기준직선에 대하여 이론적으로 정확한 각도를 이루며, 서로 평행한 두개의 기하학적 평면으로 사이에 끼울 때, 이들 두 평면의 간격이 최소로 될 경우의 두 평면의 간격으로 나타낸다.

동일평면상에 있는 직선부분의 기준직선에 대한경사도		허 용 도·정 밀 도
설명도	직선부분 L α L_D 기준직선	허용역 : 기준직선에 대해서 정확한 각도x를 이루는 두 평행 평면사이의 공간 정밀도 : 두 평면 사이의간격

(b) **동일 평면상에 있지 않을 경우**····동일 평면상에 있지 않은 직선부분우 직선에 대한 의 경사도는 기준직선을 포함하고 직선부분의 양 끝을 잇는 기하학적 직선에 나란한 기하학적 평면에 수직하고, 기준직선에 대하여 이론전으로 정확한 각도를 이루며 서로 나란한 두개 적의 가하학적 평면으로 직선부분을 사이에 끼울 때, 이들 두 평면의 간격이 최소가 될 때의 두 평면의 간격으로 나타낸다.

동일 평면상에 있지 않는 직선부분의 기준선에 대한 경사도		허 용 도·정 밀 도
설명도	직선부분 L α L_D 기준직선 허용치	허용역 : 기준직선에 대한 정확한 각도 α를 이루는 두 평행 평면 사이의 공간 정밀도 : 두 평면의 간격
도시의 보기	직선부분과 기준평면이 동일평면상에 있지 않을 때의 경사도(구멍과 원통의 축선의 경우) 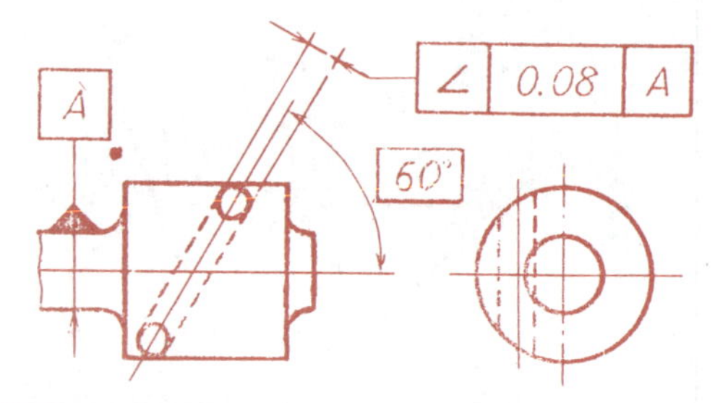 	기준직선에 60° 경사하고, 그림에 나타낸 화살표 방향으로 0.08㎜의 간격을 갖고, 또 서로 평행한 두 평면사이의 공간 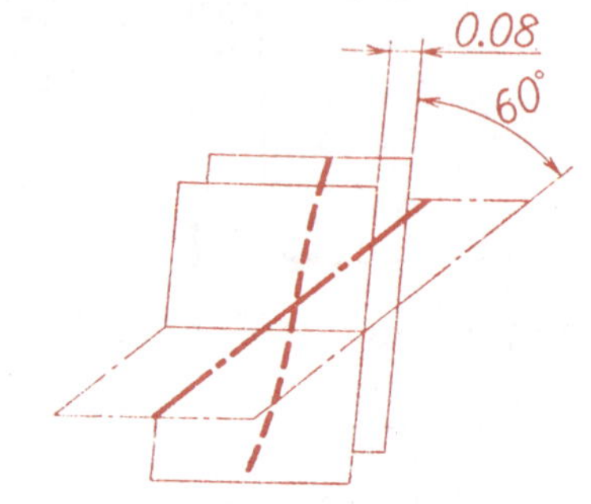

(2) 직선부분의 기준평면에 대한 경사도 : 기준직선 또는 기준평면에 대하여 이론적 으로 정확한 각도를 이루고 또 서로 평행한 두개의 기하학적 평면으로 평면부분을 사이에 끼울 때, 이들 두 평면의 간격이 최소로 될 경우의 두 평면의 간격으로 나타낸다.

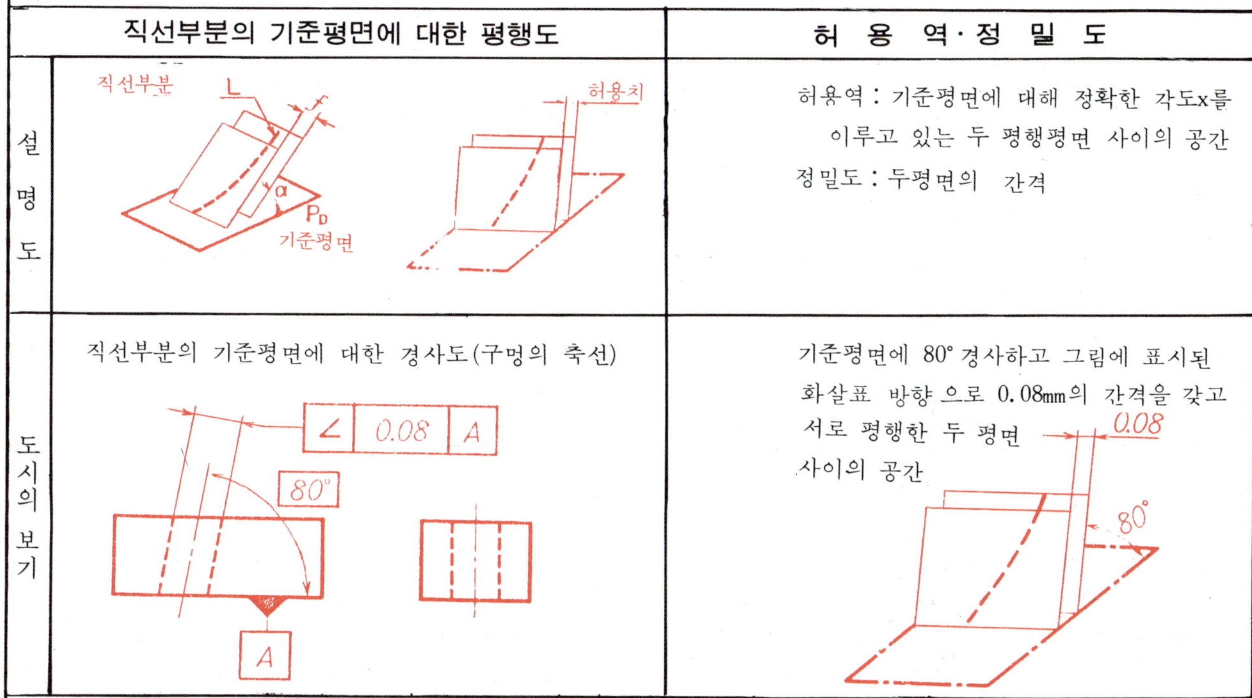

(3) 평면부분의 기준직선 또는 기준평면에 대한 경사도 : 기준직선 또는 기준평면에 대하여 이론적으로 정확한 각도를 이루고, 또한 서로 나란한 두개의 기하학적 평면으로 평면부분을 사이에 끼울때, 이들 두 평면의 간격이 최소로 될 경우의 두 평면의 간격으로 나타낸다.

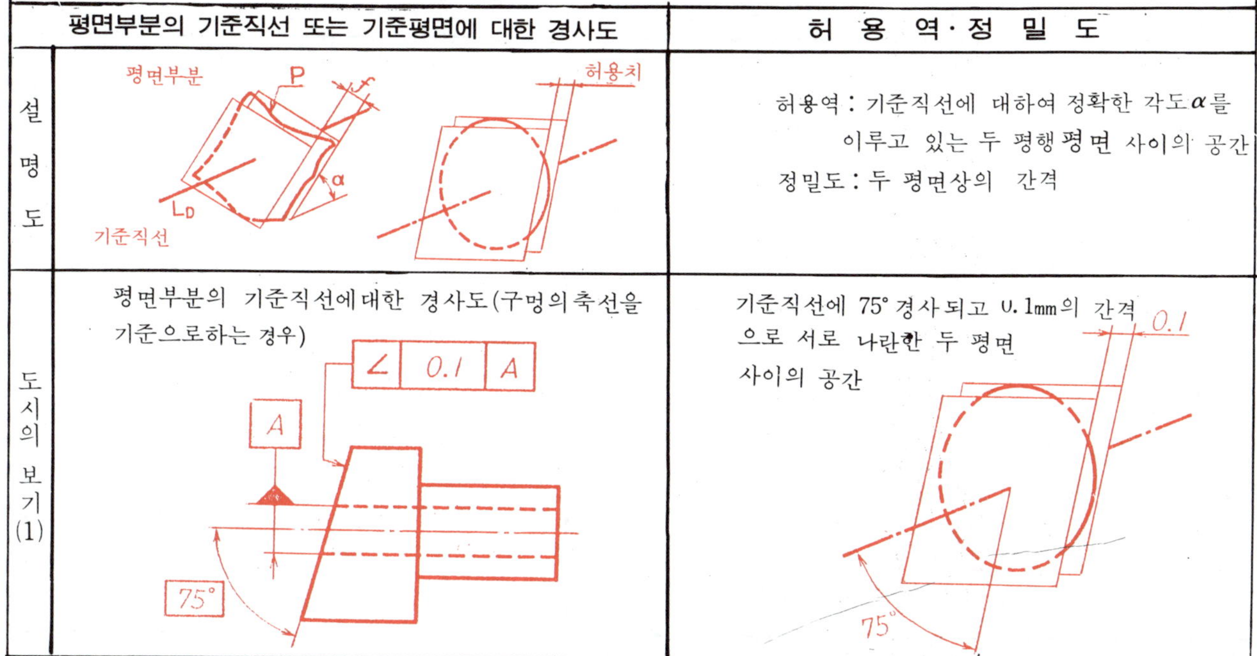

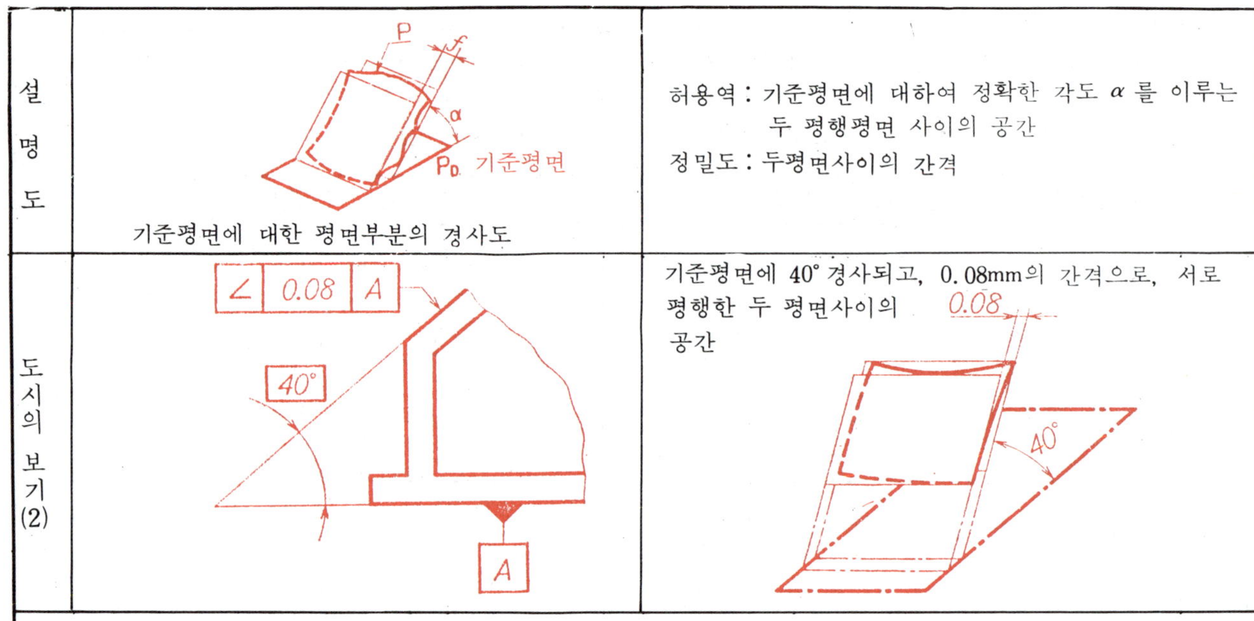

4.10. 위치도 : 위치도는 점, 선, 직선부분 또는 평면부분이, 이론적으로 정확한 위치 에 대해서 찾이하는 영역(領域)의 크기에 따라 다음 (1)～(3)과 같이 나타 낸다.

(1) **점의 위치도** : 점의 위치도는 이론적으로 정확한 위치에 있는 점을 중심으로 하고, 대상(対象)점을 지나는 기하학적 원 또는 기하학적 공(球)의 지름으로 나타낸다.

	점 의 위 치 도	허 용 도·정 밀 도
설명도	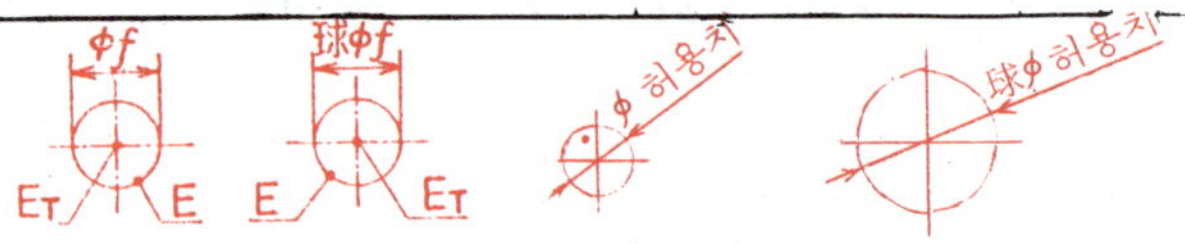 φf, 球φf, φ 허용치, 球φ 허용치, E_T, E	허용역 : 정확한 위치에 중심이 있는 원 또는 공의 내부 정밀도 : 원 또는 공의 지름
도시의 보기 (1)	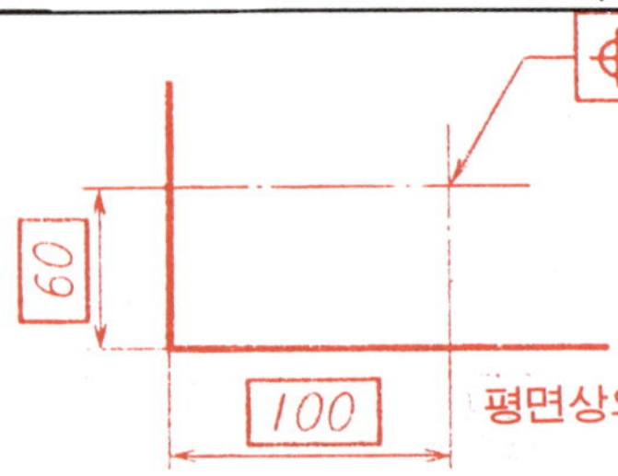 ⌖ φ0.03, 60, 100, 평면상의 점의 위치도	정해진 정확한 위치를 중심으로한 지름 0.03mm 원의 내부 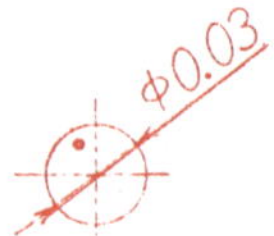 φ0.03
도시의 보기 (2)	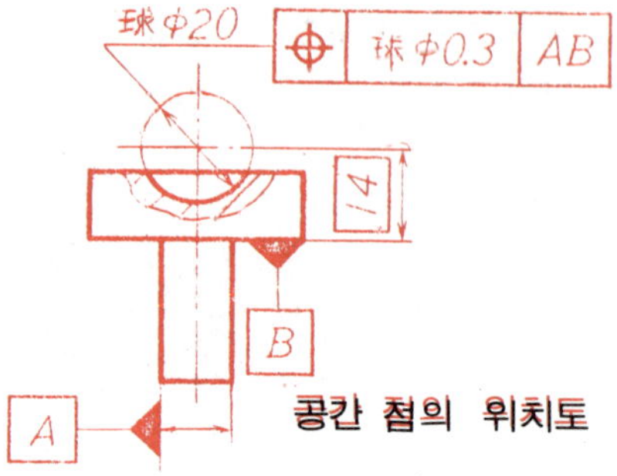 球φ20, ⌖ 球φ0.3 AB, 14, B, A, 공간 점의 위치도	기준 축선A, 기준평면B 및 직4각기둥으로 둘러쌓인 기준되는 치수로 정해지는 바른 위치를 중심으로한 지름0.3mm 공의 내부 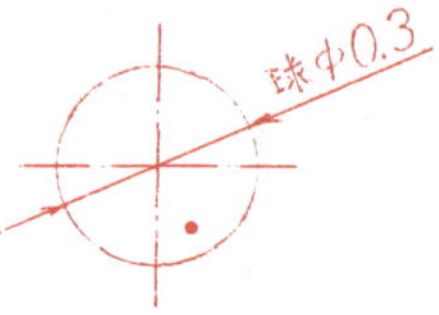 球φ0.3

* E_T : 이론적으로 정확한 위치에 있는 점　E : 점

(2) **직선부분의 위치도**

(a) **일정방향의 위치도**⋯일정방향의 위치도는 그 방향에 수직이고, 이론적으로 정확한 위치에 있는 직선에 대하여 대칭 이고 서로 평행한 기하학적 평면으로 그 직선을 끼울 때, 이들 두 평면의 간격이 최소로 될 경우의 두 평면의 간격으 로 나타낸다.

참고 : 직선부분이 한 평면상에 있을 때의 직선부분의 위치도는 이론적으로 정확한 위치에 있는 직선에 대하여 대칭이고 서로 평행한 두개의 기하학적 직선으로 그 직선을 사이에 끼울 때 그 두 직선사이의 간격이 최소로 될 경우의 두 직선의 간격으로 나타낸다

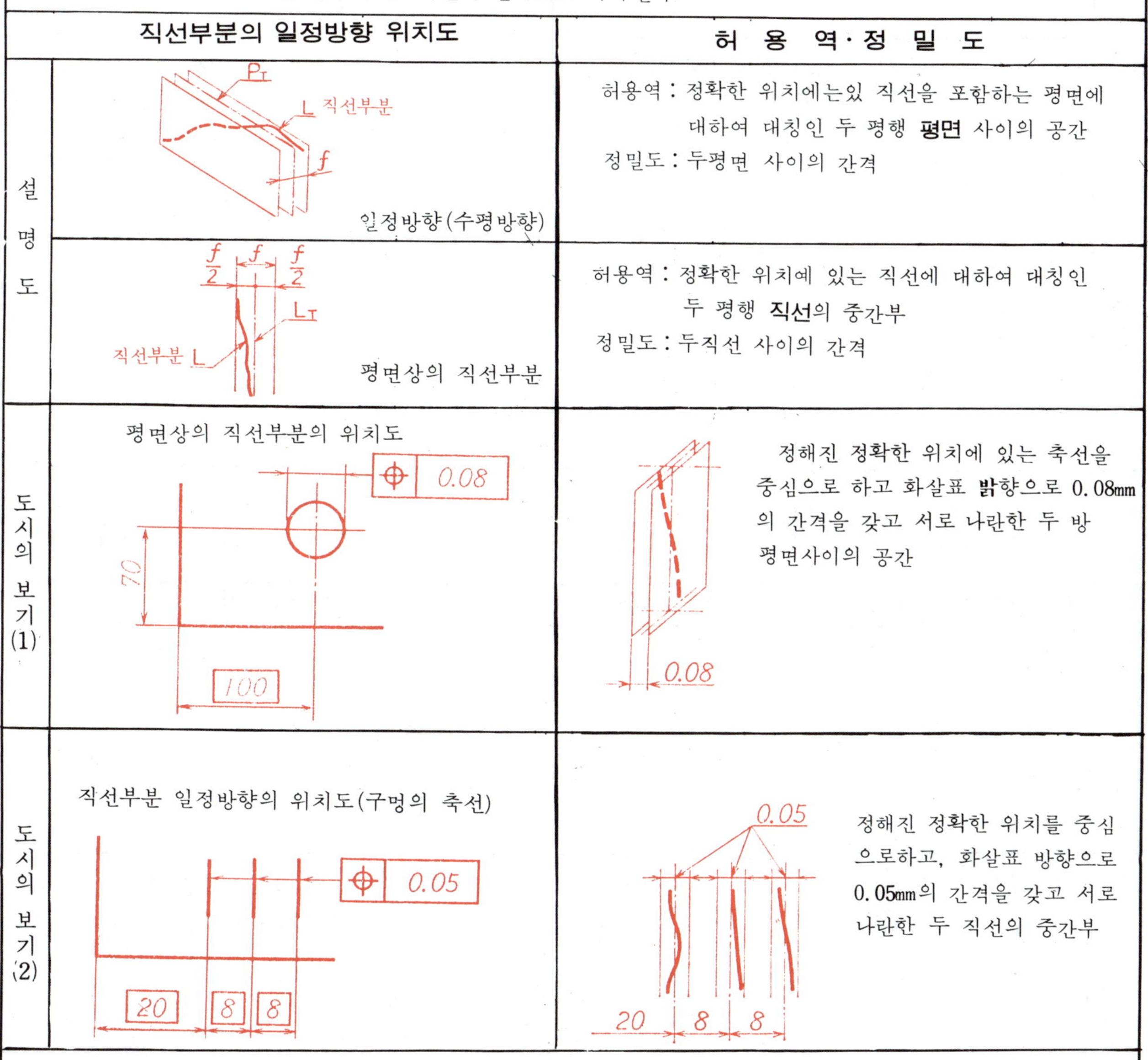

	직선부분의 일정방향 위치도	허 용 역·정 밀 도
설명도	P_T, L 직선부분, f, 일정방향(수평방향)	허용역 : 정확한 위치에는있 직선을 포함하는 평면에 대하여 대칭인 두 평행 **평면** 사이의 공간 정밀도 : 두평면 사이의 간격
	$\frac{f}{2}$, f, $\frac{f}{2}$, L_T, 직선부분 L, 평면상의 직선부분	허용역 : 정확한 위치에 있는 직선에 대하여 대칭인 두 평행 **직선**의 중간부 정밀도 : 두직선 사이의 간격
도시의 보기 (1)	평면상의 직선부분의 위치도 ⌖ 0.08, 70, 100	0.08 정해진 정확한 위치에 있는 축선을 중심으로 하고 화살표 **밝**향으로 0.08mm의 간격을 갖고 서로 나란한 두 방 평면사이의 공간
도시의 보기 (2)	직선부분 일정방향의 위치도(구멍의 축선) ⌖ 0.05, 20, 8, 8	0.05, 20, 8, 8 정해진 정확한 위치를 중심으로하고, 화살표 방향으로 0.05mm의 간격을 갖고 서로 나란한 두 직선의 중간부

(b) **서로 직각인 두 방향의 위치도**⋯서로 직각인 두 방향의 위치도는 그 두 방향에 각각 수직이고 이론적으로 정확한 위치에 있는 직선에 대하여, 대칭이고 서로 평행한 두 쌍의 기하학적 두 평행평면으로 그 직선부분을 사이에 끼웠을 때 두쌍의 평행 두 평면의 간격이 각각 최소가 될 경우의 평행 두 평면의 각각의 간격으로 나타낸다.

P_T : 이론적으로 정확한 위치에 있는 평면 L_T : 이론적으로 정확한 위치에 있는 직선

서로 직각인 두 방향의 위치도		허 용 역 · 정 밀 도
설명도	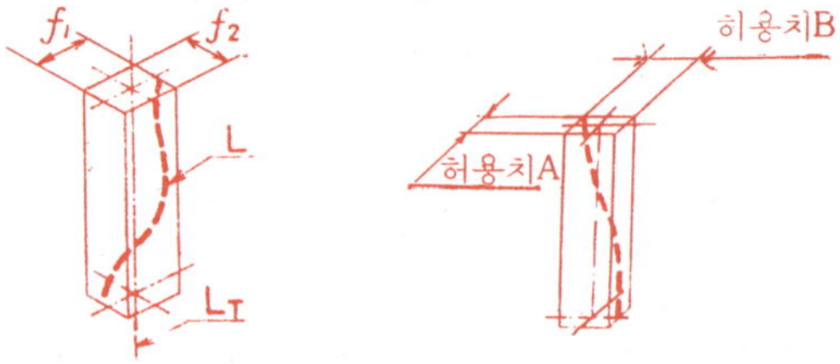 f₁ f₂ L L_T 허용치B 허용치A	허용역 : 정확한 위치에 축선을 갖는 직4각기둥 내부의 공간 정밀도 : 단면의 가로 · 세로의 길이
도시의 보기(図示例)	직선부분의 서로 직각인 두 방향의 위치도 (구멍의 축선) 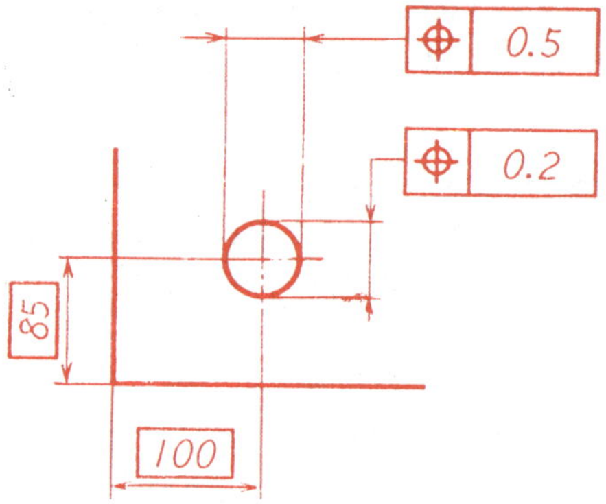 ⌖ 0.5 ⌖ 0.2 85 100	정해진 정확한 위치에 있는 축선을 중심으로 하고, 화살표 방향으로 0.5㎜ 및 0.2㎜의 간격을 갖는 두쌍의 서로 평행한 두 평면으로 둘러쌓인 4각기둥 내부의 공간 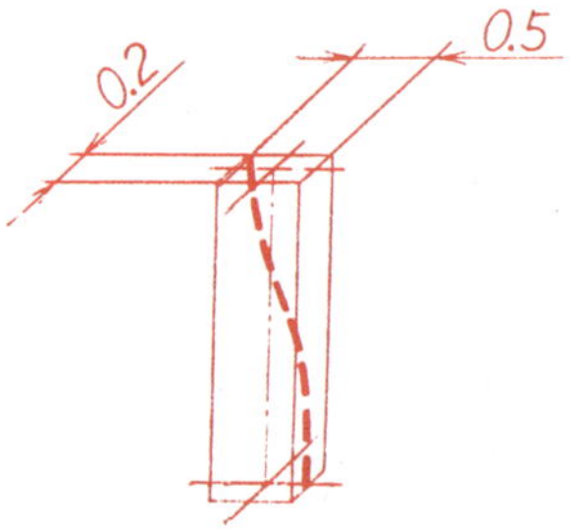 0.2 0.5

(c) **방향을 정하지 않은 경우의 위치도**……이론적으로 정확한 위치에 축선(軸線)을 갖고 그 직선부분을 모두 포함하는 기하학적 원통 중 가장 작은 지름의 원통 지름으로 나타낸다.

직선부분의 방향을 정하지 않는 경우의 위치도		허 용 역 · 정 밀 도
설명도	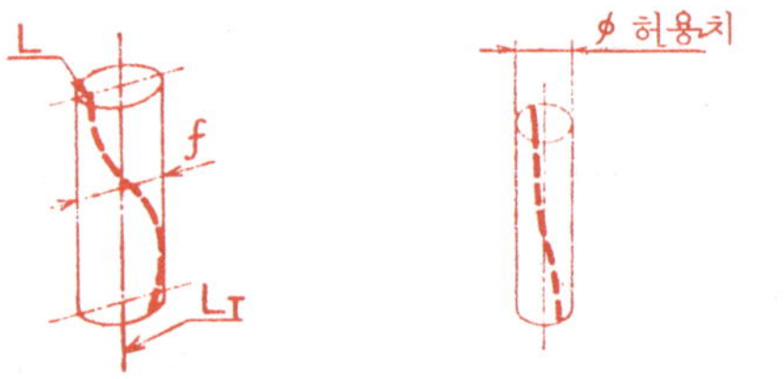 L f L_T φ 허용치	허용역 : 정확한 위치의 축선을 갖는 원통 내부의 공간 정밀도 : 원통의 지름
도시의 보기	직선부분의 방향을 정하지 않는 경우의 위치도 (구멍의 축선인 경우) 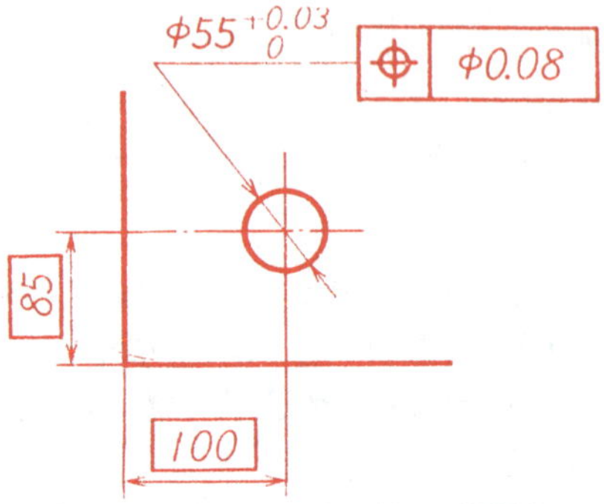 φ55 +0.03 0 ⌖ φ0.08 85 100	정해진 정확한 위치에 있는 축선을 중심으로 하는 지름0.08㎜의 원통 내부의 공간 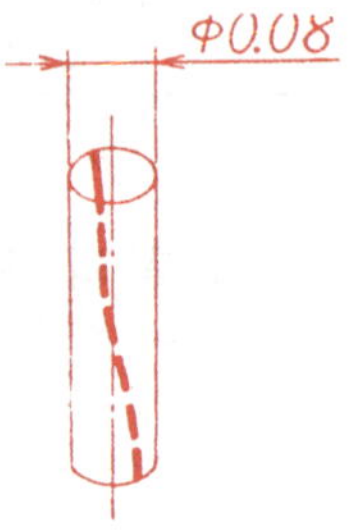 φ0.08

L_T : 이론적으로 정확한 위치에 있는 직선

(3) **평면부분의 위치도** : 이론적으로 정확한 위치에 있는 평면에 대하여 대칭이고 서로평행한 두개의 기하학적 평면으로 그 평면부분을 사이에 끼울 때, 그 두 평면의 간격이 최소로 될 경우의 두 평면 사이의 간격으로 나타낸다.

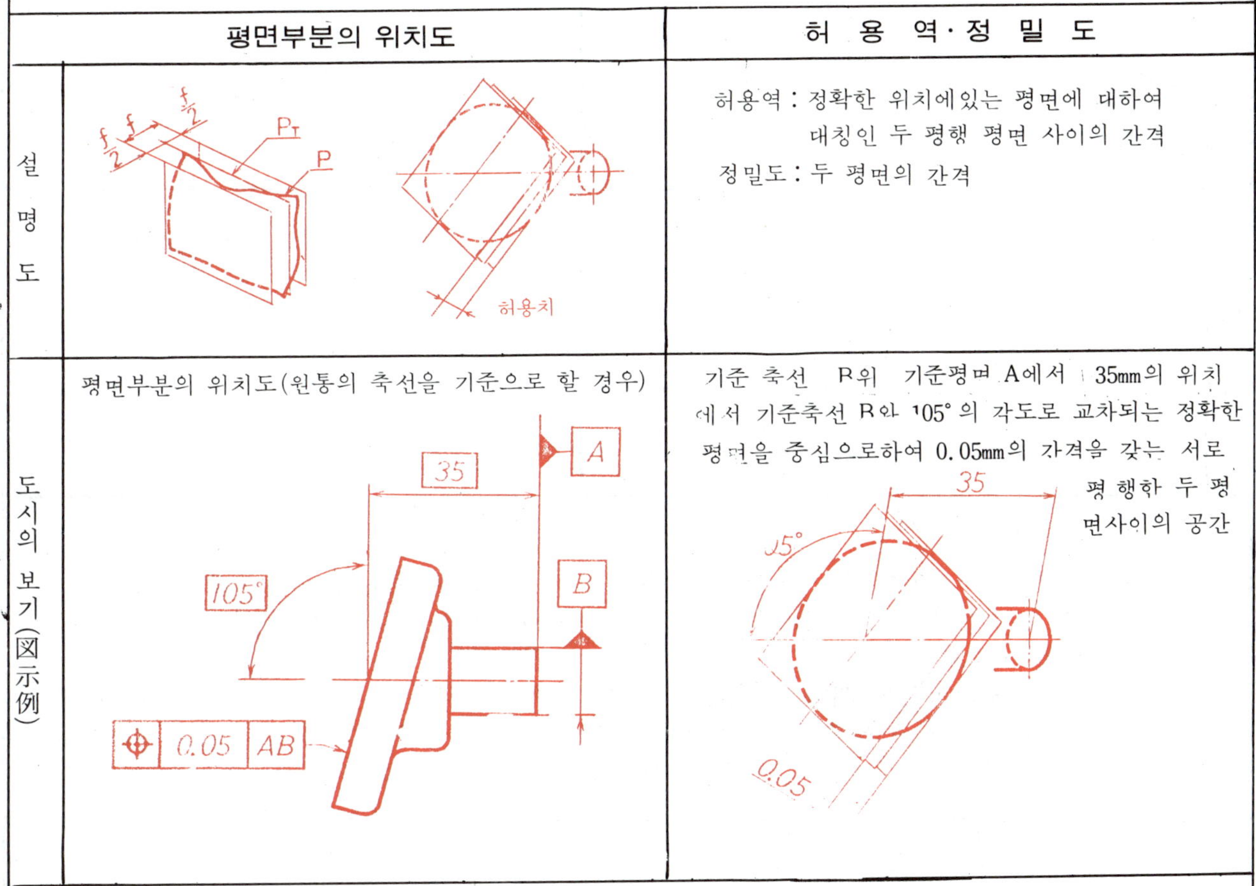

	평면부분의 위치도	허 용 역 · 정 밀 도
설명도		허용역 : 정확한 위치에있는 평면에 대하여 대칭인 두 평행 평면 사이의 간격 정밀도 : 두 평면의 간격
도시의 보기(図示例)	평면부분의 위치도(원통의 축선을 기준으로 할 경우)	기준 축선 B위 기준평면 A에서 35mm의 위치에서 기준축선 B와 105°의 각도로 교차되는 정확한 평면을 중심으로하여 0.05mm의 간격을 갖는 서로 평행한 두 평면사이의 공간

4.11. 동축도 : 축선의 기준축선에 대한 동축도는, 그 축선을 모두 포함하고 기준 축선과 동축인 기하학적 원통 중 가장 작은 지름의 원통 지름으로 나타낸다.

참고 : 평면도형으로서의 두개의 원의 **동심도**는 기준으로한 원의 중심과 동심이고 다른 원의 중심을 지나는 기하학적 원의 지름으로 나타낸다. 여기서 원의 중심이란 원을 사이에 끼울 기하학적 동심원중, 두 원의 반지름의 차가 최소로 될 경우의 동심원의 중심을 말한다.

	동 축 도	허 용 역 · 정 밀 도
설명도	A, A_D, φ 허용치	허용역 : 기준축선과 동축의 원통의 내부 공간 정밀도 : 원통의 지름
	참고 : 동심도 (E, E_D)	허용역 : 기준으로하는 원과 동심인 원의내부 정밀도 : 원의 지름

P_T : 이론적으로 정확한 위치에 있는 평면 E_D : 이론적으로 정확한 위치에 있는 점 A_D : 기준축선 A : 축선

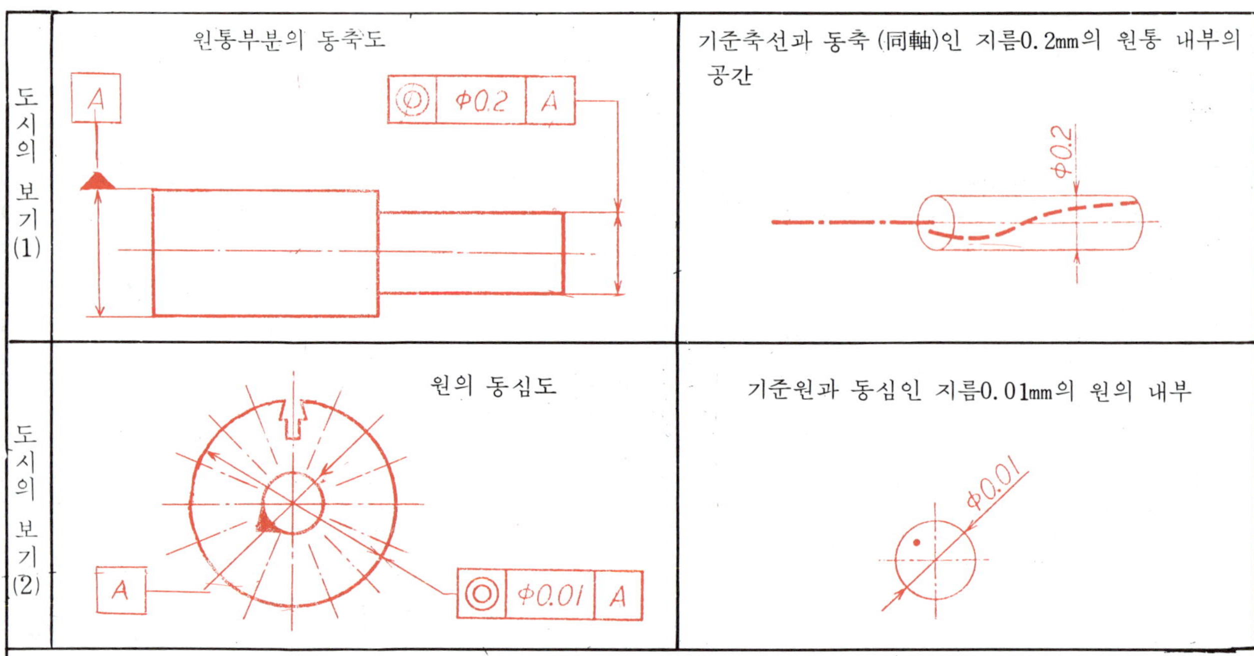

4.12. 대칭도 : 대칭도는 축선 또는 중심면이 기준축선 또는 기준중심 평면에 대하여 수직한 방향에서 찾이하는 영역(領域)의 크기에 따라 다음 (1)~(2)와 같이 나타낸다.

(1) **축선의 대칭도**

(a) **기준 중심 평면에 대한 대칭도**…기준중심 평면에 대한 대칭도는 기준중심 평면 에 대하여 대칭이고 또 서로 평행인 두 기하학적 평면으로 그 축선을 사이에 끼울 때 이들 두 평면의 간격이 최소로 될 경우의 양 평면 사이의 간격으로 나타낸다.

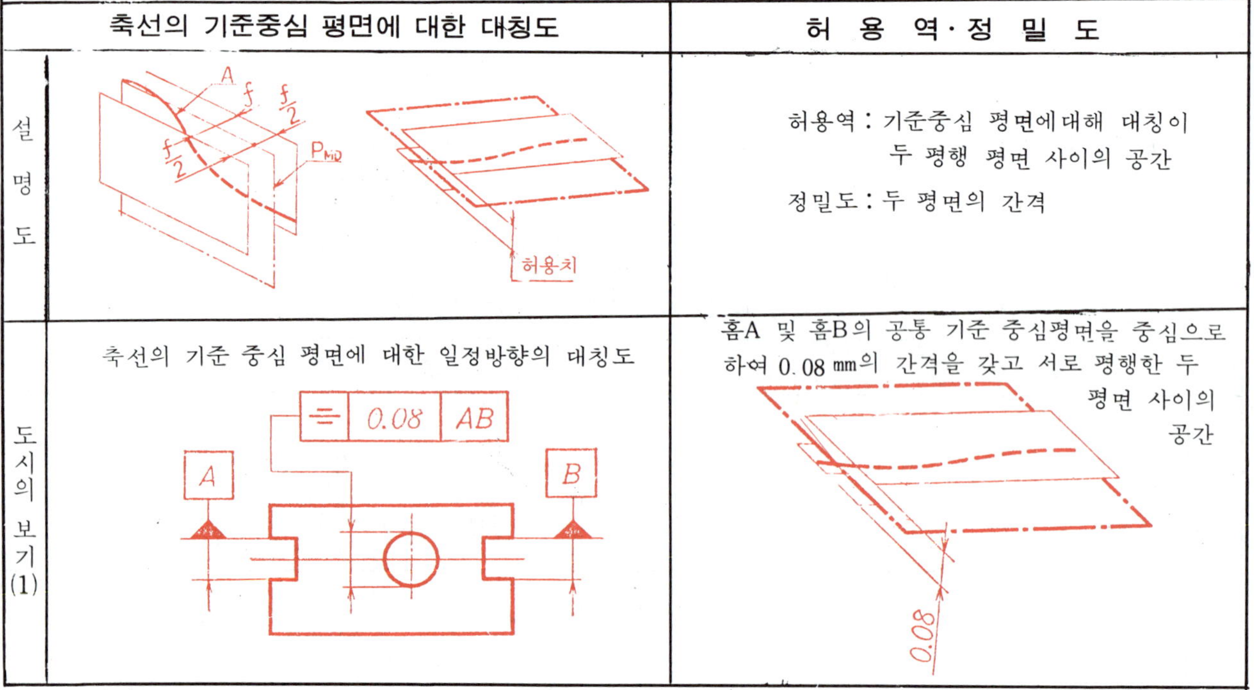

P_{MD} : 기준 중심 평면　**A** : 축선

(b) **기준 축선에 대하여 서로 직각인 두 방향의 대칭도**…주어진 두 방향에 각각 수직이고 기준축선에 대하여 대칭이며, 서로 평행한 두 짝(組)의 기하학적 평행 두 평면으로 그 축선 부분을 사이에 끼웠을 때 두 짝의 평행 두 평면의 각 간격이 최소로 될 경우의 평행 두 평면의 각각의 간격으로 나타낸다.

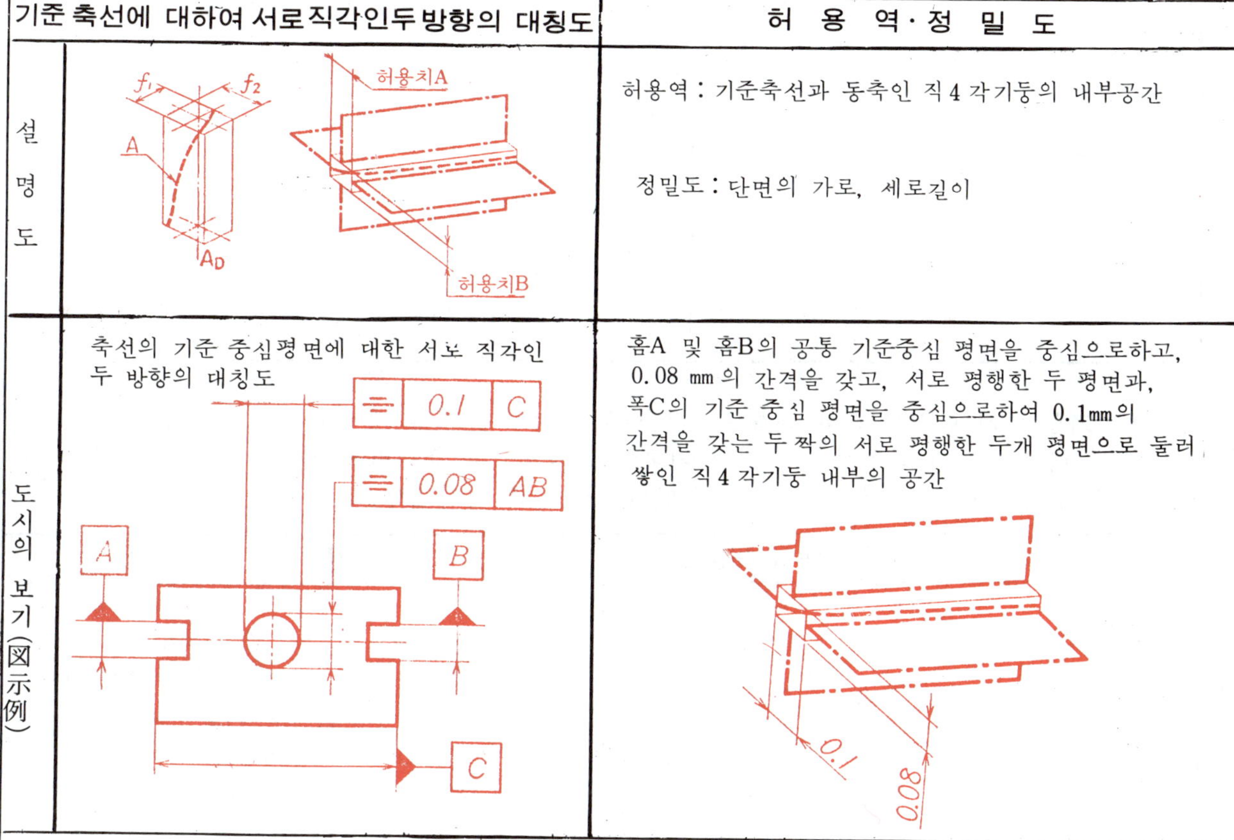

기준 축선에 대하여 서로직각인두방향의 대칭도		허 용 역·정 밀 도
설명도	허용치A, 허용치B, f_1, f_2, A, A_D	허용역 : 기준축선과 동축인 직4각기둥의 내부공간 정밀도 : 단면의 가로, 세로길이
도시의 보기(図示例)	축선의 기준 중심평면에 대한 서로 직각인 두 방향의 대칭도 = 0.1 C = 0.08 AB A, B, C	홈A 및 홈B의 공통 기준중심 평면을 중심으로하고, 0.08 mm의 간격을 갖고, 서로 평행한 두 평면과, 폭C의 기준 중심 평면을 중심으로하여 0.1mm의 간격을 갖는 두 짝의 서로 평행한 두개 평면으로 둘러 쌓인 직4각기둥 내부의 공간 0.1, 0.08

(2) **중심면의 대칭도**

(a) **기준축선에 대한 일정 방향의 대칭도**…기준축선에 대한 일정방향의 대칭도는, 그 방향에 수직하고 기준축선에 대하여 대칭이며 서로 평행한 두개의 기하학적 평면의 중심면을 사이에 끼울 때, 이들 두 평면의 간격이 최소로 될 경우의 두 평면의 간격으로 나타낸다.

중심면의 기준축선에 대한 일정방향의 대칭도		허 용 역·정 밀 도
설명도	$\frac{f}{2}$, f, $\frac{f}{2}$, A_D, P_M 일정방향 (수평방향)	허용역 : 기준축선에 대하여 대칭인 평행 두 평면사이의 공간 정밀도 : 두평면의 간격

A_D : 기준축선 A : 축선 P_M : 중심면

도시의 보기(図示例)	중심면의 기준축선에 대한 일정 방향에 있어서의 대칭도 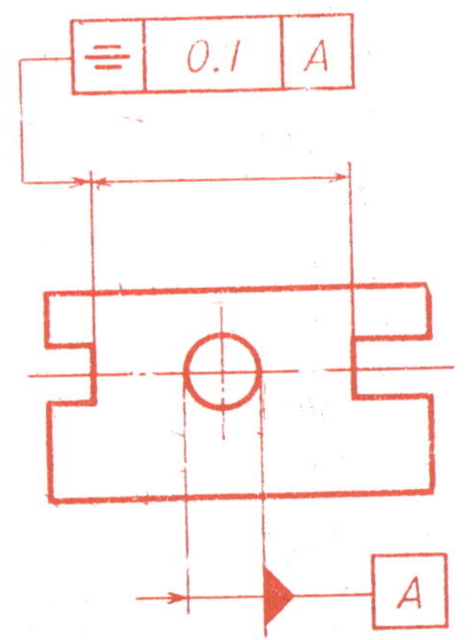	기준축선A를 중심으로하고 0.1㎜의 간격을 갖고, 서로 평행한 두 평면사이의 공간 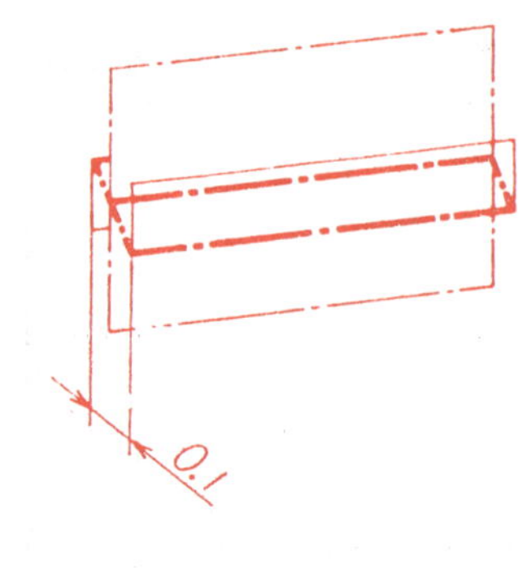

(b) **기준 중심 평면에 대한 대칭도**…기준 중심 평면에 대한 대칭도는, 기준 중심 평면에 대하여 대칭이고 서로 평행인 두개의 기하학적 평면으로 중심면을 사이에 끼울 때 이들 두 평면의 간격이 최소로 될 경우의 두 평면의 간격으로 나타낸다.

	기준 중심평면에 대한 대칭도	**허 용 도·정 밀 도**
설명도		허용역 : 기준 중심 평면에 대하여 대칭인 평행 두 평면 사이의 공간 정밀도 : 두 평면의 간격
도시의 보기	중심면의 기준 중심평면에 대한 대칭도 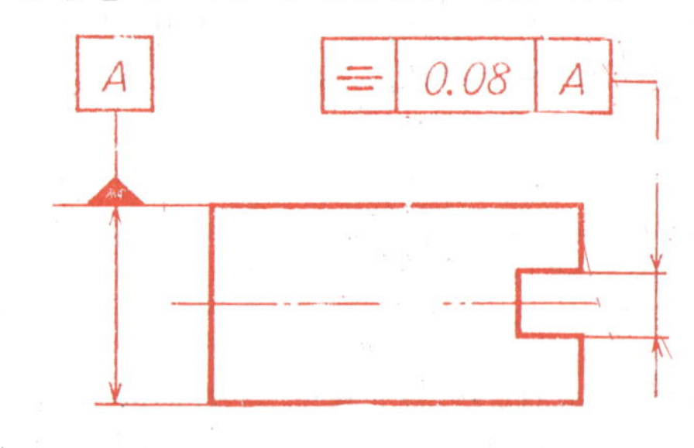	폭A인 기준 중심평면을 중심으로하고 0.08㎜의 간격을 갖고, 서로 평행한 두개의 평면사이의 공간 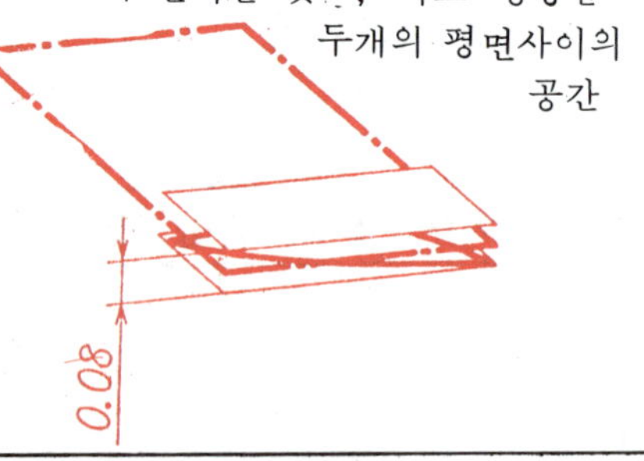

4.13. 흔들림(**Run Out**) : 흔들림은 지정된 방향에 따라 각각 다음 (1)~(3)과 같이 나탠다. 또 기계부품의 흔들림은 원칙으로 그 부품의 표면상의 각 위치에 있어서의 흔들림 중 최대치를 나타낸다.

(1) **반지름 방향의 흔들림** : 반지름 방향의 흔들림은 기준축선에 수직인 한 평면 안에서 기준축선으로 부터 기계부품의 표면까지의 거리의 최대치와 최소치와의 차로 나타낸다.

P_{MD} : 기준중심평면　　P_M : 중심면

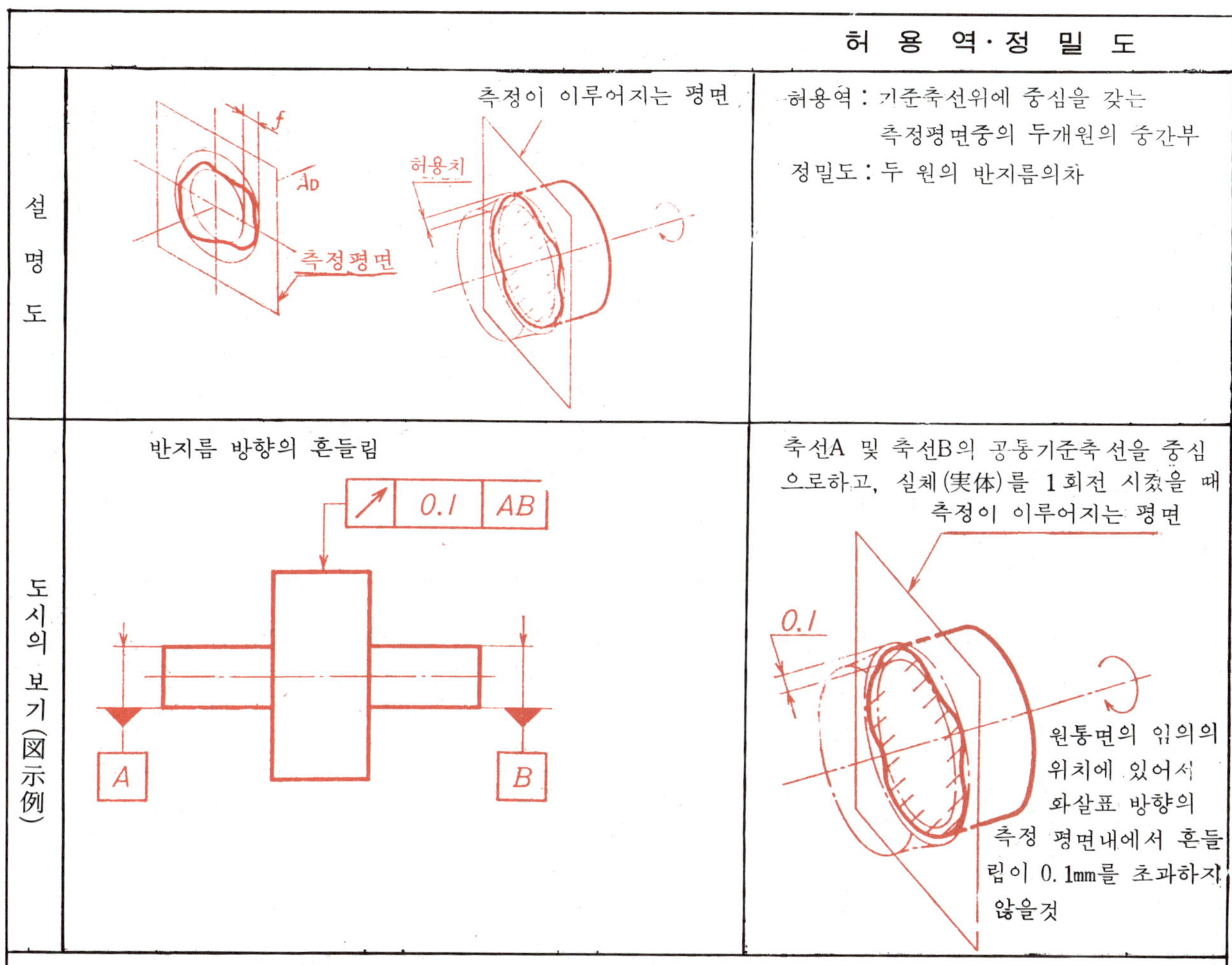

(2) 경사진 방향의 흔들림 : 경사진 방향의 흔들림은, 표면에 대한 법선(法線 표면에 수직한 선)이 기준 축선에 대하여 직각 이외의 각도를 이루고 있을 경우 그 법선을 모선으로 하고, 기준축선을 축선으로하는 하나의 원뿔면 위에서 꼭지점으로 부터 기계부품의 표면까지의 거리의 최대값과 최소값의 차로 나타낸다.

	경사진 방향의 흔들림	허 용 역·정 밀 도
설명도	測定方向 f AD 측정원뿔 機械部品 許容値 측정이 이루어지는 원뿔면	허용역 : 기준 축선위에 중심을 갖고, 두 원으로 둘러쌓인 측정 원뿔면의 범위 정밀도 : 측정 원뿔 모선의 길이

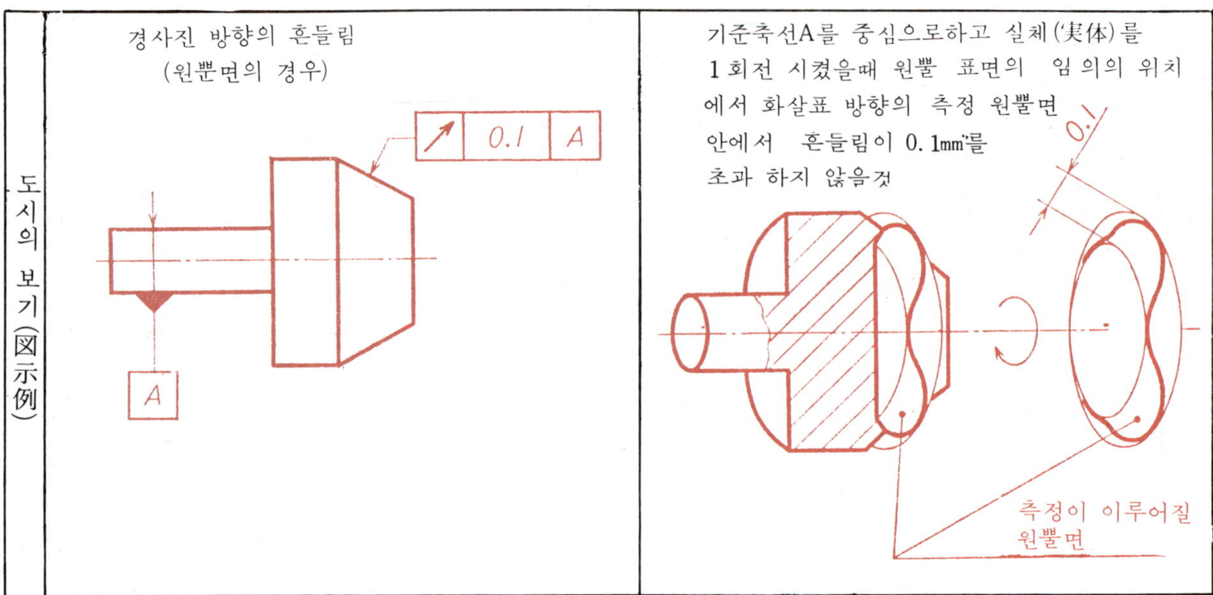

(3) **축방향의 흔들림** : 축방향의 흔들림은 기준축선으로 부터 일정한 거리에 있는 원통면 위에서 기준축선에 수직한 하나의 평면으로부터 기계부품의 표면까지의 거리의 최대치 와 최소치의 차로 나타낸다.

	축 방 향 의 흔 들 림	허 용 역 · 정 밀 도
설명도	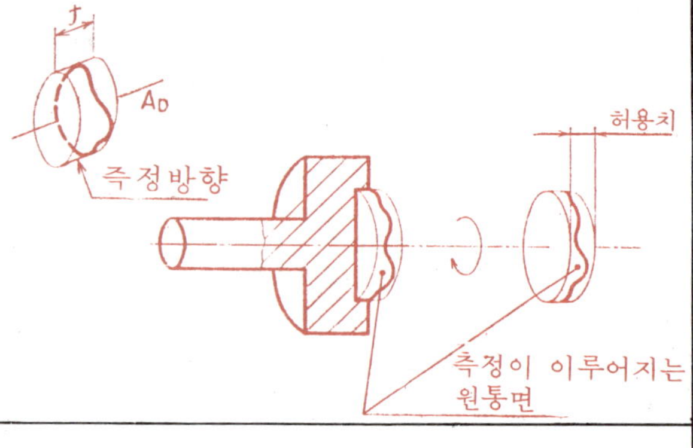 t A_D 측정방향 허용치 측정이 이루어지는 원통면	허용역 : 기준 축선상에 중심이 있고 두개의 원으로 둘러쌓인 측정원통면의 범위 정밀도 : 두 원사이의 간격
도시의 보기(図示例)	축방향의 흔들림 (단면의 경우) 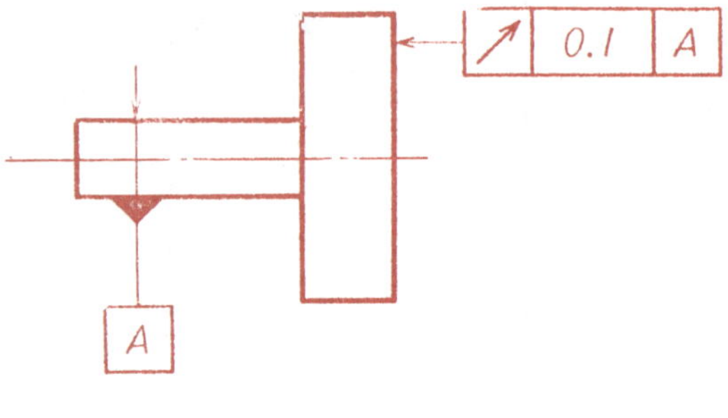 0.1 A A	기준축선A를 중심으로하고, 실체(実体)를 1회전 시켰을 때 단면(端面)의 임의의 위치에서 화살표 방향의 측정원통면 내에서 흔들림이 0.1mm 초과하지 않을 0.1 측정이 이루어지는 원통면 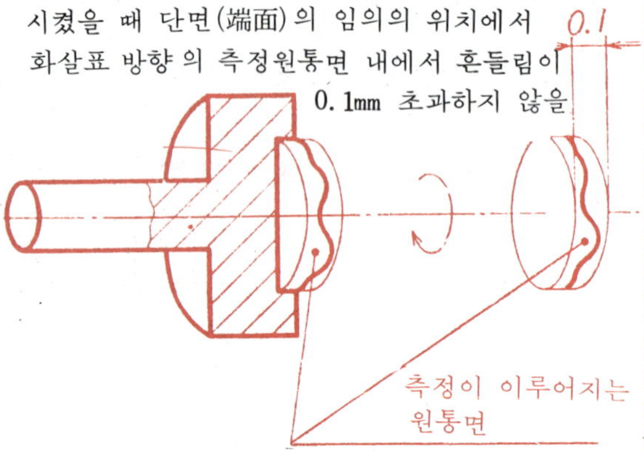

A_D : 기준축선

〔연습문제〕 다음①~㉖은 국제규격(I. S. O/R 1101-1969)에 보기로 나와 있는 도면들이다. 각 도면마다 설명도를 그리고 설명하여라.

단 원 5

다듬질 기호와 표면 거칠기

그림으로 표시된 물체의 가공 부분에는 그 가공면의 다듬질의 정도를 기입할 필요가 있다. 이 때, 가공면에 다듬질 기호를 기입한다. 제도 통칙에 의하면 가공면에 그림 1-171과 같이 ～ ▽표를 붙여 다듬질이 필요한지 아닌지를 구별하고, 또한 ▽표의 갯수에 따라 다듬질의 정도를 표시한다. 즉 ～표는 제거 가공이 필요 없는 가공면에 붙이는 것이며, 높이 2㎜, 나비 5㎜ 정도의 크기로 기입하는 것이 좋다.

그림 5-1 다듬질 기호

(1) 다듬질 기호의 기입법 및 유의 시항

① 다듬질 기호는 그림 5-2 의 (a)와 같이 다듬질 공구가 닿는쪽에 직접 선에 붙여서 기입하며, 그림 (b)와 같이 기입해서는 안 된다.

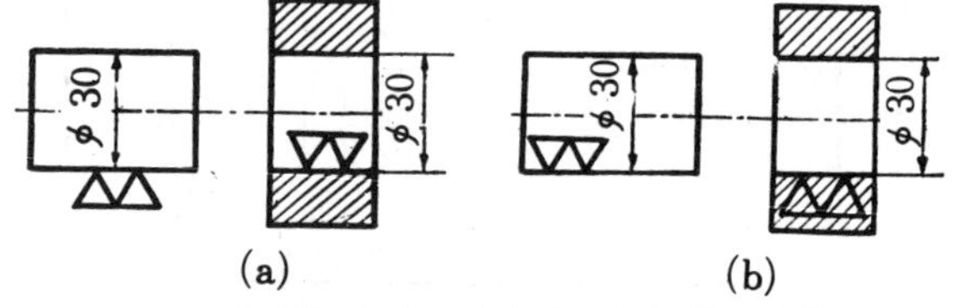

그림 5-2 다듬질 기호의 기입법

② 다듬질 기호는 회전체에 있어 서는 그림 5-3의 (a)와 같이 도형의 한 쪽에만 기입하지만, 기타의 경우에 는 그림 (b), (c)와 같이 다듬질 면마다 기입해야한다.

③ 다듬질 삼각 기호는 일반적 으로 다듬질면을 나타내는 선상에 기입하고 동일 연속면에 대해서는 한 곳에만 기입하면 된다.

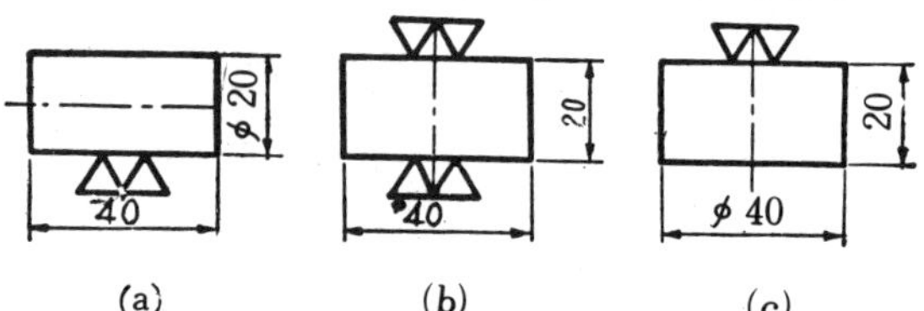

그림 5-3 다듬질 기호의 기입법

장소가 좁아서 삼각 기호를 기입하기 기 어려울 때에는 그림 5-4의 (a)와 같이 치수 보조선을 긋고 그 위에 기입한다.

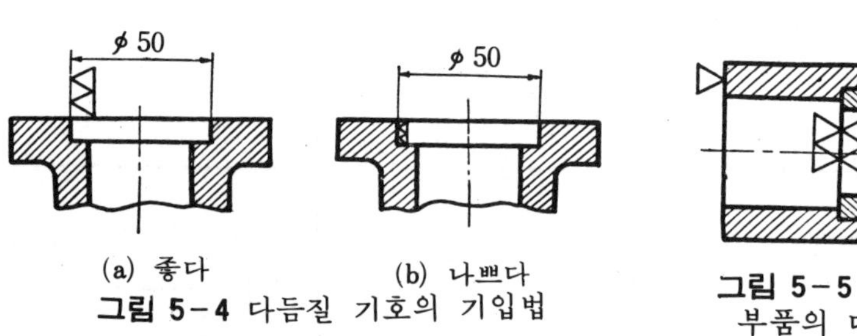

(a) 좋다 (b) 나쁘다

그림 5-4 다듬질 기호의 기입법

그림 5-5 끼워맞춤 부 부품의 다듬질 기호

④ 간단한 끼워맞춤 부품의 조립도에 있어서는 두 부품의 다듬질면이 같은 선으로 나타나기 때문에, 이 때 삼각 기호는 그림 5-5 와 같이 선의 양쪽에 기입한다.

(2) 전면의 다듬질 정도가 동일한 경우

부품의 모든 면을 다 같은 정도로 다듬질할 때에는 그림 5-6 과 같이, 다듬질 기호를 부품 번호 옆에 기입하거나, 부품 번호가 없을 때는, 부품도의 위쪽에 약간 큰 기호를 기입하고, 다듬질 면에는 이 기호를 생략할 수 있다.

③ ▽▽

그림 5-6 전면 다듬질 정도가 같은 경우의 다듬질 기호의 기입

⑤ ▽▽ (▽▽▽)

(3) 일부분만 다듬질 정도가 다를 경우

다듬질을 하는 정도가 대부분의 면에서 동일하고, 일부분의 면에서만 다를때에는, 그림 5- 7 에서와 같이, 그 다른 다듬질 기호만을 도면의 그 부분에 기입하고, 동시에 전항의 경우 와 같이 대부분의 다듬질 정도를 표시하는 다듬질 기호를 부품 기호 옆에 기입하고 괄호를 하여 일부분 다른 다듬질 기호를 부기한다.

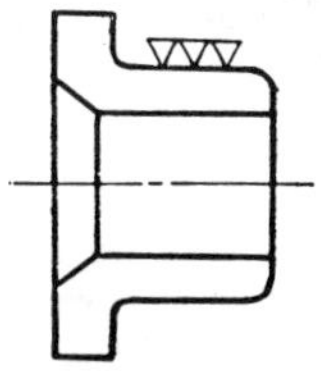

그림 5-7 일부분만 다듬질 정도가 다른 경우의 다듬질 기호의 기입.

(4) 여러 면이 다듬질 정도가 다른 경우

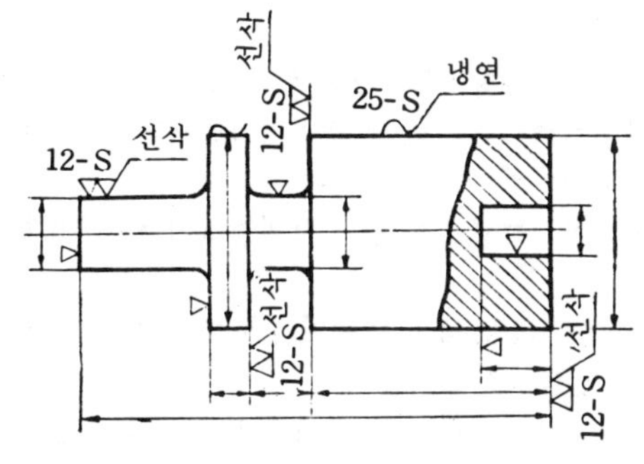

그림 5-8 여러 면이 다듬질 정도가 다른 경우의 다듬질 기호의 기입

이것은 가장 일반적인 경우이며, 그림 5-8에서와 같이, 개개의 면에 직접 다듬질 기호를 모두 기입한다. 다듬질 면이 협소하여 직접 기입할 수 없는 경우에는, 그 면을 가는 실선으로 연장한 위에, 또는 그 면으로부터 끌어낸 치수 보조선 위에 다듬질 기호를 기입한다.

(5) 가공법의 지정

가공법을 지정할 필요가 있는 경우에는, 그림5－8 에서와 같이, 삼각 기호의 빗변 또는 파형 기호의 끝을 연장하여 지시선 모양으로 긋고 그 위에 약자로 가공법을 기입한다.

(6) 표면 거칠기

어떠한 다듬질면이라 하더라도 이것을 현미경으로 확대해서 보면, 그림 5－9 와 같이 거칠다.

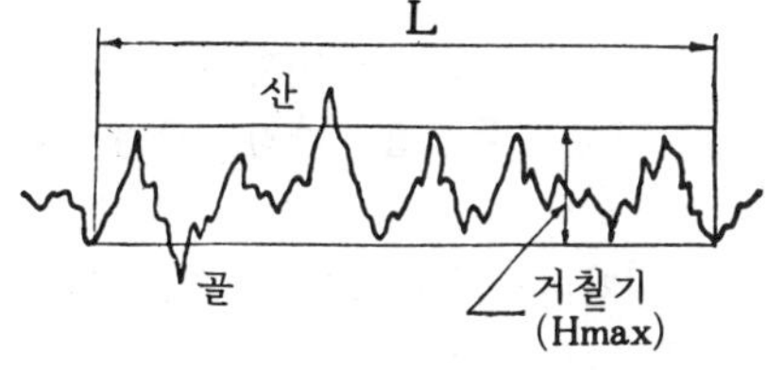

그림 5－9 표면 거칠기

이와 같이 표면이 거친 것을 표면 거칠기라고 한다. 이 표면 거칠기는 표면의 요철의 최대 높이 (단위 $\mu = \frac{1}{1000}$mm) 로 표시하는데, 간단히 기호 S를 쓴다. 그래서, 요철의 최대 높이 Hmax가 3μ이하가 되기를 바랄 때에는 3－S라고 쓴다.

표면 거칠기의 기호 S는 그림 5－10과 같이 삼각 기호의 윗면에 따라 기입한다.

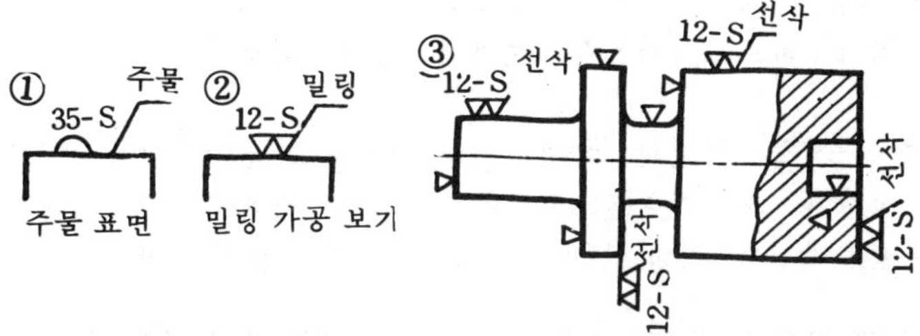

그림 5－10 S기호와 가공 기호의 기입

한 국 공 업 규 격

KOREAN INDUSTRIAL STANDARDS

표면 거칠기

Surface Roughness

KS B 0161

제 정 1967. 4. 12
상공부고시 제3033호
개 정 1971. 12. 3
상공부고시 제7831호

1. 적용 범위 이 규격은 표면거칠기를 최대높이(Rmax) 10점 평균 거칠기(Rz) 및 중심선 평균거칠기(Ra)로 표시하는 경우에 대하여 규정한다.

2. 용어의 뜻 이 규격에서 사용되는 주된 용어의 뜻은 다음과 같다.

(1) **표면거칠기** 기계표면의 표면거칠기라 함은 그 표면에서 임의대로 채취한 각 분에서 Rmax. Rz 또는 Ra의 각각 산술 평균치로 한다.

비 고 1. 일반으로 기계표면에서는 개개의 위치에서의 표면거칠기는 상당히 불균일한 것이 보통이다. 따라서 기계 표면의 표면거칠기를 구하려면 그 모 평균이 효과적으로 추정될수 있도록 측정 위치 및 그 갯수를 정할 필요가 있다.

2. 측정 목적에 따라서는 기계 표면의 1개소에서 구한 값으로 표면거칠기를 대표할 수 가 있다.

(2) **단면 곡선** 단면 곡선이라 함은 피측정면의 평균 표면에 직각인 평면으로 피측정면을 절단하였을 때 그 단면에 나타내는 윤곽을 말한다.

비 고 1. 이 절단은 특히 지정이 없는 한 표면 거칠기가 가장 크게 나타나는 방향으로 짜른다. 보기를 들면 방향성이 있는 피측정면에서는 그 방향에 직각으로 짜른다.

2. 촉침법에 의하여 단면 곡선을 구하는 경우 촉침의 앞끝 곡률 반지름은 원칙으로 12.5μ 이하로 하여 충분히 작은 것이어야 한다.

3. 촉침법에 의하여 스키드(Skid)를 안내로하여 단면곡선을 구하는 경우 스키드의 곡률 반지름은 충분히 커야한다. 스키드에 의한 단면곡선의 변형이 문제로 되는 때는 스키드와 촉침의 관계 위치 및 스키드의 곡률반지름을 명기하여야 한다.

(3) **단면 곡선의 기준 길이** 최대높이 및 10점 평균거칠기는 단면 곡선의 일정 길이를 채취하는 것으로부터 구한다.

이 채취 부분의 길이를 단면 곡선의 기준 길이(이하 기준 길이라 한다)라고 한다.

(4) **거칠기 곡선** 단면곡선에서 저주파 성분을 제거한 것과 같은 특성을 가진 측정 방법으로 구하여진 곡선을 거칠기 곡선이라고 한다.

(5) **거칠기곡선의 커트오프(Cut off)값** 거칠기곡선을 구할때는 감쇠율이—12dB/oct의 고역필터를 사용한 것으로 그 이득이 70%로 되는 주파수에 대응하는 파장을 거칠기곡선의 커트오프 값(이하 커트오프 값이라 한다)라고 한다.

(6) **단면곡선 또는 거칠기 곡선의 평균선** 단면곡선 또는 거칠기곡선의 채취 부분에서 피측정면의 호칭형상을 가진 직선 또는 곡선으로 그 선에서 단면곡선 또는 거칠기 곡선까지의 편차의 제곱합이 최소로 되도록 설정한 선을 단면곡선 또는 거칠기곡선의 평균선이라 한다.

(7) **거칠기곡선의 중심선** 거칠기곡선의 중심선이라 함은 거칠기곡선의 평균선의 평행한 직선을 그었을 때 이 직선과 거칠기곡선으로 둘러 싸인 면적이 이 직선의 양쪽으로 같게 되는 직선을 거칠기곡선의 중심선(이하 중심선이라 한다)이라 한다

관련 규격 :

3. 최대높이

3.1 채취 부분의 최대높이 단면곡선에서 기준길이 만큼 채취한 부분(이하 채취부분이라 한다)의 평균선에 평행한 2직선사이에 채취한 부분을 잡았을때 그 2직선의 간격을 단면곡선의 종배율의 방향으로 측정하여 그 값을 미크론단위(μ=0.001mm)로 표시한 것을 채취 부분의 최대 높이라고 한다.

채취 부분의 최대높이를 구하는 보기를 **그림 1**에 표시한다.

그림 1 최대높이를 구하는 방법

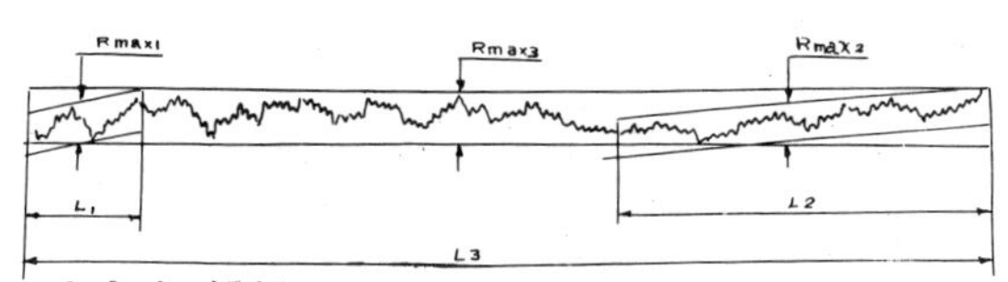

L_1, L_2, L_3 : 기준길이

$Rmax_1$, $Rmax_2$, $Rmax_3$: 기준길이 L_1, L_2 및 L_3에 대응하는 각각 채취부분의 최대높이

비 고 1. 기계표면의 최대높이는 그 표면에서 다수의 단면곡선을 구하여 이들의 단면곡선에서 구한 채취부분의 최대높이의 평균치로 나타낸다.
2. 피측정면이 곡면의 경우에는 단면에 나타날 곡선에 따라서 최대높이를 구한다.
3. 최대높이를 구하는 경우 흠으로 인정되는 것과 같은 상당히 높은 봉우리나 깊은 골짜기가 없는 부분에서 기준길이 만큼 채취한다.

3.2 기준길이 채취부분의 최대높이를 구하는 경우의 기준길이는 원칙으로 다음의, 6종류로 한다(단위 mm)

0.08, 0.25, 0.8, 2.5, 8, 25,

3.3 기준길이의 표준치 특히 지정할 필요가 없는 한, 최대높이를 구하는 경우 기준길이의 표준치는 **표 1**의 구분에 따른다.

표 1 최대높이를 구할 때의 기준길이의 표준치

최대높이의 범위		기준길이(mm)
초 과	이 하	
	0.8μ Rmax	0.25
0.8μ Rmax	6.3μ Rmax	0.8
6.3μ Rmax	25μ Rmax	2.5
25μ Rmax	100μ Rmax	8

비 고 최대높이는 먼저 기준길이를 지정한 다음에 구하여지나 표면거칠기의 표시나 지시를 하는 경우 그 때마다 이것을 일일히 지정하는 것은 불편하기 때문에 특히 지정할 필요가 없는 한 이 표의 값을 사용한다.

3.4 최대높이의 호칭 방법 최대높이의 호칭 방법은 다음과 같다.

최대높이 μ, 기준길이 mm 또는 μ Rmax, L mm

비 고 **표 1**에 나타난 기준길이의 표준치를 사용하여 얻어진 최대높이의 값이 **표 1**에 표시한 범위에 있을 경우에는 기준길이의 표시를 생략할 수도 있다.

3.5 최대높이의 구분치 최대높이에 의하여 표면거칠기를 지정할 때에는 특히 필요가 없는 한 **표 2**의 구분치를 사용한다. 구분치는 허용할 수 있는 가장 큰 최대 높이를 나타낸다. 최대높이 구분치의 뒤에는 S를 붙인다.

표 2 최대높이의 구분치

(0.05S)	0.8S	12.5S	50S	200S
0.1S	1.6S	(18S)	(70S)	(280S)
0.2S	3.2S	25.S	100S	400S
0.4S	6.3S	(35S)	(140S)	(560S)

비 고 1. **표 2**의 괄호안의 구분치는 특히 필요없는한 사용하지 않는다.
2. 구분치의 첨자의 서체 S는 로마자로 한다.

3.6 최대높이의 한계지시 어떤 범위의 최대높이의 한계를 구분치로 지시할 필요가 있는 때는 그 하한(표시값의 작은 쪽)과 상한(표시값의 큰 쪽)에 상당하는 구분치를 병기한다.

보기 0.8μ Rmax를 초과하여 3.2μ Rmax 이하의 경우 0.8S~3.2S라고 표시한다.

4. 10점 평균거칠기

4.1 채취 부분의 10점 평균거칠기 단면곡선에서의 기준길이만큼 채취한 부분(아하 채취부분이라 한다)의 평균선에 평행한 직선 가운데 높은 쪽에서 3번째의 봉우리를 지나는 것과 깊은 쪽에서 3번째의 골짜기를 지나는 것을 택하여 2개의 직선의 간격을 단면곡선의 종배율의 방향으로 측정하여 그 값을 미크론단위(μ=0.001mm)로 나타낸 것을 채취 부분의 10점 평균거칠기라고 한다.

채취 부분의 10점 평균거칠기를 구하는 보기를 **그림 2**에 나타낸다.

그림 2 10점 평균거칠기를 구하는 방법

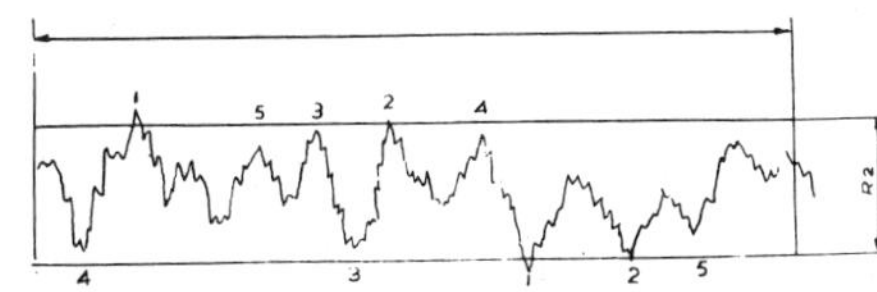

비 고 1. 10점 평균거칠기는 ISO R 468의 Ten Point Hight에 상당하는 것이다. 이 거칠기를 ISO R 468에서는 단면곡선에서의 최고에서 부터 5번째까지 산봉우리의 표고의 평균치와 가장 깊은데에서 부터 5번째 까지의 골의 표고의 평균치와의 차로 표시하도록 정의하고 있으나 K.S에서는 단면곡선에 있어서의 최고에서 부터 5번째까지의 산봉우리의 표고와 메디안(median)과 가장 깊은 데에서 부터 5번째 까지의 골짜기의 표고에 메디안과의 차를 나타내고 있다.
자종 가공면에 대한 측정결과에 의하면 K.S에 의한 정의의 값과 ISO게 의한 정의의 값과는 보통 별다른 차가 없다.
2. 기계표면의 10점 평균거칠기는 **4.1**에 나타낸 바와 같이 그 표면에서 다수의 단면곡선에서 구한 채취 부분의 10점 평균거칠기의 평균치이다.
3. 피측정면이 곡면의 경우에는 단면에 나타내지는 곡선에 따라서 10점 평균거칠기를 구한다.
4. 채취 부분을 취하는 방법은 **그림 1**에 준한다.

4.2 기준길이 채취 부분의 10점 평균거칠기를 구하는 경우의 기준길이는 원칙으로 다음의 6종류로 한다(단위 mm)

0.08, 0.25, 0.8, 2.5, 8, 25

4.3 기준길이의 표준치 특히 지정할 필요가 없는 한 10점 평균거칠기를 구하는 경우의 기준길이의 표준치는 **표 3**에 따른다.

표 3 10점 평균거칠기를 구할 때의 기준길이의 표준치

10점평균거칠기의 범위을		기준길이(mm)
초 과	이 하	
—	0.8 μ RZ	0.25
0.8 μ RZ	6.3 μ RZ	0.8
6.3 μ RZ	25 μ RZ	2.5
25 μ RZ	100 μ RZ	8

비고 10점 평균거칠기는 먼저 기준길이를 지정한 다음에 구한다. 표면거칠기의 표시나 지시를 할 때 그 때마다 이것을 일일히 지정하는 것은 불편하기 때문에 특히 지정할 필요가 없는 한 이 표의 값을 사용한다.

4.4 10점 평균거칠기의 호칭방법 10점 평균거칠기의 호칭방법은 다음에 따른다.

10점 평균거칠기 μ, 기준길이 mm 또는 μRZ. L mm

비 고 **표 3**에 나타낸 기준길이의 표준치를 사용하여 얻은 10점 평균거칠기가 **표 3**에 나타낸 범위에 있는 때는 기준길이의 표시를 생략할 수가 있다.

4.5 10점 평균거칠기의 구분치 10점 평균거칠기에 의하여 표면거칠기를 지시할 때에는 특히 필요가 없는 한 **표 4**의 구분치에 따른다. 구분치는 허용할 수 있는 가장 큰 10점 평균거칠기를 나타낸다.

표 4 10점 평균거칠기의 구분치

(0.05Z)	0.8Z	12.5Z	50Z	2.00Z
0.1Z	1.6Z	(18Z)	(70Z)	(280Z)
0.2Z	3.2Z	25Z	100Z	400Z
0.4Z	6.3Z	(35Z)	(140Z)	(560Z

비고 1. **표 4**의 괄호안의 구분치는 특히 필요하지 않은 한 사용하지 않는다.
2. 구분치의 첨자 Z의 서체는 로마체로 한다.

4.6 10점 평균거칠기의 한계지시 어느 범위의 10점 평균거칠기의 한계를 구분치로 지시하는 때는 그 하한(표시치가 작은 쪽)과 상한(표시치가 큰 쪽)에 상당하는 구분치를 병기한다.

보기 0.8μ RE를 초과하여 3.2μRZ이하의 경우 0.8Z-3.2Z라고 표시한다.

5. 중심선 평균거칠기

5.1 정 의 거칠기곡선에서 그 중심선의 방향으로 측정길이 l의 부분을 채취하고 이 채취 부분의 중심선을 X축 종배율의 방향을 Y축으로 하여 거칠기 곡선을 y=f(x)로 나타냈을 때 다음의 식에서 주어지는 Ra의 값을 미크론단위(μ=0.001mm)로 표시한 것을 중심선 평균거칠기라고 한다.

$$Ra = \frac{1}{\ell}\int_0^{\ell} |f(x)|\,dx$$

측정길이는 원칙으로 커트오프 (cut off) 값의 3배 또는 그것보다 더 큰 값을 취한다.

5.2 커트오프 값 커트오프 값은 원칙으로 다음의 6종으로 한다(단위 : mm)

0.08, 0.25, 0.8, 2.5, 8, 25

5.3 커트오프 값의 표준치 커트오프 값의 표준치는 0.8mm로 한다.

5.4 중심선 평균거칠기의 호칭방법 중심선 평균거칠기의 호칭방법은 다음과 같이 한다.

중심선 평균거칠기 μ, 커트오프 값 mm 또는 μRa, λc mm

비고 0.8mm의 커트오프의 값을 사용한 때는 커트오프 값의 표시를 생략할 수가 있다.

5.5 중심선 평균거칠기에 의하여 표면거칠기를 지정할 때에는 특히 필요가 없는 한 **표 5**의 구분치를 사용한다.

구분치는 허용할 수 있는 가장 큰 중심선 평균거칠기를 나타낸다.

중심선 평균거칠기 구분치의 뒤에는 a를 붙인다.

표 5 중심선 평균거칠기의 구분치

(0.013a)	0.4a	12.5a
0.025a	0.8a	25a
0.05a	1.6a	(50a)
0.1a	3.2a	(100a)
0.2a	6.3a	

비 고 1. **표 5**의 괄호안의 구분치는 특히 필요 없는한 사용하지 않는다.
2. 구분치를 사용할 때에는 특히 지정이 없는한 **5.3**의 커트오프 값의 표준치를 사용한다.
3. 구분치의 첨자 a의 서체는 로마체로 한다.

5.6 중심선 평균거칠기의 한계 지시 어느 범위의 중심선 평균거칠기의 한계를 구분치로 지시할 필요가 있을 때는 그의 하한(표시치가 작은 쪽)과 상한(표시 값이 큰 쪽)에 상당하는 구분치를 병기한다.

보기 1.6μ Ra를 초과하여 6.3μRa이하의 경우 1.6a—6.3a로 표시한다.

6. 표면기호와 다듬질기호

6.1 표면거칠기의 표시 방법 표면거칠기를 기호로 표시하는데는 표면기호 또는 다듬질기호에 따른다.

6.2 표면기호의 구성 표면의 상태를 기호로 표시하기 위한 표면기호는 원칙으로 표면거칠기의 구분치 기준길이 또는 커트오프 값, 가공방법의 약호 및 가공모양의 기호로 되어있고 그 배치는 **그림 3**에 따른다. 이것을 사용한 표면기호와 기입 보기를 **그림 4**에 나타낸다.

그러나 특히 지정하지 않는 한 필요없는 것은 생략할 수가 있다.

또 구분치 하한의 수치 및 그 기준길이 또는 커트오프 값은 필요한 경우만 기입한다.

그림 3

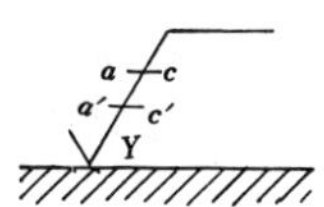

a : 표면거칠기의 구분치(상한)
a': 표면거칠기의 구분, (하한)
c : a에 대한 기준길이 또는 커트오프 값
c' : a에! 대한 기준길이 또는 커트오프 값
X : 가공 방법의 약호
Y : 가공 모양의 기호

그림 4

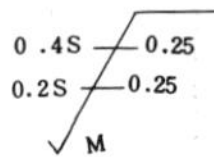

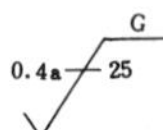

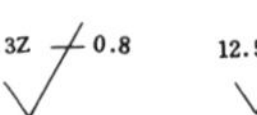

12.5a

6.3 가공 방법의 약호 가공방법의 기호에는 원칙으로 **KS B 0107**(가공방법기호)의 규정에 의하든가 **표 6**의 약호 **I**를 사용할 수 있다.

표 6 가공 방법의 약호

가 공 방 법	약 호	
	I	**I**
선 반 가 공	L	선 반
드 릴 가 공	D	드 릴
보링머시인가공	B	보 링
밀 링 가 공	M	밀 링
평 삭 반 가 공	P	평 삭
형 삭 반 가 공	SH	형 삭
브 로 치 가 공	BR	브 로 치
리 이 머 가 공	FR	리 이 머
연 삭 가 공	G	연 삭
벨트샌딩가공	GB	포 연
호 닝 반 가 공	GH	혼 닝
액체호닝다듬질	SPL	액 체 혼 닝
배럴연마가공	SPBR	배 럴
버 프 다 듬 질	FB	버 프
브러스트다듬질	SB	브 러 스 트
랩 다 듬 질	FL	래 프
줄 다 듬 질	FF	줄
스크레이퍼다듬질	FS	스크레이퍼
페이퍼다듬질	FCA	페 이 퍼
주 조	C	주 조

비고; 표중의 기호 I은 **KS B 0107**에 의한다.

6.4 가공모양 가공모양의 지정에는 **표 7**에 나타낸 바와 같은 기호를 사용한다.

표 7 가공모양의 기호

기 호	의 미	설 명 도
=	가공으로 생길 앞줄의 방향이 기호를 기입한 그림의 투영면에 평행	
⊥	가공으로 생긴앞줄의 방향이기호를 기입한 그림의 투영면에 직각	
X	가공으로 생긴 선이 2방향으로 교차	
M	가공으로 생긴 선이 다방면으로 교차 또는 무방향	
C	가공으로 생긴 선이 거의 동심원	
R	가공으로 생긴 선이 거의 방사상	

6.5 다듬질 기호 다듬질 기호는 삼각기호 (▽) 및 파형기호(∼)로 한다.
삼각기호는 제거 가공을 한 면에 사용한다.
파형기호는 제거 가공을 하지 않은 면에 사용한다.

6.6 다듬질 기호를 사용한 표면거칠기의 표시다듬질 기호를 사용하여 표면거칠기의 정도를 지시할 때에는 **표 8**에 따른다.
필요한 경우는 **6.2**에 준하여 표면거칠기의 구분치 기준길이 또는 커트오프 값등을 다듬질 기호로 부기할 수가 있다.
다듬질 기호를 사용한 표시의 보기를 **표 9**에 표시한다.

표 8 다듬질 기호의 표면거칠기 구분

다 듬 질 기 호	Rmax	Rz	Ra
▽▽▽▽	0.8S	0.8z	0.2a
▽▽▽	6.3S	6.3z	1.6a
▽▽	25S	25z	6.3a
▽	100S	100z	25a
∼	특히 규정하지 않는다		

비고 1. 다듬질 기호의 삼각은 정삼각형으로 한다.
2. 표의 구분치 이외의 값을 특히 지시할 필요가 있는 경우는 다듬질 기호로 그 값을 부기한다.
3. 지정하는 표면거칠기의 범위가 **표 8**의 다른 구분에 걸칠 때에는 3각의 수는 표면거칠기의 상한에 마춘다.

표 9 다듬질 기호의 사용 보기

번호	기 호	의 미
1	∼	제거 가공을 하지 않는다
2	100S ∼	L8mm에서 100μ Rmax보다 고운 주조 등의 면
3	50Z ▽	L8mm에서 최대 50μ RZ의 제거 가공을 한면
4	▽▽▽	**표 8**에 나타낸 표면거칠기의범위에 들어가는 제거 가공을 한 면(약 1.6a)
5	0.8a ▽▽▽	入c 0.8mm에서 최대 0.8μ Ra의 제거 가공을 한 면
6	G ▽▽▽	**표 8**에 나타낸 표면거칠기의범위에 들어가는 연삭가공을 한 면
7	1.6a G 2.5 ▽▽▽	入c 2.5mm에서 최대 1.6μ Ra의 연삭 가공을 한 면

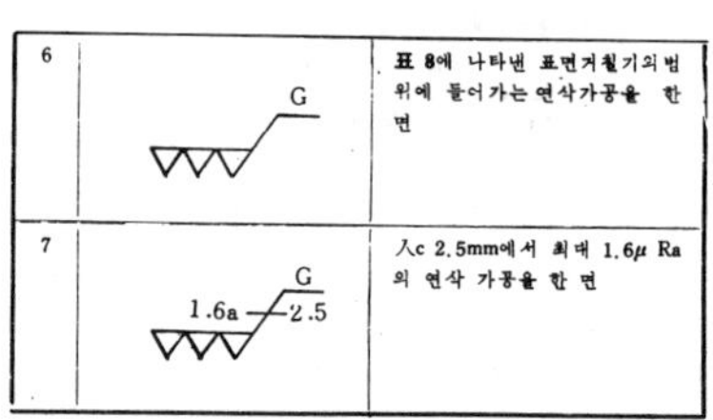

7. 도면 기입법

7.1 도면 기입법의 원칙 표면기호 또는 다듬질·기호를 도면에 기입하는 경우는 원칙으로 다음과 같이 한다.

(1) 표면기호 또는 다듬질 기호는 지정하는 면, 면의 연장선 또는 면의 칫수 보조선에 접하여 실체의 바깥 쪽에 기입한다(**그림 5, 그림 6**)
(2) 표면기호 또는 다듬질 기호는 도면의 아래쪽 또는 오른 쪽에서 읽을 수 있는 방향으로 기입한다(**그림 5**)
(3) (1)에서도 곤란한 경우 지정하는 면 또는 그 연장선 쪽으로 이끌어 낸 선상의(2)에 따라 기입한다(**그림 7**)
(4) 표면 또는 다듬질 기호는 하나의 지정면을 가장 좋게 나타내는 투영도상에 기입하여 하나의 지정면에 대하여 2개소 이상에는 기입하지 않는다.

그림 5

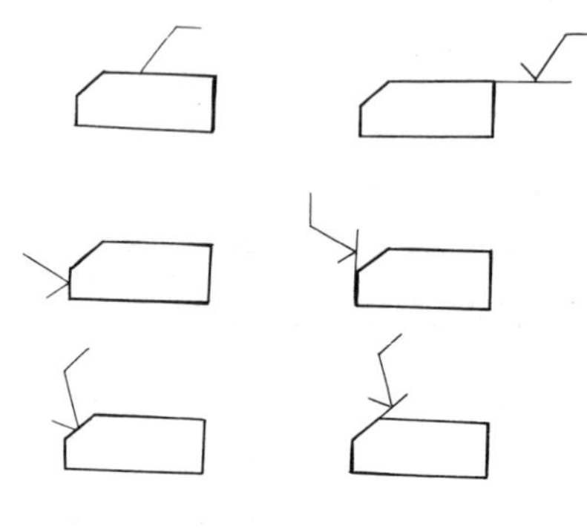

그림 6

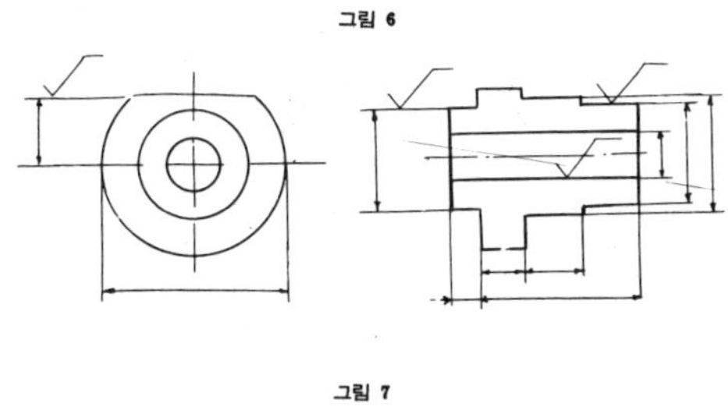

그림 7

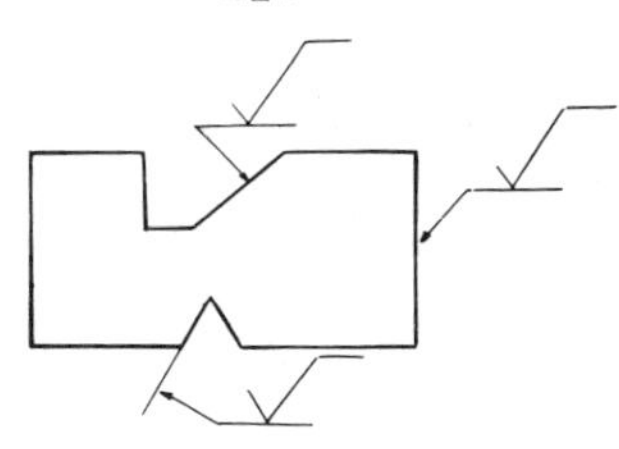

비고 가공방법 및 가공모양의 기호를 생략할 때에 한하여 **(2)**에 따르지 않고 **그림 8**과 같이 기입하여도 좋다.

그림 8

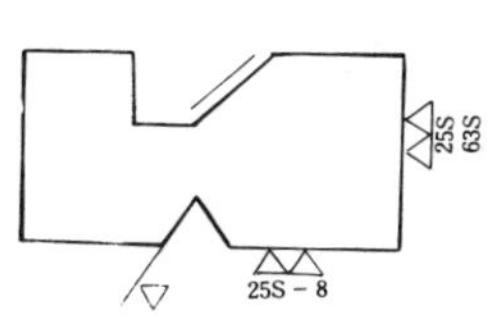

7.2 도면기입의 간략법 표면기호 또는 다듬질 기호를 도면에 기입할 때의 간략화의 방법은 다음과 같다.

(1) 부품의 전면에 동일정도의 표면상태를 지정할 때에는 표면기호 또는 다듬질 기호를 부품번호의 옆에 부품번호가 없을 때에는 부분도의 위쪽 또는 알기쉬운 곳에 기입하고 부분도의 각 면상에서는 생략할 수가 있다. **(그림 9)**

(2) 하나의 부품에서 대부분이 동일한 표면상태이고 일부분만이 다른 경우는 공통이 아닌 표면 기호 또는 다듬질 기호를 **그림**의 **해당면**의 위에 기입함과 함께(1)의 공통하는 표면기호 또는 다듬질 기호의 옆에 괄호를 붙혀 병기한다. **(그림 10)**

(3) 표면기호 또는 다듬질 기호를 여러 곳에 사용할 때 또는 기입할여지가 한정되어있는 때는 지정면 위에서는 간이기호를 사용하고 그 뜻을 알기쉬운 곳에 기입하여둔다. **(그림 11)**

그림 9 / 그림 10

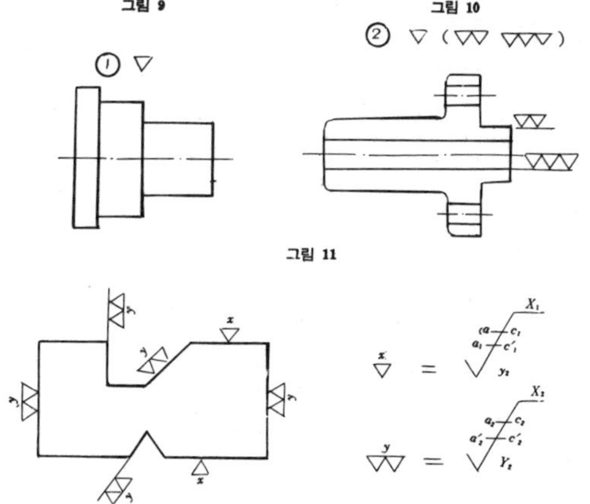

7.3 표면기호 또는 다듬질기호의 기입 보기 표면기호 또는 다듬질 기호를 치차, 나사 및 구멍등에 기입하는 경우의 기입보기를 **그림 12~14**에 나타낸다.(다듬질 기호 보기로 나타냈으나 표면 기호의 경우도 이에 준한다)

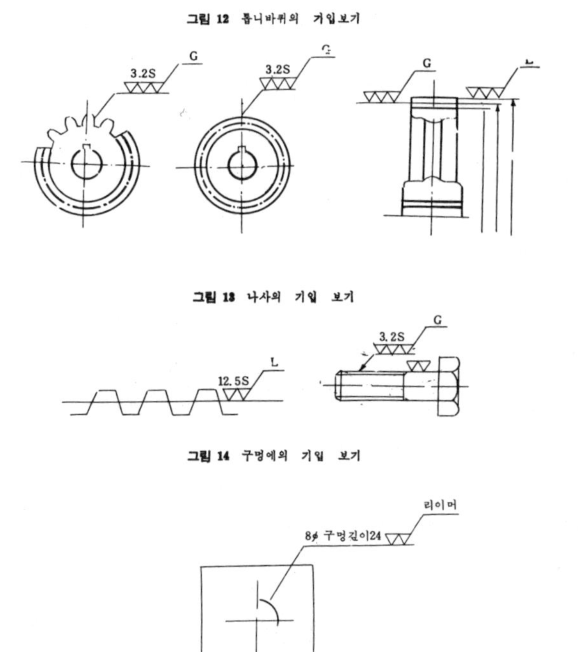

그림 12 톱니바퀴의 기입보기

그림 13 나사의 기입 보기

그림 14 구멍에의 기입 보기

KS B 0161—1970

표면거칠기의 해설

1. 규격 개정 이유 표면거칠기의 규격은 1967년 4월에 상공부고시 제3,033호로 제정 공포되었으나 최근 전자공학의 진보에 따라 촉침전기식의 표면거칠기 측정기가 개발되었다. 이종류의 것은 특히 중심선 평균거칠기를 직접 나타내기가 쉽고 표면거칠기가 신속히 측정할 수 있기 때문에 널리 공업계에 응용하게 되었다. ISO의 표면거칠기 규격 ISOR 468~1966 Surface roughness에서도 중심선 평균거칠기가 그 가장 중요한 항목으로 되어 있다. 이와 같은 사정에서 종래의 KS를 국제적인 것으로 개정하여 공업계의 요망에도 부응하려는 의미에서 규정이 필요하다.

2. 이 규격의 개요

2.1 표면거칠기 표면거칠기는 표면의 하나의 성질을 정하는 양이나 무엇을 표면거칠기로 할까하는 정의도 확실치 않다. 항상 문제로 되고 있는것은 이를테면 "거칠기"와 "파상도"와의 구별이다. 거칠기와 파상도를 그 성질에서 구별할 때 전자는 표면이 매끄럽다든가 거칠다든가 하는 감각의 양이고 후자는 거칠기보다 큰 범위에서의 표면의 주기적인 요철이라고 되어 있다. 표면거칠기의 전 **KS C KS B 0161—1967**에서는 이와 같은 입장에서 표면 거칠기를 정의하고 있다. 그러나 넓은 범위의 표면을 생각하면 파상도는 위에 적은것과 같은 정의에서의 거칠기와 구별할 수가 없는 것이 많고 구체적으로 측정규격으로서는 거칠기를 파상도와 구별하기 위하여 파상도의 피치에 상당하는 길이를 정하여야 한다. 이것은 위의 정의만으로는 불가능하다. 실제에는 거칠기나 파상도의 정의와 무관계로 기준길이를 지정하여그 중의 산은 모두 거칠기라고 할 수 없다. 그리고 거칠기와 파상도를 공작상 구별하여 거칠기는 공작에 의하여 생기는 미소하고 불규칙한 요철이고 파상도는 공작기계의 진동등에 의한 광범위한 요철의 성분이라는 견해도 있다. AS AB 46.1—1962 BS 1134, 1961은 이와 같은 견해을 갖고 있으나 이 경우도 선삭등과 같은 일정한 피이드로 가공하는 경우에는 적용하기 쉬우나 그 이외의 공작법에서는 뜻이 없는 때도 있기 때문에 실제상은 일정한 기준길이 속에 포함되는 요철을 모두 거칠기라고 생각하고 있다.

이상과 같은 것은 거칠기와 파상도를 일정한 기준길이에 따라 분리한다는 것이 어렵다함을 말하여 준다. 이 규격에서는 무엇을 거칠기로 할까하는 정의를 피하여 적용범위에 나타낸 3종류의 표면거칠기를 정의하고 측정할때 채택된 일정한 기준길이(또는 커트오프 값)속에 포함되어 있는 요철은 모두가 표면거칠기라고 생각하는 견해를 취하고 있다. 그것은 ISO와 같은 사고방식이며 ASA BS의 실제측정에도 같은 견해를 취하고 있다.

따라서 표면거칠기를 지정하고 혹은 측정하는 경우"기준길이"(또는 커트오프 값)가 가장 중요한 요소로 되나 기준길이(커트오프 값)는 측정에 목적에 따라서 달라야 할 것이라는 생각을 갖고 있다. 보기를 들면 연삭가공에서 피이드마크가 문제로 될때 그 피이드의 피취보다 큰 기준길이(커트오프 값)를 취하여야 할 것이고 한개의 바이트날 가운데 요철의 높이가 문제로 되면 피이드피치 이하의 기준길이(커트오프 값)를 취하여야 할 것이다. 일반으로 기준길이(커트오프 값)가 길면 표면거칠기의 값을 크게 된다.

이 규격을 적용한 표면거칠기를 구할 때 기준길이는 미리 관계자에 의하여 결정되어야 하나 지금까지의 많은 경험에서 어느 정도의 크기가 결정되어 있다는 점. 계측기를 제작하는 입장에서는 몇 종류로 한정되기를 요망한다는 점에 비추어 규격으로서는 ISO나 그 밖의 외국규격과도 일치하도록 한정하였다.

2.2 Rmax R_z Ra의 3종류를 채용한 이유 표면의 성질은 이 규격에서 말하는 표면거칠기 즉 단면곡선의 높이 방향으로 생긴 요철의 관계된 양만으로는 정할 수 없는 것이 보통이고 그 요철의 산 모양이나 간격 등을 포함하여 표면거칠기라 하는 경우가 많다. 그러나 이 규격에서는 요철의 높이에 관계한 양만을 생각하며 그러면서도 적용 범위에서 설명한 바와 같이 표면거칠기를 최대높이 10점 평균거칠기 및 중심선 평균거칠기의 3종류의양으로 한정하여 이것으로 표면거칠기를 지정하고 혹은 표시하기로 하였다.

규격에서 정의하고 있지 않으나 다른 "표면거칠기"도 있을 수 있다고 생각된다.

최대높이(Rmax)는 현재 공업상으로 널리 사용되고 있는 점을 고려하여 채용하였다. 그러나 현상의 최고높이에는 정의의 애매성이 있고 측정치가 측정자의 주관에 좌우되는 것이 많기 때문에 장래는 최대높이가 차차 사용하지 않게 되어 10점 평균거칠기로 옮겨갈 것으로 기대되고 있다. ISO에서 중심선 평균거칠기에 중점을 두고 있으나 중심선 평균거칠기는 직시식계기로 구하여지는 점에 공업적 의미가 있다.

그러나 지시식계기로 시판되고 있는것은 일반으로 측정 범위가 좁은(최고 25μ Ra정도) 결점이 있다. 이와 같은 의미에서 가장 측정범위가 넓은 최대높이 10점 평균거칠기를 규격의첫머리에서 규정하였다.

KS B 0161~1967표면거칠기의 표시는 최대 높이로 하여 Hmax와 같이 H를 사용하고 있다. 이번 **KS** 개정안은 **ISO**의 기호가 R이라는 것. 또 세계 자국의 표면거칠기의 표시법을 조사한 결과 대다수의 나라에서는 H가 아니고 R을 채용하고 있음이 명백하여지었기 때문에 앞으로 세계 각국의 연구\ 기술민의 교류를 고려하여 **KS**개정안은 표면거칠기의 표시에는 R을 사용하고 최대높이 10점 평균거칠기 및 중심선 평균거칠기를 Rmax Rz 및 Ra로 표시하기로 하였다.

2.3 파상도 이 규격에 관련된 파상도의 규격은 따로 규격으로서 제정되어야 할 것이나 거칠기와의 관계에 대하여 말해 둔다.

파상도에 대하여서는 지금까지 규격의 개정때마다 그 성질등에 관하여 장시간의 토의를 하였으나 파상도를 수치로 표시할 수 있는 정의를 정하는데는 아직도 많은 문제가 남아있다.

따라서 이 규격에서는 위에서 말한 바와 같이 거칠기와 파상도의 성격적인 구별을 하는것을 피하여 어떤 주기보다 긴 주기성분의 것은 표면의 파상도라고 생각하고 Rmax와 Rz에서는 기준길이의 선택 방법에 따라 그리고 Ra에서는 커트오프 값의 선택 방법에 따라 표면거칠기와 표면 파도상의 구분을 하도록 하였다. 전 **KS**와 달리 기준길이나 커트오프 값이 표면거칠기의 수치와 독립적으로 결정할 수 있는 방식으로 기준길이 혹은 커트오프 값을취하는 방법에 따라 파상도 성분의 표면거칠기 측정치에 미치는 영향을 자자 대소 2개를 선택하여 자자 표면거칠기의 수치를 구하면 표면 파상도에 대한 정보를 얻을수가 있다.

2.4 촉진법 이외의 표면거칠기 측정 이 규격은 촉지법을 중심으로 규정되어 있으나 Rmax와 Rz에 대하여는 광파간섭법이나 광절단법에도 충분히 응용할 수 있다고 생각되고 있다.

3. 각 항목의 설명

3.1 단면곡선과 거칠기곡선 전기적인 촉침식 거칠기 측정기선으로서 Ra를 직독하는 경우에는 소위 파상도 성분을 제거하기 위하여 단면파형의 저주파성분을 제거하는 전기적 필터를 포함하고 있다.

따라서 촉침이 측정면 위를 왕복할때 촉침의 앞끝이 만들어지는 곡선(이것을 단면 곡선이라고 한다)과 증폭기나 필터를 통하여 기록된 곡신과는 형상이 틀린 것으로 된다.

후자는 거칠기를 대표하는 곡선이라고 생각되기 때문에 이것을 거칠기곡선이라고 부르고있다 또 곡선의 모양은 커트오프 값의 선택방법에 따라서도 틀려진다.

이것은 커트오프 값을 선택함에 의하여 표면거칠기라고 생각되는 파장의 성분을 선택하는것에 해당하기 때문이다.

표면의 참 단면의 형상은 무한히 작은 곡률반지름의 앞끝을 가진 촉침을 천천히 움직였을 대의 위아래움직임의 모양이다.

실제로 촉침의 움직임의 모양은 엄밀히는 표면의 요철의 단면모양은 아니다.

특히 작은 요철을 가진 면을 측정하는 경우에는 이 틀림은 현저하다고 생각된다.

본문 **2.2**항의 정의는 이 이상적인 단면곡선을 가르킨다. 그러나 이상적인 단면의 모양은 측정할 수 없기 때문에 실제 측정할 때에는 일정한 기준(본문 **2.2** 비고 **2.3**참조)에 따른 방법으로 얻은 촉침의 위 아래 움직임의 기록을 단면곡선으로 취급한다.

전기적인 증폭기를 가진 계기로서는 저주파 쪽에 커트오프가 없고 주파수 특성이 오차의 범위에서 충분히 평활하고 촉침 및 기록계의 등특성에 비추어 동오차가 무시될 수 있도록 천천히 촉침을 움지여 얻은 기록을 단면곡선으로 한다.

큰 곡률반지름의 스키드를 가진 검출기로 표면의 요철을 검출하는 경우 스키드는 보통 파상도와 무관계한 움직임을 하기 때문에 이 경우의 기록도 단면곡선이라고 생각된다.

그러나 스키드의 앞끝 곡률반지름이 작은 경우에는 스키드가 긴 주기의 위아래움직임을 하여 이것이 단면곡선에 중첩되는 수가 있기 때문에 주의하여야 한다.

3.2 촉 침 촉침의 끝 곡률반지름은 단면곡선의 측정정도에 큰 영향이 있다. 기하학적으로 말하면 촉침의 끝 반지름은 작을수록 좋게 될 것이나 너무 뾰족하면 시료면에 상처를 입힐 염려자 있고 도 촉침의 수명도 짧게 된다.

이 때문에 촉침의 끝 곡률반지름은 외국의 규격도 참고로하여 1.2.5μ이하로 규정하였다.

보통 공업적인 측정에는 끝 곡률반지름 10μ정도의 것이 적당하다.

특히 고운 다듬질 면에서는 촉침의 끝 곡률반지름이 문제로 되기 때문에 잘 주의할 필요가 있다. 또 촉침부의 측정력은 촉침부의 정적인 값으로 표현되고 있다.

그러나 검출기가 이동하고 있을 때 피측정면상의 요철에 작용하는 동적인 측정력은 검출기의 이동 속도와 피측정면의 요철높이 피치 등에 의하여 다르나 일반으로 정적인 측정력보다 상당히 크게 된다.

이 동적인 측정력은 얼마 이하로 규정하는 것은 곤란하기 때문에 실제 검출기를 이동하였을 때 피측 측정면에 상처가 나지 않을 정도의 동적인 측정력을 선택하여야 한다.

3.3 기준길이 이 규격에서는 전 규격에 대하여 표면거칠기의 값과 기준길이가 표현상 독립한데 불과하지만 의미상으로는 크게 틀리다는 것은 이미 말한 바 있다.

일정한 피치로 산모양이 줄지어 있는 것과 같은 규칙적인 표면에서는 기준 길이를 정하는 방식에 주의하지 않아도 거칠기의 값은 거의 일정하게 되지만 연식이나 래핑다듬질과 같은 불규칙한 산모양이 줄지어 있는 표면이나 큰피치의 파상도가 있는 표면에서 기준길이를 크게 잡으면 얻어진 표면거칠기의 값이 크게 되는 것이 알려져 있어 이것이 생산공장에서의 거칠기 측정에 큰 문제점으로 되었다.

이것은 표면의 산 모양이 멋대로의 계열인 때, 통계적으로 생각하면 최대높이는 멋대로인 범위를 주는 것이며 당연한 결과이다.

이 규격에서는 단면곡선에서 거칠기를 구하는데는 우선 기준길이가 정하여야 한다는 것은 앞서 말한 바와 같다.

그러나 실제로 표면거칠기를 측정할 때에는 기준길이를 정하는 것이 큰 문제로 될 것으로 생각된다. 측정하는 쪽의 입장에서는 사용하는 측정기의 허용 범위에서 그리고 시잔 비용이 허용하는 범위에서 어떠한 기준길이라도 잡을 수 있을 것이다.

기준길이의 측정은 표면거칠기의 측정을 시작하기 전에 측정을 기획하는 쪽에서 지정되어야 될 것이다.

그러나 지금까지 자종 가공면에 대하여 어떠한 기준길이로 잡으면 좋을 것인가 하는데는 정설이 없기 때문에 여기에서 다만, 기준갈이의 종류만을 규정하고 있다.(본문 **3.2** 및 **4.2**참조) 그리고, 실제로는 기준길이를 특히 엄밀히 생각할 필요가 없는 경우도 많기 때문에 종래의 규격과 중심선 평균거칠기의 경우 커트오프 값을 고려하여 표준치를 정한 것이다.(본문 **3.3** 및 **4.3** 참조)

또 기준길이를 정하였어도 이론상으로는 그 기준 길이보다 긴 파장의 주기성 파상도의 영향을 완전히 제거된다고 생각할 수는 없다.

그리고 실제상. 파상도의 산봉우리나 골짜기바닥의 부분에서 표면거칠기를 구할때와 파상도의 경사면 부분에서 표면거칠기를 구할때는 결과의 수치가 틀린다. 이것은 결과의 수치가 측정한 부분(채취부분)의 값에 지나지 않기 때문이고(본문 **3.1** 및 **4.1** 참조) 실제의 측정에서는 측정되는 표면전체로서의 표면거칠기를 구하고자 하는 것이다.

이와 같은 경우는 먼저 단면곡선을 기준길이보다 상당히 길게 될 수 있으면 표면의 몇 개소에서 잡는다. 그 단면곡선 가운데 흠과 같은 큰 산 또는 골짜기가 있다든가 곡선이 전체적으로 구브러져 있는 부분을 피하고 평활한 부분을 눈 측정에 의하여 계산한 결과 표면 거칠기가 대체로 평균치가 될것은 그와 같은 부분에서 기준길이 만큼 부분을 채취한다. 이 단면곡선의 채취부분에서 Rmax 또는 Rz를 구한다. 특히 표면거칠기가 작게 나올 것같은 곳이나 크게 나올 것같은 곳을 채취하여서는 안된다.

이 조작을 엄밀히 하는데는 측정표면상에서 임의로 몇 개소를 잡아 그 부분의 단면 곡선에서 기준길이 만을 채취하여 자자 그 부분의 Rmax 또는 Rz를 구하여 평균한다. 이 방법으로서도 역시 측정치에 임의성이 남아 있으나 이것을 피하기 위해서 Ra를 채용하고 또 앞서 말한 바와 같이 다수의 장소에서 측정한 표면거칠기 값의 평균을 구하는 것이 좋다

3.4 커트오프 값 전기적으로 Ra를 직접 읽을 수 있는 계기에서는 표면의 요철저주파성분을 세거하기 위하여 기준길이를 사용하지 않고 단면곡선을 후리에(Fouyier) 해석주파 수성분 가운데 장파장 성분을 제거한 것을 생각한다. 이 장파장 성분을 제거하는 한계의 파장이 커트오프 값이다. 실제로는 전기회로에 고역필터를 넣어 커트오프하지만 필터의 특성은 한개의 주파수와 그 부근의 주파수성분의 감쇠 특성의 2가지로 결정된다. 실제로 많은 표면에서 확실한 표면파상도의 주파수성분과 표면거칠기의 주파수성분과를 명확히 구별할 수 없는 것이 많으며 많은 경우 요철의 주파수 성분은 주파수에 대하여 연속적으로 분포하고 있다. 따라서 특정한 주파수 성분 이상을 채택 방법에 따라 똑같은 요철을 측정하여도 측정치가 다르게 된다.

이것을 피하기 위해서는 확실히 감쇠특성을 규정하여 두지 않으면 안된다. 이들 특성의 수치는 계기를 사용하는 쪽에서는 직접적인 관계가 없으나 계기를 제작할 때에는 필요하며 그리고 Ra의 수치의 뜻을 명확히 하기 위하여 필요하기 때문에 본문 **2(5)**의 특성치를 명시하였다.

이 특성치는 ASA. BS등에서도 일치하는 것이지만 종래 그 밖의 나라의 규격에서 명확히 하지 않았기 때문에 현재까지 시판되고 있는 계기 가운데 이것과 다른 특성을 채용한 것도 있어서 커트오피치가 충분히 큰 때에는 가격의 것과 똑같이 Ra의 값을 나타내나 작은 커트오프 값일 때 현저히 다른 값을 나타내는 것이 있기 때문에 주의할 필요가 있다. 커트오프 값은 그 효과면에서 기준길이는 다르지만 그 주목적은 기준길이의 경우와 같이 파상도의 성분을 제거한 것이다. 이런 의미에서 양자의 관계를 쉽게 보기 위하여 커트오프값과 기준 길이의 수치는 같게 정하고 있다.(본문 **5.2** 참조)

커트오프값을 선택하는 기준은 Rmax, Rz의 경우의 기준길이와 동일하게 생각하여도 좋다. 어느 단면곡선을 주파수 분석을 할 때 그 측정길이가 짧으면 길이가 유한하기 때문에 오차가 더욱 크게 나타낸다는 것이 알려져 있다. 정확하게 주파수 분석을 하기 위하여서는 무한히 긴 단면곡선의 기록을 사용하여야 하지만 실용상의 배려에서 커트오프값의 3배 이상의 길이에서 Ra를 구하도록 규정하

또 이 길이는 ASA나 BS에서는 taver Sing length라고 부르고 있다. ASA에서 traverse length를 적분치 지시형 계기에서는 커트오프 값의 5배이상 연속지시형의 계기에서는 20배 이상으로 하도록 규정되고 있다. 이 규격으로서는 이들보다 짧으나 주파수 분석의 오차라는 뜻에서는 이 규격으로 정한 3배로 충분하다고 판단하기 때문이다.

3.5 10점 평균거칠기 IS.OR 468~1966에는 ten point beight를 추천해서 장려하고 있다. 10점 평균거칠기는 ISO의 ten point height에 있어서 5개의 산봉우리의 평균표고 및 5개의 골짜기 바닥의 평균표고 대신으로 자자 중앙치를 사용한 것이며 거의 같은 값이 얻어짐이 실험적으로 확인되고 있다.

측정의 방법이 상당히 간단하기 때문에 공업상 목적으로는 10점 평균거칠기 쪽이 더 정확하다는 점 그리고 10점 평균거칠기가 실용되고 있는 보기도 적지 않으므로 ISO의 ten point height의 실용치로 10점 평균 거칠기를 채용하기로 하였다.

3.6 중심선 평균거칠기 이 규격에서 중심선 평균거칠기는 촉침전기식의 직독식 중심선 평균거칠기 측정기를 사용하여 구하는 견해를 취하고 있다. 이 이유는 순수한 연구목적에는 단면곡선 또는 거칠기곡선에서 Ra를 수치계산으로 구하는 것은 있을 수 있으나 공업적으로는 특별한 때 이외 실용되고 있는것은 없다고 판단되기 때문이다. 따라서 현재 시판되고 있는 Ra직독식 측정기의 설계로서 생각하면 너무 거칠은 표면의 거칠기의 지시는 곤란하므로 Ra 구분 표시치는 최대 25a구분표시치로 그치고 앞으로 측정기의 개발등을 예상하여 참고로 그 이상의 수치를 나타내는데 그치었다. 또 커트오프 값의 표준치에 대하여서도 본문 **표 5**의 값에 관련시켜 결정하는 것이 바람직하나 현재 시판되고 있는 것은 커트오프 값의 종류가 적고 또 측정기에 의하여 그 선택 범위도 일정하지 않기 때문에 많은 측정기와 중복하여 있는 값으로 커트오프 값의 표준치를 0.8mm/1종으로 하였다. 그러나 극히 거칠은 표면에서 0.8mm의 커트오프 값으로는 주요한 요철이 커트오프되어 버리고 마는 때도 있기 때문에 그와같은 표면을 측정할 때에는 큰 커트오프값을 사용하여야 한다.

본문 **5.1** 정의에서 설명한 바와 같이 지정된 커트오프 값을 가진 고역필터를 사용하여 단면곡선에서 구한 거칠기곡선 f (x)에 있어서 f (x)중심선의 방향으로 측정길이 l의 부분을 채대하여 이 채택 부분의 중심선의 아래쪽에 나타내는 f (x)의 부분을 중심선에서 접어 붙인다. 이 접어붙여서 얻는 **그림 (a) (b)**의 사선부분의 면적을 측정길이 로 나눈 값이 이 채택 부분의 f (x)의 중심선 평균거칠기 Ra이다.

본문 **표 8** 등에서는 Ra는 Rmax 또는 Rz의 1/4에 갈도록 기재되어 있으나 이 관계가 성립하는 것은

해설그림 a)에서와 같은 높이의 3자산이 줄지어 있는 경우뿐이며 **해설 그림 (b)**와 같이 불규칙한 요철의 면에 대하여는 대략 밖에 성립하지 않는다.

해설 그림 1

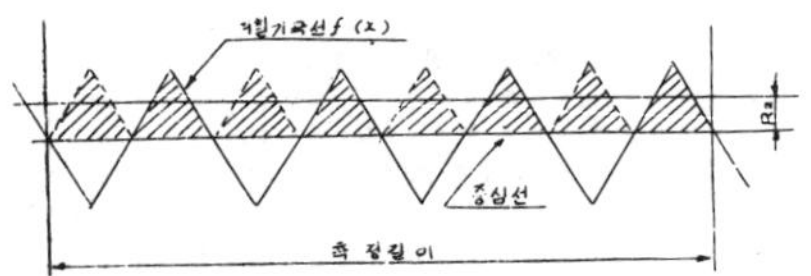

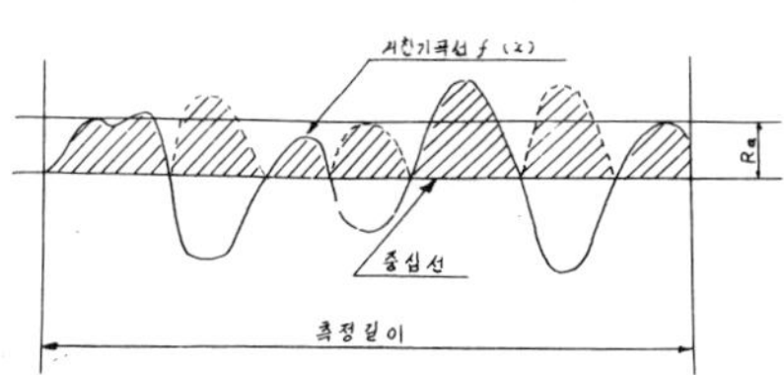

3.7 표면기호 및 다듬질 기호 이 규격에서는 기계표면의 요철 정도를 어느 일정한 약속을 바탕으로 표현한 수치 말하자면 거칠기지수라고도 할 수 있는 것을 표면거칠기라고부르고 있다. 그러나 표면의 성질을 생각할 때에는 이 수치만으로는 안되고 표면의 조선(條線)의 성상이나 방향 등 여러가지 요소를 고려하여야 한다.

이 조선의 성상은 일반으로 가공법이 결정되면 어느 정도 한정되기 때문에. 표면의 성질을 도면에 상세히 기입하는 경우에는 **ISO**와 같이 본문 **그림 3**에 나타난 바와같이 표면거칠기의 수치 표면거칠기를 구할 때의 기준길이 또는 커트오프 값 이외에 가공방법 및 가공모양을 병기하는 것을 원칙으로하고 이들 기호를 가르켜 표면기호라고 하기로 한 것이다. 물론 필요없으면 그 가운데 몇 개를 생략하여도 무방하다. 그리고 **ISO**에서는 표면의 성질을 나타내는 기호의 기본형으로 √을 사용하여 기계가공면(machined surface)일 때에는 ∀ 기호를 제거가공을 하지 않은 면일 때에는 ∀

기호를 사용하도록 정하여져 있다. 그리고 √ 기호는 동일 부품의 다수 개소에 동일 표면거칠기를 지정할 때의 약호로서만 사용하고 그 상세한 의미를 r열에 기입하는 것으로 하며 단독으로는 의미를 갖지 않는다. 그러나 **KS**에서는 이 ∀을 **KS**의 표면기호로 사용하면 100S나 25a등의 경우와 혼동될 염려가 있으며 또 기계 가공인가 비제거 가공인가의 구별은 가공법을 기입하는 것으로 나타나기 때문에 모두를 √에 따를 것을 규정하였다.

종래부터 우리 나라에서는 3각 기호의 수로 표면 거칠기의 정도를 표시하는 방법이 널리 쓰여졌다. 이것은 본래 표면거칠기의 표시법이 아니고 고운다듬질이라는 다듬질의 정도를 나타내는 기호이다.

이것과 단조나 주조등의 소지면을 의미하는 파형 기호와 ～ 를 아울러 다듬질 기호라고 부르기로 한 것이다. 3각 기호의 수로 표면거칠기의 정도를 표시하는 방법은 표면거칠기를 직관적으로 판독할 수 있어서 편리하기 때문에 종래의 관습에 따라 이 방법도 채용하여 필요에 응하여 다듬질 기호로 표면거칠기의 수치, 기준길이 또는 커트오프 값, 가공방법 및 가공 모양을 첨가하여도 무방하다. 따라서 전규격에 정하여 있는 기입법은 모두가 허용키로 한다.

2 종류의 기입법이 제정된 것은 이상과 같은 이유에서 온 것이기 때문에 표면거칠기를 어느 정도 엄밀히 지정하는 경우에는 표면기호에 의한 방법이고 대략은 지정하는 때에는 다듬질기호에 의한 방법이 일반화될 것이라는 취지이다. 다듬질 기호 가운데 ▽는 원래 바이트를 대어 다듬질을 하는 기호라고 말한 대로 본래는 기계가공의 면을 의미하며 **ISO**의 ∀도 거의 이와 같은 의미에 사용되고 있다. 그러나 표면거칠기가 기계. 가공면만 아니고 그 밖의 가공면에도 널리 지정되도록 되어 있기 때문에 이 규격에서는 제거 가공을 행하는 면을 모두 가르치도록 정하였다. 다듬질 기호의 ～도 **ISO**의 ∀와 마찬가지로 비제거가공면을 표시하나 후자는 공정도의 경우, 전가공 여하에 관계없이 그 공정으로 제거가공을 행하지 않는 것을 표시하는 때에도 사용하기로 되어 있다.

이것은 ～의 경우 일반적인 관습이 아니기 때문에 이 규격으로는 단지 제거가공을 행하지 않은 면을 나타내기로 규정하였다 따라서 보기를 들면 연마포지가공의 동판면 등은 구태어 말하자면 메이커에서는 ▽로 나타내고 사용자로서는 ～로 표시하는 것이다.

그리고 ▽는 앞서 말한 바와 같이 본래 제거 가공면을 나타내기 때문에 소재에 가공여유를 남겨 두는 것이 보통이다. 가공여유는 남겨두지 않아도 보기로서 주물의 요철이 심할 때에만 줄질하도록 한 때(표면거칠기도 칫수 정도로 문제로 되지 않는다)는 ▽전가 ～인가구별하기 어렵고 실제로도 같이 사용되고 있다. 또 특별한 사내기호 ⊜나 ～절 ～다(전자는 절삭, 후자는 줄 등으로 손다듬질 한다는 의미)등을 사용하는 곳도 있다.

3.8 다듬질 기호의 표면거칠기 구분 표 8 또는 아래 해설표에서는 Rz는 Rmax에 같고 Ra는 Rmax 또는 Rz의 1/4에 같도록 기재되어 있으나 이 관계가 성립하는 것은 높이의 3각산이 줄지어 있는 경우만이고 일반의 가공면에서 대략으로 밖에 성립되지 않는다. 이것은 표면거칠기의 수치가 기계적인 양이란데서 당연한 것으로 3종류의 표시 상호간에는 항등적인 관계가 있을 수 없다. 따라서 삼각기호의 수와의 관계도 모두를 일의적으로 정할 수가 없다. 다만, 표면거칠기를 대략적으로 지정하는 경우의 편의를 고려하여 이 관계를 표기와 같이 일관한 것이다.

만일 보다 엄밀성을 요구할 때에는 그것이 Rmax Rz 또는 Ra의 어느 것을 지정하는 것인가를 명시하여야 한다. 3각기호의 수와 거칠기의 구분치와의 관계는 ▽의 1개만의 종래의 규격과 달라졌고 100μ Rmax보다 고운 면을 나타내는 것으로 변경되었다. 이것은 실용상의 입장에서 100μ Rmax보다 거칠은 면을 3각기호로 지정하는 것은 적다고 하는 의견이 강하여지기 때문이다. 따라서 종래의 것과 이 규격과의 혼란이 없도록 배려할 필요가 있다.

그리고 ～의 경우는 거칠기의 구분치를 특히 규정하지 않고 여하한 거칠기의 경우에도 사용되는 것을 명시하였다. Rmax Rz 및 Ra의 3각기호의 구분은 도면 기입법의 난에서 규정하였으나 이것을 종합한 것을 해설표에 나타낸다.

해설표 도면 기입법의 경우 최대높이 Rmax 10점 평균거칠기 Rz중심선 평균거칠기 Ra및 3각 기호의 구분

최대높이 Rmax	10점 평균거칠기 Rz	중심선평균거칠기 Ra	3 각 기 호
(0.05S)	(0.05Z)	(0.00125a)	▽▽▽▽
0.1S	0.1Z	0.025a	
0.2S	0.2Z	0.05a	
0.4S	0.4Z	0.10a	
0.8S	0.8Z	0.20a	
1.6S	1.6Z	0.40a	△△△
3.2S	3.2Z	0.80a	
6.3S	6.3Z	1.6a	
12.5S	12.5Z	3.2a	△△
(18S)	(18Z)	—	
25S	25Z	6.3a	
(35S)	(35Z)	—	△
50S	50Z	12.5a	
(70S)	(70Z)	—	
100S	100Z	25a	
(140S)	(140Z)	—	
200S	200Z	(50a)	
(280S)	(280Z)	—	
400S	400Z	(100a)	
(560S)	(560Z)		

이 표에 나타낸 최대높이 10점 평균거칠기 및 중심선 평균거칠기의 각 구분치의 수열은 ISO구분치 수열 가운데 공비 2의 수열이다.

최대 높이의 구분치는 10 점 평균거칠기와 같은 것을 사용한다.

3.9 가공 모양 가공 모양이라 함은 절삭에 의하여 가공면에 남긴 조선이 만드는 모양의 총칭이고 **본문 표 8**에 가공 양식의 기호 의미등이 나타내고 있다.

가공 모양은 바이트로 형성된 조선의 방향을 기초로 하여 결정되기 때문에 가공 모양을 지정하는 것은 즉 선삭에서는 바이로 연삭에서는 숫돌의 날로 만들어지는 조선의 방향이 지시되는 것으로 된다.(해설 그림 2)

단면곡선을 구하는 경우 이 규격의 **2.2**의 **비고 1**에 있는 바와 같이 표면거칠기의 값이 최대로 되는 방향은 일반으로 조선의 방향에 직각이다.

그러나 흔들림이 있는 원통밀링으로 가공한 표면에서는 바이트의 진행에 따라 생긴 조선에 평행한 방향으로 구한 표면거칠기가 보다 크게 나타낸 것도 있기 때문에 가공 모양과 단면곡선의 측정 방향의 관계에 대하여서는 반드시 일의적인 관계가 없다는 점에 주의하여야 한다.

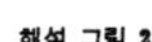
해설 그림 2

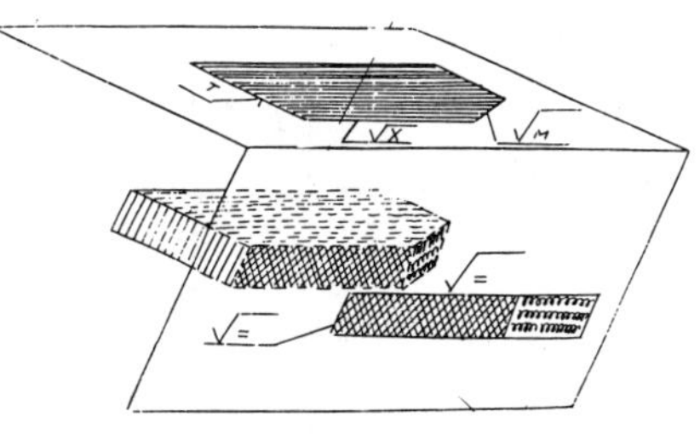

3.10 표면거칠기의 도면기입법 **본문 7**에 규정한 이외에 표면거칠기 만을 지정하는 면의 표시는 제거 가공 비제거 가공을 막론하고 **해설 그림 3**에 따른다.

해설 그림 3

단원 6 재 료 기 호

재료 기호는, 나라마다 규격으로 정하여 서로 다르지만, 재질 · 강도 · 제조 방법 등을 간단히 나타내도록 하는 것이 보통이다. 재질 기호는 보통 부품에 기입한다.

KS의 재료 기호는 원칙적으로, 다음과 같은 세 부분이 합쳐서 이루어지고 있다.

(1) **재질 표시 부분**: 재질을 표시하는 기호로서, 영어의 앞머리 글자, 또는 원소 기호를 쓰고 있다.

(2) **명칭 표시 부분**: 제품명 또는 규격명을 표시하는 기호 문자로서, 영어, 또는 로마자를 쓴다.

(3) **종별 표시 부분**: 재료의 종별을 나타내며, 재료의 종류 번호, 최저 인장 강도(tensile strength) 또는 형상 등을 표시한다. 또, 끝에 재료의 질 · 경도 · 열처리 · 가공법 및 제조법 등의 기호를 덧붙이는 경우도 있다.

〔보기〕 일반 구조용 압연 강재 2종을 표시할 때는 SB41로 기입한다.

S	B	41
강재	일반 구조용 압연재	최저 인장 강도

KS의 주요한 재료 기호는 표 4－1 및 표 4－2 와 같다.

표 4－1 철강의 재료 기호

KS D	명 칭	종 류		기 호
3503	일반구조용 압연강재	1 종		SB 34
		2 종		SB 41
		3 종		SB 50
		4 종		SB 55
3509	피아노선재	1 종	A	PWR 1A
			B	PWR 1B
		2 종	A	PWR 2A
			B	PWR 2B
		3 종	A	PWR 3A
			B	PWR 3B
		4 종		PWR 4
3515	용접구조용 압연강재	1 종	A	SWS 41A
			B	SWS 41B
			C	SWS 41C
		2 종	A	SWS 50A
			B	SWS 50B
			C	SWS 50C
		3, 4, 5 종 있음		

KS D	명 칭	종 류		기 호
3554	연강선재	1 종		MSWR 1
		2 종		MSWR 2
		3 종		MSWR 3
		4 종		MSWR 4
3556	피아노선	1 종		PW 1
		2 종		PW 2
		3 종		PW 3
3557	리벳용 압연강재	1 종		SBV 34
		2 종	A	SBV 41A
			B	SBV 41B
		3 종		SBV 39
3558	마대강	A 호		CRS A
		B 호		CRS B
		C 호		CRS C
		D 호		CRS D
		E 호		CRS E

KS D	명 칭	종 류		기 호
3559	경강선재	1 종		HSWR 1
		2 종		HSWR 2
		3 종		HSWR 3
		4 종	A	HSWR 4A
			B	HSWR 4B
		5 종	A	HSWR 5A
			B	HSWR 5B
		6 종 A, B, 7 종 있음		
3560	보일러용 압연강재	강판	1 종	SBB 35
			2 종	SBB 42
			3 종	SBB 46
			4 종	SBB 49
			5 종	SBB 46M
			6 종	SBB 49M
			7 종	SBB 56M
		봉강	1 종	SBB 42
			2 종	SBB 46
3561	마봉강	기계구조용 탄소강	1 종	SM 10C-D
			2 종	SM 15C-D
			3 종	SM 20C-D
			4 종	SM 25C-D
			5 종	SM 30C-D
			6 종	SM 35C-D
			7~10 종 까지 있음	
		일반압연구조강재용	1 종	SB 34B-D
			2 종	SB 41B-D
			3 종	SB 50B-D
3562	압력배관용 탄소강강판	1 종		SPPS 35
		2 종		SPPS 38
		3 종		SPPS 42
3701	스프링강	1 종		SPS 1
		2 종		SPS 2
		3 종		SPS 3
		4 종		SPS 4
		6, 7 종 있음		

KS D	명 칭	종 류	기 호
3705	열간압연 스테인레스 강판	24 종	STS 24HP
		27 종	STS 27HP
		28 종	STS 28HP
		29, 32, 33, 35, 36, 38, 40, 41, 42, 43, 50, 51 종 있음	
3707	크롬강재	1 종	SCr 1
		2 종	SCr 2
		3 종	SCr 3
		4, 5, 21, 22 종 있음	
3708	니켈크롬강 강재	1 종	SNC 1
		2 종	SNC 2
		3 종	SNC 3
		21 종	SNC 21
		22 종	SNC 22
3710	탄소강 단강품	1 종	SF 34
		2 종	SF 40
		3 종	SF 45
		4 종	SF 50
		5 종	SF 55
		6 종	SF 60
3751	탄소공구강	1 종	STC 1
		2 종	STC 2
		3 종	STC 3
		4, 5, 6, 7 종 있음	
3752	기계구조용 탄소강강재	1 종	SM 10C
		2 종	SM 15C
		3 종	SM 20C
		4 종	SM 25C
		5 종	SM 30C
		6 종	SM 35C
		7 종	SM 40C
		8 종	SM 45C
		9 종	SM 50C
		10 종	SM 55C
		21 종	SM 9CK
		22 종	SM 15CK

KS D	명 칭	종 류		기 호
3753	합금공구강	주로 절삭용	S 1 종	STS 1
			S11 종	STS 11
			S 2 종	STS 2
			S21, 5, 51, 7, 8 종 있음	
		주로 내충격용	S 4 종	STS 4
			S41 종	STS 41
			S42 종	STS 42
			S43, 44 종 있음	
		주로 불변형용 내마모성	S 3 종	STS 3
			S31 종	STS 31
			D 1 종	STD 1
			D11 종	STD 11
			D12, 2 종 있음	
		주로 열간 가공용	D4 종	STD 4
			D5 종	STD 5
			D6, D61 종 있음	
			T1 종	STD 1
			T2 종	STD 2
			T3, 4, 5, 6 종 있음	

KS D	명 칭	종 류	기 호
4101	탄소주강품	1 종	SC 37
		2 종	SC 42
		3 종	SC 46
		4 종	SC 49
		5 종	SC 55
4301	회주철품	1 종	GC 10
		2 종	GC 15
		3 종	GC 20
		4 종	GC 25
		5 종	GC 30
		6 종	GC 35
4303	흑심가단주철품	1 종	BMC 28
		2 종	BMC 32
		3 종	BMC 35
4305	백심가단주철품	1 종	WMC 34
		2 종	WMC 36

표 4-2 비철금속의 재료 기호

KS D	명 칭	종 류	기 호
5501	이음매 없는 동관	1 종	CuP 1
		2 종	CuP 2
5502	동봉	1 종	CuR 1
		2 종	CuR 2
5503	쾌삭황동봉	1 종	MBs 1
		2 종	MBs 2
5504	동판	1 종	CuS 1
		2 종	CuS 2
5507	단조용 황동봉	1 종	BsRF 1
		2 종	BsRF 2
5516	인청동봉	1 종	PBR 1
		2 종	PBR 2
		3 종	PBR 3
6001	황동주물	1 종	BsC 1
		2 종	RsC 2
		3 종	BsC 3
6002	청동주물	1 종	BC 1
		2 종	BC 2
		3 종	BC 3
		4 종	BC 4

KS D	명 칭	종 류	기 호
6003	화이트메탈	1 종	WM 1
		⋮	⋮
		10 종	WM 10
6004	베어링용 동·연 합금주물	1 종	KM 1
		2 종	KM 2
		3 종	KM 3
		4 종	KM 4
6711	내식 알루미늄 합금판	1 종	Al_2 S1
		2 종	Al_2 S2
		3 종	Al_2 S3
		7 종	Al_2 S7
		8 종	Al_2 S8
		9 종	Al_2 S9
6757	알루미늄봉	1 종	A1 B1
		2 종	A1 B2
		3 종	A1 B3
		4 종	A1 B4

재 료 기 호

( )반 ( )번 이름( )

다음과 같은 재료를 재료기호로 표시하여라.

1.	일반구조용 압연강재, 최저인강도 50kg/mm²	1. ________
2.	용접구조용 압연강재, 2종A	2. ________
3.	리벳용 압연강재, 최저인장강도 34kg/mm²	3. ________
4.	보일러용 압연강재, 1종	4. ________
5.	스프링강, 6종	5. ________
6.	강의 재료기호중 공통된 문자는 어느 문자인가?	6. ________
7.	피아노선재 4종	7. ________
8.	연강선재 4종	8. ________
9.	피아노선 3종	9. ________
10.	경강선재 3종	10. ________
11.	선재(線材)의 재료기호중 공통된 문자는 어느 문자인가?	11. ________
12.	회주철품 2종	12. ________
13.	탄소주강품 1종	13. ________
14.	흑심가단 주철품 2종	14. ________
15.	백심가단 주철품 2종	15. ________
16.	청동주물 1종	16. ________
17.	황동주물 3종	17. ________
18.	각종 주철, 주강품의 재료기호중 공통된 문자는 어느 문자인가?	18. ________
19.	탄소공구강 3종	19. ________
20.	절삭용 합금공구강 S2종	20. ________
21.	내(耐) 충격용 합금공구강 S3종	21. ________
22.	열간가공용 합금 공구강 D4종	22. ________
23.	각종 공구강의 재료기호중 강을 나타나는 S자외에 공통된 문자는 어느 문자인가.	23. ________

재 료 기 호

( )반 ( )번 이름( )

(1) 다음은 어떤 기계의 부품명세표에 기재된 재료기호이다 보기와 같이 각 재료기호를 설명하여라

품번	품 명	재 료	재 료 기 호 설 명
101	몸 체	SB41	〈보기〉 일반구조용압연강재2종, 최저인장강도41kg/mm²
102	육각너트1종중2급 M20	SM15C	
103	베 어 링 몸 통	BC 2	
104	베 어 링 부 시	GC20	
201	드 럼	SB34	
202	로 우 프 고 리	SF40	
301	마 찰 판	BsC 3	
302	접시머리리벳 6 ×33	MSWR 3	
303	코 일 스 프 링	SPS 6	
401	드 럼 축 기 어	GC20	
402	디 스 크	BsRF 2	
403	패 킹 누 르 개	MBs 1	
501	기 어 박 스	SC42	
502	임 페 라	BC 3	
503	베 어 링 메 달	KM 2	
504	베 어 링 메 탈	WM 3	
505	베 어 링 몸 체	BMC 32	
601	커 터	STC 2	
602	케 이 스	STS24	
603	보 올	SNC 1	
604	보 올	SCr 3	
605	핸 들	BMC 32	

중 량 계 산

기계의 부품 또는 재료에 대한 원가계산을 하려면 그 중량을 알아야 한다.

어떤 제품의 중량을 구하려면 그 제품의 부피에 그 제품을 이루고 있는 재료의 비중을 곱하면 된다.

공식 : 제품의 중량(W) = 제품의 부피(V) × 비중(d)

중요재료의 비중표

단위부피 / 재질	1 cm^3 당 중량		1 in^3 당 중량	
	g	kg	g	kg
주 철	7.2	0.00721	118	0.118
강	7.85	0.00787	128.5	0.1285
연 강	7.70	0.0077	126	0.126
주 강	7.80	0.0078	128	0.128
아 연(Zn)	6.87	0.00687	112	0.112
주 석(Sn)	7.42	0.00742	121	0.121
구 리	8.63	0.00863	141	0.141
황 동	8.10	0.00810	132	0.132
청 동	8.56	0.00856	140	0.140
납	11.35	0.01135	186	0.186
알 루 미 늄	2.56	0.00256	42	0.042

〔보 기〕 그림과 같은 연강제 축의 중량을 산출하여라.

〔풀 이〕 정사각형 부분의 중량 $= 1.8^2 \times 1.5 \times 7.7 = 37.42$g

환봉(丸棒)부분의 중량 $= \frac{3.14 \times 2.2^2}{4} \times 4 \times 7.7 = 107.35$g

전 체 중 량 $= 37.42 + 107.35 = 144.77$g (답)

이와 같이 도면에 기입된 치수로 부터 계산을 중량을 완성제품 중량 또는 사상중량(仕上重量) 이라 한다.

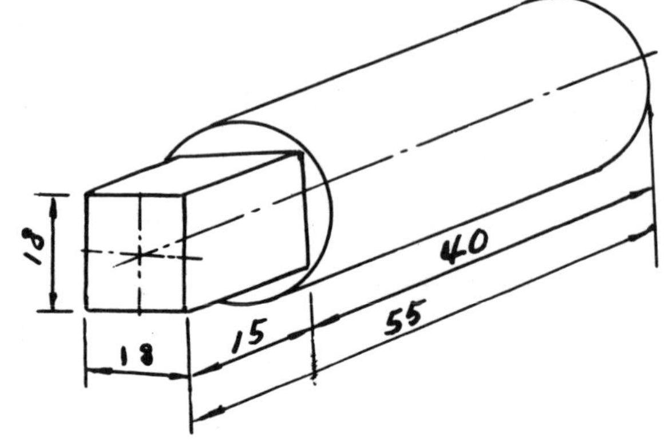

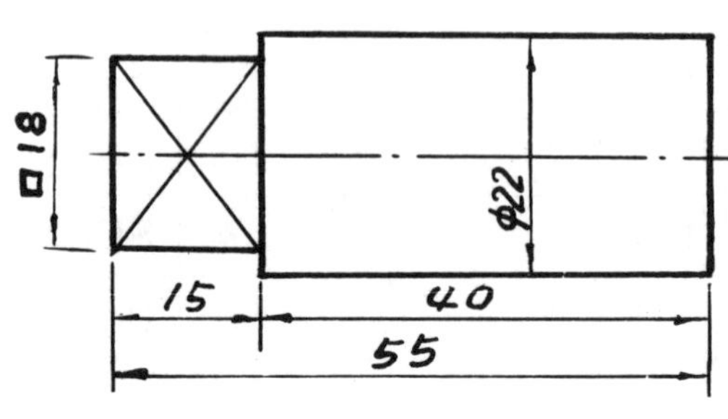

〔**보　기**〕 그림과 같이 주형에서 구멍을 마련한 주철품의 중량을 구하여라(단 가공여유는 3㎜임)

〔**풀　이**〕 가공여유를 고려한 주물의 부피는

$$V=\frac{3.14\times8.6^2}{4}\times13+\frac{3.14\times10.6^2}{4}\times2.6-\frac{3.14\times4.4^2}{4}\times15.6=798\text{cm}^3$$

표에서 주철의 비중은 7.21임으로

중량W=798×7.21=5760g=5.76kg

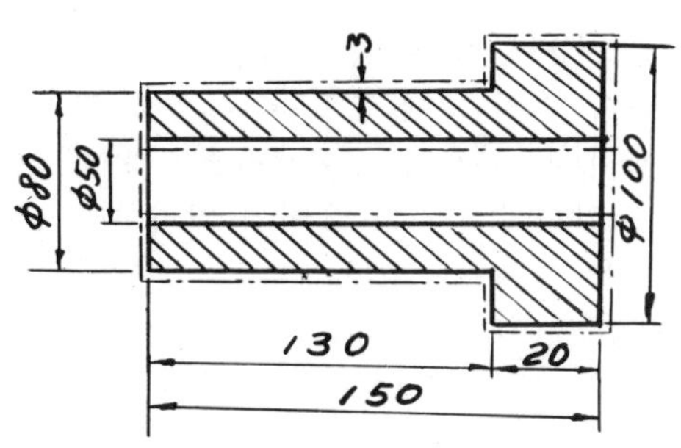

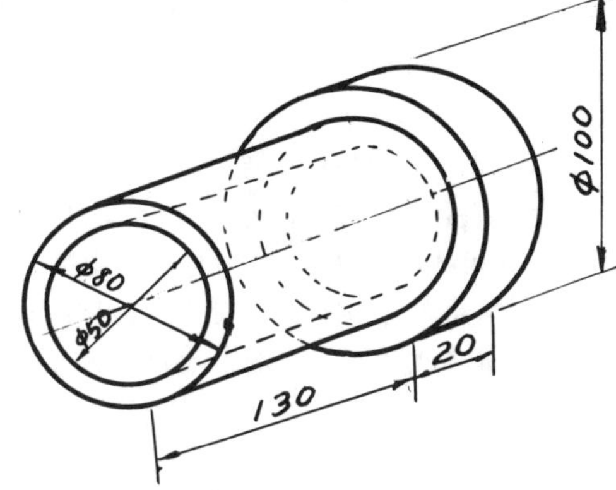

— 〈**퀴즈 휴게실**〉 —

그림과 같이 길이가 같은 성냥개비로 정3각형 6개가 만들어져 있다. 여기 있는 12개의 성냥개비중 2개만 옮겨 정3각형이 5개가 되게 하고, 다시 2개만 옮겨 정3각형이 4개가 되게 한다. 이런 요령으로 마지막에는 정3각형이 2개가 되게하려면 어떻게 하여야 될까? 단, 정3각형의 크기에는 제한이 없다.

정3각형의 수를 하나씩 줄일 때 마다 성냥개비를 2개씩만 옮겨 놓는다.

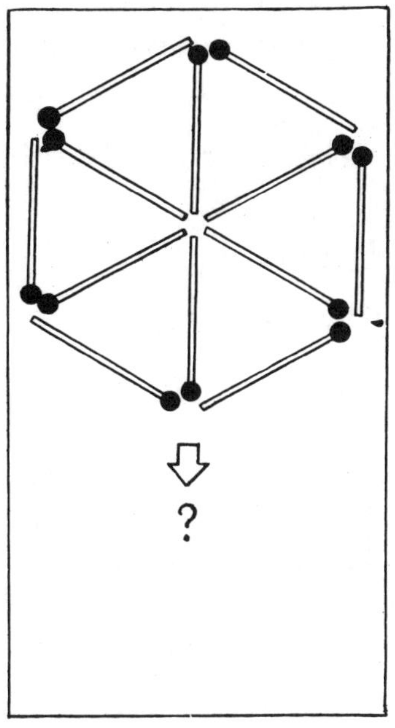

단원 7 나사 · 보울 울트 · 너트

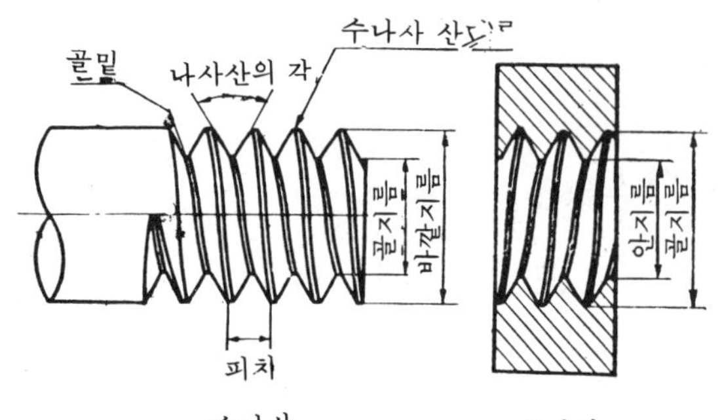

그림 7 - 1 나사 각 부분의 명칭

1. 나사의 종류

나사에는 **수나사**와 **암나사**가 있고, 서로 끼워서 쓰인다. 나사의 각 부분의 명칭은 그림 7 - 1 과 같다.

나사에는 또한 **오른나사**와 **왼나사**가 있는데, 일반적으로는 오른나사가 많이 쓰인다.

또한 나사의 줄의 수에 따라 **한줄 나사, 두줄 나사, 세줄 나사** 등이 있다. 한줄 나사는, 나사가 한 줄로 되어 있고 한번 회전시키면 한 **피치**(pitch) 만큼 나가는 것으로서, 가장 널리 쓰인다. 나사를 1 회전시켰을때 축 방향으로 전진하는 거리를 **리이드**(lead) 라 한다. 두줄 나사에는 1 회전에 피치의 2 배의 거리만큼 나가므로, 리이드는 피치의 2 배이고, 세줄 나사의 리이드는 피치의 3 배이다.

나사는 나사산의 단면의 모양에 따라, 다음과 같이 분류할 수 있다.

(1) 삼각 나사　　(2) 사각 나사　　(3) 사 다리꼴 나사
(4) 톱니 나사　　(5) 둥근 나사

이중 삼각나사가 가장 널리 쓰인다.

2. 나사의 제도 방법

나사를 그림으로 나타낼 때, 실제의 모양을 정확하게 투상하려면 그 노력이 많이 들 것이다. 그러므로, 이러한 노력을 덜기 위하여, 나사는 약도법에 의해서 표시한다.

나사를 제도할 때에는 일반적으로 다음과 같이 나타낸다.

(1) 수나사의 바깥지름 및 암나사의 안지름은 굵은 실선으로 나타낸다.

(2) 수나사 및 암나사의 골은 가는 실선으로 나타낸다.

(3) 완전 나사부 및 불 완전 나사부의 경계는 굵은 실선으로 표시한다.

(4) 불완전 나사 부분의 골을 나타내는 선은 축을 나타내는 선에 대하여 30° 의 각도로 경사진 가는 실선으로 그린다.

불완전 나사부의 길이를 표시할 때에는 그 길이가 실제치수로 되어야 하므로, 가는 빗금 경사가 30° 가 아니더라도 좋다.

(5) 보이지 않는 나사 부분은 점선으로 그린다.

(6) 수나사 및 암나사의 맞춤 부분은 수나사로 나타낸다.

그림 7 - 2 나사의 약도법

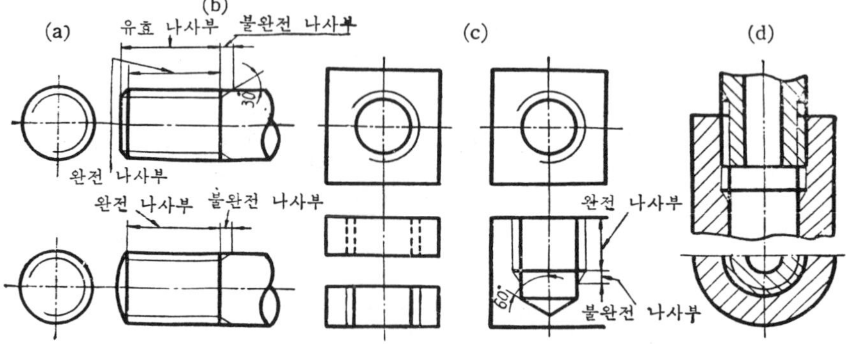

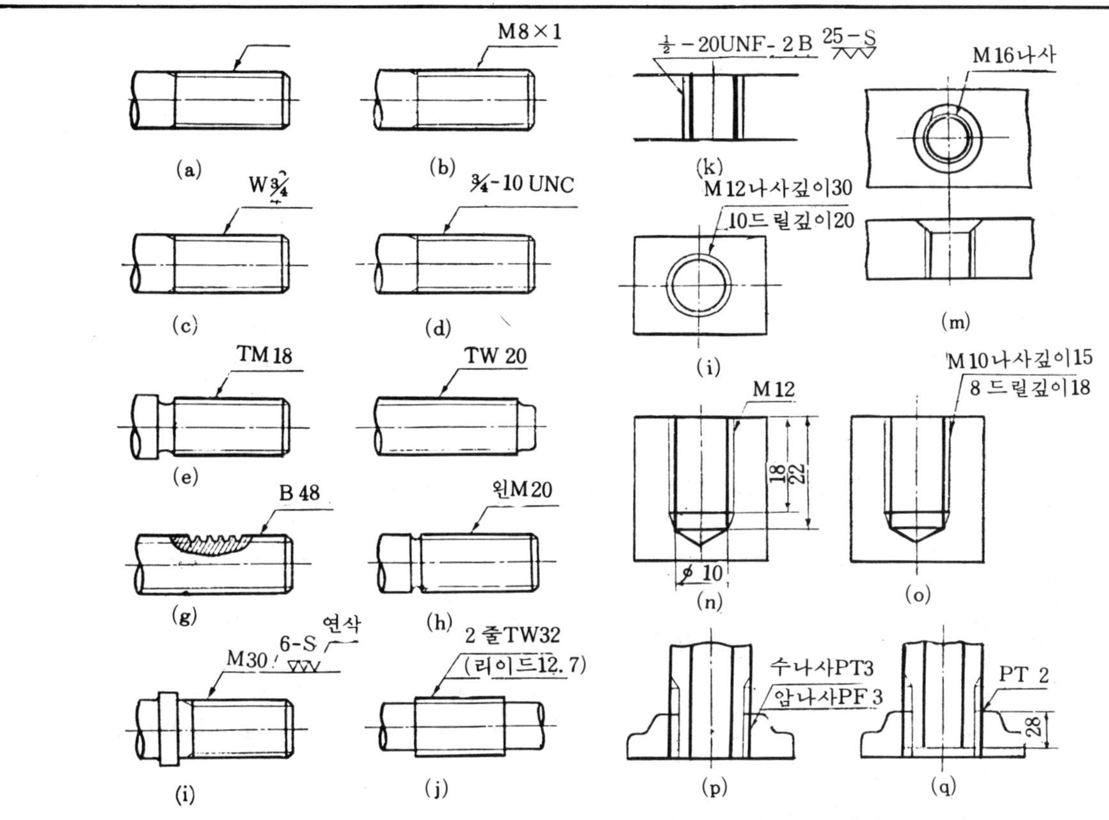

그림 7-3 나사의 종류, 치수, 등급 등의 기입

표7-1 나사의 호칭 및 보기

구 분	나 사 의 종 류		기 호	나사의 호칭 표시 예	관 련 규 격
일 반 용	미터 보통 나사		M	M 8	KS B 0201
	미터 가는 나사			M 8 × 1	KS B 0204
	유니파이 보통 나사		U	U3/8-16	KS B 0203
	유니파이 가는 나사		U	U$\frac{3}{8}$-24	KS B 0206
	30도 사다리꼴 나사		TM	TW20	KS B 0227
	29도 사다리꼴		TW	TW20	KS B 0226
	파이프용 테이퍼 나사	테이퍼 나사	PT	PT$\frac{3}{4}$	KS B 0222
		평행 암나사	PS	PS$\frac{3}{4}$	
	파이프용 평행 나사		PF	PF$\frac{1}{2}$	KS B 0221
특 수 용	박강 전선관 나사		C	C15	KS B 0223
	자전거 나사	일 반 용	BC	BC$\frac{3}{4}$	KS B 0224
		스포크용		BC 2.6	
특 수 용	미싱용 나사		SM	SM$\frac{1}{4}$산40	KS B 0225
	전구 나사		E	E 10	KS B 7702
	자동차용 타이어 공기 밸브 나사		TV	TV 8	KS B 8434
	자전거용 타이어 공기 밸브 나사		CTV	CTV 8 산30	KS B 9422

3. 나사의 표시

나사의 표시를 할 때는, 그림 5—4에서 보는 바와 같이, 수나사의 산마루 또는 암나사의 골밑을 나타내는 선에서 지시선을 끌어 내고, 나사산의 감기 방향, 나사의 줄 수, 나사의 호칭, 나사의 등급 등을 기입한다.

① 나사산의 감기 방향과 줄 수 나사산의 감기 방향은 왼나사의 경우에만 '왼' 자를 표시하고 오른 나사의 경우에는 글자를 붙이지 않는다〔그림7 — 3의 (h)〕.

② 나사의 호칭 나사의 호칭은 나사의 종류를 표시하는 기호, 나사의 지름을 표시하는 숫자 및 핏치 또는 25.4mm에 대한 나사산의 수를 사용하여 표 7—1에서와 같이 표시한다.

③ 나사의 등급 나사의 정밀도는 등급으로 구분하는데, KS에 있어서의 나사의 등급과 표시법은 다음 표7 — 2와 같다.

표 7 - 2 나사의 등급 표시법 (K, S B 0003)

나사의종류	미터 나사			유 니 파 이 나 사						파이프용평행나사	
등 급	1급	2급	3급	3A급	3B급	2A급	2B급	1A급	1B급	A급	B급
표 시 법	1	2	3	3A	3B	2A	2B	1A	1B	A	B

나사의 등급을 표시할 필요가 없을 때는 생략해도 좋다. 또 암나사와 수나사의 등급을 동시에 표시할 필요가 있을 경우에는, 암나사와 수나사의 등급을 표시하는 사이에 "—"를 넣어서 동시에 표시한다.

④ 나사면의 거칠기 KS의 표면 거칠기에 의한 다듬질 기호를 쓴다〔그림7 — 3의 (i) (k)〕

⑤ 리이드 2줄 이상의 나사의 리이드를 나타낼 때에는, 나사 호칭의 뒤에 묶음표를 하고 기입한다〔그림7 — 3의 (j)〕

⑥ 나사의 표시 나사인 것을 명확히 나타내야 할 경우에는 '나사'라는 글자를 나사 등급의 뒤에 기입한다〔그림7 — 3의 (m)〕

⑦ 관용 나사의 기준 지름 위치 관용 테이퍼 나사의 기준 지름 위치를 나타내야 할 때는 기준 지름의 위치에 그 호칭을 기입한다〔그림7 —3의 (q)

4. 보울트 · 너트

보울트와 너트는 연결용으로 사용되는 기계 부품으로서, 죄거나 풀기가 쉬워서 기계의 조립에 있어 가장 많이 쓰이는 부품의 하나이다. 재료는 일반적으로 강철이 많이 사용된다.

보울트와 너트는 만들 때의 다듬질 정도에 따라 상, 중, 흑이 있고, 완성된 제품의 정밀도에 따라 1급, 2급, 3급 등의 구별이 있다. 또, 머리의 모양에 따라 4각, 6각 등의 여러가지 종류가 있다.

일반용 보 트

일반적으로 널리 사용되는 보울트의 종류에는 그림7 - 5의 관통 보울트, 탭 보울트, 스텃 보울트의 세 종류가 있다.

또, 보울트 끝의 모양이 편평한 것과 둥근 것이 있으며, 그림7 - 6과 같이 편평한 것을 A형, 둥근 것을 B형이라고 한다.

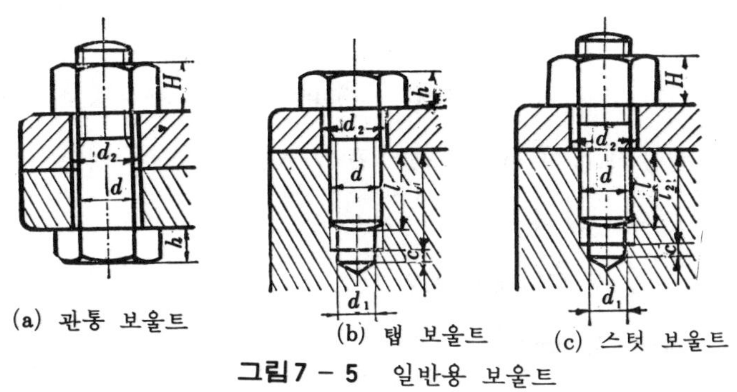

그림7 - 5 일반용 보울트

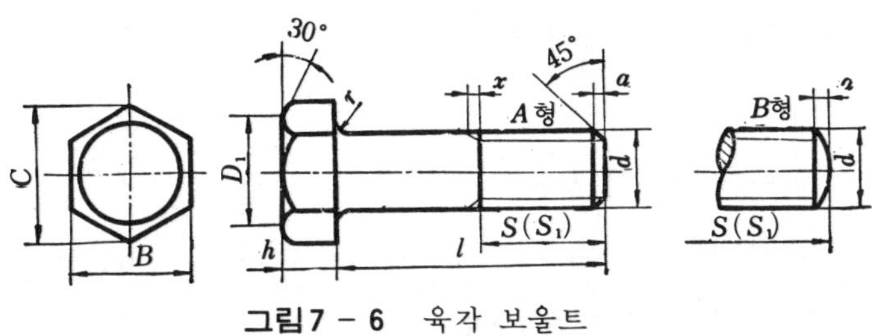

그림7 - 6 육각 보울트

5. 보울트 너트의 호칭

보울트의 호칭은 명칭, 등급, 나사의 호칭×길이, 재료, 지정사항으로 한다.

〔보 기〕 6각보울트 상2급 M10×100 SM 15C (A형 S=26)
(명 칭) (등급) (나사의호칭×길이) (재료) (지정사항)

필요에 따라서는 "재료"표시를 생략하고 KS B 1002, KS B 1012에 따른 강보울트 너트의 기계적 성질을 등급 다음에 표시하기도 한다.

〔보 기〕 6각보울트 중3급 4T M8×40 (B형 S=22)

너트의 호칭은 명칭, 종류, 등급, 나사의 호칭, 재질, 지정사항으로 한다.

〔보 기〕 6각너트 1종 상3급 M8 MBs2(H=d)
6각너트 1종 중3급 4T M8(기계적성질 표시할 때).

나사에 관한 과제

(　　)반 (　　)번　　이름(　　　　　　)

다음 페이지의 나사에 관한 KS 규격 표7-1～표 7-6을 참고로 다음 물음에 답하여라.

1. M20인 나사산의 각도는 몇 도냐? 　1. ____________
2. M20인 수나사의 바깥지름은 몇 mm이냐? 　2. ____________
3. M20인 암나사의 안지름은 몇 mm이냐? 　3. ____________
4. M20인 나사의 피치는 몇 mm이냐? 　4. ____________
5. M20P 1.5인 나사의 피치는 몇 mm이냐? 　5. ____________
6. M20P 2 인 나사가 KS규격에 있느냐? 　6. ____________
7. M20 P 1인 나사의 피치는 몇 mm이냐? 　7. ____________
8. M20 나사와 M20 P 1 나사의 피치는 어느 쪽이 더 큰가? 　8. ____________
9. M20 P 1인 나사의 산의 각도는 얼마인가? 　9. ____________
10. M20 P 2인 수나사의 바깥지름은 몇 mm이냐? 　10. ____________
11. PF 20인 나사의 피치는 몇 mm이냐? 　11. ____________
11. PF 20인 나사의 산의 각도는 몇 도이냐? 　12. ____________
13. PF 20인 나사 산의 높이는 몇 mm이냐? 　13. ____________
14. M20인 수나사 산의 높이는 몇 mm이냐? 　14. ____________
15. 나사의 호칭지름이 같을 때 미터나사와 관용 평행나사의 산의 높이는 어느 쪽이 더 높으냐? 　15. ____________
16. 나사의 호칭지름이 같을 때 미터나사와 관용평행나사의 피치는 어느 쪽이 더 크냐? 　16. ____________
17. 평행 관용나사에서 수나사와 암나사 사이에는 틈이 있느냐? 　17. ____________
18. 미터 보통나사에서 수나사의 산마루의 모양을 나타내라. 　18. ____________
19. 위트 워어스 보통나사에서 수나사의 산마루의 모양을 나타내라. 　19. ____________
20. 유니파이 보통나사에서 수나사의 산마루의 모양을 나타내라. 　20. ____________
21. 미터 보통나사에서 수나사의 골의 모양을 나타내라. 　21. ____________

22. 위트 워어스 보통나사에서 수나사의 골의 모양을 나타내라. 22. ______

23. 유니파이 보통나사에서 수나사의 골의 모양을 나타내라. 23. ______

24. 미터나사, 위트 워어스나사, 유니파이 나사에서 암나사의 골의 모양을 나타내라. 24. ______

25. 미터나사, 위트 워어스 나사, 유니파이 나사에서 암나사의 산의 모양을 나타내라. 25. ______

— 〈**퀴즈 휴게실**〉 —

(1) 어떤 국민학교에서 운동회 준비를 하기 위하여 어린이들이 둥근 기둥에 한개의 색 테이프로 왼편 그림과 같이 감어 내려가고 있다. 이 그림에서 이상한 점은 없는가? 있다면 어떤 점인가? (제한시간30초)

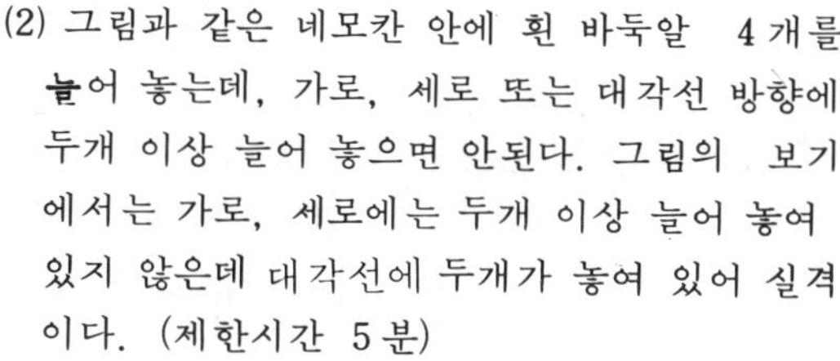

(2) 그림과 같은 네모칸 안에 흰 바둑알 4개를 늘어 놓는데, 가로, 세로 또는 대각선 방향에 두개 이상 늘어 놓으면 안된다. 그림의 보기에서는 가로, 세로에는 두개 이상 늘어 놓여 있지 않은데 대각선에 두개가 놓여 있어 실격이다. (제한시간 5분)

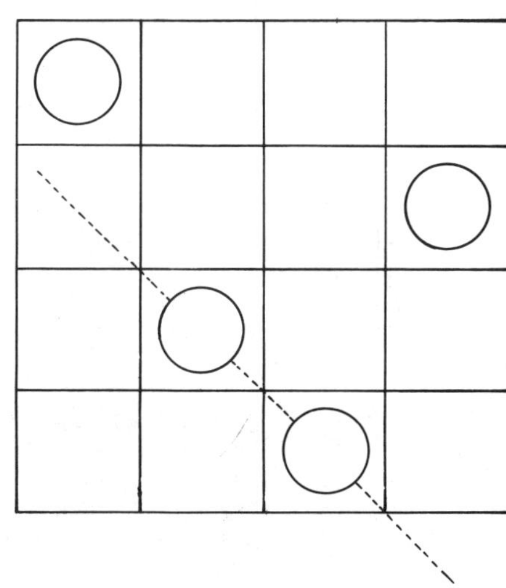

(3) 책상위에 그림과 같은 숫자 카아드가 세장있다. 이 카아드를 다시 옮겨 놓아 43으로 나누어 떨어지는 세자리수를 만들고저 한다. 어떻게 옮겨 늘어 놓으면 되느냐?

표 7-1 미터 보통 나사 (KS B 0201)

$H=0.866025P$

$d_2=d-0.649519P$ $\quad D=d$

$H_1=0.541266P$

$d_1=d-1.082532P$ $\quad D_2=d_2$

$D_1=d_1$

(단위 : mm)

나사 호칭(1)				피치	접촉 높이	암나사 골지름 D	암나사 유효지름 D_2	암나사 안지름 D_1
1	2	3	4	P	H_1	수나사 바깥지름 d	수나사 유효지름 d_2	수나사 골지름 d_1
M0.25				0.075	0.041	0.250	0.201	0.169
M0.3				0.08	0.043	0.300	0.248	0.213
	M0.35			0.09	0.049	0.350	0.292	0.253
M0.4				0.1	0.054	0.400	0.335	0.292
	M0.45			0.1	0.054	0.450	0.385	0.342
M0.5				0.125	0.068	0.500	0.419	0.365
	M0.55			0.125	0.068	0.550	0.469	0.415
M0.6				0.15	0.081	0.600	0.503	0.438
	M0.7			0.175	0.095	0.700	0.586	0.511
M0.8				0.2	0.108	0.800	0.670	0.583
	M0.9			0.225	0.122	0.900	0.754	0.656
M1				0.25	0.135	1.000	0.838	0.729
	M1.1			0.25	0.135	1.100	0.938	0.829
M1.2				0.25	0.135	1.200	1.038	0.929
	M1.4			0.3	0.162	1.400	1.205	1.075
M1.6				0.35	0.189	1.600	1.373	1.221
				0.35	0.189	1.700	1.473	1.321
	M1.8			0.35	0.189	1.800	1.573	1.421
M2				0.4	0.217	2.000	1.740	1.567
	M2.2			0.45	0.244	2.200	1.908	1.713
				0.4	0.217	2.300	2.040	1.867
M2.5				0.45	0.244	2.500	2.208	2.013
				0.45	0.244	2.600	2.308	2.113
M3×0.5				0.5	0.271	3.000	2.675	2.459
	M3.5			0.6	0.325	3.500	3.110	2.850
M4×0.7				0.7	0.379	4.000	3.545	3.242
	M4.5			0.75	0.406	4.500	4.013	3.688
M5×0.8				0.8	0.433	5.000	4.480	4.134
M6				1	0.541	6.000	5.350	4.917
		M7		1	0.541	7.000	6.350	5.917
M8				1.25	0.677	8.000	7.188	6.647
		M9		1.25	0.677	9.000	8.188	7.647
M10				1.5	0.812	10.000	9.026	8.376
		M11		1.5	0.812	11.000	10.026	9.376
M12				1.75	0.947	12.000	10.863	10.106
	M14			2	1.083	14.000	12.701	11.835
M16				2	1.083	16.000	14.701	13.835
	M18			2.5	1.353	18.000	16.376	15.294
M20				2.5	1.353	20.000	18.376	17.294
	M22			2.5	1.353	22.000	20.376	19.294
M24				3	1.624	24.000	22.051	20.752
	M27			3	1.624	27.000	25.051	23.752
M30				3.5	1.894	30.000	27.727	26.211
	M33			3.5	1.894	33.000	30.727	29.211
M36				4	2.165	36.000	33.402	31.670
	M39			4	2.165	39.000	36.402	34.670
M42				4.5	2.436	42.000	39.077	37.129
	M45			4.5	2.436	45.000	42.077	40.129
M48				5	2.706	48.000	44.752	42.587
	M52			5	2.706	52.000	48.752	46.587
M56				5.5	2.977	56.000	52.428	50.046
	M60			5.5	2.977	60.000	56.428	54.046
M64				6	3.248	64.000	60.103	57.505
	M68			6	3.248	68.000	64.103	61.505

주 : (1) 란은 우선적으로 필요에 따라 2난, 3난의 순으로 선택한다.

표 7-2 휘트워어드 보통 나사

(산의 각도가 55 로 KS0202로 제정되었다가 폐지되었음)

$P=\dfrac{25.4}{n}$

$H=0.9605P$ $\quad d_2=d-H_1$ $\quad D=d$

$H_1=0.6403P$ $\quad d_1=d-2H_1$ $\quad D_2=d_2$

$r=0.1373P$ $\quad D_1=d_1$

$D_1'=d_1+2\times0.0769H$

(단위 : mm)

호칭	나사산수 (25.4mm에 대한) n	피치 P	수나사의 나사산의 높이 H_1	수나사의 골의 둥글기 r	수나사 바깥지름 d	수나사 유효지름 d_2	수나사 골지름 d_1	암나사 골지름 D	암나사 유효지름 D_2	암나사 안지름 (2) D_1'
(W1/4)	20	1.2700	0.813	0.174	6.350	5.537	4.724	6.350	5.537	4.912
(W5/16)	18	1.4111	0.904	0.194	7.938	7.034	6.130	7.938	7.034	6.338
W3/8	16	1.5875	1.016	0.218	9.525	8.509	7.493	9.525	8.509	7.728
W7/16	14	1.8143	1.162	0.249	11.112	9.950	8.788	11.112	9.950	9.056
W1/2	12	2.1167	1.355	0.291	12.700	11.345	9.990	12.700	11.345	10.303
(W9/16)	12	2.1167	1.355	0.291	14.288	12.933	11.578	14.288	12.933	11.891
(W5/8)	11	2.3091	1.479	0.317	15.875	14.396	12.917	15.875	14.396	13.258
W3/4	10	2.5400	1.626	0.349	19.050	17.424	15.798	19.050	17.424	16.173
W7/8	9	2.8222	1.807	0.387	22.225	20.418	18.611	22.225	20.418	19.028
W1	8	3.1750	2.033	0.436	25.400	23.367	21.331	25.400	23.367	21.803
W1 1/8	7	3.6286	2.323	0.498	28.575	26.252	23.929	28.675	26.252	24.465
W1 1/4	7	3.6286	2.323	0.498	31.750	29.427	27.104	31.750	29.427	27.640
W1 3/8	6	4.2333	2.711	0.581	34.925	32.214	29.503	34.925	32.214	30.128
W1 1/2	6	4.2333	2.711	0.581	38.100	35.389	32.678	38.100	35.389	33.303
W1 5/8	5	5.0800	3.253	0.697	41.275	38.022	34.769	41.275	38.022	35.519
W1 3/4	5	5.0800	3.253	0.697	44.450	41.197	37.944	44.450	41.197	38.694
W1 7/8	4 1/2	5.6444	3.614	0.775	47.625	44.011	40.397	47.625	44.011	41.231
W2	4 1/2	5.6444	3.614	0.775	50.800	47.186	43.572	50.800	47.186	44.406
W2 1/4	4	6.3500	4.066	0.872	57.150	53.084	49.018	57.150	53.084	49.956
W2 1/2	4	6.3500	4.066	0.872	63.500	59.434	55.368	63.500	59.434	56.306
W2 3/4	3 1/2	7.2571	4.647	0.996	69.850	65.203	60.556	69.850	65.203	61.628
W3	3 1/2	7.2571	4.647	0.996	76.200	71.553	66.906	76.200	71.553	67.978
W3 1/4	3 1/4	7.8154	5.004	1.073	82.550	77.546	72.542	82.550	77.546	73.697
W3 1/2	3 1/4	7.8154	5.004	1.073	88.900	83.896	78.892	88.900	83.896	80.047
W3 3/4	3	8.4667	5.421	1.162	95.250	89.829	84.408	95.250	89.829	85.659
W4	3	8.4667	5.421	1.162	101.600	96.179	90.758	101.600	96.179	92.009
(W4 1/4)	2 7/8	8.8348	5.657	1.213	107.950	102.293	96.636	107.950	102.293	97.941
W4 1/2	2 7/8	8.8348	5.657	1.213	114.300	108.643	102.986	114.300	108.643	104.291
(W4 3/4)	2 3/4	9.2364	5.914	1.268	120.650	114.736	108.822	120.650	114.736	110.186
W5	2 3/4	9.2364	5.914	1.268	127.000	121.086	115.172	127.000	121.086	116.536
(W5 1/4)	2 5/8	9.6762	6.196	1.329	133.350	127.154	120.958	133.350	127.154	122.387
W5 1/2	2 5/8	9.6762	6.196	1.329	139.700	133.504	127.308	139.700	133.504	128.787
(W5 3/4)	2 1/2	10.1600	6.505	1.395	146.050	139.545	133.040	146.050	139.545	134.541
W6	2 1/2	10.1600	6.505	1.395	152.400	145.895	139.390	152.400	145.895	140.891

주 : (1) 암나사 안지름란의 수치는 그림 중 D_1'의 치수를 표시한 것이며, 암나사 안지름의 치수차에 대한 기본치수로서는 암나사의 안지름 D_1을 사용한다. 그 수치는 수나사의 골지름 d_1과 일치한다.

[비고] 1. 수나사 산마루와 암나사의 골밑 사이에는 그림에 표시한 바와 같이 어느 정도의 틈새를 두는 것을 원칙으로 한다.

2. 묶음표를 한 호칭의 것은 되도록 사용하지 않는다.

표 7-3 유니파이 보통 나사 (KS B 0203)

굵은 실선은 기본 산형을 표시한다.

$$p=\frac{25.4}{n}$$

$H=0.86603P \quad d_2=d-0.64952P \quad D=d$

$H_1=0.61343P \quad d_1=d-2h_1 \quad D_2=d_2$

$r=0.14434P \quad D_1=d_1$

$$D_1'=d_1'+2\times\frac{h}{12}$$

(단위 : mm)

호칭	나사산수 (25.4mm에 대한) n	피치 P	수나사의 나사산의 높이 H_1	수나사의 골의 둥글기 r	수나사 바깥지름 d	수나사 유효지름 d_2	수나사 골지름 d_1	암나사 골지름 D	암나사 유효지름 D_2	암나사 안지름 (1) D_1'
U1/4	20	1.2700	0.779	0.183	6.350	5.524	4.793	6.350	5.524	4.976
U5/16	18	1.4111	0.866	0.204	7.938	7.021	6.205	7.938	7.021	6.411
U3/8	16	1.5875	0.974	0.229	9.525	8.494	7.577	9.525	8.494	7.805
U7/16	14	1.8143	1.112	0.262	11.112	9.934	8.887	11.112	9.934	9.144
U1/2	13	1.9538	1.199	0.282	12.700	11.430	10.302	12.700	11.430	10.584
U9/16	12	2.1167	1.298	0.306	14.288	12.913	11.692	14.288	12.913	11.996
U5/8	11	2.3091	1.417	0.333	15.875	14.376	13.043	15.875	14.376	13.376
U3/4	10	2.5400	1.558	0.367	19.050	17.399	15.933	19.050	17.399	16.299
U7/8	9	2.8222	1.731	0.407	22.225	20.391	18.763	22.225	20.391	19.169
U1	8	3.1750	1.948	0.458	25.400	23.338	21.504	25.400	23.338	21.963
U1 1/8	7	3.6286	2.226	0.524	28.575	26.218	24.122	28.575	26.218	24.648
U1 1/4	7	3.6286	2.226	0.524	31.750	29.393	27.297	31.750	29.393	27.823
U1 3/8	6	4.2333	2.597	0.611	34.925	32.174	29.731	34.925	32.174	30.343
U1 1/2	6	4.2333	2.597	0.611	38.100	35.349	32.906	38.100	35.349	33.518
U1 3/4	5	5.0800	3.116	0.733	44.450	41.151	38.217	44.450	41.151	38.951
U2	4 1/2	5.6444	3.463	0.815	50.800	47.135	43.876	50.800	47.135	44.589
U2 1/4	4 1/2	5.6444	3.463	0.815	57.150	53.485	50.226	57.150	53.485	51.039
U2 1/2	4	6.3500	3.895	0.916	63.500	59.375	55.710	63.500	59.375	56.627
U2 3/4	4	6.3500	3.895	0.916	69.850	65.725	62.060	69.850	65.725	62.977
U3	4	6.3500	3.895	0.916	76.200	72.075	68.410	76.200	72.075	69.327
U3 1/4	4	6.3500	3.895	0.916	82.550	78.425	74.760	82.550	78.425	75.677
U3 1/2	4	6.3500	3.895	0.916	88.900	84.775	81.110	88.900	84.775	82.027
U3 3/4	4	6.3500	3.895	0.916	95.250	91.125	87.460	95.250	91.125	88.377
U4	4	6.3500	3.895	0.916	101.600	97.475	93.810	101.600	97.475	94.727

주 : (1) 암나사 안지름란의 수치는 그림 중 D_1'의 치수를 표시한 것이며, 암나사 안지름의 치수차에 대한 기본 치수로서는 암나사의 안지름 D_1을 사용한다. 그 수치는 골지름 d_1과 일치한다.

[비고] 수나사의 산마루와 암나사의 골밑 사이에는 그림에 표시한 바와 같이 어느 정도의 틈새를 두는 것을 원칙으로 한다.

표 7-4 미터 가는 나사의 지름과 피치와의 조합 (KS B 0204)

호칭 1	호칭 2	호칭 3	피치	호칭 1	호칭 2	호칭 3	피치
1			0.2	42			4, 3, 2, 1.5
	1.1		0.2		45		4, 3, 2, 1.5
1.2			0.2	48			4, 3, 2, 1.5
	1.4		0.2			50	3, 2, 1.5
1.6			0.2		52		4, 3, 2, 1.5
	1.8		0.2			55	4, 3, 2, 1.5
2			0.25	56			4, 3, 2, 1.5
	2.2		0.25			58	4, 3, 2, 1.5
2.5			0.35		60		4, 3, 2, 1.5
3			0.35			62	4, 3, 2, 1.5
	3.5		0.35	64			4, 3, 2, 1.5
4			0.5			65	4, 3, 2, 1.5
	4.5		0.5		68		4, 3, 2, 1.5
5			0.5			70	6, 4, 3, 2, 1.5
		5.5	0.5	72			6, 4, 3, 2, 1.5
6			0.75			75	4, 3, 2, 1.5
		7	0.75		76		6, 4, 3, 2, 1.5
8			1, 0.75			78	2
		9	1, 0.75	80			6, 4, 3, 2, 1.5
10			1.25, 1, 0.75			82	2
		11	1, 0.75		85		6, 4, 3, 2
12			1.5, 1.25, 1	90			6, 4, 3, 2
	14		1.5, 1.25, 1		95		6, 4, 3, 2
		15	1.5, 1	100			6, 4, 3, 2
16			1.5, 1		105		6, 4, 3, 2
		17	1.5, 1	110			6, 4, 3, 2
	18		2, 1.5, 1		115		6, 4, 3, 2
20			2, 1.5, 1		120		6, 4, 3, 2
	22		2, 1.5, 1	125			6, 4, 3, 2
24			2, 1.5, 1		130		6, 4, 3, 2
		25	2, 1.5, 1			135	6, 4, 3, 2
		26	1.5, 1	140			6, 4, 3, 2
	27		2, 1.5, 1			145	6, 4, 3, 2
		28	2, 1.5, 1		150		6, 4, 3, 2
30			(3), 2, 1.5, 1			155	6, 4, 3
		32	2, 1.5	160			6, 4, 3
	33		(3), 2, 1.5			165	6, 4, 3
		35(3)	1.5		170		6, 4, 3
36			3, 2, 1.5			175	6, 4, 3
		38	1.5	180			6, 4, 3
	39		3, 2, 1.5			185	6, 4, 3
		40	3, 2, 1.5		190		6, 4, 3

주 : (1)란은 우선적으로 필요에 따라 2란, 3란의 순으로 선택한다.

[비고] ( )를 붙인 피치는 되도록 쓰지 않는다.

표 7-5 관용 평행 나사 (KSB0211)

굵은 실선은 기본 산형을 표시한다.

$$p=\frac{25.4}{n}$$

$H=0.96049\,P$ $d_1=d-2h$

$h=0.64033\,P$ $D_2=d_2$

$r=0.13733\,P$ $D_1=d_1$

$d_2=d-h$

(단위 : mm)

나사의 호칭	나사산수 [25.4 mm에 대한] n	피치 P (참고)	나사산의 높이 h	끝의 둥글기 r	수나사 바깥지름 d / 암나사 골지름 D	수나사 유효지름 d_2 / 암나사 유효지름 D_2	수나사 골지름 d_1 / 암나사 안지름 D_1
PF 6 (1/8)	28	0.9071	0.5810	0.12	9.728	9.147	8.566
PF 8 (1/4)	19	1.3368	0.856	0.18	13.157	12.301	11.445
PF 10 (3/8)	19	1.3368	0.856	0.18	16.662	15.806	14.950
PF 15 (1/2)	14	18.143	1.162	0.25	20.955	19.793	18.631
PF 20 (3/4)	14	18.143	1.162	0.25	26.441	25.279	24.117
PF 25 (1)	11	23.091	1.479	0.32	33.249	31.770	30.291
PF 32(1 1/4)	11	23.091	1.479	0.32	41.910	40.431	38.952
PF 40(1 1/2)	11	23.091	1.479	0.32	47.803	46.324	44.845
PF 50 (2)	11	23.091	1.479	0.32	59.614	58.135	56.656
PF 65(2 1/2)	11	23.091	1.479	0.32	25.184	73.705	72.226
PF 80 (3)	11	23.091	1.479	0.32	87.884	86.405	84.926
PF100 (4)	11	23.091	1.479	0.32	113.030	111.551	110.072
PF125 (5)	11	23.091	1.479	0.32	138.440	136.951	135.472
PF150 (6)	11	23.091	1.479	0.32	163.830	162.351	160.872

주 : 표 중의 파이프용 평행 나사를 표시하는 기호 PF는 필요에 따라 생략할 수 있다.

표 7-6 30° 사다리꼴 나사 (KS B 0227)

굵은 실선은 기본 산형을 표시한다.

$H=1.866\,P$ $d_2=d-2c$

$c=0.25\,P$ $d_1=d-h_1$

$H_1=2c+a$ $D=d+2a$

$h_2=2c+a-b$ $D_2=d_2$

$H=2c+2a-b$ $D_1=d_1+2b$

표 7-7 강 보울트·너트의 등급(KS B 1002, KS B 1012)

종류	등급: 다듬질 정도	등급: 나사 정밀도	등급: 기계적 성질
육각 보울트, 육각 너트	상·중·흑	1급·2급·3급	0T·4T
소형 육각 보울트, 소형 육각 너트	상·중	1급·2급·3급	0T·4T

표 7-8 보울트의 다듬질 정도(KS B 1002)

구분	다듬질 정도
상	자리면, 축부 및 보울트 머리 윗면의 표면 거칠기는 25-S이고, 보울트 머리부 측면의 표면 거칠기는 50-S이다.
중	자리면의 표면 거칠기 25-S 축부의 표면 거칠기 25-S이다.
흑	표면 거칠기는 특별히 규정하지 않는다.

표 7-9 너트의 다듬질 정도(KS B 1012)

구분	다듬질 정도
상	윗면 및 아랫면의 표면 거칠기는 25-S이다.
중	자리면의 표면 거칠기는 25-S이다.
흑	표면 거칠기는 특별히 규정하지 않는다.

표 7-10 강 보울트·너트의 기계적 성질(KS B 1002, KS B 1012)

구분	0 T	4 T	참고: 5 T	참고: 6 T	참고: 7 T	참고: 8 T	참고: 10 T
각인	표시 않음	4	5	6	7	8	10
인장 강도 kg/mm²	—	40 이상	50 이상	60 이상	70 이상	80 이상	100 이상
경도 H_B	—	105~229	135~241	170~255	201~277	229~321	293~352
참고: 연신율 %	—	10 이상	10 이상	10 이상	15 이상	15 이상	15 이상
참고: 항복점 kg/mm²	—	23 이상	28 이상	40 이상	50 이상	65 이상	90 이상

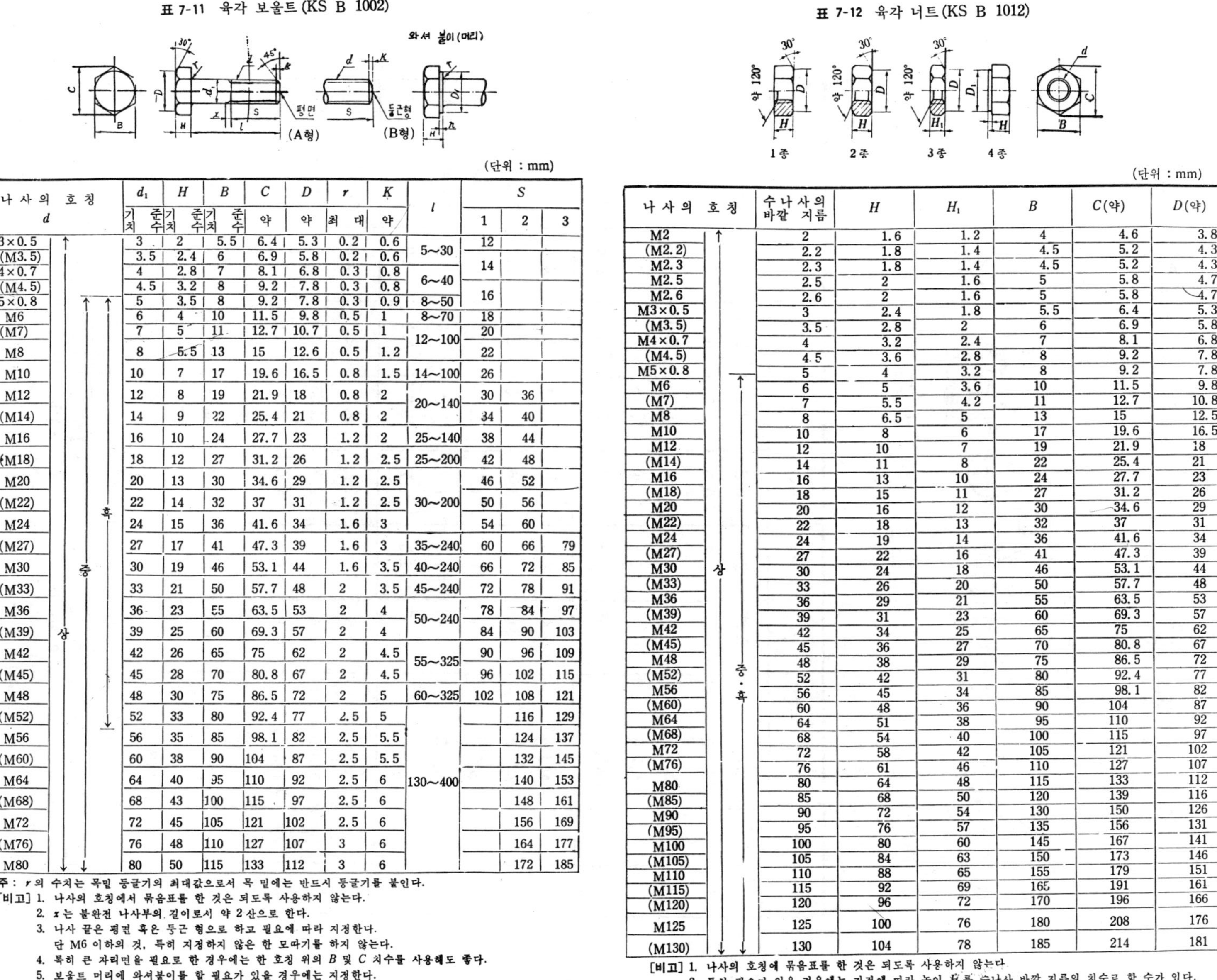

표 7-11 육각 보울트(KS B 1002)

(단위 : mm)

나사의 호칭 d	등급	d_1 기준 치수	H 기준 치수	B 기준 치수	C 약	D 약	r 최대	K 약	l	S 1	S 2	S 3
M3×0.5	상	3	2	5.5	6.4	5.3	0.2	0.6	5~30	12		
(M3.5)	상	3.5	2.4	6	6.9	5.8	0.2	0.6	5~30	14		
M4×0.7	상	4	2.8	7	8.1	6.8	0.3	0.8	6~40	14		
(M4.5)	상	4.5	3.2	8	9.2	7.8	0.3	0.8	6~40	16		
M5×0.8	상·중·흑	5	3.5	8	9.2	7.8	0.3	0.9	8~50	16		
M6	상·중·흑	6	4	10	11.5	9.8	0.5	1	8~70	18		
(M7)	상·중·흑	7	5	11	12.7	10.7	0.5	1	12~100	20		
M8	상·중·흑	8	5.5	13	15	12.6	0.5	1.2	12~100	22		
M10	상·중·흑	10	7	17	19.6	16.5	0.8	1.5	14~100	26		
M12	상·중·흑	12	8	19	21.9	18	0.8	2	20~140	30	36	
(M14)	상·중·흑	14	9	22	25.4	21	0.8	2	20~140	34	40	
M16	상·중·흑	16	10	24	27.7	23	1.2	2	25~140	38	44	
(M18)	상·중·흑	18	12	27	31.2	26	1.2	2.5	25~200	42	48	
M20	상·중·흑	20	13	30	34.6	29	1.2	2.5	30~200	46	52	
(M22)	상·중·흑	22	14	32	37	31	1.2	2.5	30~200	50	56	
M24	상·중·흑	24	15	36	41.6	34	1.6	3	30~200	54	60	
(M27)	상·중·흑	27	17	41	47.3	39	1.6	3	35~240	60	66	79
M30	상·중·흑	30	19	46	53.1	44	1.6	3.5	40~240	66	72	85
(M33)	상·중·흑	33	21	50	57.7	48	2	3.5	45~240	72	78	91
M36	상·중·흑	36	23	55	63.5	53	2	4	50~240	78	84	97
(M39)	상·중·흑	39	25	60	69.3	57	2	4	50~240	84	90	103
M42	상·중·흑	42	26	65	75	62	2	4.5	55~325	90	96	109
(M45)	상·중·흑	45	28	70	80.8	67	2	4.5	55~325	96	102	115
M48	상·중·흑	48	30	75	86.5	72	2	5	60~325	102	108	121
(M52)	상·중·흑	52	33	80	92.4	77	2.5	5	130~400		116	129
M56	상·중	56	35	85	98.1	82	2.5	5.5	130~400		124	137
(M60)	상·중	60	38	90	104	87	2.5	5.5	130~400		132	145
M64	상·중	64	40	95	110	92	2.5	6	130~400		140	153
(M68)	상·중	68	43	100	115	97	2.5	6	130~400		148	161
M72	상·중	72	45	105	121	102	2.5	6	130~400		156	169
(M76)	상·중	76	48	110	127	107	3	6	130~400		164	177
M80	상·중	80	50	115	133	112	3	6	130~400		172	185

주 : r의 수치는 목밑 둥글기의 최대값으로서 목 밑에는 반드시 둥글기를 붙인다.

[비고] 1. 나사의 호칭에서 묶음표를 한 것은 되도록 사용하지 않는다.
2. x는 불완전 나사부의 길이로서 약 2산으로 한다.
3. 나사 끝은 평면 혹은 둥근 형으로 하고 필요에 따라 지정한다.
단 M6 이하의 것, 특히 지정하지 않은 한 모따기를 하지 않는다.
4. 특히 큰 자리면을 필요로 한 경우에는 한 호칭 위의 B 및 C 치수를 사용해도 좋다.
5. 보울트 머리에 와셔붙이를 할 필요가 있을 경우에는 지정한다.
6. 나사의 호칭 기호 M은 특별히 필요하지 않는 경우는 생략해도 좋다.

표 7-12 육각 너트(KS B 1012)

(단위 : mm)

나사의 호칭	등급	수나사의 바깥 지름	H	H_1	B	C(약)	D(약)
M2	상	2	1.6	1.2	4	4.6	3.8
(M2.2)	상	2.2	1.8	1.4	4.5	5.2	4.3
M2.3	상	2.3	1.8	1.4	4.5	5.2	4.3
M2.5	상	2.5	2	1.6	5	5.8	4.7
M2.6	상	2.6	2	1.6	5	5.8	4.7
M3×0.5	상	3	2.4	1.8	5.5	6.4	5.3
(M3.5)	상	3.5	2.8	2	6	6.9	5.8
M4×0.7	상	4	3.2	2.4	7	8.1	6.8
(M4.5)	상	4.5	3.6	2.8	8	9.2	7.8
M5×0.8	상	5	4	3.2	8	9.2	7.8
M6	상·중·흑	6	5	3.6	10	11.5	9.8
(M7)	상·중·흑	7	5.5	4.2	11	12.7	10.8
M8	상·중·흑	8	6.5	5	13	15	12.5
M10	상·중·흑	10	8	6	17	19.6	16.5
M12	상·중·흑	12	10	7	19	21.9	18
(M14)	상·중·흑	14	11	8	22	25.4	21
M16	상·중·흑	16	13	10	24	27.7	23
(M18)	상·중·흑	18	15	11	27	31.2	26
M20	상·중·흑	20	16	12	30	34.6	29
(M22)	상·중·흑	22	18	13	32	37	31
M24	상·중·흑	24	19	14	36	41.6	34
(M27)	상·중·흑	27	22	16	41	47.3	39
M30	상·중·흑	30	24	18	46	53.1	44
(M33)	상·중·흑	33	26	20	50	57.7	48
M36	상·중·흑	36	29	21	55	63.5	53
(M39)	상·중·흑	39	31	23	60	69.3	57
M42	상·중·흑	42	34	25	65	75	62
(M45)	상·중·흑	45	36	27	70	80.8	67
M48	상·중·흑	48	38	29	75	86.5	72
(M52)	상·중·흑	52	42	31	80	92.4	77
M56	상·중·흑	56	45	34	85	98.1	82
(M60)	상·중·흑	60	48	36	90	104	87
M64	상·중·흑	64	51	38	95	110	92
(M68)	상·중·흑	68	54	40	100	115	97
M72	상·중·흑	72	58	42	105	121	102
(M76)	상·중·흑	76	61	46	110	127	107
M80	상·중·흑	80	64	48	115	133	112
(M85)	상·중·흑	85	68	50	120	139	116
M90	상·중·흑	90	72	54	130	150	126
(M95)	상·중·흑	95	76	57	135	156	131
M100	상·중·흑	100	80	60	145	167	141
(M105)	상·중·흑	105	84	63	150	173	146
M110	상·중·흑	110	88	65	155	179	151
(M115)	상·중·흑	115	92	69	165	191	161
(M120)	상·중·흑	120	96	72	170	196	166
M125	상·중·흑	125	100	76	180	208	176
(M130)	상·중·흑	130	104	78	185	214	181

[비고] 1. 나사의 호칭에 묶음표를 한 것은 되도록 사용하지 않는다.
2. 특히 필요가 있을 경우에는 지정에 따라 높이 H를 수나사 바깥 지름의 치수로 할 수가 있다.
3. 로크 너트에는 보통 3종의 것을 사용한다.
4. 나사의 호칭 기호 M은 특별히 필요하지 않을 때는 생략해도 좋다.

표 7-13 홈붙이 작은 나사(KS B 1021)

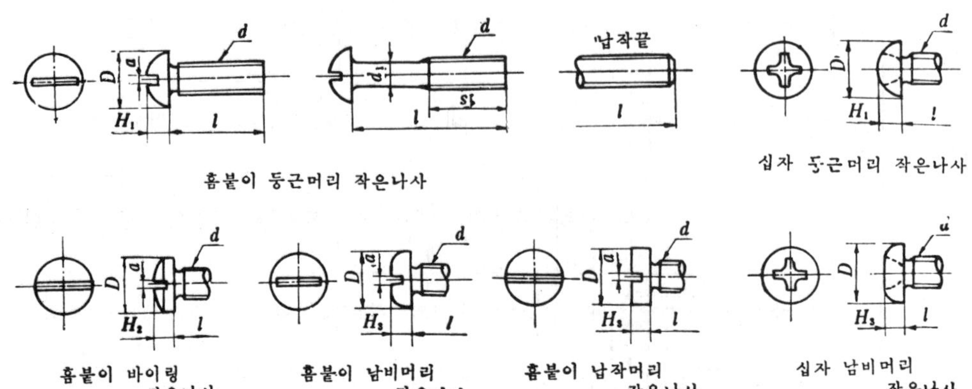

(단위 : mm)

구 분		나사의 호칭	피치 P	D	H_1	H_2	H_3	a	l	S
흠붙이 작은 나사		M1	0.25	2	0.8	0.75	0.65	0.32	3~6	6
		1.2	0.25	2.3	0.9	0.9	0.8	0.32	3~6	6
		(M1.4)	0.3	2.6	1	1	0.9	0.32	3~8	8
		M1.6	0.35	3	1.1	1.15	1	0.4	4~8	8
		M1.7	0,35	3.2	1.2	1.25	1.1	0.4	4~20	8
	십자머리 작은 나사	M2	0.4	3.5	1.3	1.45	1.3	0.6	4~20	8
		(M2.2)	0.45	4	1.5	1.65	1.5	0.6	5~20	10
		M2.3	0.4	4	1.5	1.65	1.5	0.6	5~30	10
		M2.5	0.45	4.5	1.7	1.9	1.7	0.8	5~30	12
		M3.6	0.45	4.5	1.7	1.9	1.7	0.8	5~30	12
		M3×0.5	0.5	5.5	2	2.2	2	0.8	5~40	12
		(M3.5)	0.6	6	2.3	2.55	2.3	1	5~40	14
		M4×0.7	0.7	7	2.6	2.9	2.6	1	6~50	16
		(M4.5)	0.75	8	3	3.2	2.9	1	6~50	20
		M5×0.8	0.8	9	3.4	3.6	3.3	1.2	8~50	20
		M6	1	10.5	4	4.3	3.9	1.2	8~50	25
		M8	1.25	14	5.4	5.7	5.2	1.6	10~60	30

[비고] 1. 표 중 나사의 호칭에 묶음표를 한 것은 되도록 사용하지 않는다.
2. 나사의 호칭 기호 M은 이것을 필요로 하지 않는 경우는 생략해도 좋다.
3. 길이 l 및 유효 나사부의 길이 S는 별표에 따른다.
4. 홈의 깊이 b는 머리부 측면에서 측정하는 것으로 하고, 양 측면에서 측정한 값이 모두 허용차의 범위 내에 있어야 한다.
5. 나사가 없는 부분의 d_1 치수는 일반적으로 유효 지름으로 해도 좋다. 이 경우 d_1은 나사의 유효 지름의 최소값보다 커서는 안 된다. 또 필요에 따라서 d_1의 값을 대략 나사의 바깥지름에 같게 해도 좋다. 이경우 d_1은 나사의 바깥지름의 최대값보다 작아서는 안 된다.

보울트 · 너트

( )반 ( )번 이름( )

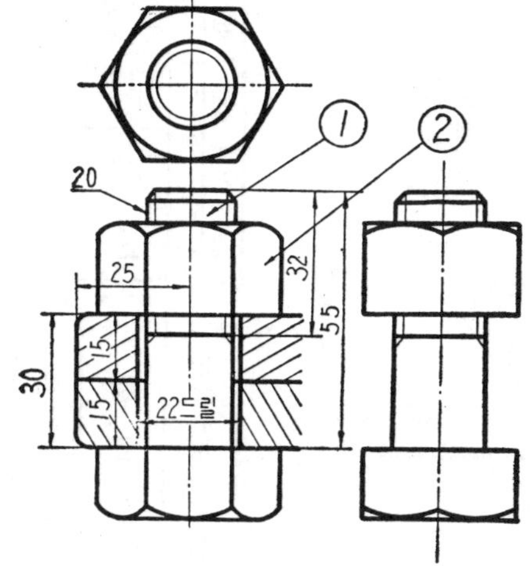

그림 1

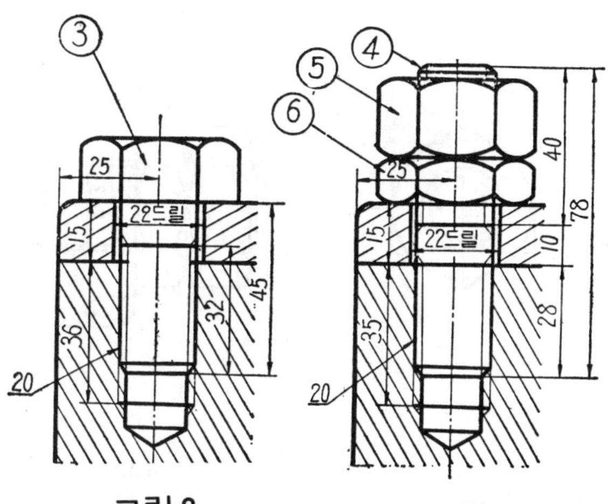

그림 2

그림 3

1. 그림 1 과 같은 보울트를 무슨 보울트라 하느냐?	1. ______
2. 그림 2 와 같은 보울트를 무슨 보울트라 하느냐?	2. ______
3. 그림 3 과 같은 보울트를 무슨 보울트라 하느냐?	3. ______
4. 그림 1 의 보울트에서 완전 나사부분의 치수는 몇 mm이냐?	4. ______
5. 그림 1 의 너트는 제 몇 종 너트냐?	5. ______
6. 그림 1 의 너트의 머리 높이는 몇 mm인가? (KSB 1012-참조)	6. ______
7. 그림 1 의 보울트 길이는 얼마냐?	7. ______
8. 그림 2 의 보울트의 길이는 얼마냐?	8. ______
9. 그림 2 의 보울트의 완전나사 부분의 길이는 얼마냐?	9. ______
10. 그림 3 의 너트 ⑤는 제 몇 종 너트냐?	10. ______
11. 그림 3 의 너트 ⑤의 높이는 몇 mm인가? (KSB 1012-참조)	11. ______
12. 그림 3 의 너트 ⑥은 제 몇 종 너트인가?	2. ______
13. 그림 3 의 너트 ⑥의 높이는 몇 mm인가? (KSB 1012 참조)	13. ______
14. 그림 3 에서 탭(Tap) 작업의 깊이는 얼마냐?	14. ______
15. 그림 3 에서 보울트의 길이는 얼마냐?	15. ______
16. 그림 2 에서 보울트가 암나사와 끼워 맞추어져 있는 부분은 몇 mm인가?	16. ______
17. 그림 2 에서 탭 작업을 위한 드릴링 깊이는 얼마냐?	17. ______
18. 그림 2 에서 탭 작업을 위한 드릴링에 쓰일 드릴의 지름은?	18. ______

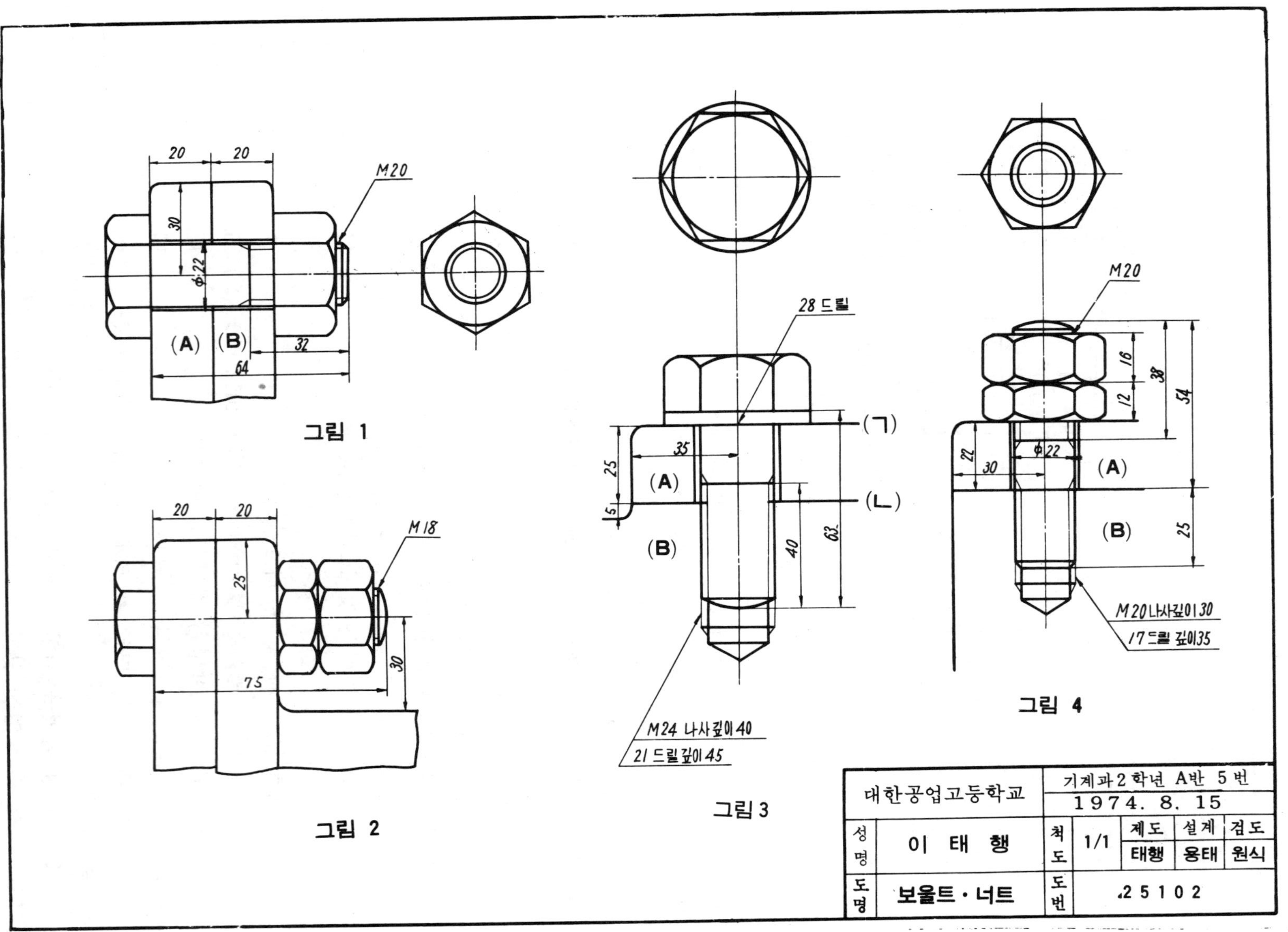
20
20
M20
30
φ22
(A)
(B)
32
64
그림 1
20
20
M18
25
75
30
그림 2
28 드릴
(ㄱ)
(ㄴ)
35
25
5
(A)
(B)
40
63
M24 나사깊이 40
21 드릴깊이 45
그림 3
M20
16
12
38
54
22
30
φ22
(A)
(B)
25
M20 나사깊이 30
17 드릴 깊이35
그림 4
대한공업고등학교
기계과 2 학년 A반 5 번
1974. 8. 15
성명
이 태 행
척도
1/1
제도
설계
검도
태행
용태
원식
도명
보울트 · 너트
도번
25102

보울트 · 너트 (BOLT NUT)　(　)반 (　)번　이름(　)

1. 그림 1 에는 몇가지 부품이 나타나 있느냐? 1. ______
2. 그림 2 에는 몇가지 부품이 나타나 있느냐? 2. ______
3. 그림 3 에는 몇가지 부품이 나타나 있느냐? 3. ______
4. 그림 4 에는 몇가지 부품이 나타나 있느냐? 4. ______
5. 그림 1 에 나타난 보울트를 무슨 보울트라 하느냐? 5. ______
6. 그림 3 에 나타난 보울트를 무슨 보울트라 하느냐? 6. ______
7. 그림 4 에 나타난 보울트를 무슨 보울트라 하느냐? 7. ______
8. 현장에서 그림 1 을 공작하는데는 탭이 필요한가 드릴이 필요한가? 8. ______ ______
9. 그림 1 에서 보울트의 완전나사 부분의 길이는? 9. ______
10. 그림 1 에서 보울트의 길이는 얼마이냐? 10. ______
11. 그림 1 의 오른쪽 그림에서 가장 작은원은 무엇을 나타내느냐? 11. ______
12. 그림 1 의 오른쪽 그림에서 가장 큰원은 무엇을 나타 내느냐? 12. ______
13. 그림 1 에서 A, B두 부품에는 어떤 크기의 구멍이 뚫여 있느냐? 13. ______
14. 그림 1 에서 보울트의 나사는 어떤 종류의 나사이냐? 14. ______
15. 그림 2 에서 너트를 2개 끼운 까닭을 말하여라. 15. ______
16. 그림 1 의 보울트와 그림 2 의 보울트의 끝은 각각 어떻게 다르냐? 16. ______
17. 그림 1 의 보울트의 머리 부분 높이는 얼마냐? (KSB 1002 참조) 17. ______
18. 그림 3 을 현장에서 공작하는데, 일반적으로 드릴작업을 먼저하나 탭 작업을 먼저하나? 18. ______
19. 그림 3 에서 보울트의 완전나사 부분의 길이는? 19. ______
20. 그림 3 에서 암나사의 깊이는 얼마인가? 20. ______
21. 그림 3 에서 드릴 깊이 45는 (ㄱ) 면과 (ㄴ) 면중 어느면에서 부터 잰 깊이인가? 21. ______
22. 그림 3 의 위 그림에서 가장 큰 원은 무엇을 나타내는가? 22. ______
23. 그림 4 와 같은 공작을 현장에서 할 때 필요한 드릴크기를 들어라. 23. ______
24. 그림 4 에서 보울트의 완전 나사 부분은 각각 얼마이냐? 24. ______

(다음 페이지에 문제 계속)

25. 그림4에서 보울트를 B부분에서 풀어내고저 할 때 어떠한 것들을 풀어 꺼내야 하나? 25. ______

26. 그림4에서 지시선의 화살표가 있는 가는선은 무엇 을 나타내 느냐? 26. ______

27. 그림4의 위 그림에서 가장 지름이 작은 가는선 원은 무엇을 나타내느냐? 27. ______

28. 그림4에서 B부분의 뾰족한 끝의 각도는 약 몇도이냐? 28. ______

29. 그림4의 보울트 총 길이는 얼마이냐? 29. ______

30. 그림 1,2,3,4의 보울트중 나사 핏치가 가장 큰것은 어느 그림에 나타난 보울트냐? 30. ______

31. 그림에 나타낸 보울트의 나사 산의 각도는 얼마냐? 31. ______

32. 그림에 나타낸 보울트의 나사는 미터 가는 나사인가 미터 나사인가? 32. ______

33. 그림4에서 높이 12인 너트의 나사 규격을 기호로 나타내어라. 33. ______

— 〈**퀴즈 휴게실**〉 —

(1) 홍콩에서 가죽 케이스에 들어 있는 카메라의 가격이 310불($)이라 한다. 카메라 자체는 가죽케이스보다 300불이 비싸고, 남어지는 가죽케이스 값이라 한다. 100불짜리 지폐를 지불하고 가죽케이스 만 사려한다. 잔돈을 얼마 거슬러 받아야 하느냐?

(2) 그림과 같은 초생달이 있다. 두개의 직선을 그어 이 초생달을 6개부분으로 나누어라.

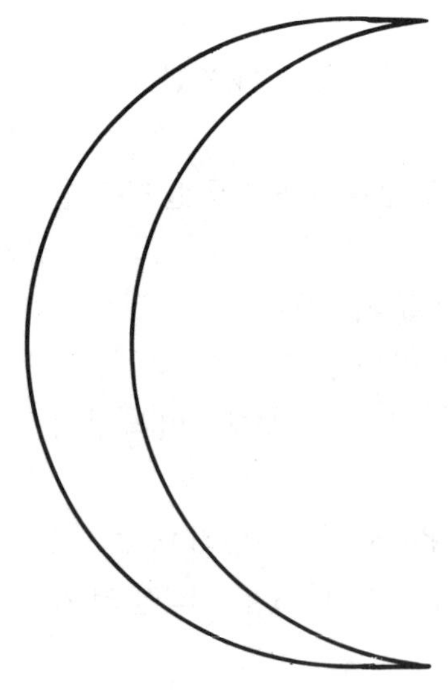

C 표 7 - 15 (2)

미국 표준 나사를 탭으로 깎을 때 드릴 구멍용 드릴 크기(규격)

TAP DRILL SIZES FOR AMERICAN STANDARD THREADS

Diam. of Thread 나사바깥지름	Threads per Inch 1″당 산수	Drill* 드릴	소수로표시 Decimal Equiv. 드릴지름
1 3/8	6 NC	1 13/64	1.2031
	8 N	1 1/4	1.2500
	12 NF	1 19/64	1.2969
	16 N	1 5/16	1.3125
	18 NEF	33.5 MM	1.3189
1 7/16	12 N	34.5 MM	1.3583
	16 N	1 3/8	1.3750
	18 NEF	35 MM	1.3780
1 1/2	6 NC	1 21/64	1.3281
	8 N	1 3/8	1.3750
	12 NF	36 MM	1.4173
	16 N	1 7/16	1.4375
	18 NEF	1 29/64	1.4531
1 9/16	16 N	1 1/2	1.5000
	18 NEF	1 33/64	1.5156
1 5/8	8 N	1 1/2	1.5000
	12 N	39 MM	1.5354
	16 N	1 9/16	1.5625
	18 NEF	40 MM	1.5748
1 11/16	16 N	1 5/8	1.6250
	18 NEF	41.5 MM	1.6339
1 3/4	5 NC	1 35/64	1.5469
	8 N	1 5/8	1.6250
	12 N	1 43/64	1.6719
	16 NEF	1 11/16	1.6875
1 13/16	16 N	1 3/4	1.7500
1 7/8	8 N	1 3/4	1.7500
	12 N	45.5 MM	1.7913
	16 N	1 13/16	1.8125
1 15/16	16 N	1 7/8	1.8750
2	4 1/2 NC	1 25/32	1.7812
	8 N	1 7/8	1.8750
	12 N	1 59/64	1.9219
	16 NEF	1 15/16	1.9375
2 1/16	16 N	2	2.0000
2 1/8	8 N	2	2.0000
	12 N	2 3/64	2.0469
	16 N	2 1/16	2.0625

Diam. of Thread 나사바깥지름	Threads per Inch 1″당 산수	Drill* 드릴	소수로표시 Decimal Equiv. 드릴지름
2 3/16	16 N	2 1/8	2.1250
2 1/4	4 1/2 NC	2 1/32	2.0312
	8 N	2 1/8	2.1250
	12 N	55 MM	2.1654
	16 N	2 3/16	2.1875
2 5/16	16 N	2 1/4	2.2500
2 3/8	12 N	2 19/64	2.2969
	16 N	2 5/16	2.3125
2 7/16	16 N	2 3/8	2.3750
2 1/2	4 NC	2 1/4	2.2500
	8 N	2 3/8	2.3750
	12 N	61.5 MM	2.4213
	16 N	2 7/16	2.4375
2 5/8	12 N	64.5 MM	2.5394
	16 N	2 9/16	2.5625
2 3/4	4 NC	2 1/2	2.5000
	8 N	2 5/8	2.6250
	12 N	2 43/64	2.6719
	16 N	2 11/16	2.6875
2 7/8	12 N	71 MM	2.7953
	16 N	2 13/16	2.8125
3	4 NC	2 3/4	2.7500
	8 N	2 7/8	2.8750
	12 N	74 MM	2.9134
	16 N	2 15/16	2.9375
3 1/8	12 N	3 1/16	3.0625
	16 N	3 1/16	3.0625
3 1/4	4 NC	3	3.0000
	8 N	3 1/8	3.1250
	12 N	3 3/16	3.1875
	16 N	3 3/16	3.1875
3 3/8	12 N	3 5/16	3.3125
	16 N	3 5/16	3.3125
3 1/2	4 NC	3 1/4	3.2500
	8 N	3 3/8	3.3750
	12 N	3 7/16	3.4375
	16 N	3 7/16	3.4375
3 3/4	4 NC	3 1/2	3.5000

※드릴은 인치, 미리 또는 드릴번호, 드릴수자로 나타냈으며 나사를 깎어내야할 전체량의 약 75%를 드릴링한다.

미국 표준 나사(American National Thread Series)

산업현장에서 사용하고 있는 각종 생산기계, 스패너, 렌치등 일반 공구. 탭, 다이스 등 절삭 공구에는 아직도 외국에서 도입된 것이 많다. 또, 도면도 기술제휴 등으로 외국 기사에 의해서 설계된 도면을 접하게 되는 경우가 많다. 여기에서는 미국에서 가장 널리 사용하고 있는 나사(산의 각도 60°)에 관하여 설명한다.

(1) 종 류

보통 나사(NC)……일반용. 호칭치수범위 No.1 (.073″) ～4″까지 있음. (114페이지 표 7 -14 참조)
가는나사(NF)……자동차, 항공기 등에 사용. No.0 (.060″) ～1 ½″까지 있음.
초가는나사(NEF)……나사 깎일 부분이 적을때 사용. ¼″～2″
8 피치나사(8 N)……어떤 지름의 나사도 1 인치당 산수 8 산. 1″～6″
12피치나사(12N)……모든 지름에 1″당 산수 12산. ½″～6″
16피치나사(16N)……모든 지름에 1″당 산수 16산. ¾″～4″

(2) 급 수

1 급에서 4 급까지 있다. 1 급은 거칠고 급수가 올라 갈수록 정밀하여 3 급은 자동차공업에 4 급은 제트 엔진 등에 쓰인다.

(3) 나사 표시

바깥지름－1″당 산수, 종류－급수.　　**바깥지름－1″당 산수, 종류－급수.**

6 －32NC － 2 ……………………………호칭번호 6번, 1″당 산수32산－2 급
1″－8NC－2……………………… 보통나사, 바깥지름 1″－1″당 산수 8 산－2 급
1″－14NF－3 ……………………… 가는나사, 바깥지름 1″－1″당 산수14산－3 급
1″－20NEF－3 …………………… 초가는나사, 바깥지름 1″－1″당 산수20산－3 급
2″－8 N－2 ………………………… 8 피치나사, 바깥지름 2″－1″당 산수8 산－2 급
1¼″－7NC－3, L.H ……………… 보통나사, 바깥지름 1¼″－1″당 산수 7 산－3 급 왼나사
1½″－12NF 3 DOUBLE……………… 가는나사, 바깥지름 1½″－1″당 산수12산 3 급 2 줄나사
1½″－11½ NPT …………………… 관용 테어퍼나사(Natinal Taper pipe Thread)
¾″－14 NPS ………………………… 관용 평행나사(National straight pipe Thread)
1½″ ACME' 4 THDS. PER IN. …… 사다리꼴나사 바깥지름 1½″－1″당 산수 4 산

(4) 약 도 법

	겉보기 모양	약 도 법	
숫 나 사			
암 나 사			

표 7-14 II
미국 표준나사의 바깥 지름에 대한 나사종류별 1″당 산수
SCREW THREAD DIAMETERS AND NUMBER OF THREADS PER INCH

Diameter 바깥지름	National Coarse N. C. 보통 나사	National Fine N. F. 가는나사	National Extra-Fine N. E. F. 초가는나사	8-Pitch 8N 8피치나사	12-Pitch 12N 12피치나사	16-Pitch 16N 16피치나사	Acme 사다리꼴
No. 0-.060	—	80	—	—	—	—	—
1-.073	64	72	—	—	—	—	—
2-.086	56	64	—	—	—	—	—
3-.099	48	56	—	—	—	—	—
4-.112	40	48	—	—	—	—	—
5-.125	40	44	—	—	—	—	—
6-.138	32	40	—	—	—	—	—
8-.164	32	36	—	—	—	—	—
10-.190	24	32	—	—	—	—	—
12-.216	24	28	—	—	—	—	—
1/4	20	28	32	—	—	—	16
5/16	18	24	32	—	—	—	14
3/8	16	24	32	—	—	—	12
7/16	14	20	28	—	—	—	12
1/2	13	20	28	—	12	—	10
9/16	12	18	24	—	12	—	—
5/8	11	18	24	—	12	—	8
11/16	—	—	24	—	12	—	—
3/4	10	16	20	—	12	16	6
13/16	—	—	20	—	12	16	—
7/8	9	14	20	—	12	16	6
15/16	—	—	20	—	12	16	—
1	8	14	20	8	12	16	5
1 1/16	—	—	18	—	12	16	—
1 1/8	7	12	18	8	12	16	5
1 3/16	—	—	18	—	12	16	—
1 1/4	7	12	18	8	12	16	5
1 5/16	—	—	18	—	12	16	—
1 3/8	6	12	18	8	12	16	4
1 7/16	—	—	18	—	12	16	—
1 1/2	6	12	18	8	12	16	4
1 9/16	—	—	18	—	—	16	—
1 5/8	—	—	18	8	12	16	—
1 11/16	—	—	18	—	—	16	—
1 3/4	5	—	16	8	12	16	4
1 13/16	—	—	—	—	—	16	—
1 7/8	—	—	—	8	12	16	—
1 15/16	—	—	—	—	—	16	—
2	4 1/2	—	16	8	12	16	4
2 1/16	—	—	—	—	—	16	—
2 1/8	—	—	—	8	12	16	—
2 3/16	—	—	—	—	—	16	—
2 1/4	4 1/2	—	—	8	12	16	3
2 5/16	—	—	—	—	—	16	—
2 3/8	—	—	—	—	12	16	—
2 7/16	—	—	—	—	—	16	—
2 1/2	4	—	—	8	12	16	3
2 5/8	—	—	—	—	12	16	—
2 3/4	4	—	—	8	12	16	3
2 7/8	—	—	—	—	12	16	—
3	4	—	—	8	12	16	2
3 1/8	—	—	—	—	12	16	—
3 1/4	4	—	—	8	12	16	—
3 3/8	—	—	—	—	12	16	—
3 1/2	4	—	—	8	12	16	2
3 5/8	—	—	—	—	12	16	—
3 3/4	4	—	—	8	12	16	—
3 7/8	—	—	—	—	12	16	—
4	4	—	—	8	12	16	2
4 1/4	—	—	—	8	12	—	—
4 1/2	—	—	—	8	12	—	2
4 3/4	—	—	—	8	12	—	—
5	—	—	—	8	12	—	2
5 1/4	—	—	—	8	12	—	—
5 1/2	—	—	—	8	12	—	—
5 3/4	—	—	—	8	12	—	—
6	—	—	—	8	12	—	—

표 7-15 (1)
미국 표준나사를 탭으로 깎을때 드릴 구멍용 드릴 크기(규격)
TAP DRILL SIZES FOR AMERICAN STANDARD THREADS

Diam. of Thread 나사바깥지름	Threads per Inch 1″당 산수	Drill* 드릴	Decimal Equiv. 소수로표시 드릴지름
No. 0-.060	80 NF	3/64	.0469
1-.073	64 NC	1.5 MM	.0591
	72 NF	53	.0595
2-.086	56 NC	50	.0700
	64 NF	50	.0700
3-.099	48 NC	5/64	.0781
	56 NF	45	.0820
4-.112	40 NC	43	.0890
	48 NF	42	.0935
5-.125	40 NC	38	.1015
	44 NF	37	.1040
6-.138	32 NC	36	.1065
	40 NF	33	.1130
8-.164	32 NC	29	.1360
	36 NF	29	.1360
10-.190	24 NC	25	.1495
	32 NF	21	.1590
12-.216	24 NC	16	.1770
	28 NF	14	.1820
1/4	20 NC	7	.2010
	28 NF	3	.2130
	32 NEF	7/32	.2188
5/16	18 NC	F	.2570
	24 NF	I	.2720
	32 NEF	9/32	.2812
3/8	16 NC	5/16	.3125
	24 NF	Q	.3320
	32 NEF	11/32	.3438
7/16	14 NC	U	.3680
	20 NF	25/64	.3906
	28 NEF	Y	.4040
1/2	12 N	27/64	.4219
	13 NC	27/64	.4219
	20 NF	29/64	.4531
	28 NEF	15/32	.4687
9/16	12 NC	31/64	.4844
	18 NF	33/64	.5156
	24 NEF	33/64	.5156
5/8	11 NC	17/32	.5312
	12 N	35/64	.5469
	18 NF	14.5 MM	.5709
	24 NEF	37/64	.5781

Diam. of Thread 나사바깥지름	Threads per Inch 1″당 산수	Drill* 드릴	Decimal Equiv. 소수로표시 드릴지름
11/16	12 N	39/64	.6094
	24 NEF	16.5 MM	.6496
3/4	10 NC	16.5 MM	.6496
	12 N	17 MM	.6693
	16 NF	17.5 MM	.6890
	20 NEF	45/64	.7031
13/16	12 N	18.5 MM	.7283
	16 N	3/4	.7500
	20 NEF	49/64	.7656
7/8	9 NC	49/64	.7656
	12 N	20 MM	.7874
	14 NF	20.5 MM	.8071
	16 N	13/16	.8125
	20 NEF	21 MM	.8268
15/16	12 N	55/64	.8594
	16 N	7/8	.8750
	20 NEF	22.5 MM	.8858
1	8 NC	7/8	.8750
	12 N	59/64	.9219
	14 NF	23.5 MM	.9252
	16 N	15/16	.9375
	20 NEF	61/64	.9531
1 1/16	12 N	25 MM	.9843
	16 N	1	1.0000
	18 NEF	25.5 MM	1.0040
1 1/8	7 NC	63/64	.9844
	8 N	25.5 MM	1.0039
	12 NF	26.5 MM	1.0433
	16 N	1 1/16	1.0625
	18 NEF	1 5/64	1.0781
1 3/16	12 N	28 MM	1.1024
	16 N	1 1/8	1.1250
	18 NEF	1 9/64	1.1406
1 1/4	7 NC	1 7/64	1.1094
	8 N	1 1/8	1.1250
	12 NF	29.5 MM	1.1614
	16 N	1 3/16	1.1875
	18 NEF	30.5 MM	1.2008
1 5/16	12 N	1 15/64	1.2344
	16 N	1 1/4	1.2500
	18 NEF	32 MM	1.2598

※드릴은 인치, 미리 또는 드릴번호, 드릴 자로 나타냈으며 나사를 깎어 자 깎어내야할 전체량의 약 75%를 드릴링한다.

드릴 규격

드릴의 크기는 지름으로 표시하기도 하고 (3㎜드릴 또는 $\frac{5}{16}$″드릴) 번호 (1∼80) 또는 알파베트 대문자(A, B, C … X, Y, Z)로 표시하기도 한다. 이들 여러가지 표시 방법에 따른 드릴의 크기 관계를 ㎜ 또는 인치(소수)로 나타내면 다음 표와 같다.

DECIMAL EQUIVALENTS FOR FRACTIONAL, WIRE, LETTER, MILLIMETER DRILL SIZES

NOM. SIZE	M/M	DECIMAL	NOM. SIZE	M/M	DECIMAL	NOM. SIZE	M/M	DECIMAL	NOM. SIZE	M/M	DECIMAL	NOM. SIZE	M/M	DECIMAL	NOM. SIZE	M/M	DECIMAL	NOM. SIZE	M/M	DECIMAL	NOM. SIZE	M/M	DECIMAL
......	.1	.0039	......	.9	.0354	44	......	.0860	23	......	.1540	3		.2130	5/16	......	.3125	29/64	......	.4531	47/64	......	.7344
—	.2	.0079	64	......	.0360	43		.0890	5/32	......	.1562	7/32	......	.2187		8.	.3150	15/32	......	.4687	......	19.	.7480
......	.3	.0118	63	......	.0370	42		.0935	22	......	.1570	2		.2210	O	......	.3160	......	12.	.4724	3/4	......	.7500
80	......	.0135	62	......	.0380	3/32		.0937	......	4.	.1575	1	......	.2280	P	......	.3230	31/64	......	.4844	49/64	......	.7656
79	......	.0145	61	......	.0390	41	......	.0960	21	......	.1590	A	......	.2340	21/64	......	.3281	1/2	......	.5000	25/32	......	.7812
1/64	......	.0156	......	1.	.0394	40	......	.0980	20	......	.1610	15/64	......	.2344	Q	......	.3320	......	13.	.5118	......	20.	.7874
......	.4	.0157	60	......	.0400	39	......	.0995	19	......	.1660	......	6.	.2362	R	......	.3390	33/64	......	.5156	51/64	......	.7969
78	......	.0160	59	......	.0410	38	......	.1015	18	......	.1695	B	......	.2380	11/32	......	.3437	17/32	......	.5312	13/16	......	.8125
77	......	.0180	58	......	.0420	37	......	.1040	11/64	......	.1719	C	......	.2420	S	......	.3480	35/64	......	.5469	......	21.	.8268
......	.5	.0197	57	......	.0430	36	......	.1065	17	......	.1730	D	......	.2460	......	9.	.3543	......	14.	.5512	53/64	......	.8281
76	......	.0200	56	......	.0465	7/64	......	.1094	16	......	.1770	1/4	......	.2500	T	......	.3580	9/16	......	.5625	27/32	......	.8437
75	......	.0210	3/64	......	.0469	35	......	.1100	15	......	.1800	E	......	.2500	23/64	......	.3594	37/64	......	.5781	55/64	......	.8594
74	......	.0225	55	......	.0520	34	......	.1110	14	......	.1820	F	......	.2570	U	......	.3680	......	15.	.5906	......	22.	.8661
......	.6	.0236	54	......	.0550	33	......	.1130	13	......	.1850	G	......	.2610	3/8	......	.3750	19/32	......	.5937	7/8	......	.8750
73	......	.0240	53	......	.0595	32	......	.1160	3/16	......	.1875	17/64	......	.2656	V	......	.3770	39/64	......	.6094	57/64	......	.8906
72	......	.0250	1/16	......	.0625	......	3.	.1181	12	......	.1890	H	......	.2660	W	......	.3860	5/8	......	.6250	......	23.	.9055
71	......	.0260	52	......	.0635	31	......	.1200	11	......	.1910	I	......	.2720	25/64	......	.3906	......	16.	.6299	29/32	......	.9062
......	.7	.0276	51	......	.0670	1/8	......	.1250	10	......	.1935	......	7.	.2756	......	10.	.3937	41/64	......	.6406	59/64	......	.9219
70	......	.0280	50	......	.0700	30	......	.1285	9	......	.1960	J	......	.2770	X	......	.3970	21/32	......	.6562	15/16	......	.9375
69	......	.0292	49	......	.0730	29	......	.1360	......	5.	.1968	K	......	.2810	Y	......	.4040	......	17.	.6693	......	24.	.9449
68	......	.0310	48	......	.0760	28	......	.1405	8	......	.1990	9/32	......	.2812	13/32	......	.4062	43/64	......	.6719	61/64	......	.9531
1/32	......	.0312	5/64	......	.0781	9/64	......	.1406	7	......	.2010	L	......	.2900	Z	......	.4130	11/16	......	.6875	31/32	......	.9687
......	.8	.0315	47	......	.0785	27	......	.1440	13/64	......	.2031	M	......	.2950	27/64	......	.4219	45/64	......	.7031	......	25.	.9842
67	......	.0320	......	2.	.0787	26	......	.1470	6	......	.2040	19/64	......	.2969	......	11.	.4331	......	18.	.7087	63/64	......	.9844
66	......	.0330	46	......	.0810	25	......	.1495	5	......	.2055	N	......	.3020	7/16	......	.4375	23/32	......	.7187	1	25.4	1.0000
65	......	.0350	45	......	.0820	24	......	.1520	4	......	.2090	......	......	......	......	......	......	......	......	......	......	......	......

호칭	㎜	in	호칭	㎜	in	호칭	㎜	in	호칭	㎜	in	호칭	㎜	in	호칭	㎜	in	호칭	㎜	in	호칭	㎜	in

〔문 제〕

1. 80번 드릴은 몇 in 인가? 1. ________
2. 40번 드릴은 몇 in 인가? 2. ________
3. 20번 드릴은 몇 in 인가? 3. ________
4. 10번 드릴은 몇 in 인가? 4. ________
5. 1번 드릴은 몇 in 인가? 5. ________
6. A번 드릴은 몇 in 인가? 6. ________
7. Z번 드릴은 몇 in 인가? 7. ________
8. 10㎜드릴과 X번 드릴은 어느 것이 큰가? 8. ________
9. $\frac{1}{4}$″−20NC 나사를 내기 위한 탭드릴은 몇번 드릴인가? 9. ________
10. $\frac{3}{8}$″−24NF용 탭드릴의 호칭과 그 지름을 in로 나타내어라 10. ________

단 원 8

키이(Key), 핀(Pin), 코터(Cotter)

키이는 회전축에 풀리, 기어 등을 고정시키는데 쓰인다. 키의 재료는 축의 재료보다 약간 단단한 강(鋼)으로 만든다. SM45C(기계구조용탄소강8종), SF55(탄소강 단조품)이 키이 재료로 많이 쓰인다.

1. 키이의 종류

(1) 묻힘 키이(Sunk Key)

가장 널리 쓰이는 키이이며, 때려 맞춤 키이와 세트 키이의 두 종류가 있다. 단면(斷面)이 정사각형 또는 직사각형이고, 주로 중(中), 중(重) 하중(荷重)용에 쓰인다.

① 때려 맞춤 키이: 머리가 붙어 있는 것과 없는 것이 있다. 축과 보스(boss) 양쪽에 키이 홈을 파고, 축에 보스를 끼운다음 키이를 망치로 때려 박는다. 축의 키이홈은 축의 중심에 나란하게, 보스의 키이홈은 키이의 경사와 같은 경사(1/100)진 홈을 마련하여야 한다. 축의 키이홈은 키이의 길이의 약 2배로 깎아낸다. 키의 윗면과 아랫면은 ▽▽▽, 두 옆면은 ▽▽정도로 가공한다.

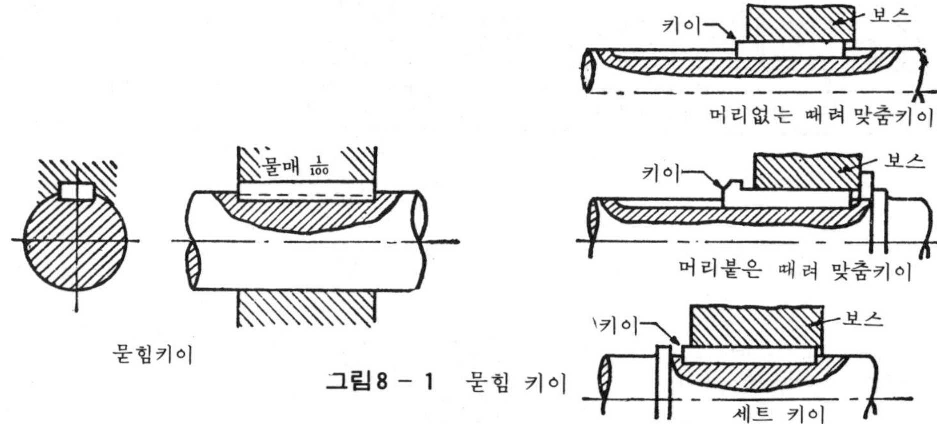

그림 8 - 1 묻힘 키이

② 세트 키이(Set Key): 단면이 직사각형으로 평행 키이라고도 한다. 먼저 축의 키이 홈에 키이를 끼워 놓고, 보스를 맞추어 끼운다. 경사는 없으며 키이의 양 옆면을 ▽▽▽, 아래 윗면은 ▽▽정도로 가공한다.

(2) 평 키이(Flat Key)

보스에만 키이 홈을 깎고, 축에는 키이 자리(Key Seat)를 판판하게 깎어 낼 뿐이다. $\frac{1}{100}$경사지며 경(輕)하중의 경우에 쓰인다.

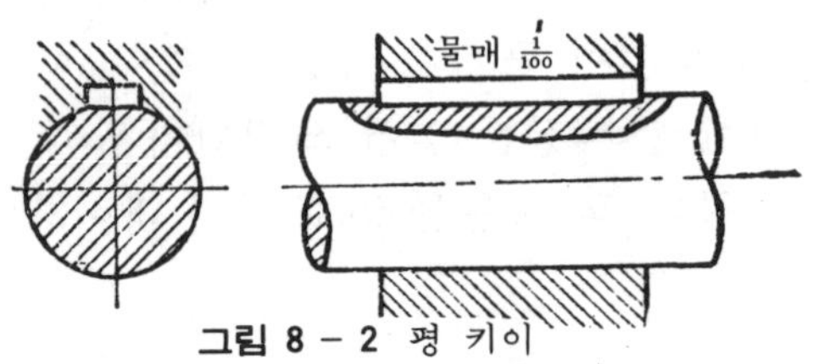

그림 8 - 2 평 키이

(3) 안장 키이(Saddle Key)

보스(boss)에만 경사진 키이 홈을 깎고, 축은 전연 가공하지 않는다. 키이의 아래면을 축의 원호와 같게 갈아 내어 축에 밀착 시킴으로서 마찰력으로고정한다. 축의 어느 부분에도 끼울 수 있어 편리하나 마찰력만으로 힘을 전달하게 됨으로 아주 가벼운 하중, 또는 고정시키고져 할 때에만 사용한다.

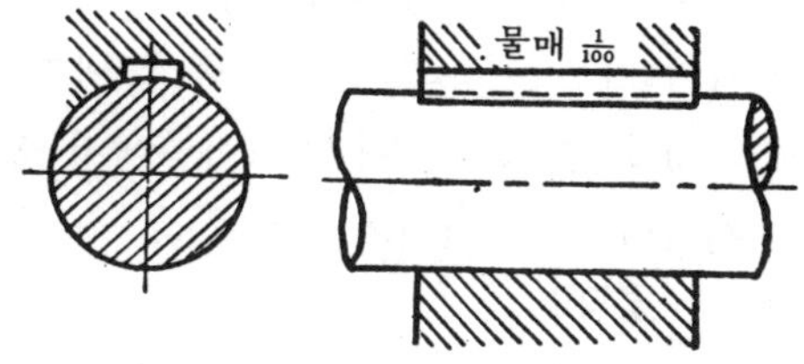

그림 8 - 3 안장 키이

(4) 접선 키이(Tangential Key)

축과 보스 양쪽에 삼각형의 키이홈을 깎아내고, $\frac{1}{60}$~$\frac{1}{100}$ 경사진 키이를 양쪽에서 하나씩 때려 끼워 두개의 키이가 경사진 면에서 밀접하도록 한다. 여러가지 키이중 가장 견고한 고정을 할 수 있다. 회전방향이 늘 일정할 때는 한개, 역전도 하게 될 때는 키이를 120° 사이에 오도록 두개 끼우도록 한다.

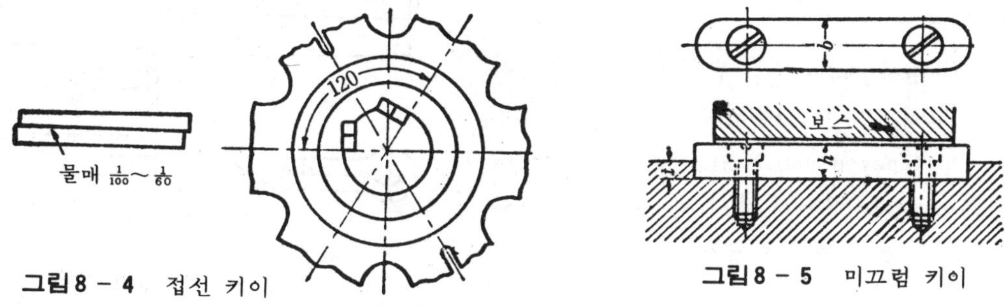

그림 8 - 4 접선 키이

그림 8 - 5 미끄럼 키이

(5) 미끄럼 키이(Sliding Key)

페더키이(feather Key)라고도 하며, 보스가 축과 함께 회전하는 동시에 필요에 따라 축 방향으로 이동시킬수도 있게 하는 키이로 공작기계 등에 많이 사용되고 있다. 키이는 축 또는 보스에 나사로 고정되어 있는 경우가 많고 ,키이의 두께가 두꺼워 접촉면적이 넓게 되어 있으며, 보스의 키이홈 길이보다 키이가 길다. 키이에는 경사를 두지 않는다.

(6) 반달 키이(Woodruff Key)

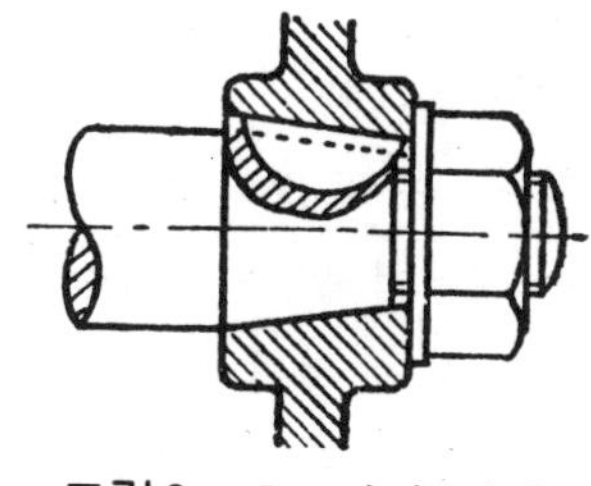

그림 8 - 5 반달 키이

그림과 같이 반달모양을 한, 묻힘키이의 일종으로 축에는 반달모양의 키이홈이 깎이어 있어, 반달 키이를 끼운 다음보 스를 끼우게 된다. 반달키이 밀링커터로 축에 홈을 깎기가 쉽고, 키이의 고정, 또는 풀음이 간편하며, 경사조정이 되며 바퀴와 축이 직각되게 고정 조정하기가 용이하다. 자동차의 밋숀기어, 크랭크의 타이밍 기어 등에 쓰이고 있다.

(7) **원뿔 키이(Cone Key)**

축과 보스 사이에 둘 또는 세개로 쪼갠 원뿔대 모양의 통을 때려 기우는 것으로 축에 홈을 내지않고, 임의의 위치에 고정할 수 있고, 다른 키이들에서 볼 수 있는 바와 같은 편심이 생길 염려가 없다.

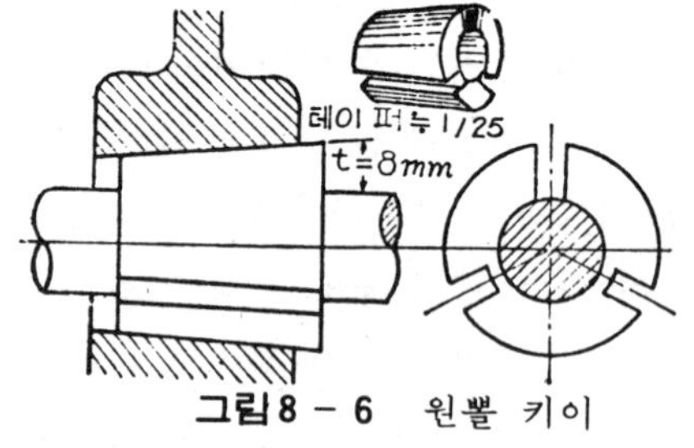

그림 8 - 6 원뿔 키이

키이의 호칭 :

키이의 호칭은 키이의 종류, 호칭치수×길이, 끝모양의 지정 및 재료순으로 나타낸다.

〔보 기〕 평행 키이 10×8×35.5 SM45C

미끄럼 키이 6×6×50 양끝둥근 SM45C

2. 핀(Pin)

핀은 기계부품을 서로 연결하여 고정하는데, 그 부분에 작용하는 힘이 비교적 작을 때 쓰인다. 핀의 재질로는 SM45C, SS 41B-D가 사용된다.

(1) 핀의 종류

① 평행핀(dowel pin) : 주로 부품의 위치를 정확하게 정하여 고정시킬 때 사용된다.

② 테이퍼핀(tapered pin) : $\frac{1}{50}$테이퍼로 가공되어 있고, 이 테이퍼를 이용하여 때려 박는다. 경(輕)하중의 기어, 핸들 등을 축에 고정시킬 때 사용한다. 지름은 가는 쪽의 지름으로 나타낸다.

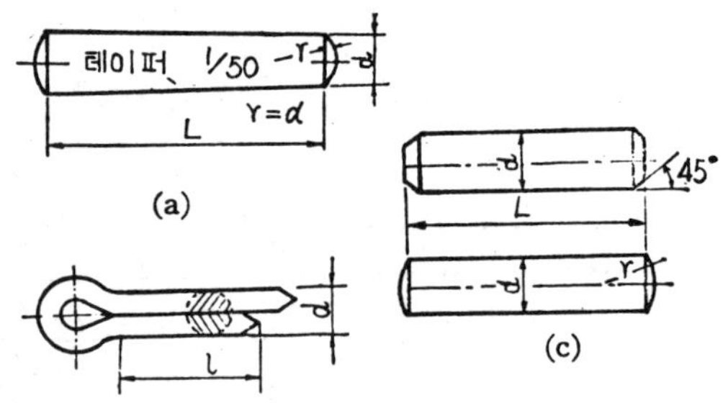

그림 8 - 7 핀의 종류

(a) 테이퍼 핀 (b) 분할 핀 (c) 평행 핀

③ 분할 핀(Split pin) : 강 또는 황동 등으로 만들고, 너트의 풀림, 적은 축의 빠짐을 방지하는데 쓰인다.

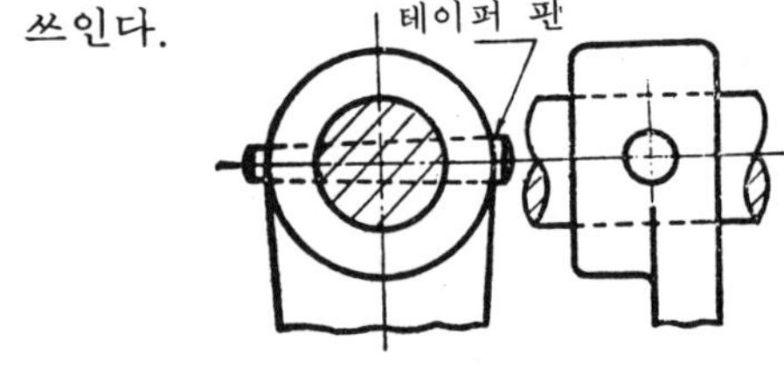

(a)

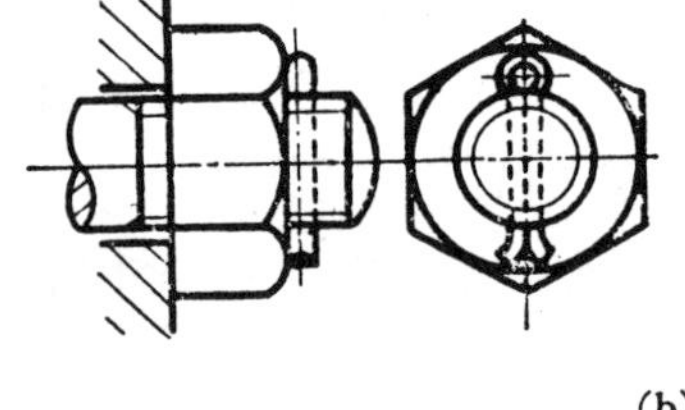

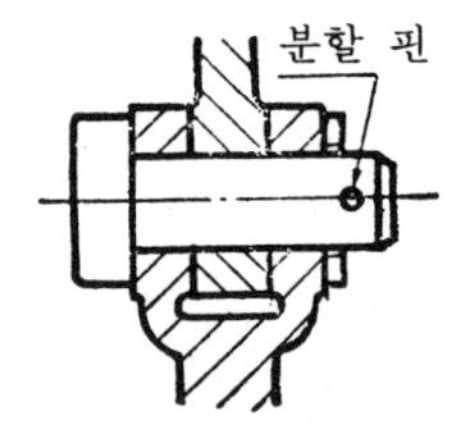

(b)

그림 8 - 8

(a) 테이퍼 핀의 용도 (b) 분할 핀의 용도

3. 코 터(Cotter)

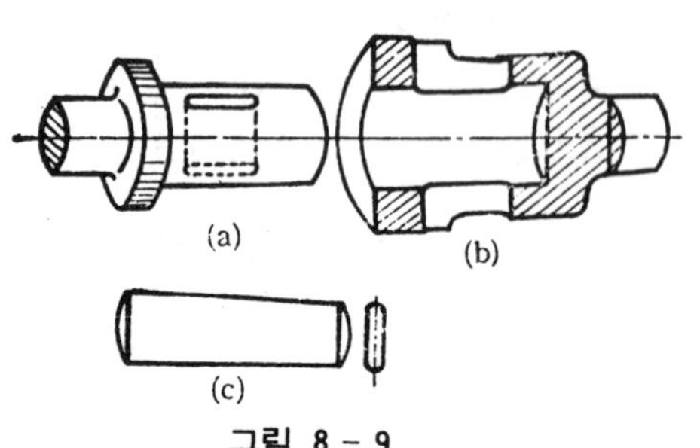

그림 8 - 9

(a) 로드 (b) 소켓 (c) 코터

축 방향으로 하중이 작용하는 2개의 로드(rod)를 연결하고, 때때로 해체할 필요가 있는 곳에는 그림 8 - 9와 같이 코터 이음을 쓰는 것이 편리하다. 로드 및 소켓은 일반적으로 연강으로 하고, 코터는 약간 열처리한 정도의 강철을 쓴다. 또, 코터에는 한쪽만 기울기 $\frac{1}{20}$로 되어 있는 것과 양쪽이 다 기울기로 되어 있는 것이 있으나, 한쪽만 기울기로 되어 있는 것이 많이 사용한다.

〔참고자료〕 묻힘 키이 및 키이홈의 치수(KS B 1311 에서 옮김)

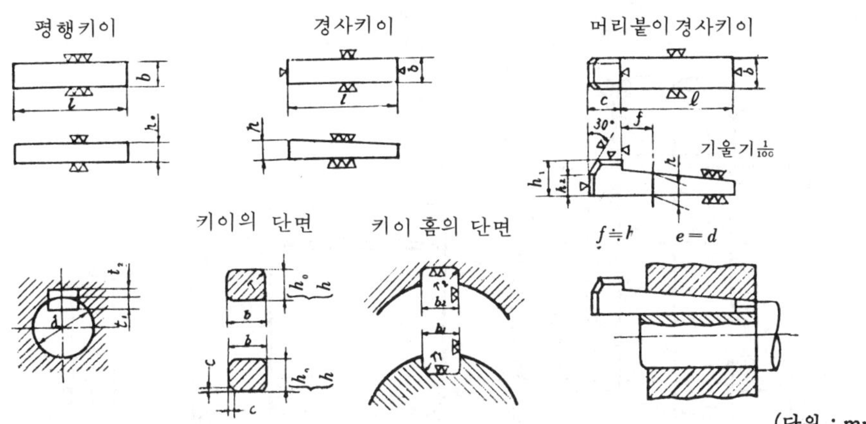

(단위 : mm)

키이의 호칭 치수 $b \times h_0$	해당축 지름 d	키이의 치수							키이 홈의 치수			
		b	h_0	h	h_1	h_2	r, c	c	b_1, b_2	r_1, r_2	t_1	t_2
4×4	10이상 13이하	4	4	4.2	7	4	0.5	10~45	4	0.4	2.5	1.5
5×5	13초과20이하	5	5	5.2	8	5	0.5	10~56	5	0.4	3	2
7×7	20 30	7	7	7.2	10	7	0.5	14~90	7	0.4	4	3
10×8	30 40	10	8	8.2	12	8	0.8	18~112	10	0.6	4.5	3.5
12×8	40 50	12	8	8.2	12	8	0.8	22.4~140	12	0.6	4.5	3.5
15×10	50초과 60이하	15	10	10.2	15	10	0.8	28~160	15	0.6	5	5
18×12	60 70	18	12	12.2	18	12	1.2	35.5~200	18	1.0	6	6
20×13	70 80	20	13	13.2	20	13	1.2	45~224*	20	1.0	7	6
24×16	80 95	24	16	16.2	24	16	1.2	56~250	24	1.0	8	8
28×18	95 110	28	18	18.2	38	18	1.2	63~315	28	1.0	9	9
32×20	110초과125이하	32	20	20.2	30	20	2	80~355	32	1.6	10	10
35×22	125 140	35	22	22.2	32	22	2	100~400	35	1.6	11	11
38×24	140 160	38	24	24.3	36	24	2	112~400	38	1.6	12	12
42×26	160 180	42	26	26.3	40	26	2	140~450	42	1.6	13	13
45×28	180 200	45	28	28.3	42	28	2	160~450	45	1.6	14	14
50×31.5	200초과224이하	50	31.5	31.8	47	32	2	180~450	50	1.6	16	15.5
56×35.5	224 250	56	35.5	35.8	51	36	2	200~450	56	1.6	18	17.5
63×40	250 280	63	40	40.3	56	38	3	224~450	63	2.5	20	20
71×45	280 315	71	45	45.4	63	42	3	250~450	71	2.5	22.5	22.5
80×50	315 355	80	50	50.4	70	45	3	280~450	80	2.5	25	25
90×56	355초과400이하	90	56	56.4	76	48	3	315~450	90	2.5	28	28
100×63	400 450	100	63	63.4	83	50	3	355~450	100	2.5	31.5	31.5
112×71	450 500	112	71	71.4	91	53	3	400~450	112	2.5	35.5	35.5

주 : (1) l : 10, 11.2, 12.5, 14, 16, 18, 20, 22.4, 25, 28 31.5, 35.5, 40, 45, 50, 56, 63, 71, 80, 90, 100, 112, 125, 140, 160, 180, 200, 224, 250, 280, 315, 355, 400, 450

(2) 보스의 홈에는 1/100 의 기울기를 두는 것으로 한다.

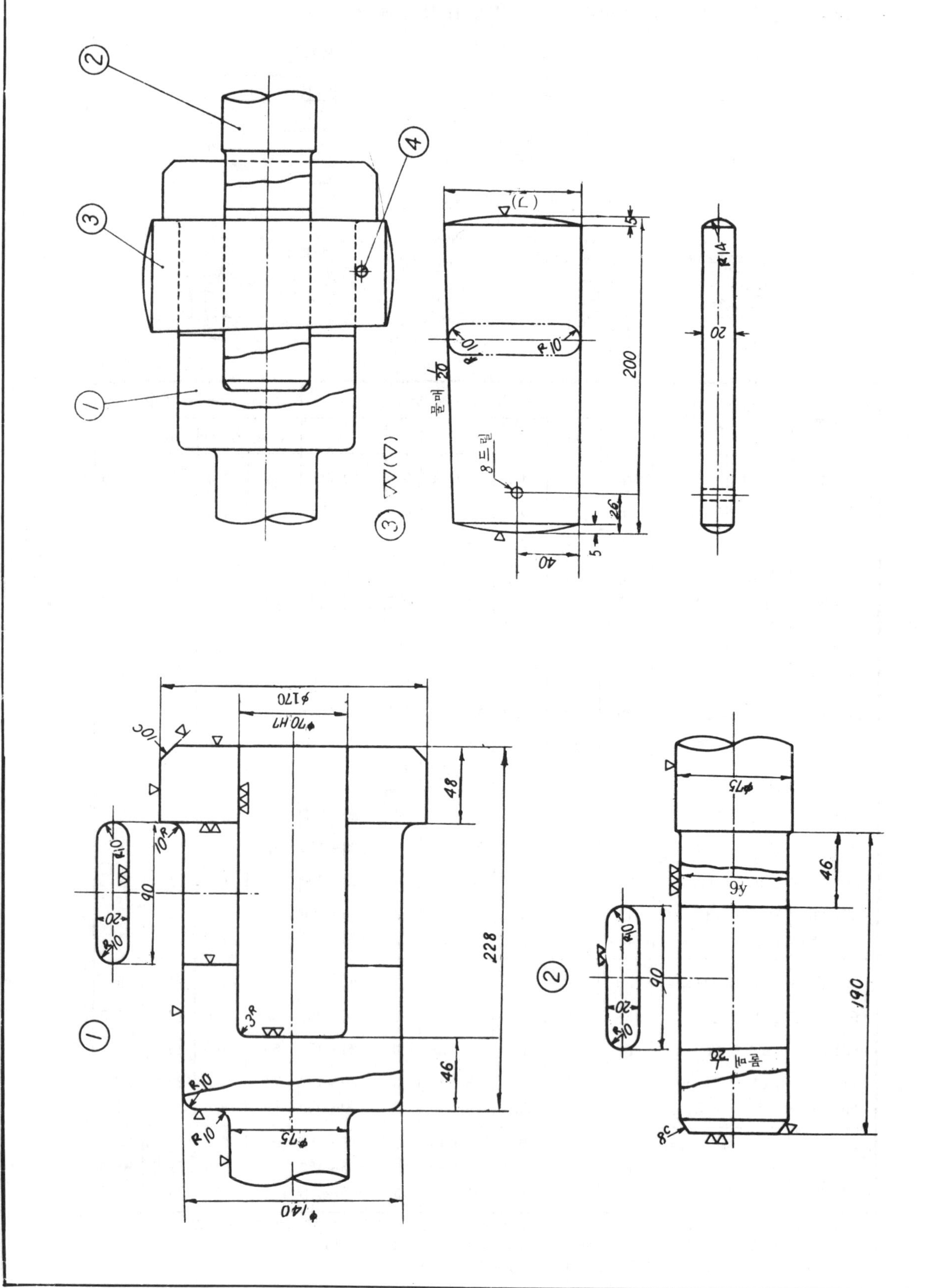

①
②
③
④
③ ▽▽(▽)
(ㄷ)
200
5
26
40
R10
R14
20
물매 1/20
8 드릴
φ170
φ70 H7
10C
48
228
46
90
φ140
φ75
R10
3R
10R
190
8C

코터 조인트(Cotter Joint)

(　　)반 (　　)번 　이름(　　　　　　)

1. 소켓트 축의 지름은 얼마냐? 　1. ____________
2. 상대방 축이 끼워질 소켓트의 축 구멍의 호칭지름은 얼마냐? 　2. ____________
3. 소켓트의 구멍에 끼워질 축의 호칭지름은 얼마냐? 　3. ____________
4. 소켓트의 구멍과 축은 어떠한 끼워맞춤이 되느냐? 　4. ____________
5. 코터의 길이는 얼마냐? 　5. ____________
6. 코터의 두께는 얼마냐? 　6. ____________
7. 코터의 물매는 얼마냐? 　7. ____________
8. 코터의 물매는 한쪽에만 있느냐? 양쪽에 다 있느냐? 　8. ____________
10. 코터에 뚫어질 ϕ8 드릴 구멍에는 어떠한 기계요소가 끼워질 것인가? 　9. ____________
9. 코터의 위 넓은 부분의 폭 (ㄱ)은 얼마 인가? 　10. ____________
11. ϕ8 구멍에 끼워질 기계요소의 호칭규격을 써라. 　11. ____________
12. 소켓트의 코터 구멍에는 물매가 있느냐? 　12. ____________
13. 소켓트에 끼워질 축의 코터 구멍에는 물매가 있느냐? 　13. ____________
14. 코터의 넓은 양쪽 면은 어떠한 가공을 하여야 하나? 기호로 나타내라. 　14. ____________
15, 다듬질 기호가 잘못 기입된 곳이 있다. 어떤 부분인가 지적해라. (부품②에서) 　15. ____________
16. 소켓트의 축 구멍과 축의 끼워맞춤에서 최대틈새는 얼마냐? 　16. ____________
17. 소켓트의 축 구멍과 축의 끼워맞춤에서 최대 **틈새는** 얼마냐? 　17. ____________
18. 소켓트의 축 구멍의 깊이는 얼마인가? 　18. ____________

— 〈**퀴즈 휴계실**〉 —

아래 그림과 같이 3㎜ 철판에 원, 십자형, 정사각형의 구멍이 뚫여 있다. 선생님께서 ϕ24㎜, 길이 24㎜의 연강 환봉을 내주시며, 이 세 구멍에 모두 거의 틈이 없이 가까스로 통과 할 수 있는 물체를 손 작업으로 제작하라고 하셨다. 어떻게 생긴 물체를 만들어야 하나 그 물체의 생김새를 우선 겨냥도로 나타내어라.

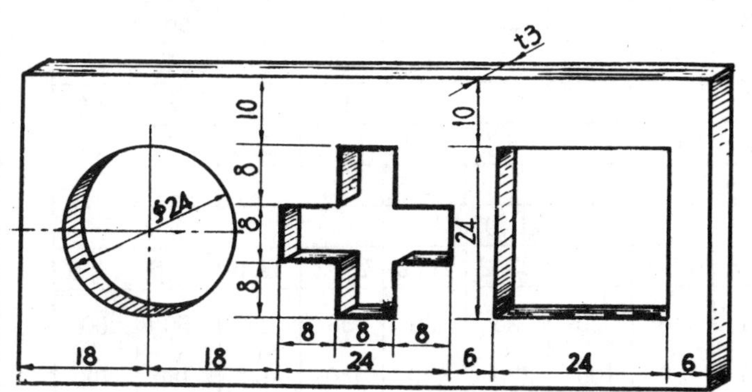

단 원 9

리벳이음(Riveted Joint)과 용접이음(Welded Joint)

1. 리벳이음

리벳(rivet)은 보일러, 차량, 선박, 철골 구조물 등에서 강판, 형강(Rolled steel) 등을 영구적으로 결합하는 데 쓰인다.

리벳에는 일반용, 보일러용, 선박용 등 강으로 만든 열간 성형 리벳과 강, 황동, 알루미늄 등의 냉간 성형리벳이 있다. 그리고 머리의 모양에 따라 그림9－1과 같은 6가지가 있으며, 각부의 크기는 KS 규격으로 정해져 있다.

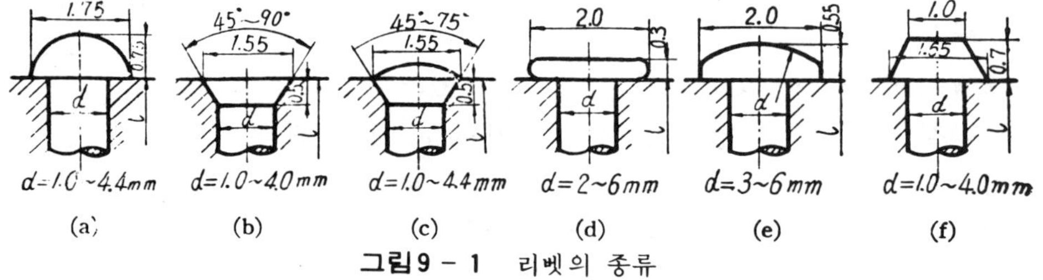

그림9－1 리벳의 종류

(a) 둥근머리 리벳 (b) 접시머리 리벳 (c) 둥근접시머리 리벳
(d) 얇은 납작머리 리벳 (e) 남비머리 리벳 (f) 납작머리 리벳

리벳의 호칭은 종류, 지름(d)×길이(l), 재료 순으로 기입하나 도면에는 그 호칭을 부품표에 기입하는 때가 많다.

〔**보기**〕 열간 둥근머리 리벳 16 × 40 SBV 34
보일러용 둥근머리 리벳 13 × 30 SBV 41B
(종류) (지름)×(길이) (재료)

표9－1 둥근머리 리벳(KS B 1102)

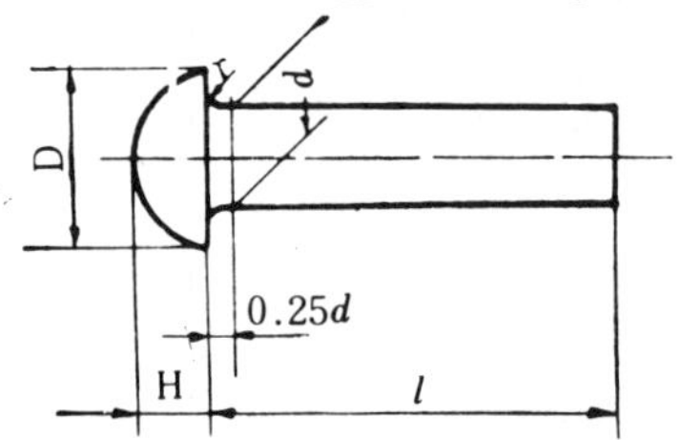

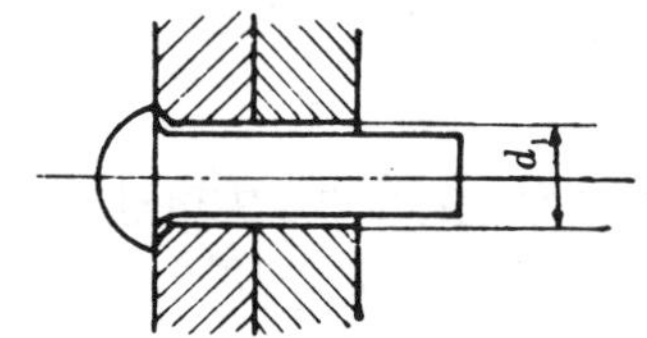

지 름		10	13	16	19	22	25	28	32	36	40
축 지 름 d		10	13	15	19	22	25	28	32	36	40
머리 지름 D	보 일 러 용	17	22	27	32	37	42	48	54	61	68
	일 반 용	16	21	26	30	35	40	45	51	58	64
머 리 높 이 H		7	9	11	13.5	15.5	17.5	19.5	22.5	25	28
턱 밑 둥 글 기 r	보일러용(약)	1	1.5		2		2.5	4		3.5	4
	일 반 용	<0.05d									
구멍의 지름 d_1(참고)		10.8	13.3	16.8	20.2	23.2	26.2	29.2	33.6	37.6	4.6
길 이 l		10 ~ 50	14 ~ 65	18 ~ 80	22 ~ 100	28 ~ 120	36 ~ 130	38 ~ 140	45 ~ 160	50 ~ 180	60 ~ 190

리벳 이음의 종류

(1) **겹치기 이음**(lap joint) : 판을 겹쳐 이은 것으로 용기, 또는 보일러 등의 원주의 이음에 사용한다.

(2) **맞대기 이음**(butt joint) : 판의 끝 부분을 서로 맞대어 이은 것으로 주로 보일러의 세로 방향의 이음등에 사용된다. 리벳이음에 사용되는 용어는 다음과 같다.

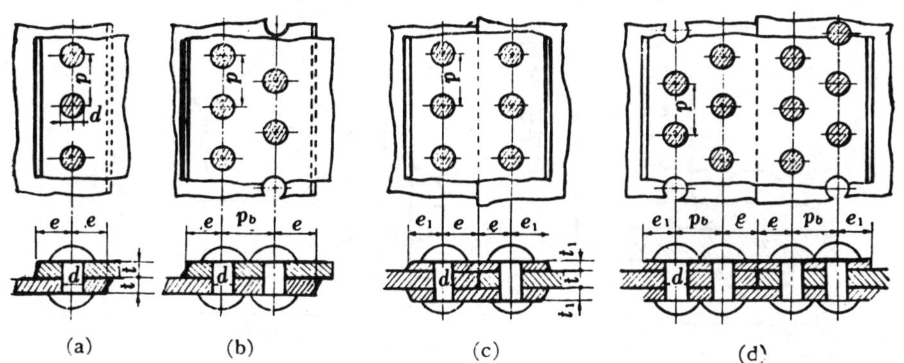

그림 9 - 2 리벳 이음

(a) 1 렬 겹치기 이음 (b) 2 열 겹치기 이음 (c) 1 렬 맞대기 이음 (d) 2 열 맞대기 이음

피치(Pitch) : 같은 중심선 위에 인접하고 있는 이웃한 리벳사이의 중심거리(p)

뒤피치(Backpitch) : 이웃하고 있는 리벳열의 중심선 사이의 거리(p_b)

마아진(Margin) : 판의 끝과 바깥쪽 리벳열의 중심선 사이의 거리(e_1)

〔문 제〕 다음 그림 9 - 3 을 보고 물음에 답하여라.

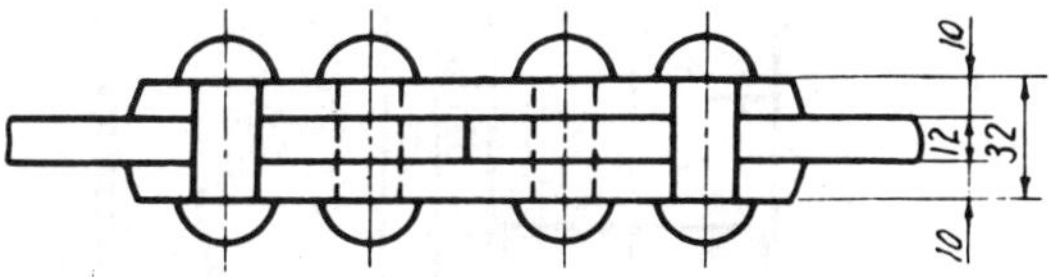

1. Ⓐ판의 두께는 얼마냐? ( ) mm
2. Ⓑ판의 두께는 얼마냐? ( ) mm
3. Ⓒ판의 두께는 얼마냐? ( ) mm
4. Ⓓ판의 두께는 얼마냐? ( )mm
6. 피치는 얼마냐? ( ) mm
7. 뒤피치는 얼마냐? ( ) mm
8. 마아진은 얼마냐? ( ) mm
9. 리벳의 지름은 얼마냐? ( ) mm
10. Ⓐ판의 폭은 얼마냐? ( ) mm
11. 레벳구멍은 얼마냐? ( ) mm
12. 이 리벳이음의 종류를 써라. ( )
13. 이 작업에 필요한 리벳의 규격을 써라. ( )

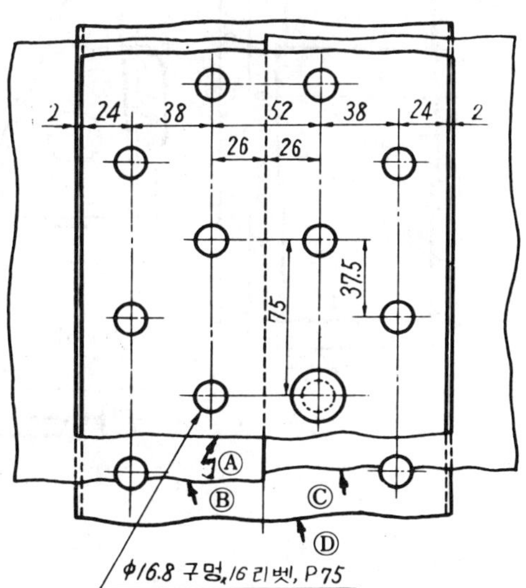

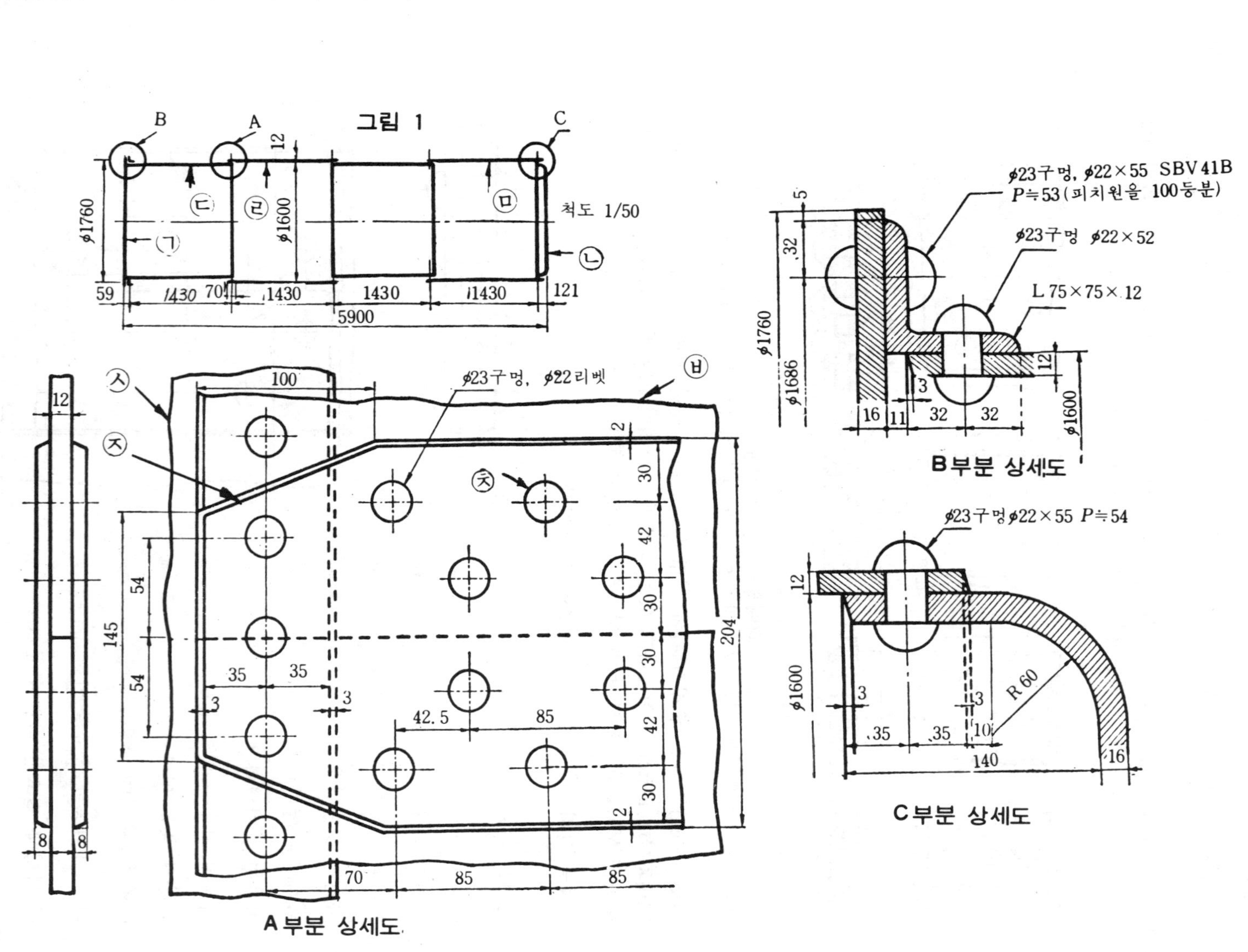

그림 1
척도 1/50
ϕ23구멍, ϕ22리벳
A부분 상세도
ϕ23구멍, ϕ22×55 SBV41B
P≒53(피치원을 100등분)
ϕ23구멍 ϕ22×52
L 75×75×12
B부분 상세도
ϕ23구멍ϕ22×55 P≒54
C부분 상세도

리벳이음 보일러

(　　)반 (　　) 이름(　　　　　　　　　)

1. 그림 1 에서 ㉠판의 두께는 몇 mm이냐? 　1. ______
2. ㉢ 원통판의 두께는 몇 mm이냐? 　2. ______
3. ㉢ 원통판의 바깥지름은 몇 mm이냐? 　3. ______
4. ㉠판과 ㉢판을 리벳이음 할 때 사용된 L형강의 두께는 몇 mm이냐? 　4. ______
5. ㉠판과 ㉢판을 리벳이음 할 때 사용될 리벳의 지름은 몇 mm이냐? 　5. ______
6. ㉠판에 뚫을 리벳구멍의 지름은 몇 mm이냐? 　6. ______
7. ㉠판에는 몇개의 리벳구멍을 뚫어야 하느냐? 　7. ______
8. A부분 상세도의 ㉦판은 그림 1 의 어느 부분인가? 　8. ______
9. ㉦판의 두께는 몇 mm인가? 　9. ______
10. ㉥판의 두께는 몇 mm인가? 　10. ______
11. ㉧판위 두께는 몇 mm인가? 　11. ______
12. ㉡판의 두께는 몇 mm인가? 　12. ______
13. ㉡판에는 리벳구멍을 몇개 뚫어야 하느냐? 　13. ______
14. ㉥판은 그림 1 에서 어느 부분인가? 　14. ______
15. ㉧판의 길이는 몇 mm인가? 　15. ______
16. ㉧판에는 구멍을 몇개 뚫어야 하느냐? 　16. ______
17. ㉧판은 모두 몇개 필요로 하느냐? 　17. ______
18. ㉠판의 중량은 몇 kg이나 될까? 　18. ______
19. ㉣판의 중량은 몇 kg이나 될까? 　19. ______
20. ㉢판의 중량은 몇 kg이나 될까? 　20. ______
21. ㉠판과 L형강의 리벳이음용 리벳길이중 머리부분이 될 길이는 몇 mm인가? 　21. ______
22. ㉤판과 ㉡판의 리벳이음용 리벳길이중 머리부분이 될 길이는 몇 mm인가? 　22. ______
23. ㉨리벳의 지름과 길이는 얼마인가? 　23. ______
24. L형강의 필요한 길이는 약 몇 cm인가? 　24. ______
25. 리벨의 재질은 무엇이냐? 　25. ______

2. 용접 이음

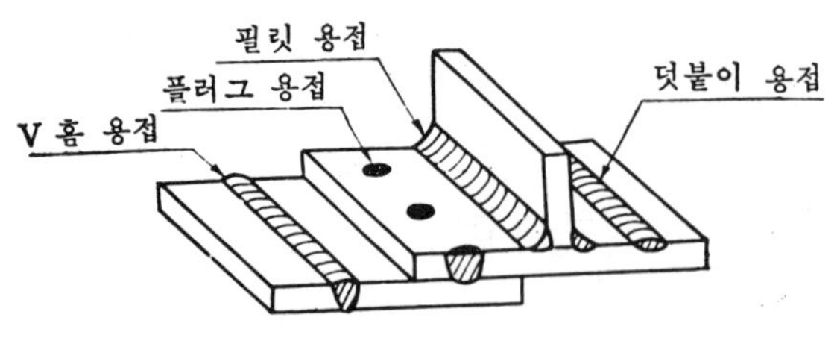

그림 9 – 4 용접부의 종류

(1) 용접 이음의 종류

용접(welding)은 금속을 영구적으로 접합할 때 쓰는 이음 방법이고 용접부의 종류에는, 그림 9 – 4 에서 보는 바와 같이, 홈 용접, 플러그 용접, 필릿용접, 붙이 용접 등이 있다.

(a) 맞대기이음 (b) 겹치기이음 (c) T이음 (d) 모서리이음 (e) 변두리이음

그림 9 – 5 용접이음의 종류

용접 이음의 종류에는 그림 9 – 5 에서와 같이 맞대기 이음, 겹치기 이음, T이음, 모서리 이음, 변두리 이음 등이 있다.

또, 맞대기 이음에는 홈의 모양에 따라 그림 9 – 6 에서 보는 것과 같은 여러가지 종류가 있다.

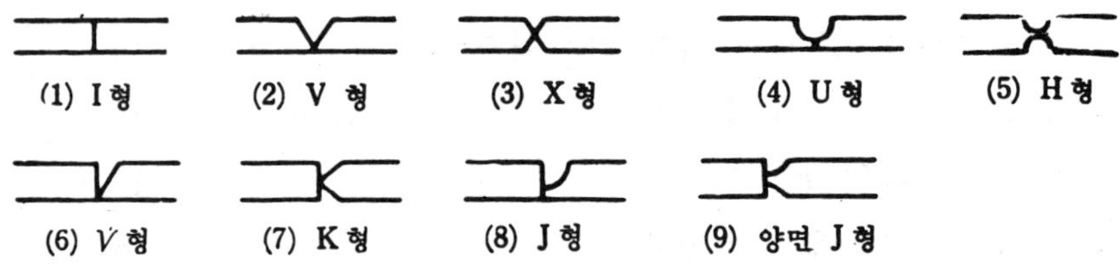

그림 9 – 6 맞대기 이음의 홈 형상

용접의 종류를 표시하는 방법은 다음 표 9 – 2 와 같다.

표 9 – 2 **용접 기호의 종류**

종류		기호	종류		기호
맞대기용접	I 형	‖	필렛용접	연속	[illegible]
	V 형	∨		단속	[illegible]
	X 형	✕		연속(병렬)	[illegible]
	U 형	∪		단속(지그재그)	[illegible]
	H 형	[illegible]		단속(병렬)	[illegible] (특례)
	V 형	[illegible]	기타	플러그	[illegible]
	K 형	[illegible]		비이드	[illegible]
	J 형	[illegible]		살올리기	[illegible]
	양면J형	[illegible]			

다음 페이지에 용접기호 및 치수표시법을 KS 규격에서 발췌 소개한다.

2. 화살의 설명

기선의 아래쪽에 용접 기호가 있을 때에는 화살표가 있는 쪽, 또는 손 앞쪽을 용접한다.

이 기호에서 특히 주의해야 할 점은 용접 홈을 따 내는 쪽을 틀리게 하기 쉽다.

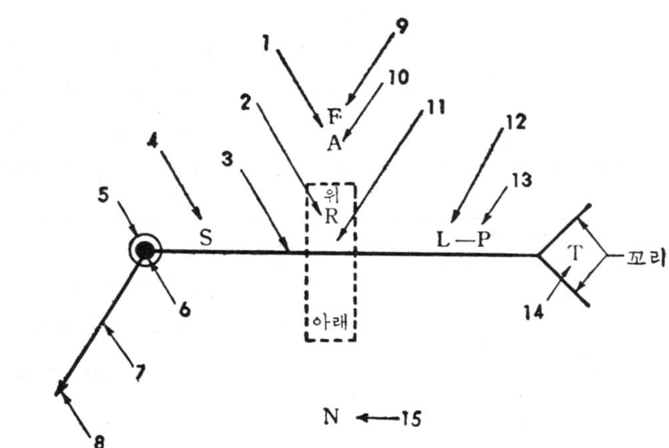

1. 표면 모양 기호 2. 루우트 간격 3. 기선 4. 치수 또는 강도 5. 전 둘레 (다듬일 부호 C: 치핑, G: · 글라인더 다듬일, M: 기계 다듬일) 용접 기호 6. 현장 용접 기호 7. 인출선 8. 화살표 9. 다듬일 방법 기호 10. 용접 홈 각도 11. 용접의 종류 기호 12. 뢰 용접의 길이 13. 뢰 용접, 점 용접 피치 14. 특별히 지시된 사항 15. 점 용접의 수

그림 부 I-1. 용접 표시법

3. 도시의 예

I 형 용접	기 호	‖	엷은 판인 때가 많음
용 접 부	실제 모양		도 시
화살표 방향 또는 손 앞 방 향			
화살표 반대 방향	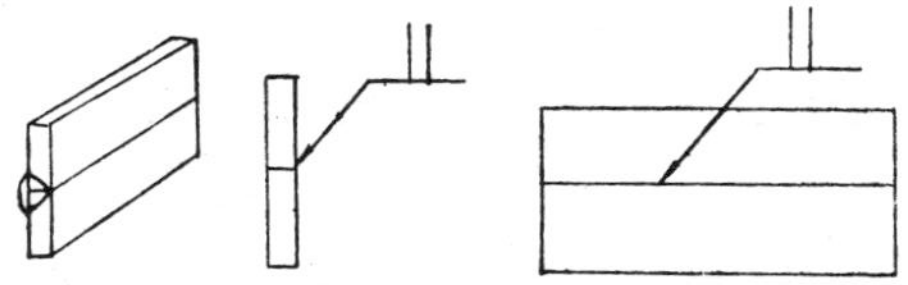		
루우트 간격 2 mm인 때	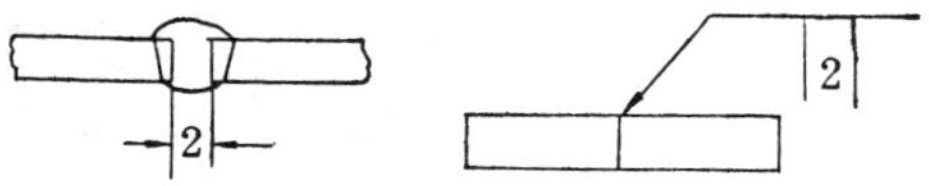 2		2

V 형 용접	기 호	∨	각도는 90°
용 접 부	실제 모양		도 · 시
화살표 방향 또는 손 앞 방 향	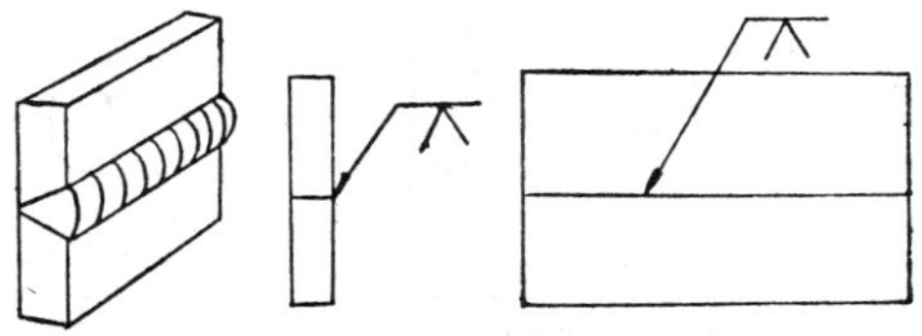		
홈 깊이 16 mm 홈 각도 60° 루우트 간격 2 mm인 때	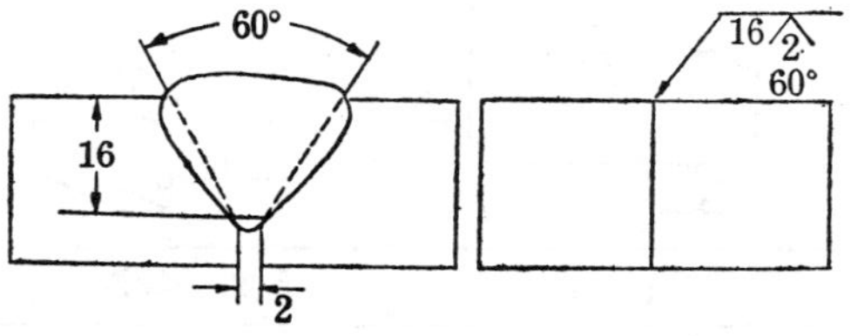 60° 16 2		16 2 60°

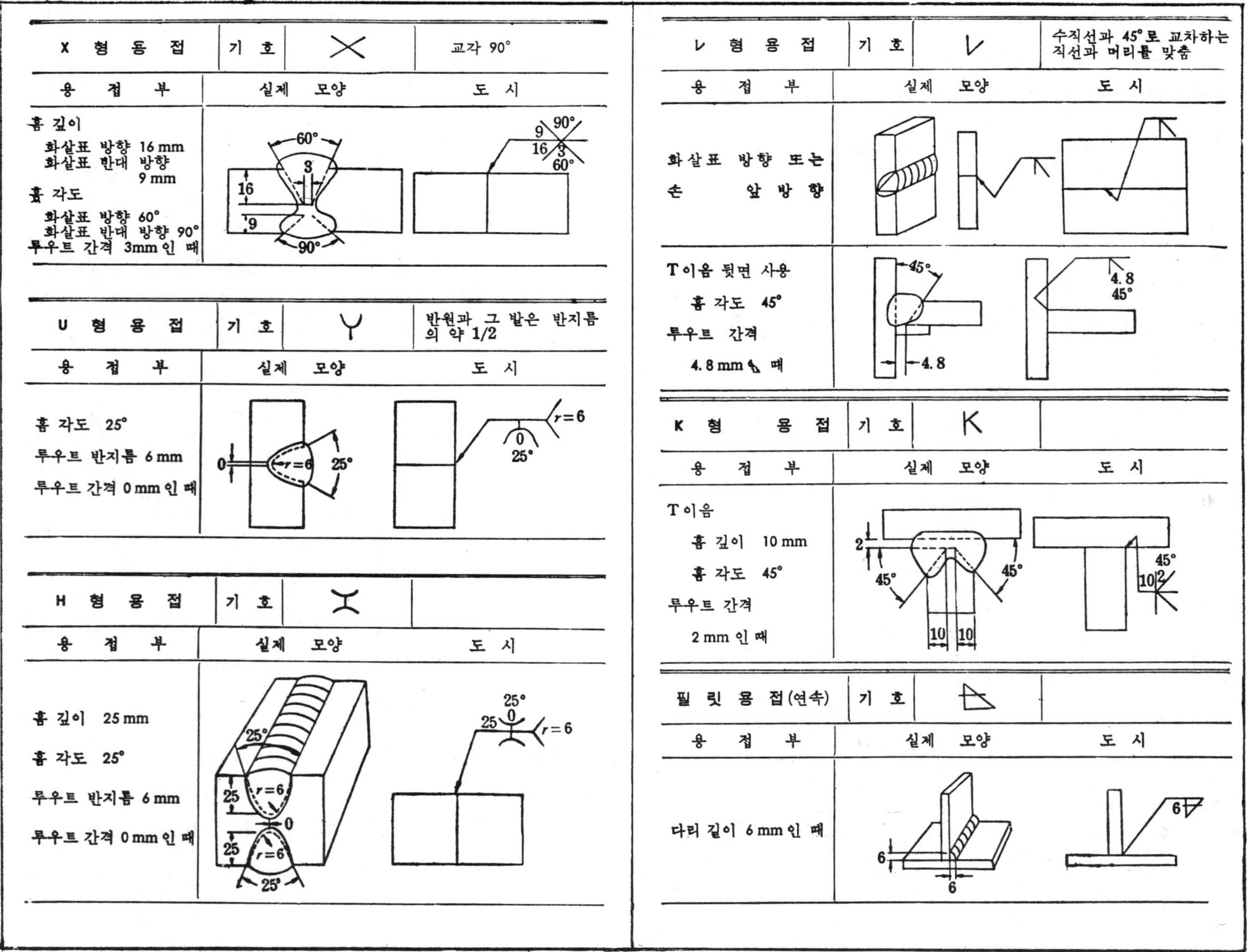

X 형 용 접	기 호		교각 90°
용 접 부	실제 모양		도 시
홈 깊이 화살표 방향 16 mm 화살표 반대 방향 9 mm 홈 각도 화살표 방향 60° 화살표 반대 방향 90° 루우트 간격 3mm 인 때	60°, 3, 16, 9, 90°		9, 90°, 16, 3, 60°

U 형 용 접	기 호		반원과 그 밖은 반지름의 약 1/2
용 접 부	실제 모양		도 시
홈 각도 25° 루우트 반지름 6 mm 루우트 간격 0 mm 인 때	0, $r=6$, 25°		0, 25°, $r=6$

H 형 용 접	기 호		
용 접 부	실제 모양		도 시
홈 깊이 25 mm 홈 각도 25° 루우트 반지름 6 mm 루우트 간격 0 mm 인 때	25°, 25, $r=6$, 0, 25, $r=6$, 25°		25°, 25, 0, $r=6$

ㄴ 형 용 접	기 호		수직선과 45°로 교차하는 직선과 머리를 맞춤
용 접 부	실제 모양		도 시
화살표 방향 또는 손 앞 방 향			
T 이음 뒷면 사용 홈 각도 45° 루우트 간격 4.8 mm 인 때	45°, 4.8		4.8, 45°

K 형 용 접	기 호		
용 접 부	실제 모양		도 시
T 이음 홈 깊이 10 mm 홈 각도 45° 루우트 간격 2 mm 인 때	2, 45°, 45°, 10, 10		45°, 10, 2

필 릿 용 접(연속)	기 호		
용 접 부	실제 모양		도 시
다리 길이 6 mm 인 때	6, 6		6

필릿 용접(계)	기 호	병 렬	L-ρ
		엇갈림	L-ρ

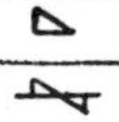

용 접 부	실제 모양	도 시
양쪽의 보기 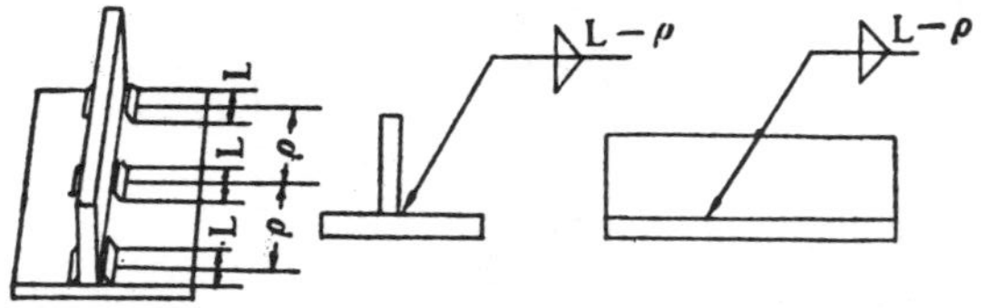		L−ρ

플레어 V형 용접 플레어 X형 용접	기 호 

용 접 부	실제 모양	도 시
화살표 방향 또는 손 앞 방 향		
화살표 반대 방향	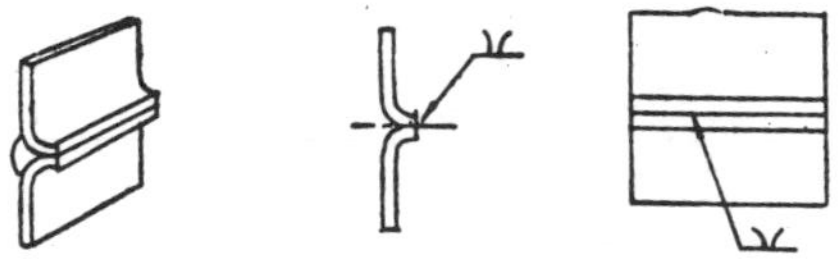	

플레어 V형 용접 플레어 K형 용접	기 호 

용 접 부	실제 모양	도 시
화살표 방향 또는 손 앞 방 향	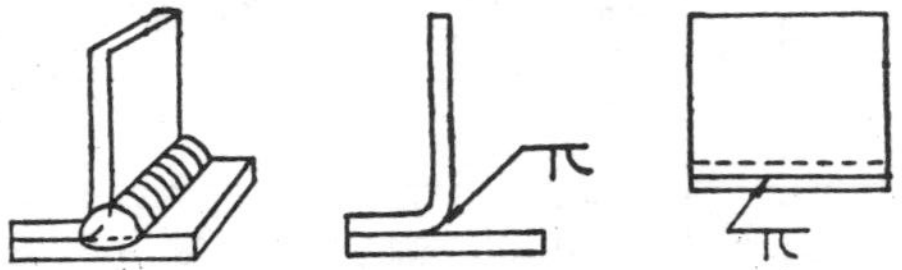	
화살표 반대 방향		

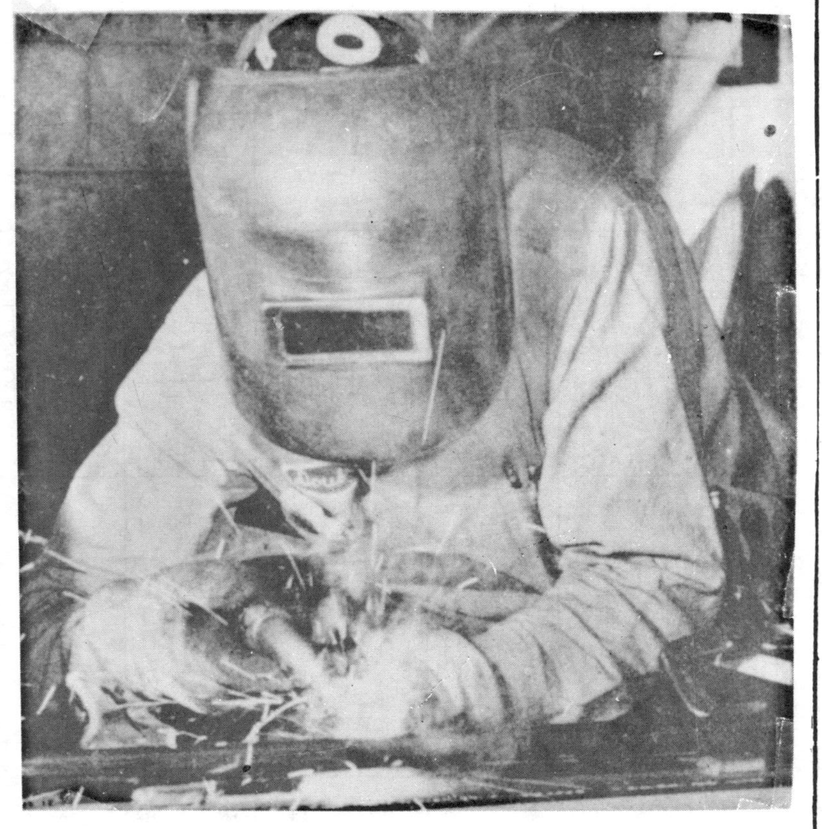

용접기호 과제 ( )반 ( )번 이름( )

다음 빈칸에 주어진 조건에 따라 실제모양 또는 도면표시를 나타내어라.

용접부		실제 모양	도면 표시
I 형 홈 용접	루우트 간격 2 mm의 경우		 2
V 형 홈 용접	홈의 깊이 16 mm 홈의 각도 60° 루우트 간격 2 mm의 경우	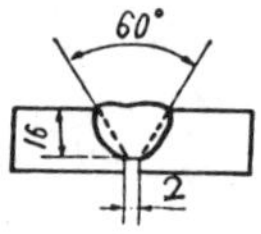 60°, 16, 2	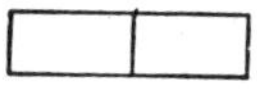
X 형 홈 용접	홈의 깊이 화살쪽 16 mm 화살 반대쪽 9 mm 홈의 각도 화살쪽 60° 화살 반대쪽 90° 루우트 간격 3 mm의 경우	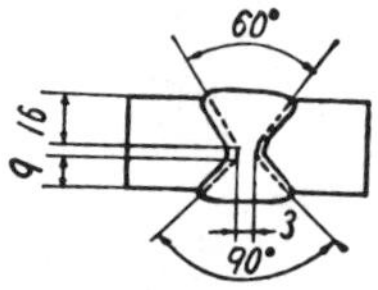 60°, 16, 9, 3, 90°	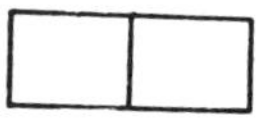
U 형 홈 용접	홈의 깊이 27 mm의 경우	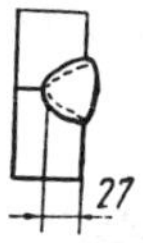 27	
H 형 홈 용접	홈의 깊이 25 mm 홈의 각도 25° 루우트 반지름 6 mm 루우트 간격 0 mm의 경우	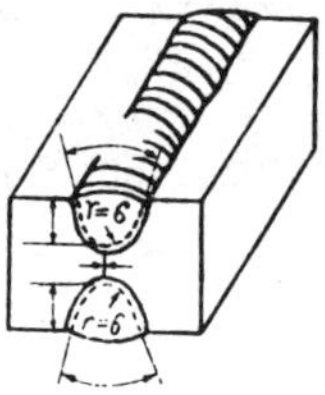 r=6, r=6	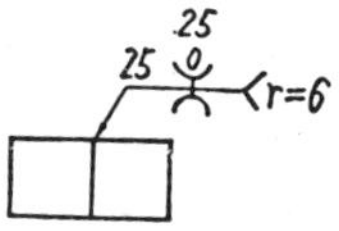 25, 25, 0, r=6
V 형 홈 용접	T 이음, 받침쇠를 사용한 홈의 각도 45° 루우트 간격 6.4 mm의 경우	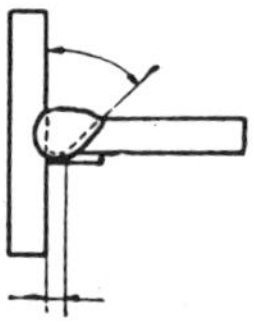	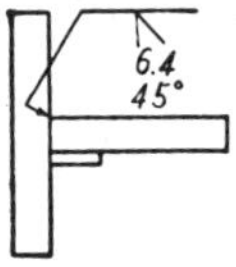 6.4, 45°
K 형 홈 용접	T 이음 홈의 깊이 10 mm 홈의 각도 45° 루우트 간격 2 mm의 경우	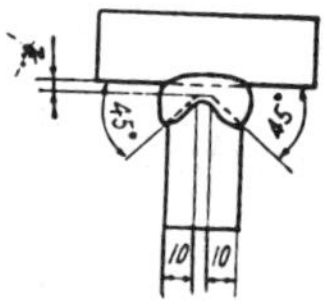 2, 45°, 45°, 10, 10	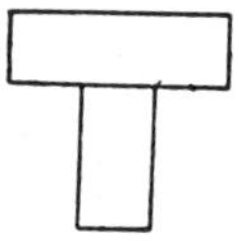
J 형 홈 용접	홈의 깊이 28 mm 홈의 각도 35° 루우트 반지름 13 mm 루우트 간격 2 mm의 경우	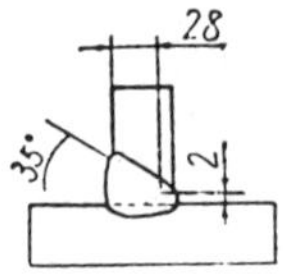 28, 35°, 2	
양면J 형 홈 용접	홈의 깊이 24 mm 홈의 각도 35° 루우트 반지름 13 mm 루우트 간격 3 mm의 경우		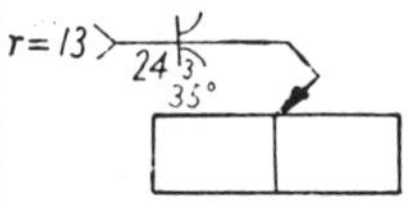 r=13, 24, 3, 35°

용접도면 판독 과제

(　　)반 (　　)번　이름(　　　　　　)

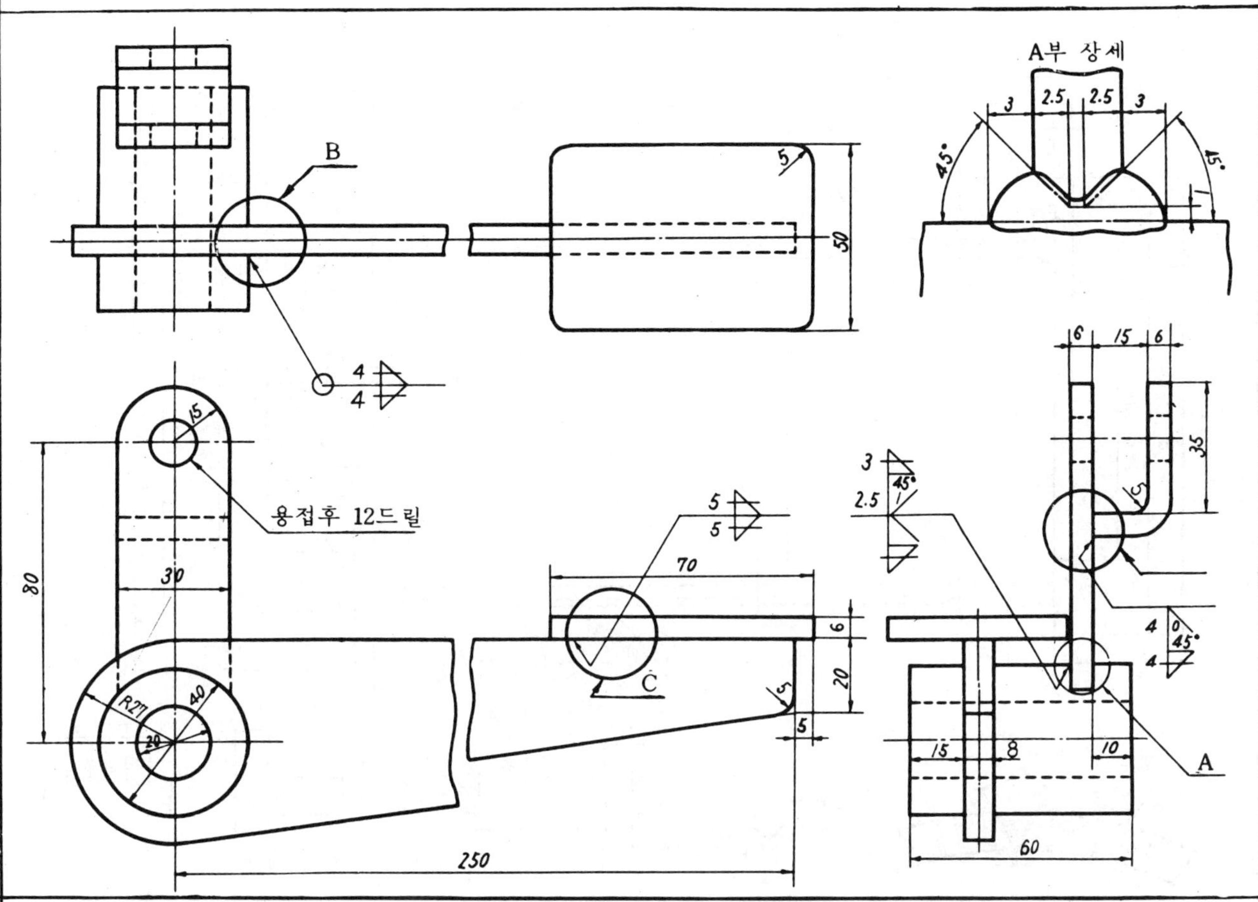

1. A부 상세와 같이 B부 상세, C부 상세, D부 상세를 나타내어라.

B부 상세　　　　　C부 상세　　　　　D부 상세

2. 이 도면의 물체는 몇개의 부품으로 용접되어 있나?　　　2. ____________

용접도면의 판독과제

( )반 ( )번 이름( )

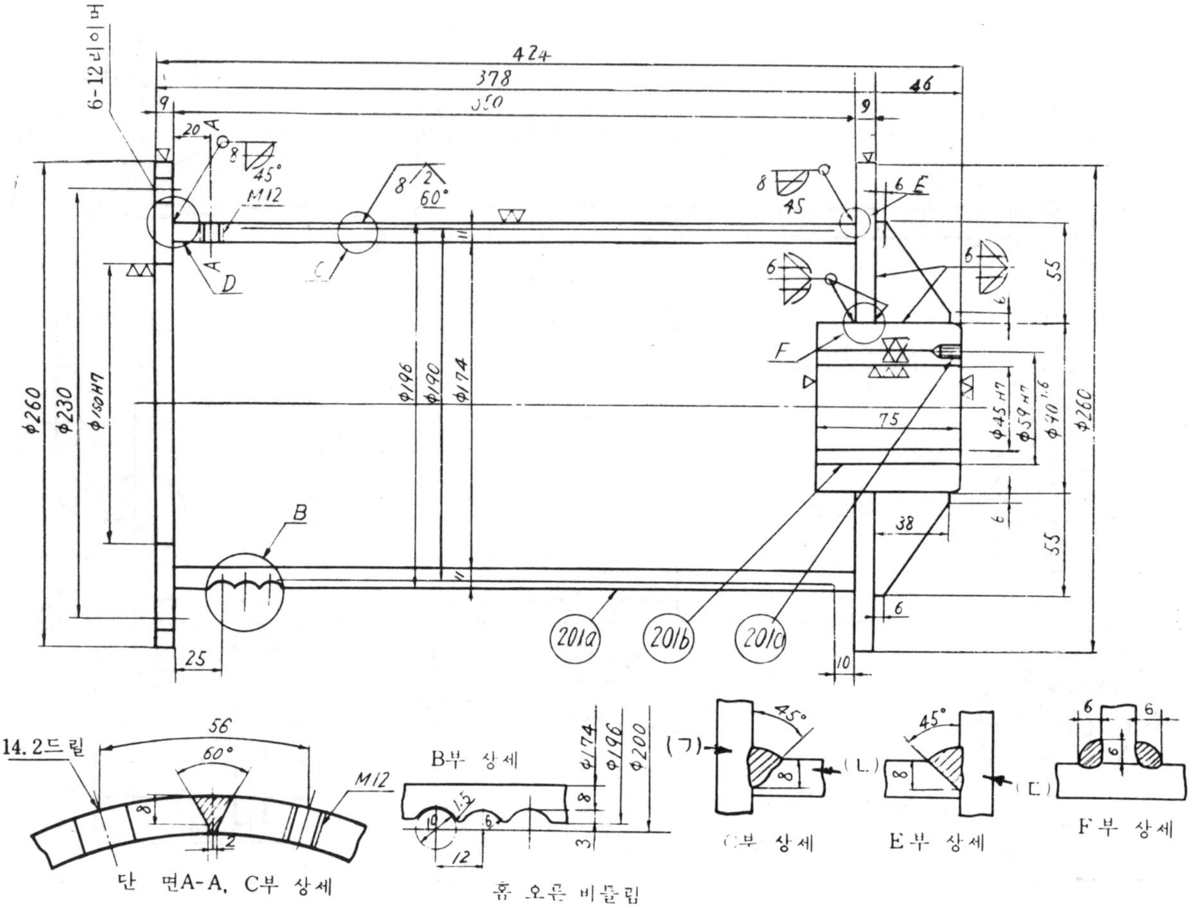

단 면A-A, C부 상세

B부 상세

홈 오른 비늘림

D부 상세

E부 상세

F부 상세

1. C부분의 용접을 무슨 형 용접이라고 하느냐? 1. ______
2. C부분의 홈의 깊이는 몇 mm인가? 2. ______
3. C부분 용접기호중 숫자 2는 무엇의 간격을 나타내느냐? 3. ______
4. D부분은 전둘레 연속용접인가 또는 띔 용접인가? 4. ______
5. D부분은 필릿용접인가 또는 V형 용접인가? 5. ______
6. E부분의 다리의 길이는 얼마인가? 6. ______
7. E부분은 연속용접인가 띔 용접인가? 7. ______
8. F부분은 한쪽 용접인가 양쪽 용접인가? 8. ______
9. F부분은 필릿용접인가 V형 용접인가? 9. ______
10. F부분은 연속용 용접인가 띔 용접인가? 10. ______
11. D부 상세도에서 (ㄱ)판의 두께는 몇 mm인가? 11. ______
12. (ㄴ)판의 두께는 몇 mm인가? 12. ______
13. (ㄷ)판의 두께는 몇 mm인가? 13. ______

단 원 10

커 플 링·클 러 치

두개의 축을 연결하여 한쪽 축에서 다른 축에 동력을 전달하는 경우에 쓰이는 기계요소를 축 커플링(Shaft Coupling)이라 한다. 이 축 커플링에는 두 축이 항상 결합되어 있는 고정 커플링, 플렉시블 커플링, 유우니버어설 조인트 등이 있고, 운전중에 연결을 일시적으로 떼었다 붙였다 할 수 있는 클라치가 있다.

1. 커 플 링

① 플랜지 커플링(flange Coupling) : 고정 커플링의 일종으로 주철 또는 주강제의 플랜지를 양축의 끝에 키이로써 고정하고 보울트로 결합한다. 양축의 중심을 일치시키기 위하여 플랜지에 턱을 만든다.

② 플렉시블 커플링(flexcble Coupling) :

플랜지 커플링의 특수한 것으로서, 결합부분에 고무 또는 가죽같은 탄력이 있는 재료를 보울트와 같이 사용한 것이다.

두 축의 중심선이 바르게 일치하기 힘든다든지, 회전력이 일정하지 않아 충격과 진동을 커플링 부분에서 흡수하여 완충할 필요가 있을 때, 등에 쓰인다.

③ 유우니버어설 조인트(Universal Joint)

연결하고자 하는 두 축의 중심선이 일직선이 아니고, 서로 교차할 때에 쓰인다. 그림10-3 (a)의 경우에, 주동축의 각속도가 일정하더라도, 피동축의 각속도는 일정치 않고 변동을 한다. 이 변동량은 두 축의 경사각에 비례하므로, 경사 각도는 되도록 작아야 좋다. 피동축도 일정한 각속도가 되도록 하려면, 그림10-3 (b)에서와 같이 주동축 A와 피동축 B의 중간에 중간 축 C를 넣고, A, B의 경사 각도 α를 동일하게 하면 된다.

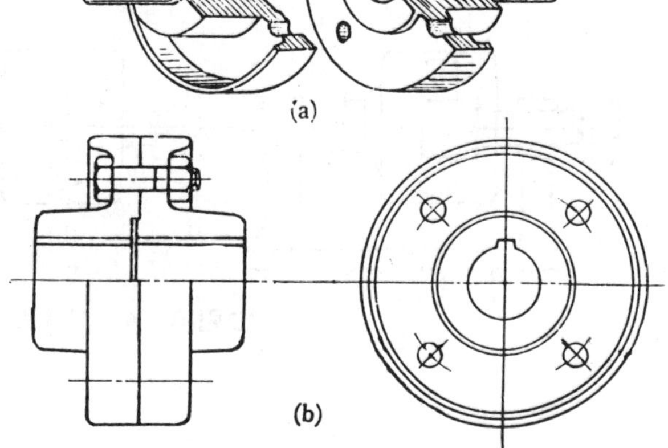

그림10-1 플랜지 커플링

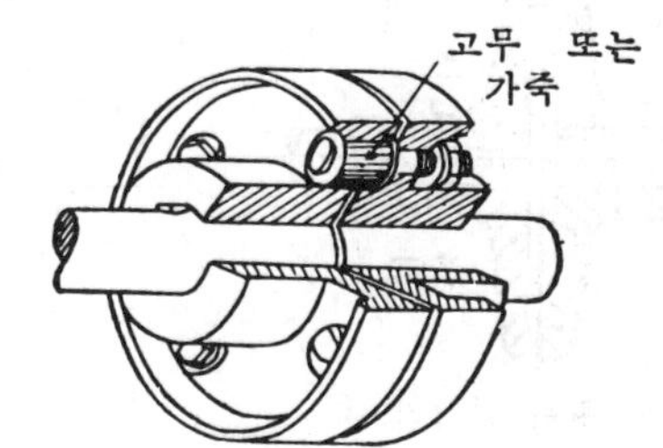

그림10-2 플렉시블 커플링

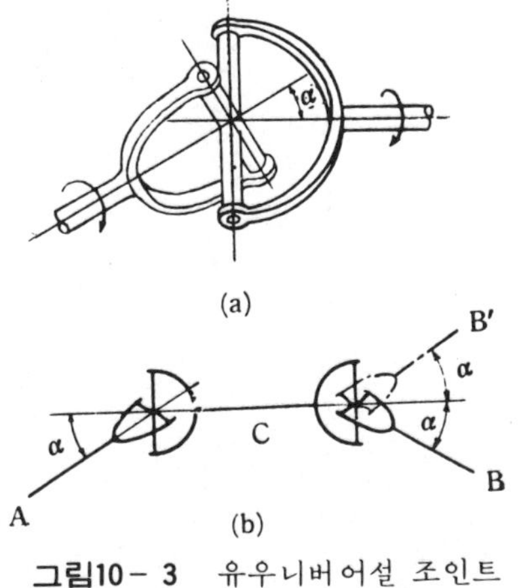

그림10-3 유우니버어설 조인트

2. 클 러 치

원동축과 피동축의 연결을 떼었다 붙였다 하는 **클러치**(cluth)에는 맞물림 클러치, 마찰 클러치 등이 있다.

(1) 맞물림 클러치

맞물림 클러치(dog clutch)는 그림10-4와 같이, 서로 마주 무는 이를 가진 플랜지의 한쪽을 축에 고정하고, 다른 쪽을 축 위에서 축방향으로 이동할 수 있도록 하여, 이의 맞물림으로 회전을 전달하는 것이다.

이의 모양과 회전 방향의 관계는, 그림10-4에서 보는 바와 같이 여러 가지가 있다. 그리고, 그림10-4 (d)의 경우에는 한쪽만으로 회전을 전달할 수 있다.

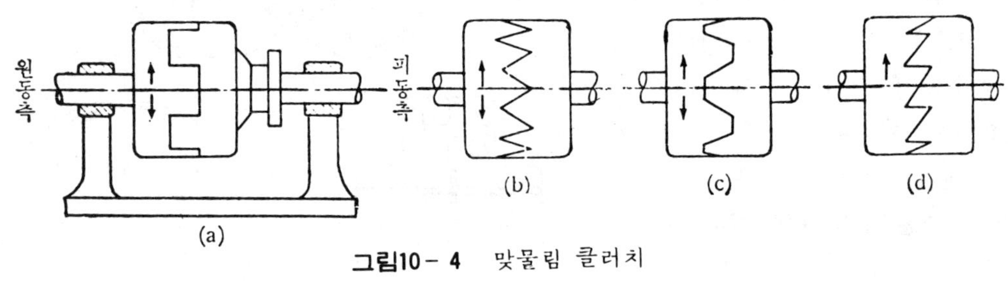

그림10-4 맞물림 클러치

(2) 마찰 클러치

마찰 클러치(friction clutch)는 그림10-5와 같이, 플랜지의 접촉면에 있어서의 마찰력을 이용하여 동력을 전달하는 클러치이다. 마찰 클러치에는 **원판 클러치**(disk clutch)〔그림10-5 (a)〕와 **원뿔 클러치**(cone clutch)〔그림10-5 (b)〕 등이 있다.

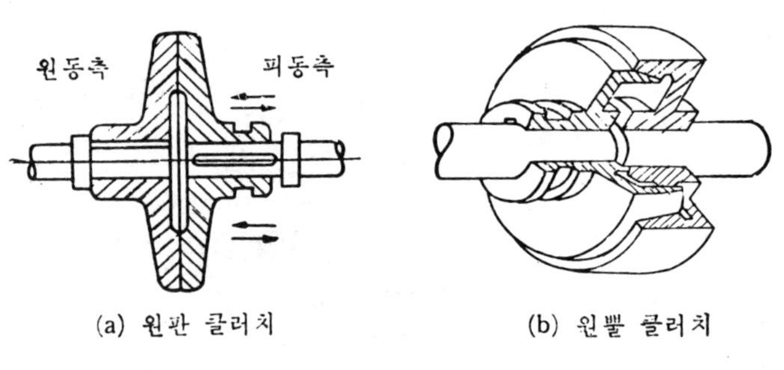

(a) 원판 클러치 (b) 원뿔 클러치

그림10-5 마찰 클러치

플랜지 커플링(Flange Coupling)

( )반 ( )번 이름( )

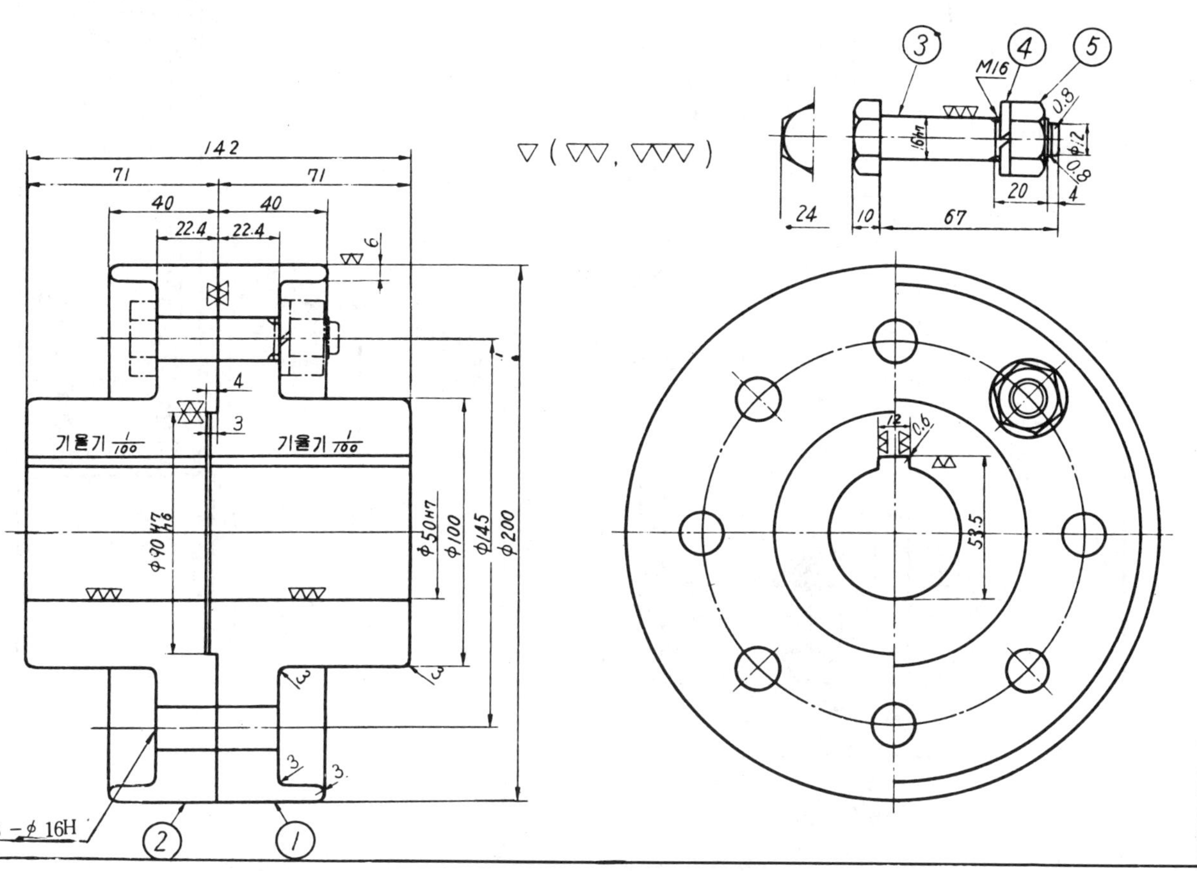

1. 그림의 플랜지 커플링으로 두축을 연결할 때 두축까지 포함해서 부품의 총 갯수는 몇 개 있어야 하나? 1. ________
2. 이 커플링에 사용할 머리붙이 경사키이의 호칭규격을 써라. 2. ________
3. 이 커플링에 깎이어 있는 턱부분의 호칭지름은 얼마냐? 3. ________
4. 이 커플링의 보스 바깥지름은 얼마냐? 4. ________
5. 이 커플링의 최대 지름은 얼마냐? 5. ________
6. 축 구멍의 위 치수차는 얼마냐? 6. ________
7. 축 구멍의 아래 치수차는 얼마냐? 7. ________
8. 축 구멍의 공차는 얼마냐? 8. ________
9. 커플링 턱은 어떠한 끼워 맞춤인가? 9. ________
10. 커플링 턱의 끼워 맞춤에서 최대틈은 얼마냐? 10. ________
11. 커플링 턱의 끼워 맞춤에서 최대 죄임은 얼마냐? 11. ________
12. 보울트 구멍과 보울트의 최대틈은 얼마인가? 12. ________
13. 보울트 구멍의 최대 허용치수는 얼마냐? 13. ________
14. 보울트 지름의 최소 허용치수는 얼마냐? 14. ________
15. 보울트 구멍은 드릴작업과 또 어떤 작업이 필요하나? 15. ________

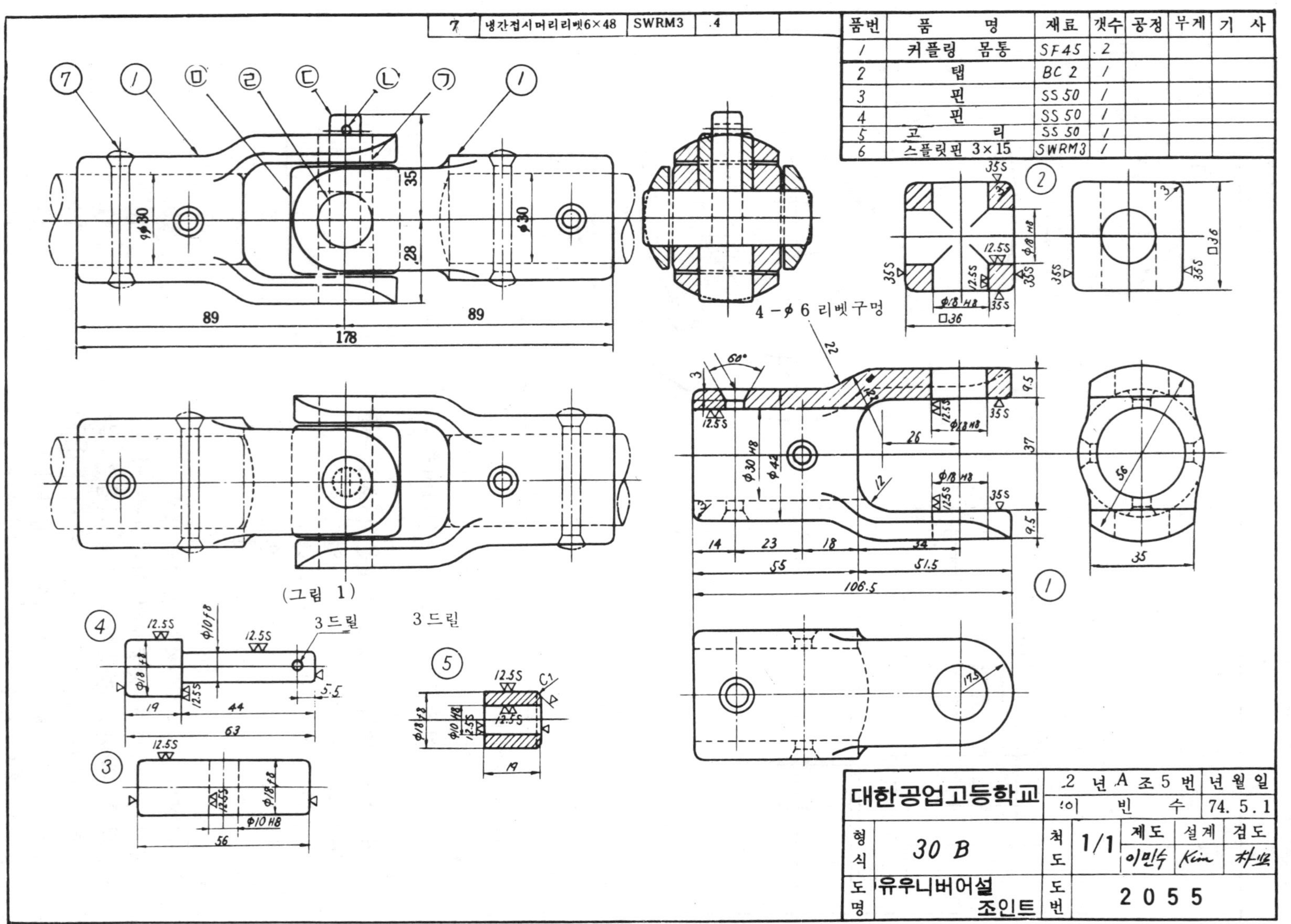

7 | 냉간접시머리리벳6×48 | SWRM3 | 4
품번 | 품명 | 재료 | 갯수 | 공정 | 무게 | 기사
1 | 커플링 몸통 | SF45 | 2
2 | 탭 | BC2 | 1
3 | 핀 | SS50 | 1
4 | 핀 | SS50 | 1
5 | 고 리 | SS50 | 1
6 | 스플릿핀 3×15 | SWRM3 | 1
4－φ6 리벳구멍
(그림 1)
3 드릴
대한공업고등학교
2 년 A 조 5 번
년 월 일
74. 5. 1
척도 1/1
제도 설계 검도
형식 30 B
도명 유우니버어설 조인트
도번 2055

유우니버어설 조인트(Universal Joint)

( )반 ( )번 이름( )

1. 그림 1 에는 가상 부품까지 합쳐 모두 몇개의 부품으로 꾸며져 있느냐? 1. ______

2. 부품번호 ⑤고리는 그림 1 에서 어느 부분인가? 2. ______

3. 부품번호 ②탭은 그림 1 에서 어느 부분인가? 3. ______

4. 부품번호 ④핀은 그림 1 에서 어느 부분인가? 4. ______

5. 부품번호 ③핀은 그림 1 에서 어느 부분인가? 5. ______

6. 부품번호 ③인 핀에는 부품번호 몇번인 부품이 관통되는가? 6. ______

7. 부품번호 ④인 핀은 무엇으로 고정되는가? 기계요소 이름을 써라. 7. ______

8. 부품번호 ①인 커플링 몸통은 좌우를 똑같게 가공제작하면 되느냐? 8. ______

9. 부품번호 ①인 커플링 몸통에는 구멍이 모두 몇개가 뚫여 있느냐? 9. ______

10. 커플링 몸통의 구멍중 지름이 가장 큰 구멍의 지름은 얼마냐? 10. ______

11. 커플링 몸통의 구멍중 지름이 가장 적은 구멍의 지름은 얼마냐? 11. ______

12. 커플링 몸통의 구멍중 깊이가 가장 긴 구멍의 지름은 얼마냐? 12. ______

13. 왼쪽 커플링 몸통의 ϕ18구멍에 끼워질 부품번호를 써라. 13. ______

14. 오른쪽 커플링 몸통의 ϕ18구멍에 끼워질 부품의 부품번호를 써라. 14. ______

15. 부품번호 ③인 핀은 어느 부품 때문에 빠지지 않느냐? 그 부품의 번호를 써라. 15. ______

16. 부품번호 ①인 커플링 몸통의 재질을 설명하여라. 16. ______

17. 부품번호 ②인 탭의 재질을 설명하여라. 17. ______

(다음 페이지에 문제 계속)

18. 왼쪽 커플링 몸통의 리벳 구멍간의 중심거리는 얼마냐? 18. ____________

19. 리벳의 재질을 설명하여라. 19. ____________

20. 부품 ㉠과 부품 ㉤은 어떠한 끼워 맞춤인가? 20. ____________

21. 부품 ㉠과 몸통 ㉣은 어떠한 끼워 맞춤인가? 21. ____________

22. 부품 ㉣과 부품 ㉤은 어떠한 끼워 맞춤인가? 22. ____________

23. 부품 ㉢과 부품 ㉣은 어떠한 끼워 맞춤인가? 23. ____________

24. 그림 1에서 양쪽 커플링 몸통사이에 틈이 아래, 위에 각각 몇 mm씩 있느냐? 24. ____________

25. 유우니버어설 조인트는 어떠한 경우에 사용되느냐? 25. ____________

— 〈**퀴즈 휴게실**〉 —

(1) 여기 하나의 물건이 있다. 오른편 그림자는 이 물건을 다른 세 방향에서 비쳤을 때의 그림자이다. 어떤 물건을 비쳤을까? (제한시간 10초)

(2) 24사람을 6열로 세워 각 열마다 5사람이 되게 하려 한다. 어떻게 세워야 하느냐?

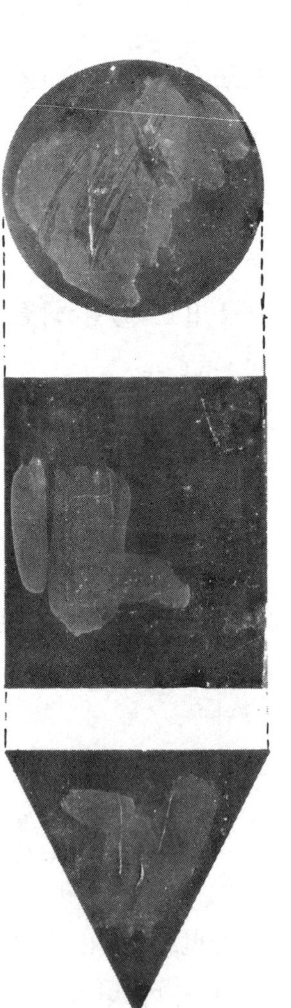

맞물림 클러치(Dog Clutch)

(　　)반 (　　)번　　이름(　　　　　)

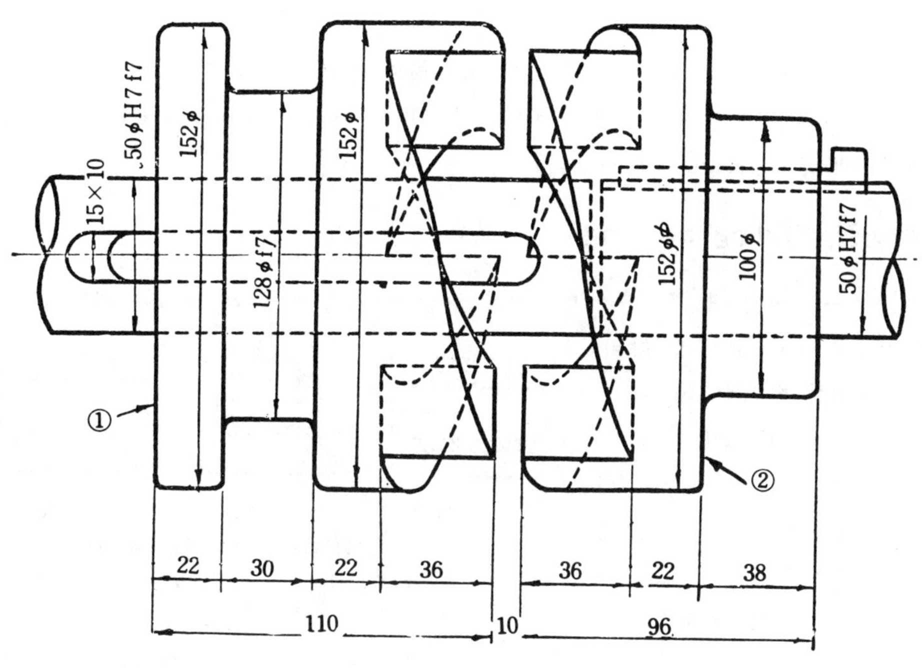

1. 마주 무는 이가 한 쪽에 몇 개씩 있느냐?　　1. ________
2. 왼쪽 축방향에서 보아, ①의 축을 시계 바늘 방향으로 회전시키면서 ①을 ②쪽으로 이동시키면 ②의 축에 동력이 전달되느냐?　　2. ________
3. ②와 그 축은 어떤 키이로 고정되어 있는가?　　3. ________
4. ①과 그 축에는 어떤 키이가 적당한가? 키이의 종류를 써라　　4. ________
5. ①과 ②는 어느 쪽이 밀려가 마주 물리게 되어 있는가?　　5. ________
6. 두 축에 키이 자리는 일직선상에 오도록 파져 있는가?　　6. ________
7. ①쪽의 키이의 알맞은 호칭규격을 써라　　7. ________
8. 축 지름의 최대허용치수는 얼마냐?　　8. ________
9. ②축의 끼워맞춤은 어떠한 끼워 맞춤인가?　　9. ________
10. ①의 구멍과 그 축의 최대틈은 얼마인가?　　10. ________

— 〈퀴즈 휴계실〉 —

종이를 접어서 정 3 각형, 정 4 각형, 정 6 각형을 만드는 것은 그다지 어렵지 않다. 그러면 종이를 접어서 정 5 각형을 만들려면 어떻게 접어야 하느냐?

(가위, 자 일체 사용치 않고 손으로 접기만 한다)

단 원 11

베 어 링 (Bearing)

베어링은 회전하는 축을 받치는 기계부품으로, 베어링에 끼워져 받쳐지고 있는 축의 부분을 저어널이라 한다. 베어링은 베어링과 저어널의 접촉하는 방식에 따라 미끄름 베어링(Sliding bearing) 과 로울링 베어링(Rolling bearing) 으로 나눈다.

미끄럼 베어링 (Sliding bearing)

미끄럼 베어링에는, 축에 대하여 직각 방향으로 하중(load)을 받을 때 쓰이는 **레이디얼 베어링** (radial bearing)과 축과 같은 방 향의 하중을 받는 **드러스트 베어링**(thrust bearing)이 있다〔그림 1-1〕

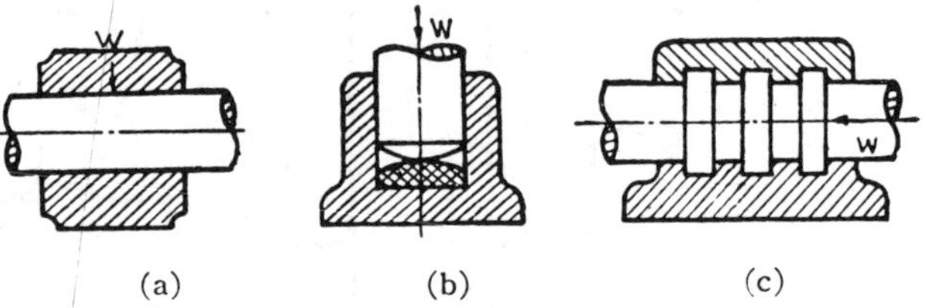

(a) (b) (c)

그림 11-1 슬라이딩 베어링

(a) 레이디얼 베어링 (b) 피벗 베어링

(c) 피벗 칼라 베어링

일반적으로 쓰이고 있는 미끄럼 베어링 중에서 가장 간단한 것은 그림 11-2 (a)에서와 같이 부시(bush)나 몸체가 모두 일체로 된 통쇠베어링이다.

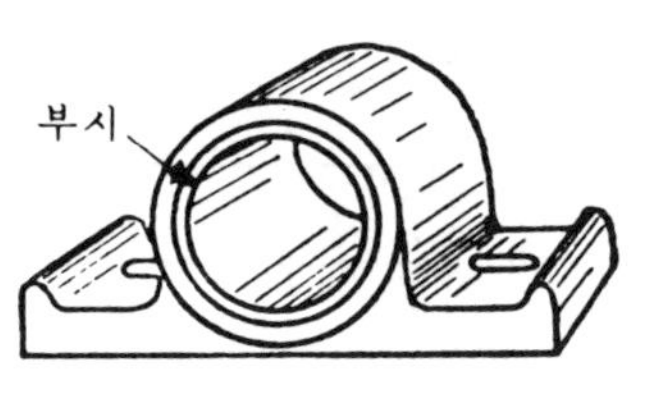

(a) **통쇠** 베어링

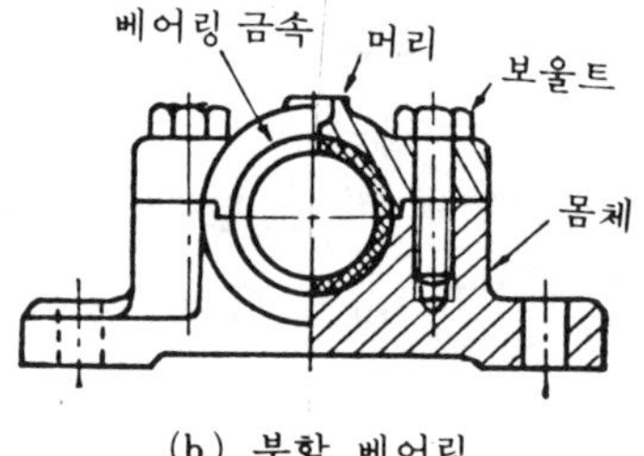

(b) 분할 베어링

그림 11) -2 미끄럼 베어링

그러나 이것은 축을 끼우고 빼내는데 불편이 많으므로, 그림 11-2 (b)와 같은, 두 조각으로 된 분할형 베어링이 널리 쓰이고 있다.

미끄럼 베어링에서는 저어널과 접촉하는 부분에 베어링 메탈 bearing metal) 을 붙인다. 베어링 메탈의 재료는 비교적 재질이 무르면서도 강한 성질이 요구되므로, 일반적으로 청동 또는 화이트메탈 white metal) 등이 쓰인다.

2. 로울링 베어 (Rolling bearing)

로울링 베어링(rolling bearing)은 보올(ball)이나 로울러(roller)를 베어링 부분에 넣어, 그 구르기 마찰이 대단히 적은 것을 이용한 베어링이다.

미끄럼 베어링에 비하여 마찰 저항이 적고, 따라서, 동력의 전달 효율이 대단히 좋다.

로울링베어링은 **보올 베어링**(ball bearing)과 **로울러 베어링**(roller bearing)으로 크게 구분 할 수 다.

이들은 하중의 종류와 보올·로울러의 배열에 따라, 더욱 다음과 같은 종류로 세분할 수 있다.

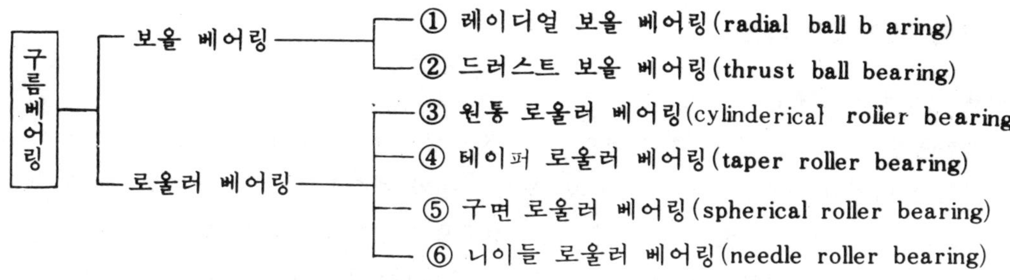

(1) 보올 베어링

① 레이디얼 보올 베어링 보올의 배열에는 단열(single-r w)과 복렬(double-row)이 있다. 안바퀴와 안쪽 면을 구면으로 하면, 자동 조심(self-aligning)이 된다.

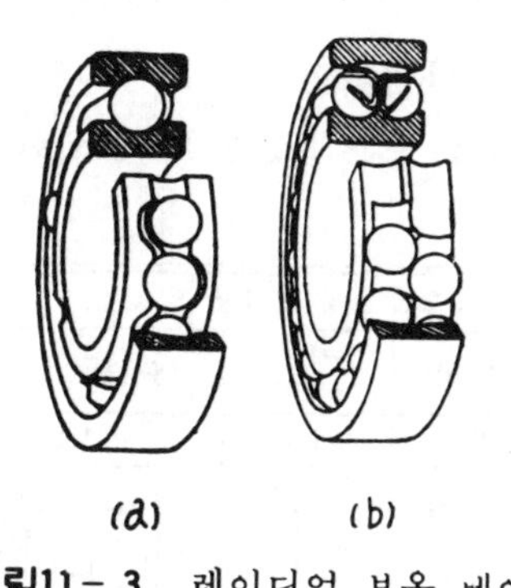

그림11-3 레이디얼 보올 베어링
(a) 단열형 (b) 복렬형

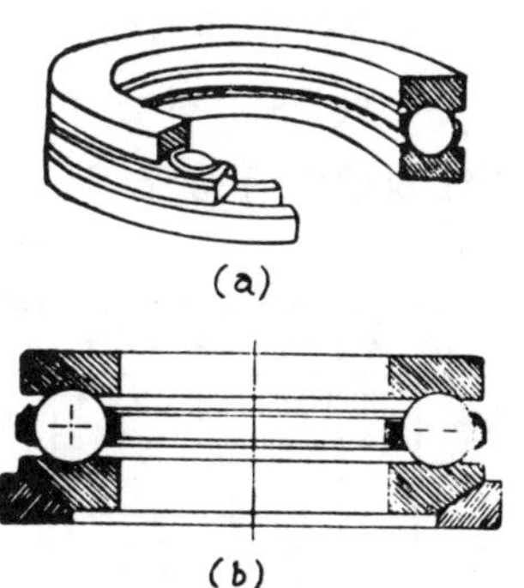

그림11-4 드러스트 보올 베어링

② 드러스트 보올 베어링 그림11-4 (a)와 같은 평면좌와 (b)와 같은 구면좌가 있으며, 구좌는 자동 조심이 된다.

(2) 로울러 베어링

로울러는 보올에 비하여 접촉 면적이 크므로 큰 하중과 충격 하중에 잘 견디며, 원뿔 로울러 구면 로울러 베어링은 드러스트 하중도 받을 수 있다.

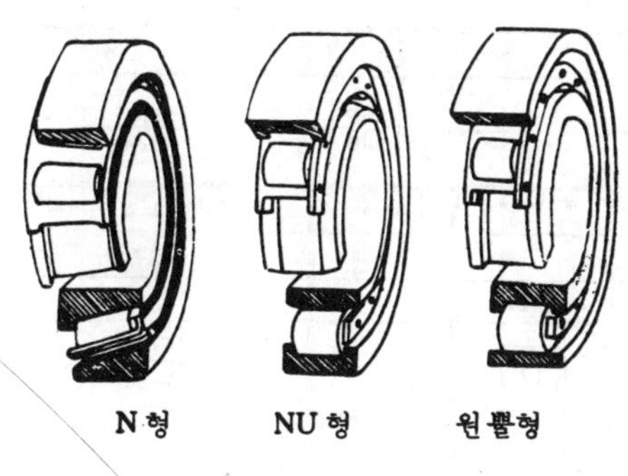

그림11-5 로울러 베어링

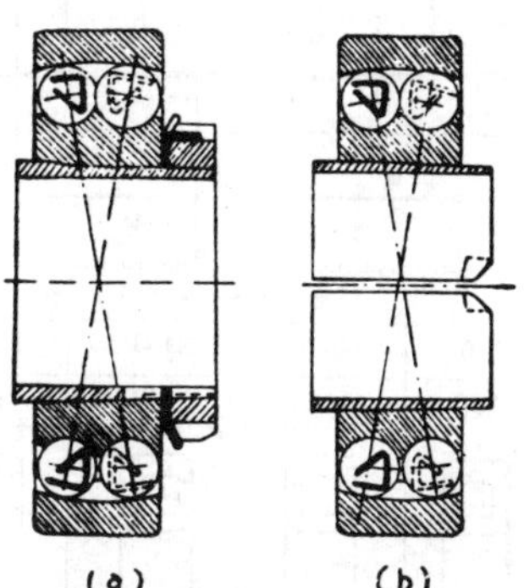

그림11-6 어댑터의 사용
(a) 어댑터를 사용한 것
(b) 소켓을 사용한 것

3. 구름 베어링의 제도

(1) 구름 베어링의 약화법

구름 베어링은 그 종류, 형식, 치수 등이 모두 KS 및 기타의 규격으로 규정되어 있다. 쓰는 사람들도 전문 메이커의 제품을 골라서 그대로 쓰는 경우가 대부분이다. 그러므로, 구름 베어링을 도시할 때는, 그 종류, 형식 등을 이해할 수 있을 정도로 간략한 그림으로 그리며, 더욱 단지 구름베어링의 호칭 번호만으로 표기하고 마는 수도 있다. 그림 11－7는 구름 베어링을 약화로서 도시하는 방법을 나타낸 것이다. 그림에는 다음과 같은 세 가지 경우에 있어서의 약화법이 포함되어 있다.

① 구름 베어링의 윤곽 및 내부 구조의 개략을 도시하는 경우에는 그림 11－7 의 1.1～1.14의 보기에 따른다. 회전축의 방향에 투상한 모양을 그릴 때는 그림11－7 의 1.21의 보기에 따른다.

② 구름 베어링의 윤곽을 도시하고, 종류와 형식은 기호로써 기입하는 경우에는, 그림11－7 의 2.1～2.14의 보기에 따른다. 다만 구름 베어링이라는 것을 나타내려면 그림11－7 의 2.15의 보기에 따른다. 회전축의 방향에 투상한 모양을 그릴 경우에는 그림 11－7 의 2.21의 보기와 같이 그린다.

그림11－7

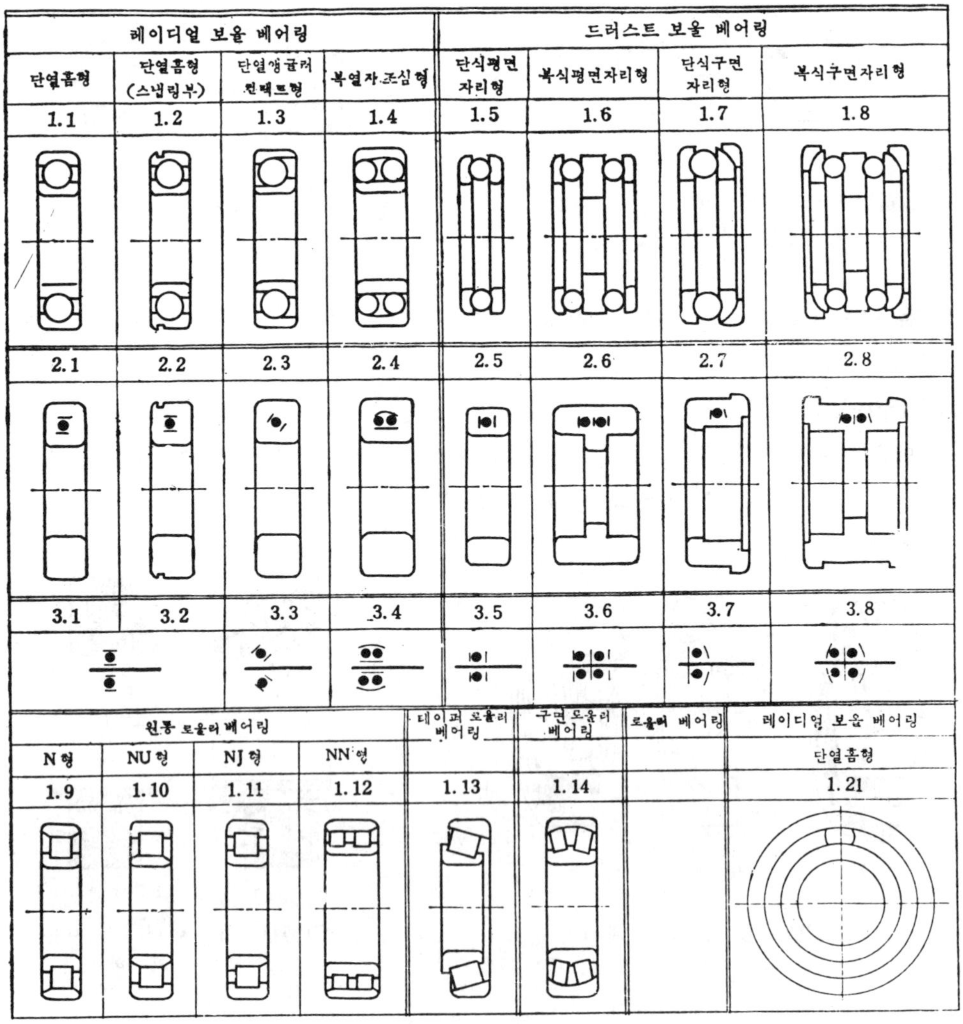

레이디얼 보올 베어링				드러스트 보올 베어링			
단열홈형	단열홈형 (스냅링부)	단열앵귤러 컨택트형	복열자동조심형	단식평면 자리형	복식평면자리형	단식구면 자리형	복식구면자리형
1.1	1.2	1.3	1.4	1.5	1.6	1.7	1.8
2.1	2.2	2.3	2.4	2.5	2.6	2.7	2.8
3.1	3.2	3.3	3.4	3.5	3.6	3.7	3.8

원통 로울러 베어링				테이퍼 로울러 베어링	구면 로울러 베어링	로울러 베어링	레이디얼 보올 베어링
N 형	NU 형	NJ 형	NN 형				단열홈형
1.9	1.10	1.11	1.12	1.13	1.14		1.21

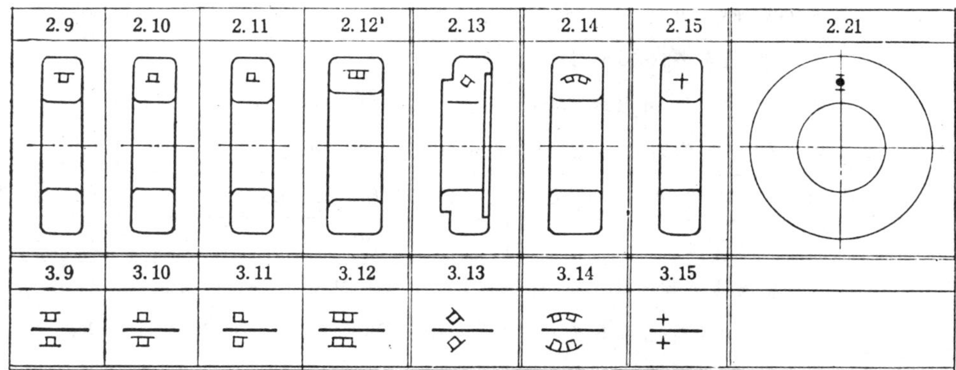

그림 11-7 구름 베어링의 약도법

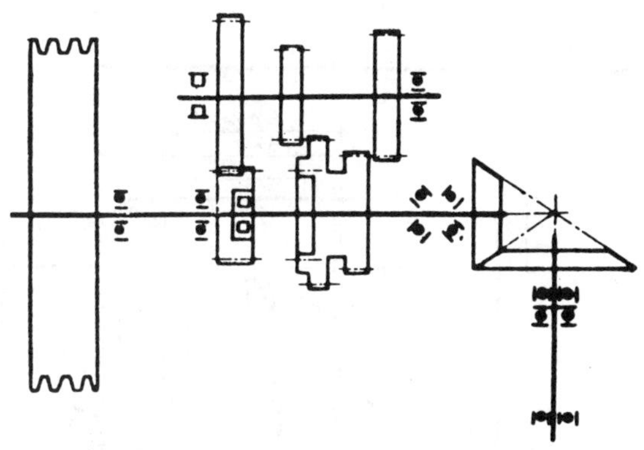

그림11-8 구름 베어링의 계통도

③ 계획도나 설명도 등에 구름 베어링의 계통을 나타내고자 할 경우에는 그림11-7의 3.1~3.15의 보기 및 그림11-8의 보기와 같이 그린다.

4. 구름 베어링의 표시

구름 베어링의 표시는, 구름 베어링의 호칭 번호·등급 기호 등으로 하며, 이것을 도면에 기입할 때는, 그림11-9의 보기와 같이, 지시선을 써서 한다.

구름 베어링의 호칭 번호는 베어링의 형식·주요 치수및 기타 특성을 나타내는 것이며, 기본 번호(계열기호, 안지름 번호 및 접촉각 기호)와 보조기호(리테이너 기호, 밀봉 기호 등)로 이루어 지고 있다. 다만, 접촉각 기호와 보조 기호는, 해당되지 않는 것에 대하여는 생략한다.

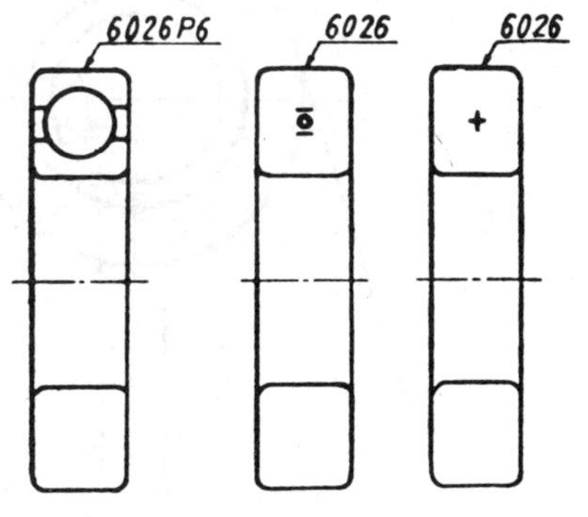

그림11-9 호칭번호 및 등급기호의 기입

〔**보기**〕 그림11-9의 6026 P6을 보기로 들면 다음과 같다.

60 베어링 계열 기호

베어링 계열 기호는, 베어링의 형식과 치수 계열로써 이루어 진다. 베어링 형식 6은 깊은 홈 보올 베어링이다.

치수 계열은 폭 계열과 지름 계열의 두 숫자로 이루어지며, 다음과 같은 6종류가 있다. 다만, 레이디얼 보올 베어링에서는 나비 기호는 생략된다.

베어링계열번호	68	69	60	62	63	64
치수기호	18	19	10	02	03	04

26 안지름번호

안지름 번호×5＝안지름 치수(mm)이며, 이 보기에서는 안지름이 130mm이다.

다만, 예외로서 1에 9까지, 또는 /22, /23과 같이 숫자 앞에 /을 그은 안지름 번호는 그대로 안지름 치수이고, 00, 01, 02, 03의 안지름 치수는 각각 10, 12, 15, 17mm이다.

P6 등급번호

등급	0급	6급	5급	4급
기호	무기호	P 6	P 5	P 4

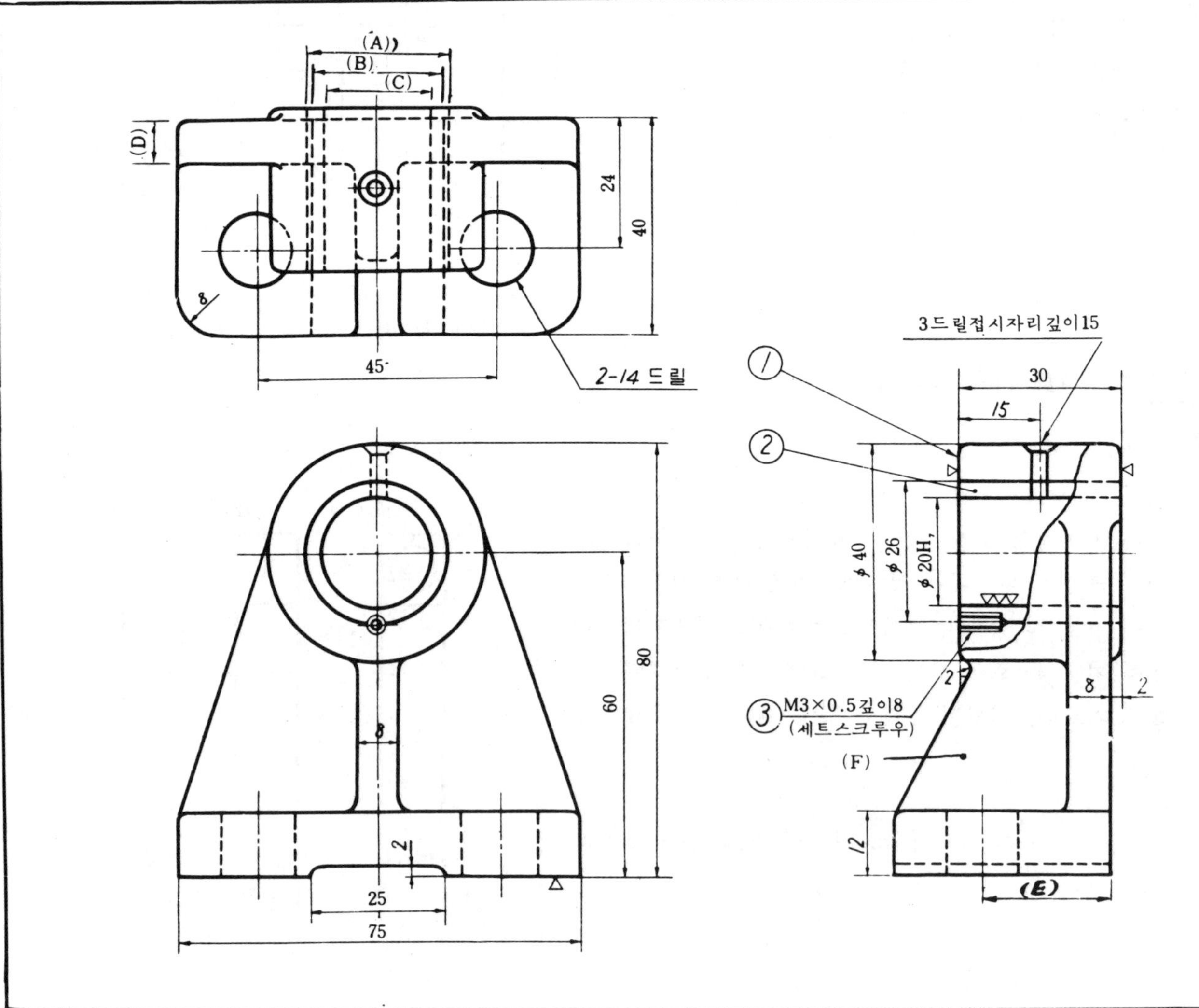

미끄럼 베어링 (Sliding Bearing)　　( )반 ( )번 이름 (　　　　)

1. 평면도에서 (A)의 거리는 얼마냐?　　1. ______
2. 평면도에서 (B)의 거리는 얼마냐?　　2. ______
3. 평면도에서 (C)의 거리는 얼마냐?　　3. ______
4. 평면도에서 (D)의 거리는 얼마냐?　　4. ______
5. 우측면도에서 (F)를 무엇이라고 부르느냐?　　5. ______
6. 우측면도에서 (E)의 거리는 얼마냐?　　6. ______
7. 부품 ①의 재질은 무엇이냐?　　7. ______
8. 부품 ②의 재질은 무엇이냐?　　8. ______
9. 부품 ①과 ②는 무엇으로 고정되어 있느냐?　　9. ______
10. 부품 ③의 세트스크루우 나사의 종류를 말하여라.　　10. ______
11. 몸통 위의 드릴 구멍의 용도를 말하여라.　　11. ______
12. 베어링 메탈의 안지름 치수공차는 얼마냐?　　12. ______
13. 베어링 메탈 안지름의 최대허용치수는 얼마냐?　　13. ______
14. 베어링 메탈 안지름의 최소허용치수는 얼마냐?　　14. ______
15. 이 베어링에 20ϕg6인 축을 끼우면 어떠한 끼워 맞춤이 되느냐?　　15. ______
16. 20ϕg6인 축을 끼웠을 때 최대틈은 얼마냐?　　16. ______
17. 가공하여야 할 면은 모두 몇군데인가?　　17. ______
18. 리브(Rib)의 두께는 얼마인가?　　18. ______
19. 고정용 보울트 구멍의 중심간 거리는 얼마냐?　　19. ______
20. 고정용 보울트의 호칭지름은 얼마이어야 하느냐?　　20. ______

—〈퀴즈 휴게실〉—

책상 위에 왼편 그림과 같이 10원 짜리 동전이 6개 놓여 있다. 이 동전을 하나씩 다른 동전을 건드리지 않고 책상면에 따라 한 손가락으로 차례로 4번만 이동시켜 오른편 그림과 같이 놓으려 한다. 단 중앙부에는 10원 동전 하나가 꼭 들어갈 수 있는 공간을 만들어야 한다. (제한시간 30분)

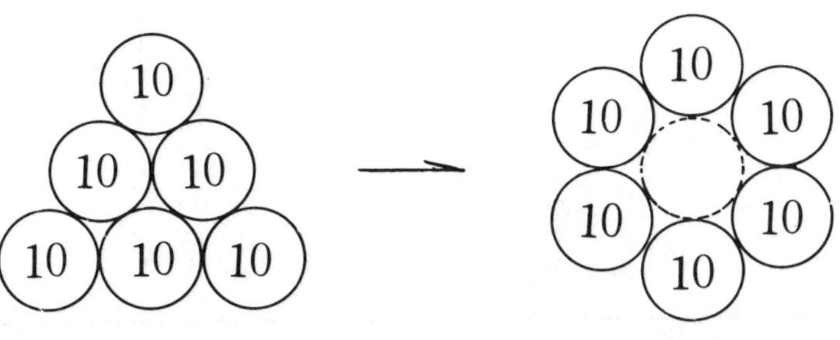

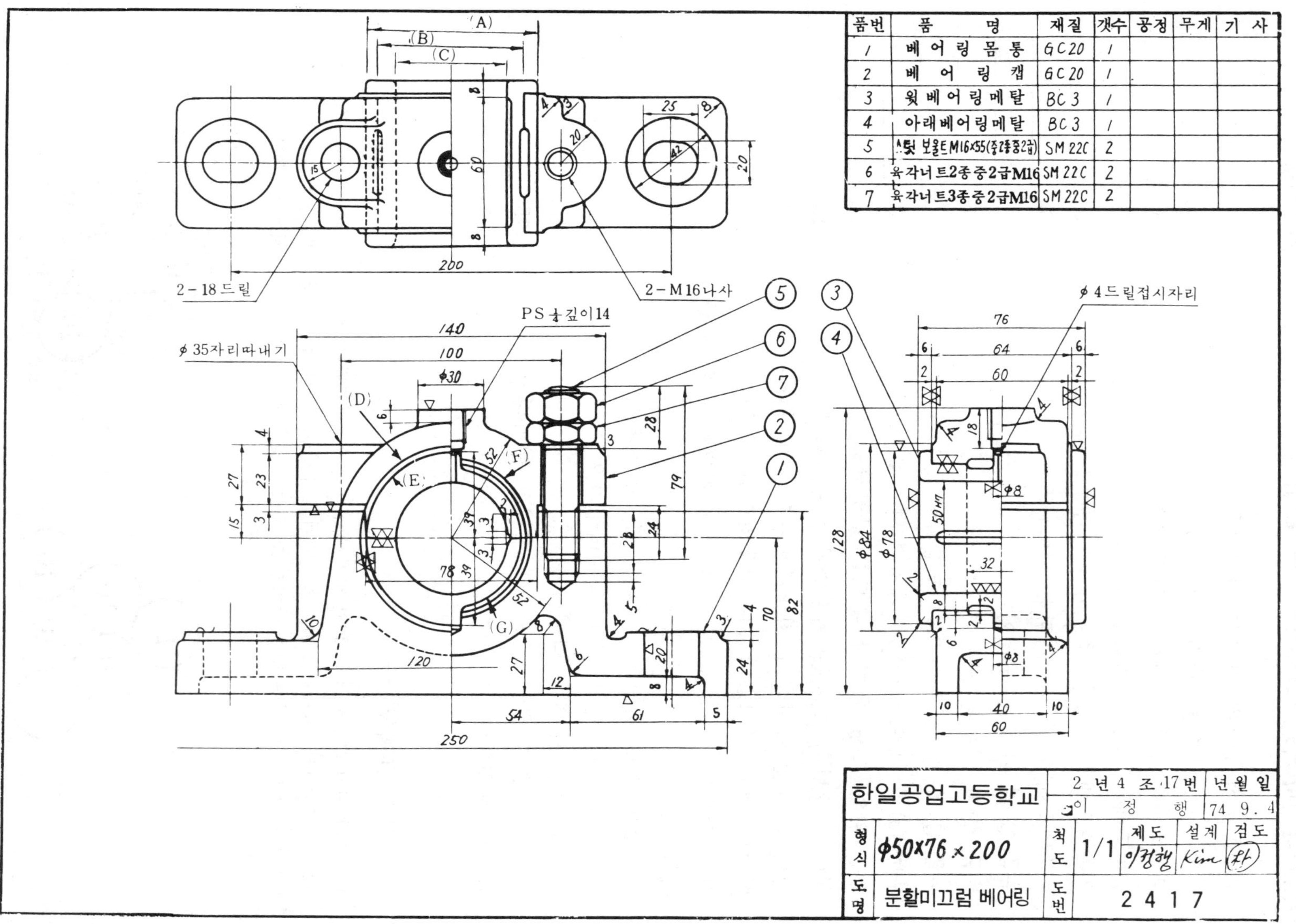

품번 | 품명 | 재질 | 갯수 | 공정 | 무게 | 기사
1 베어링몸통 GC20 1
2 베어링캡 GC20 1
3 윗베어링메탈 BC3 1
4 아래베어링메탈 BC3 1
5 스텃 보울트 M16×55(중2종중2급) SM22C 2
6 육각너트2종중2급M16 SM22C 2
7 육각너트3종중2급M16 SM22C 2
2-18드릴
2-M16나사
PS 1/4 깊이14
φ35자리따내기
φ4드릴접시자리
한일공업고등학교
2년 4조 17번 이정행
년월일 74 9. 4
형식 φ50×76×200
척도 1/1
제도 설계 검도
도명 분할미끄럼 베어링
도번 2417

분할 미끄럼 베어링(Split Sliding Bearing)

(　　)반 (　　)번 이름(　　　　　　)

1. 베어링 몸통①의 총 높이는 몇 mm인가? 1. ____________
2. 베어링 몸통①의 총 길이는 몇 mm인가? 2. ____________
3. 베어링 몸통①의 최대 폭은 몇 mm인가? 3. ____________
4. 베어링 캡②의 턱 밑면에서 와셔자리 면까지의 높이는 몇 mm인가? 4. ____________
5. 베어링 캡②의 총 길이는 몇 mm인가? 5. ____________
6. 베어링 캡②의 와셔자리 높이는 몇 mm인가? 6.
7. 베어링 캡②의 최대 폭은 몇 mm인가? 7. ____________
8. 베어링 캡②의 보울트 구멍의 지름은 몇 mm인가? 8. ____________
9. 베어링 캡②에 오일컵을 고정하기 위하여 어떤 나사가 깎이어 있나? 9. ____________
10. 몸통①과 캡②를 끼워 맞추었을 때 수직접촉면 사이의 수평거리는 얼마냐? 10. ____________
11. 평면도에서 (A)의 거리는 몇 mm인가? 11. ____________
12. 평면도에서 (B)의 거리는 몇 mm인가? 12. ____________
13. 평면도에서(C)의 거리는 몇 mm인가? 13. ____________
14. 정면도에서 (D)원의 지름은 몇 mm인가? 14. ____________
15. 정면도에서 (E)의 지름은 몇 mm인가? 15. ____________
16. 정면에도에서 (F)원의 지름은 몇 mm인? 16. ____________
17. 정면도에서 (G)원의 지름은 몇 mm인가? 17. ____________
18. 정면도에서 (F)원과 (G)원 중간에 있는 원의 지름은 몇 mm인가? 18. ____________
19 베어링 메탈의 재질은 무엇이냐? 19. ____________
20. 아래, 위 베어링 메탈의 접촉면의 가공정도를 기호로 나타내라. 20. ____________

단　원　12

벨트 풀리(Belt Pulley)

축 사이의 거리가 비교적 멀어서 직접 전동이 곤란할 때, 약한 미끄럼이 있더라도 큰 지장이 없을 경우에는 축에 벨트 풀리를 달고 여기에 벨트를 걸어서 동력을 전달시킨다.

1. 벨트 풀리(Belt Pulley)

평벨트 풀리에는 **일체형**의 것과 **분할형**의 것이 있다(그림 12－2). 재료는 일반적으로 주철이 쓰이고, 그 바깥둘레 림(rim)의 모양에 따라 그림11－3과 같이 여러 형이 있다.

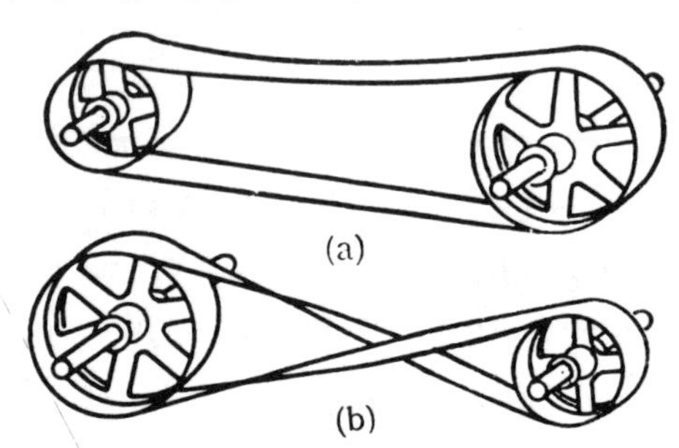

그림 12－1 두 축이 평행한 경우의 벨트감는 방법
(a) 바로걸기 벨트　(b) 엇걸기 벨트

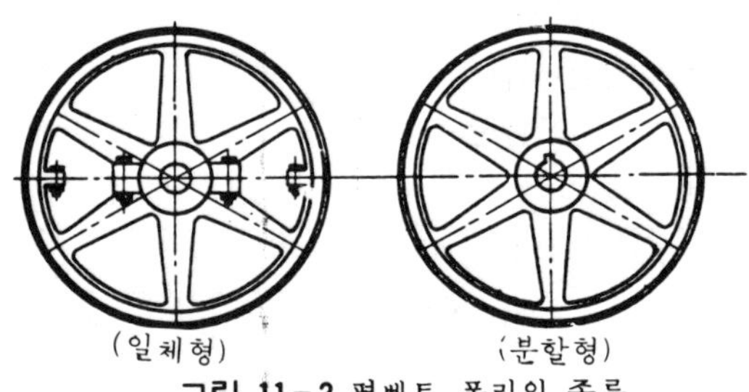

그림 11－2 평벨트 풀리의 종류

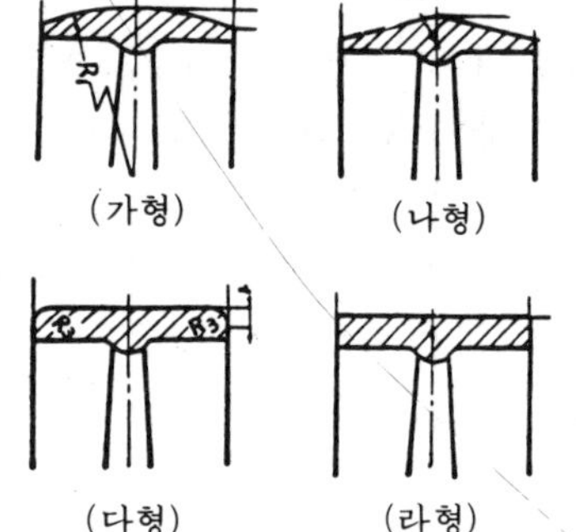

그림 12－3 평벨트 풀리의 림의 모양

풀리의 호칭

풀리의 호칭은 명칭, 종류, 지름 × 폭 및 재질에 따른다.

〔**보기**〕 풀리 일체형 가 125×25 주철

풀리 분할형 라 125×25 주강

벨트 풀리의 세부치수는 KS B1402로 규격화 되어 있다.

2. V벨트와 V벨트 풀리

V벨트는 사다리꼴 단면을 가진 이음 자리가 없는 로우프로서, 속에 무명이나 삼으로 된 실 혹은 조각을 몇 개의 층으로 겹쳐 넣고, 압력을 받는 쪽에는 고무로 된 층을 붙여 모양을 변할 수 있도록 한다.

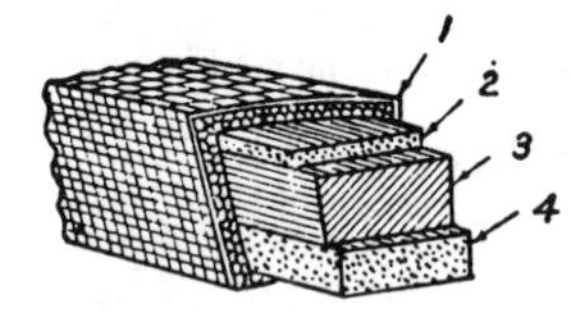

그림 12－4 벨트
1. 무명천　2. 고무층
3. 늘어나는 것을 막기 위한 충전물　고무층

V벨트가 평벨트보다 유리한 점은

① 회전비를 크게 할 수 있다. 즉, 보통은 1 : 7, 최대 회전비는 1 : 10으로 할 수 있다.

② 비교적 작은 장력(張力)으로 많은 동력을 전달할 수 있고, 베어링·마찰에 의한 동력의 손실이 적다.

③ 짧은 거리의 동력 전달이 가능하고 장소를 적게 차지한다.

④ 벨트의 미끄러짐이 적고, 벨트가 풀리로부터 떨어지지않아서 이상적인 운전을 할 수 있다.

(1) V벨 트

V벨트에는 M형, A형, B형, C형, D형, E형의 여섯 가지가 있다. 그 단면 치수는 다음표 12-1과 같다.

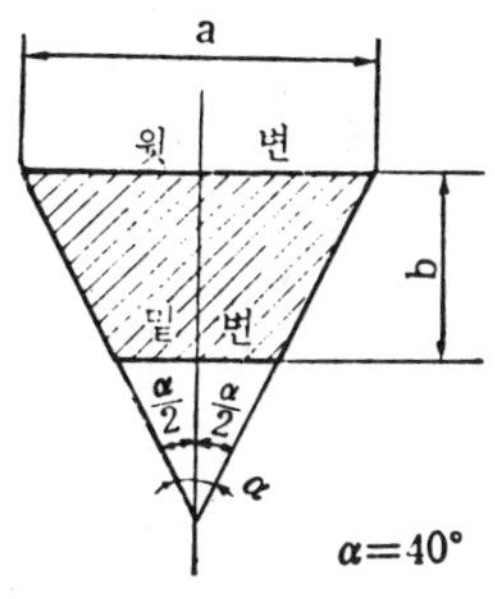

표 12-1 V벨트의 단면 치수 (단위 : mm)

종 류	a	b
M	10.0	5.5
A	12.5	9.0
B	16.5	11.0
C	22.0	14.0
D	31.5	19.0
E	38.0	25.5

(2) V 벨트 풀리(V Belt Pulley)

V 벨트 풀리는 주로 주철제가 많이 쓰이며 풀리의 홈은 지름에 따라 각도가 다르다. 벨트를 걸었을 때 벨트의 두께의 중앙을 지나는 원을 피치원 이라 한다.

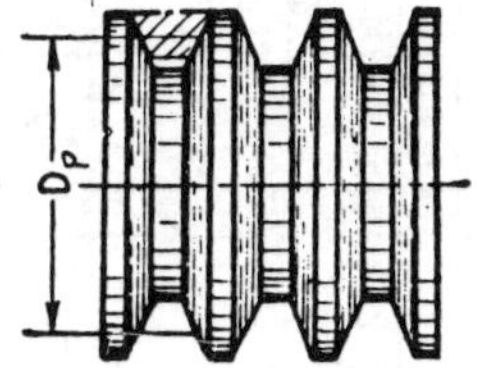

그림 12-5 V 벨트 풀리

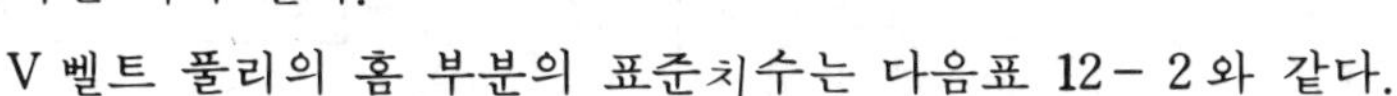

V 벨트 풀리의 홈 부분의 표준치수는 다음표 12-2와 같다.

표 12-2 V 벨트 풀리의 홈(KS B 1403)

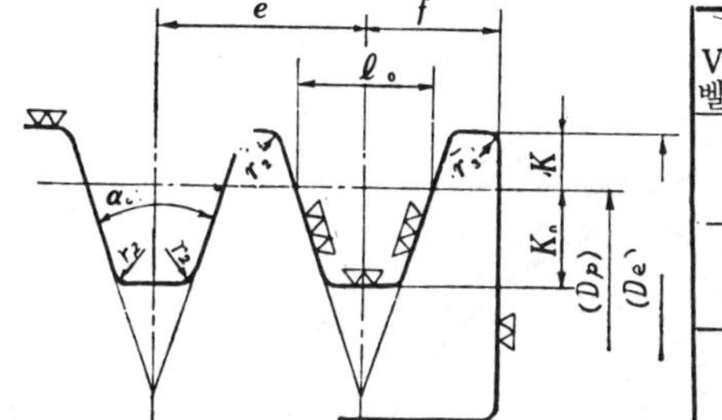

V 벨트 풀리의 종류

홈의 수 / V 벨트의 종류	1	2	3	4	5	6
A	A_1	A_2	A_3	—	—	—
B	B_1	B_2	B_3	B_4	B_5	—
C	—		C_3	C_4	C_5	C_6

(단위 : mm)

V 벨트의 종 류	호 칭 의 지 름	α(°)	l_0	k	k_0			r_1	r_2	r_3	(참고) V벨트의 두 께
M	50 이상 71 이하 71 초과 90 이하 90을 초과	34 36 38	8.0	2.7	6.3	—	9.5	0.2~0.5	0.5~1.0	1~2	5.5
A	71 이상 100 이하 100 초과 125 이하 125를 초과	34 36 38	9.2	4.5	8.0	15.0	10.0	0.2~0.5	0.5~1.0	1~2	9
B	125 이상 160 이하 160 초과 200 이하 200을 초과	34 36 38	12.5	5.5	9.5	19.0	12.5	0.2~0.5	0.5~1.0	1~2	11
C	200 이상 250 이하 250 초과 315 이하 315를 초과	34 36 38	16.9	7.0	12.0	25.5	17.0	0.2~0.5	1.0~1.6	2~3	14
D	355 이상 450 이하 450을 초과	36 38	24.6	9.5	15.5	37.0	24.0	0.2~0.5	1.6~2.0	3~4	19
E	500 이상 630 이하 630을 초과	36 38	28.7	12.7	19.3	44.5	29.0	0.2~0.5	1.6~2.0	4~5	25.5

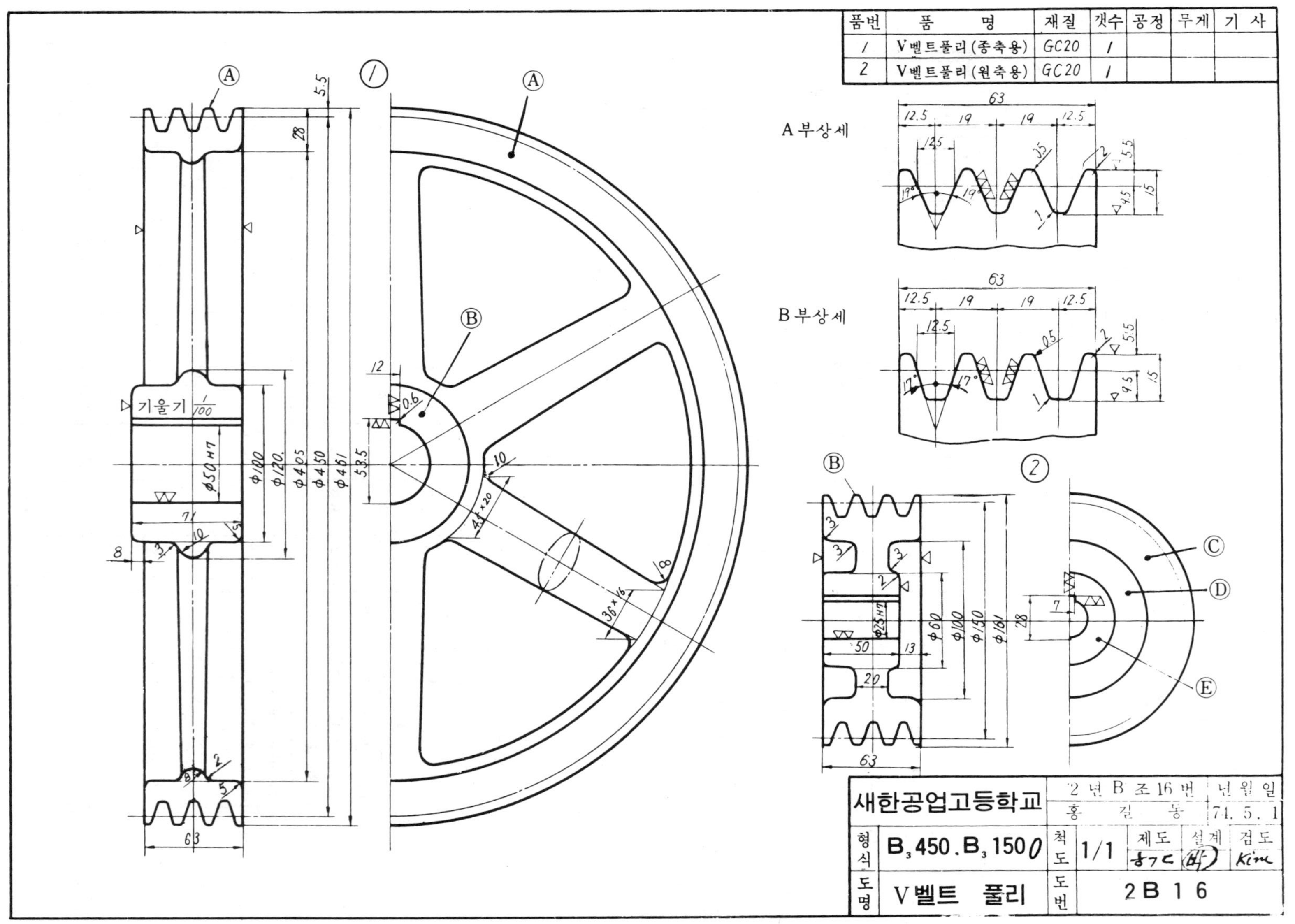

품번 | 품명 | 재질 | 갯수 | 공정 | 무게 | 기사
1 | V벨트풀리(종축용) | GC20 | 1
2 | V벨트풀리(원축용) | GC20 | 1
A부상세
B부상세
기울기 1/100
새한공업고등학교
2년 B조 16번
홍길동
년월일 71. 5. 1
형식 B₃450.B₃150
척도 1/1
제도 설계 검도
도명 V벨트 풀리
도번 2B16

V 벨트 리 (V Belt Pully)　　( )반 ( )번 이름(　　　　)

1. 종동축 V 벨트 풀리의 V 홈 각도는 몇도 인가?	1. ________
2. 원동축 V 벨트 풀리의 V 홈 각도는 몇도 인가?	2. ________
3. 원동축 V 벨트 풀리의 핏치원에서의 V 홈 폭은 몇mm인가?	3. ________
4. 종동축 V 벨트 풀리의 핏치원에서의 V 홈 폭은 몇mm인가?	4. ________
5. Ⓐ 부분의 두께는 몇mm인가?	5. ________
6. Ⓑ 〃 〃	6. ________
7. Ⓒ 〃 〃	7. ________
8. Ⓓ 〃 〃	8. ________
9. Ⓔ 〃 〃	9. ________
10. 원동축 V 벨트 풀리의 축구멍의 최대허용치수는 얼마인가?	10. ________
11. 〃 〃 의 최소허용치수는 얼마인가?	11. ________
12. 〃 〃 의 허용치수공차는 얼마인가?	12. ________
13. 종동축의 지름이 ϕ50g6일때 최대 틈새는 얼마인가?	13. ________
14. V 벨트 풀리의 축구멍의 최대허용치수는 얼마인가?	14. ________
15. 〃 〃 〃 의 최소 〃 〃	15. ________
16. 〃 〃 〃 의 허용치수공차는 얼마인가?	16. ________
17. 원동축의 지름이 ϕ25g6이면 축과 풀리는 어떠한 끼워 맞춤이 되느냐?	17. ________
18. 원동축의 지름이 ϕ25g6일때 최대틈새는 얼마인가?	________
19. 원동축에 풀리를 고정시킬 머리붙임 평행 키이의 호칭 규격을 말하여라?	19. ________
20. 종동축에 풀리를 고정시킬 평행키이의 호칭규격을 말하여라?	20. ________

—〈퀴즈 휴게실〉—

(1) 길이가 똑 같은 10개의 성냥개비로 이루어진 오른쪽 그림과 같은 도형이 있다. 같은 길이의 성냥개비 5개를 더 사용해서 이 도형의 넓이를 3등분(三等分)하시오. (제한시간 1분)

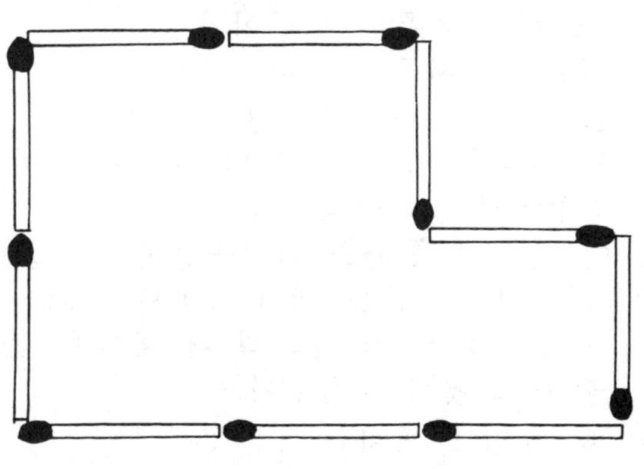

벨트 풀리 (Belt Pulley)　　　( )반 ( )번 이름(　　　　　)

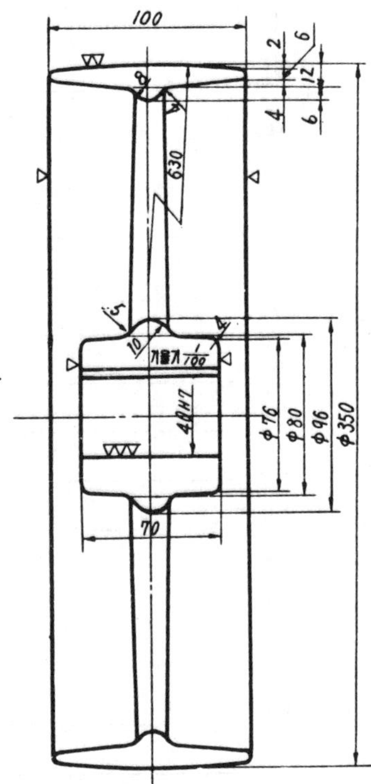

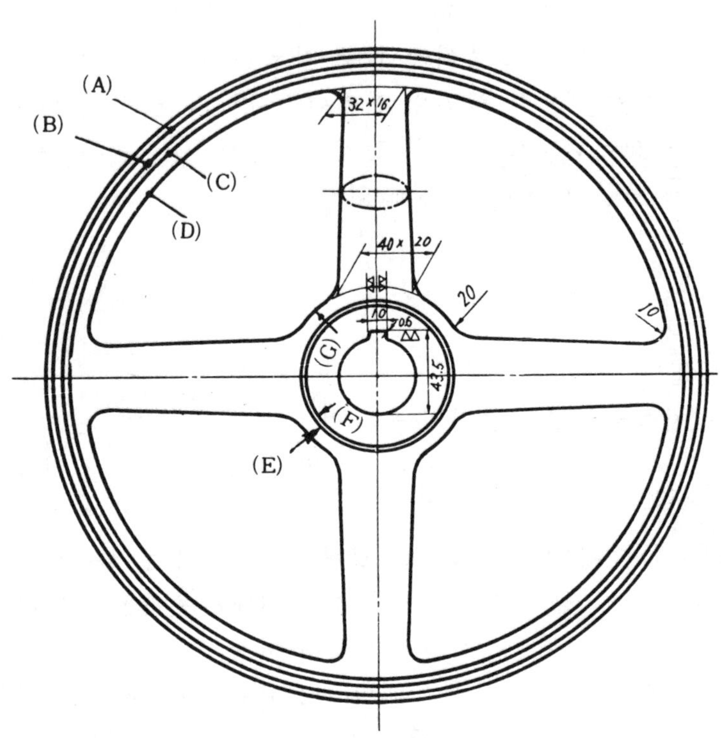

1. 리임(Rim)의 모양으로 보아 어떤 형의 평벨트인가?	1. ________
2. 리임의 폭은 얼마인가?	2. ________
3. 리임의 지름은 얼마인가?	3. ________
4. 이 풀리의 재질을 GC20이라 할 때 이 풀리의 호칭 규격을 나타내라.	4. ________
5. (A) 원의 지름은 얼마인가?	5. ________
6. (B) 원의 지름은 얼마인가?	6. ________
7. (C) 원의 지름은 얼마인가?	7. ________
8. (D) 원의 지름은 얼마인가?	8. ________
9. (E) 원의 지름은 얼마인가?	9. ________
10. (F) 원의 지름은 얼마인가?	10. ________
11. (G)는 지름 얼마인 원의 일부인가.	11. ________
12. 이 풀리를 축에 고정시킬 때 쓰일 머리붙힘 평행키이의 호칭규격을 나타내어라.	12. ________
13. 이 풀리의 주물을 기계공장에서 가공할때 축구멍과 리임중 어느 부분을 먼저 가공하느냐?	13. ________
14. 이 풀리를 한 개 주조할 때 목형은 분할목형과 회전목형중 어느 것이 적합한가?	14. ________
15. 축 구멍의 공차는 얼마인가?	15. ________

단 원 13 기 어(Gear)

축 사이의 거리가 짧고 확실한 회전을 전달시키려 할 때 사용되는 기어는 기계를 이루고 있는 많은 기계 요소 중에서도 특히 중요한 것이다.

도면에서는 기어의 이(齒)의 생김새를 정확하게 그리는 것은 많은 노력과 시간이 소요되므로 특별한 경우 이외에는 일정한 약도법에 의해서 나타낸다.

1. 기어의 종류

기어는 다음과 같은 종류가 있다.

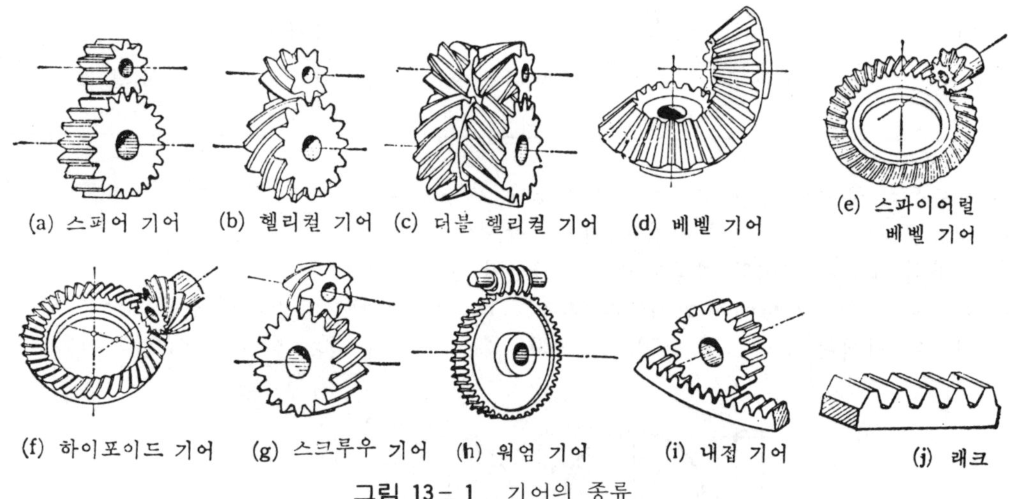

그림 13-1 기어의 종류

〔문제 1〕 두 축이 서로 평행한 경우에 쓰이는 기어에는 어떠한 것들이 있느냐?

〔문제 2〕 두 축이 서로 평행하지도 않고 서로 마주치지도 않는 두 축 사이에 동력을 전달하는데 쓰이는 기어에는 어떠한 것들이 있느냐?

2. 기어 각부의 명칭

(1) 이끝 높이 (addendum)·········a
(2) 피치원 (pitch circle)
(3) 원주피치 (Circular pitch)·········p
(4) 이 뿌리 높이 (dedendum)·········e
(5) 이의 높이 (whole depth)·········h=a+e
(6) 유효높이 (working depth)·········w
(7) 클리어런스 (clearance)·········c
(8) 배크 래시 (Backlash)·········s
(9) 이끝면 (tooth face)·········m
(10) 이 뿌리면 (tooth flank)·········n
(11) 이의 나비 (tooth width)·········b

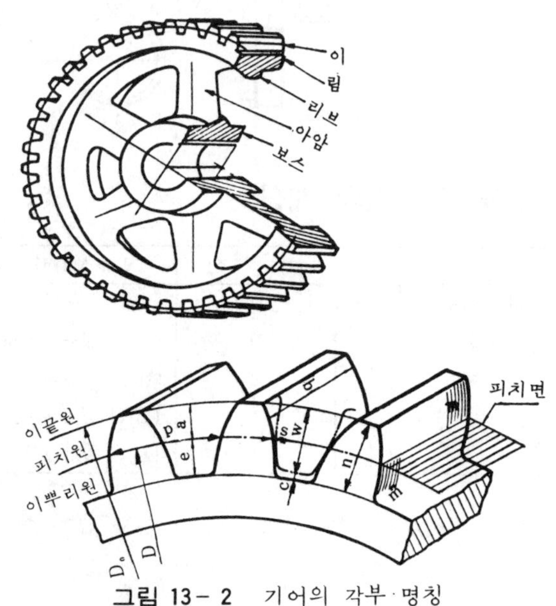

그림 13-2 기어의 각부 명칭

3. 기어의 크기

이의 크기는 다음 세 가지로 표시된다.

① 원주 피치 (Circular Pitch, C. P)	② 모 듀 울 (Module)	③ 지름 피치 (Diametral Pitch, D. P)
피치원의 둘레를 잇수로 나눈것 원주피치 $=\frac{\text{피치원의둘레 (mm또는in)}}{\text{잇 수}}$	mm단위로 표시된 피치원의 지름을 잇수로 나눈 수치 모듀울 $=\frac{\text{피치원의 지름 (mm)}}{\text{잇 수}}$	잇수를 인치로 표시한 피치원의 지름으로 나눈 수치 지름피치 $=\frac{\text{잇 수}}{\text{피치원의 지름 (in)}}$
$C.P=\frac{\pi D}{Z}$ (mm 또는 in)	$m=\frac{D}{Z}$	$D.P=\frac{Z}{D}$
주로 주물로 완성되는 기어에 쓰인다.	미트릭계통의 단위를 쓰는 나라에서 쓰인다.	인치계통의 단위를 쓰는 나라에서 쓰인다.

〔문제 1〕 모듀울이 클수록 이의 크기는 작어지느냐, 커지느냐?

〔문제 2〕 지름피치가 클수록 이의 크기는 커지느냐, 작어지느냐?

〔문제 3〕 선반의 체인지 기어의 지름피치는 얼마인가 알아보아라?

〔문제 4〕 다음과 같은 기어열에서 A기어가 50 r. p. m 으로 회전할 때 F기어의 r. p. m은 얼마이냐? 단, 각 기어의 잇수는 $Z_A=60$, $Z_B=20$, $Z_C=40$, $Z_D=30$, $Z_E=36$, $Z_F=32$ 이다.

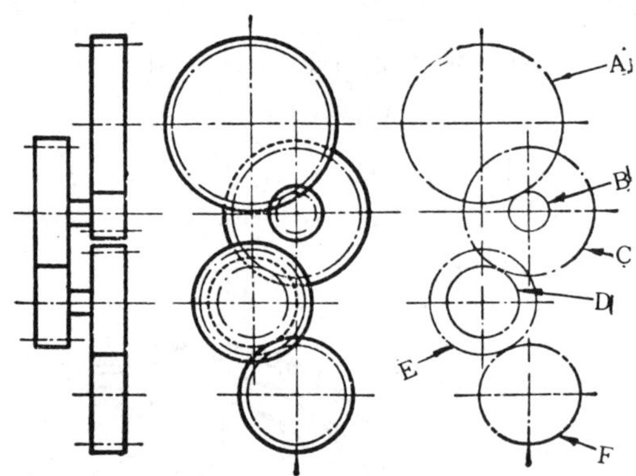

4. 스퍼어 기어의 계산

명 칭	기 호	모듀울(m) 기 준	지름 피치(D, P) 기 준
피치원의 지름	D	mZ	$Z/D.P$
이끝원 지름	D_0	$(Z+2)m$	$(Z+2)/D.P$
잇 수	Z	D/m	$D\times D.P$
중 심 거 리	C	$(Z_1+Z_2)m/2$ 또는 $(D_1+D_2)/2$	$(Z_1+Z_2)/2\times D.P$ $(D_1+D_2)/2$

5. 베벨 기어 (Bevel Gear)

베벨기어는 이의 방향에 따라서 직선 베벨 기어(약해서 보통 베벨기어라 한다). 스큐우 베벨 기어 스파이어럴 베벨기어 등이 있다.

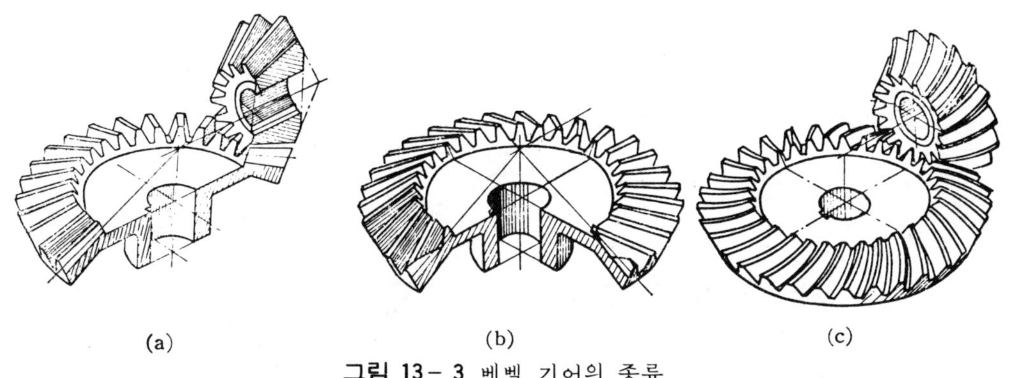

(a) (b) (c)

그림 13-3 베벨 기어의 종류

(a) 베벨 기어 (b) 스큐우 베벨 기어 (c) 스파이어럴 베벨 기어

또, 베벨기어는 만나는 각에 따라 아래 그림과 같이 여러가지가 있으나 만난각이 90°인 경우가 가장 많이 쓰인다. 만난 각이 90°이고 잇수가 같은 1쌍의 베벨기어를 마이터 기어(miter gear)라 한다.

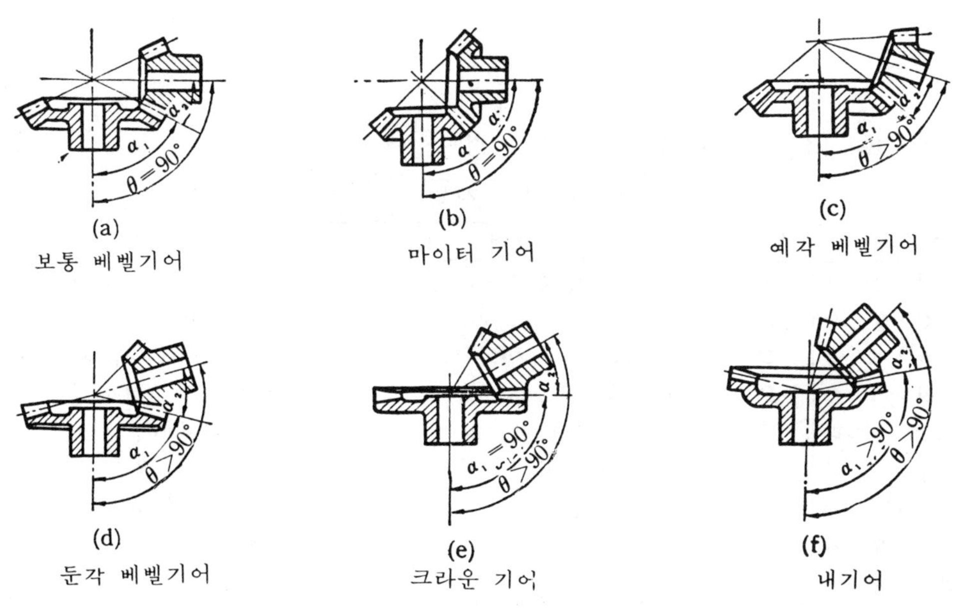

그림 13-4 베벨 기어의 제도법

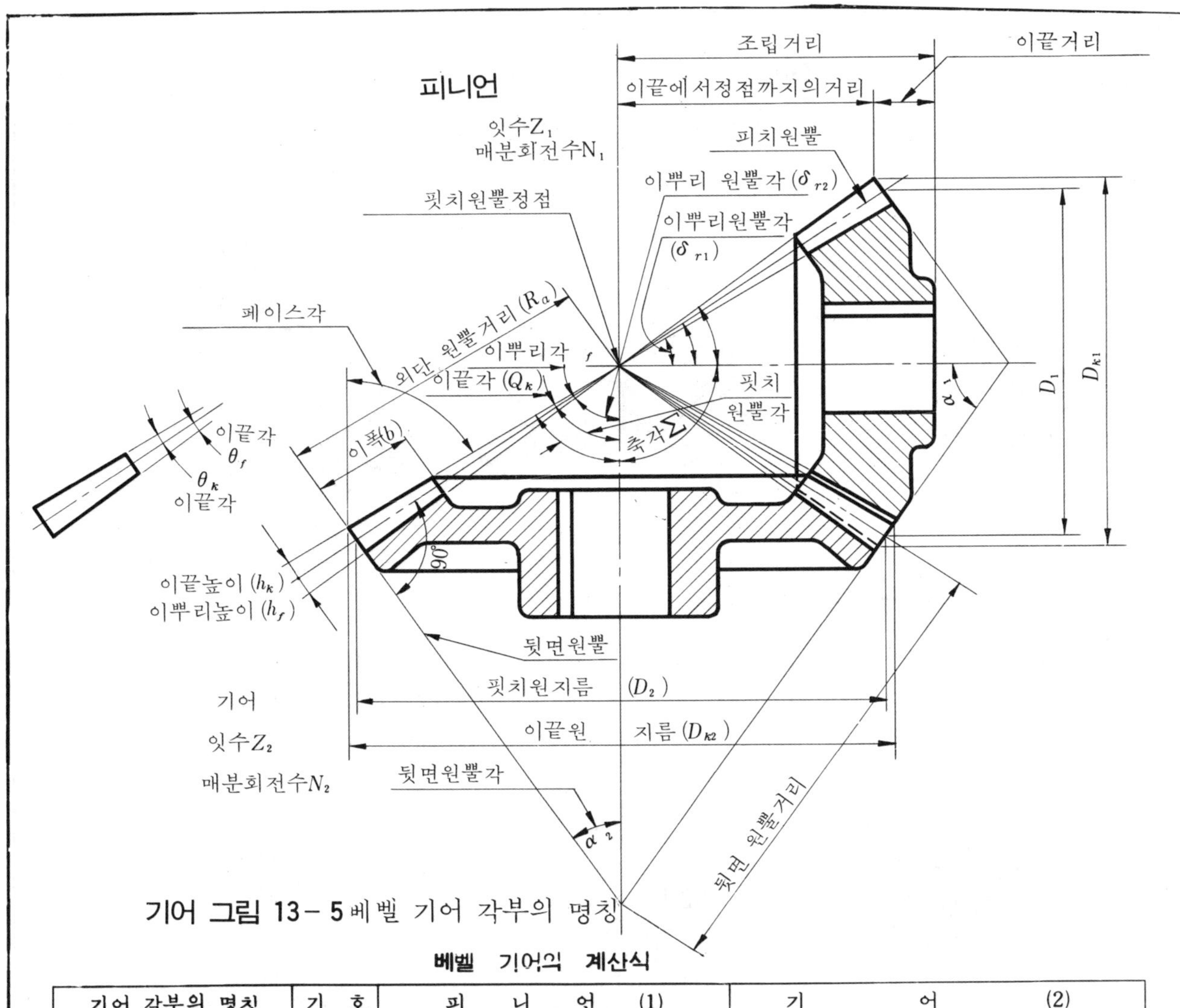

기어 그림 13－5 베벨 기어 각부의 명칭

베벨 기어의 계산식

기어 각부의 명칭	기 호	피 니 언 (1)	기 어 (2)
피 치 원 뿔 각	δ	$\tan\delta_1 = z_1/z_2$	$\tan\delta_2 = z_2/z_1 = \tan(90° - \delta_1)$
뒷 면 원 뿔 각	α	$\alpha_1 = 90° - \delta_1$	$\alpha_2 = 90° - \delta_2$
피 치 원 지 름	D	$D_1 = mz_1 = (N_2/N_1)D_2$	$D_2 = mz_2 = (N_1/N_2)D_1$
이 끝 원 지 름	D_k	$D_{k1} = D_1 + 2h_k\cos\delta_1$	$D_{k2} = D_2 + 2h_k\cos\delta_2$ (h_k : 이끝높이)
외 단 원 뿔 거 리	R_a	$R_a = D_1/2\ \sin\delta_1$	$R_a = D_2/2\ \sin\delta_2$
이 끝 각	θ_k	$\tan\theta_k = h_k/R_a$	ta n $\theta_k = h_k/R_a$
이 뿌 리 각	θ_f	$\tan\theta_f/P_a\ R$	$\tan\theta_f = h_f/R_a$ (h_f : 이뿌리 높이)
이 끝 원 뿔 각		$\delta_{k1} = \delta_1 + \theta_k$	$\delta_{k2} = \delta_2 + \theta_k$
이 뿌 리 원 뿔 각	δ_r	$\delta_{r1} = \delta_1 - \theta_f$	$\delta_{r2} = \delta_2 - \theta_f$

6. 워엄과 워엄기어

큰 감속비($\frac{1}{10}$～$\frac{1}{150}$)를 얻고저 할 때는 그림 13—6 과 같은 워엄 기어 장치가 사용된다. 워엄축과 워엄기어축은 서로 직각이나 만나지는 않는다. 나사에 오른 나사와 왼나사가 있는 것과 같이 워엄(worm)에도 오른쪽 비틀림과 왼쪽 비틀림 방향이 있고 또 나사에 한줄나사, 두줄나사가 있 듯이 워엄에도 줄수가 있다.

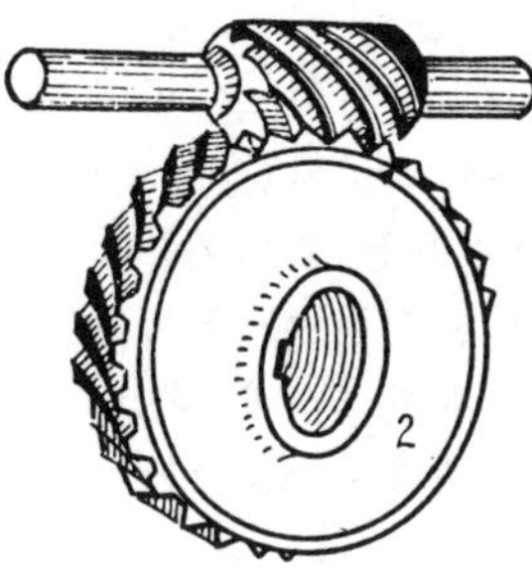

그림 13-6 워엄과 워엄기어

다음 그림 13—7 및 요목표와 그림 13—8 워엄기어 및 요목표는 KS B 0002 기어제도에서 옮긴 것이다.

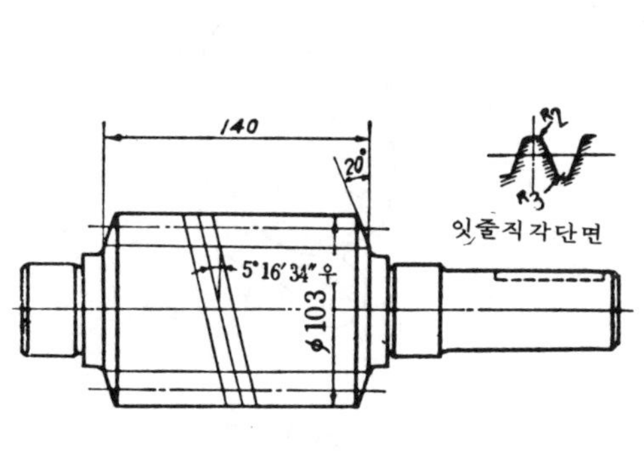

그림 13-7 워엄의 도시

워엄 (단위 : mm)

치형 기준 단면	잇줄 직각	이두께	치형 캘리퍼 (잇줄 직각)	12.57−0.14, −0.28 (캘리퍼 이끝높이＝)
모듈	8		오우버 핀 지름	(핀지름＝)
피치	25.240	완성 방법		나사 밀링 깎기
줄수 및 방향	한줄 오른	정밀도		급
압력각	20°	비고		백래시(상대 기어 피치 원주 방향) 0.28～0.56
피치원 지름	87.00			
리이드	25.240			
경사각	5°16′34″			
총이높이	18.00			

워엄 휘일 (단위 : mm)

치형 기준 단면		잇줄 직각	총이높이		18.00
모듈		8	이두께	치형 캘리퍼	$12.56^{-0.14}_{-0.20}$
원피치		25.240		(잇줄 직각)	(캘리퍼이끝높이＝8.09)
압력각		20°	완성 방법		커터 깎기
잇수		54	정밀도		급
피치원 지름		433.84	비고		뒤틈(피치 원주 방향) 0.28～0.56
상대 워엄	줄수 및 방향	한줄오른			
	피치원 지름	87			
	피치	25.240			
	경사각	5°16′34″			

그림 13-8 워엄 휘일의 도시

〔해설〕 **치형기준단면** : 축단면 방식과 잇줄직각단면 방식이 있다. 전자의 경우에는 '축직각', 후자의 경우에는 '잇줄직각'이라 기입한다. 보통 압력각은 잇줄직각단면에서, 모듀울과 이끝 높이는 축직각 단면에서 표시된다.

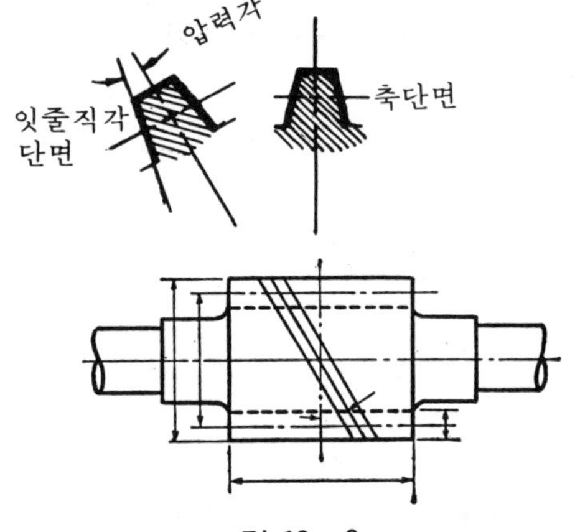

그림 13-9

피치 : 바로 이웃한 이와 이 사이의 거리.

줄수 및 방향 : 워엄이 한 바퀴 돌때, 워엄의 이가 한 줄이면 워엄기어는 1피치(원피치) 회전하고, 워엄의 이가 두 줄이면 워엄기어는 2피치 회전한다. 그림 13-7 과 13-8 에서 워엄의 줄수는 한 줄이고, 워엄기어의 잇수는 54이므로 워엄이 54회전 할 때 워엄기어는 한바퀴 돌게 된다.

워엄 이의 방향에는 오른방향과 왼방향이 있다. 워엄의 이줄을 따라 시계방향과 같이 움직일 때, 앞으로 전진하는것이 오른 방향의 워엄이 이고, 후퇴하게 되는 것은 왼방향이다

〔**문제**〕 그림 13-10에서 다음과 같은 조건일때 워엄기어의 회전방향을 다음 빈칸에 기호 (A)(B)로 써넣어라.

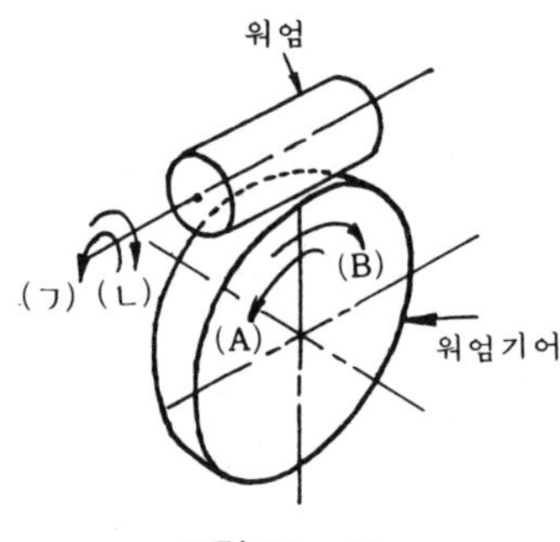

그림 13-10

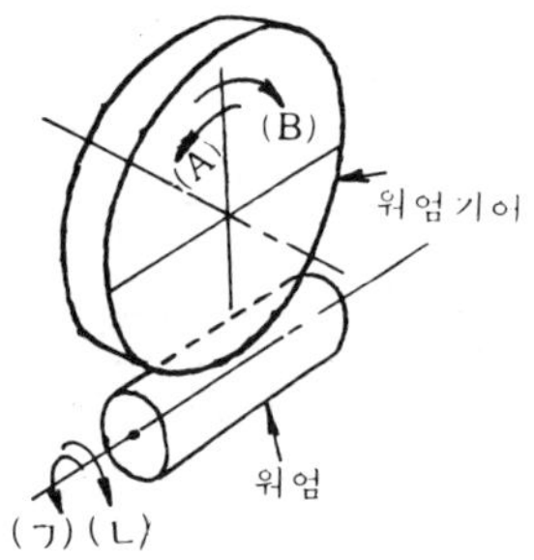

그림 13-11

워엄의 잇줄 방향 / 워엄축 회전 방향	워엄의 잇줄 방향	
	오 른(右) 방 향	왼 (左) 방 향
워엄축 이 시계방향과 반대방향 (ㄱ)으로 돌 때.	① (　　　)	③ (　　　)
워엄축이 시계방향과 같은 방향 (ㄴ) 으로 돌 때	② (　　　)	④ (　　　)

답 ①-(B) ②-(A) ③-(A) ④-(B)

〔**문제**〕 그림 13-11에서 다음과 같은 조건일때 워엄기어의 회전방향을 다음 빈칸에 기호 (A) (B)로 써넣어라.

워엄의 잇줄 방향 / 워엄축 회전방향	워엄의 잇줄 방향	
	오 른(右) 방 향	왼 (左) 방 향
워엄축이 시계방향과 반대방향 (ㄱ) 으로 돌 때.	① (　　　)	③ (　　　)
워엄축이 시계방향과 같은 방향(ㄴ) 으로 돌 때. (	② (　　　)	④ (　　　)

〔**문제**〕 다음과 같은 웜엄 감속장치에서 웜엄의 줄수 및 방향이 2줄 오른쪽이고 웜엄기어의 잇수가 48, 기어3의 잇수 14, 기어4의 잇수 16, 기어5의 잇수 12, 기어6의 잇수 34일때 종동축 (축4)의 회전수와 구동축(축1)의 회전수의 비를 구하라. 또종동축의 회전방향을 말하여라.

〔공식〕 감속비 $= \dfrac{\text{구동축의 회전수}}{\text{종동축의 회전수}} = \dfrac{Z_1 Z_3 Z_5}{Z_2 Z_4 Z_6}$

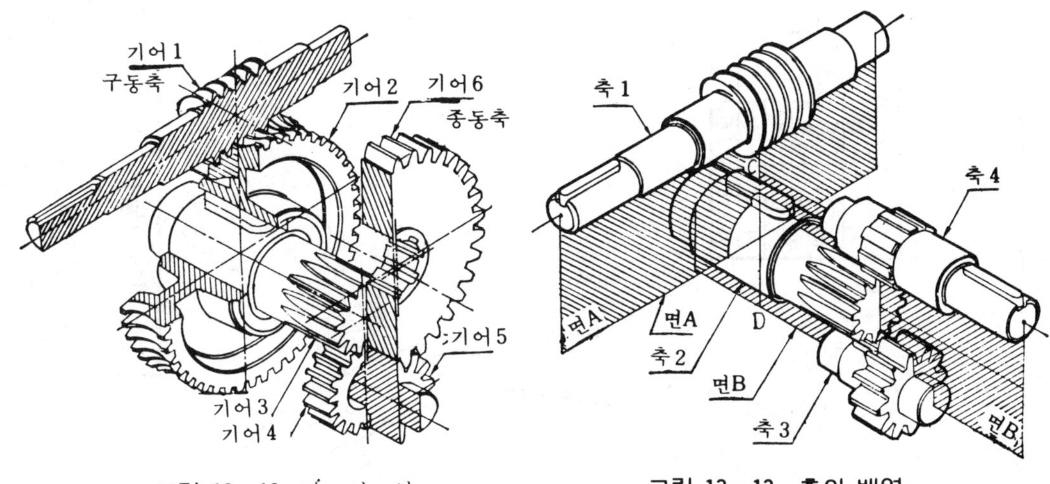

그림 13-12 기 어 열

그림 13-13 축의 배열

—〈퀴즈 휴게실〉—

(1) 그림과 같은 정육면체의 여섯면 모두를 페인트로 칠한 다음 가로, 세로, 높이를 3등분하여 톱으로 잘라 27개의 적은 토막으로 만들었다. 다음 조건에 해당하는 토막은 각각 몇개인가? (제한시간 3분)

① 3면에 페인트칠 된 토막

② 2면이 페인트칠 된 토막

③ 1면이 페인트 칠 된 토막

④ 한면도 페인트칠이 되어 있지 않은 토막

(2) 100팀이 출전한 국민학교 야구시합을 주관하게 되었다. 우승 팀을 결정하기 까지 최소한도 몇번의 시합을 갖어야 하느냐? (제한시간 1분)

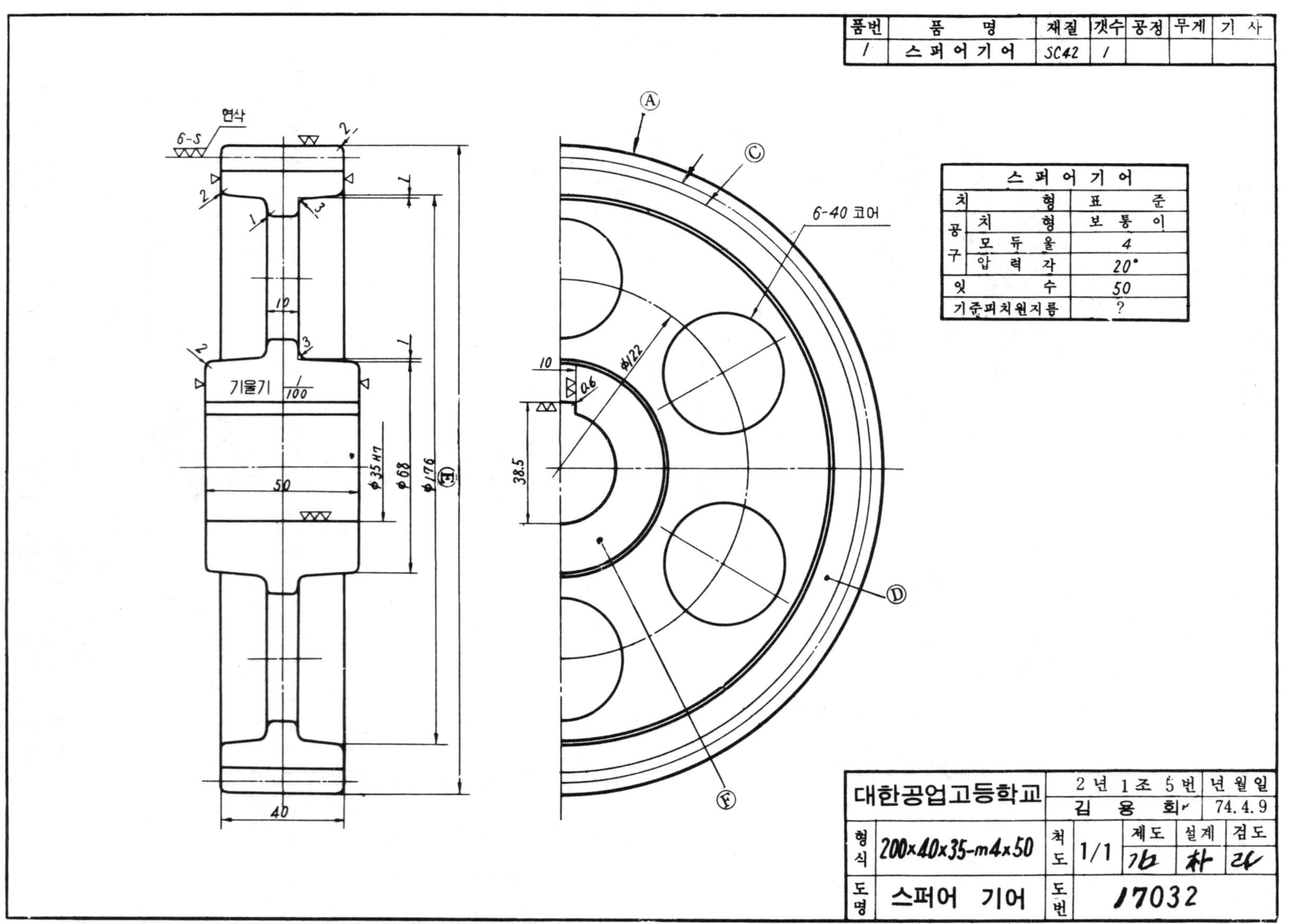

품번
품명
재질
갯수
공정
무게
기사
1
스퍼어기어
SC42
1
스퍼어기어
치형
표준
공구
치형
보통이
모듈
4
압력각
20°
잇수
50
기준피치원지름
?
Ⓐ
Ⓒ
Ⓓ
Ⓔ
Ⓕ
6-40 코어
φ122
C0.6
10
38.5
연삭
6-S
기울기 1/100
φ35H7
φ68
φ176
50
40
대한공업고등학교
2년 1조 5번
년월일
김 용 회
74.4.9
형식
200×40×35-m4×50
척도
1/1
제도
설계
검도
도명
스퍼어 기어
도번
17032

스퍼어 기어(Spur Gear) ( )반 ( )번 이름(   )

1. Ⓐ원을 무슨 원이라고 하느냐? 1. ____________

2. Ⓑ원을 무슨 원이라고 하느냐? 2. ____________

3. Ⓒ원을 무슨 원이라고 하느냐? 3. ____________

4. 리임(Rim)Ⓓ부분의 두께는 얼마냐? 4. ____________

5. Ⓕ부분을 무엇이라고 부르느냐? 5. ____________

6. Ⓕ부분의 두께는 얼마냐? 6. ____________

7. 기어 구멍의 지름은 얼마냐? 7. ____________

8. 기어 구멍의 치수 공차는 얼마냐? 8. ____________

9. Ⓐ원의 지름Ⓔ는 얼마냐? 9. ____________

10. Ⓑ원의 지름은 얼마냐? 10. ____________

11. 목형 제작 할 때 Ⓐ원의 지름은 얼마로 하여야 하느냐? 11. ____________

12. 이 스퍼어기어와 치수가 25인 다른 하나의 기어가 맞물려 회전한다면 두기어 중심간의 거리는 얼마냐? 12. ____________

13. 이 스퍼어기어의 이폭은 얼마냐? 13. ____________

14. 이 스퍼어기어의 이끝 높이는 얼마냐? 14. ____________

15. 이 스퍼어기어의 이뿌리 높이는 얼마냐? 15. ____________

16. 이 스퍼어기어의 클리어런스는 얼마냐? 16. ____________

17. 이 스퍼어기어의 원주 핏치는 얼마냐? 17. ____________

18. 이 스퍼어기어와 모듀울이 8, 잇수가 25인 기어는 서로 맞물려 회전할 수 있느냐? 18. ____________

19. 이 스퍼어기어를 끼울 축의 키이 홈의 깊이는 얼마인가? 19. ____________

20. 이 스퍼어기어에 쓰일 경사 키이의 규격을 써라. 20. ____________

21. "6 −40 코어"는 무엇을 뜻하나 설명하여라. 21. ____________

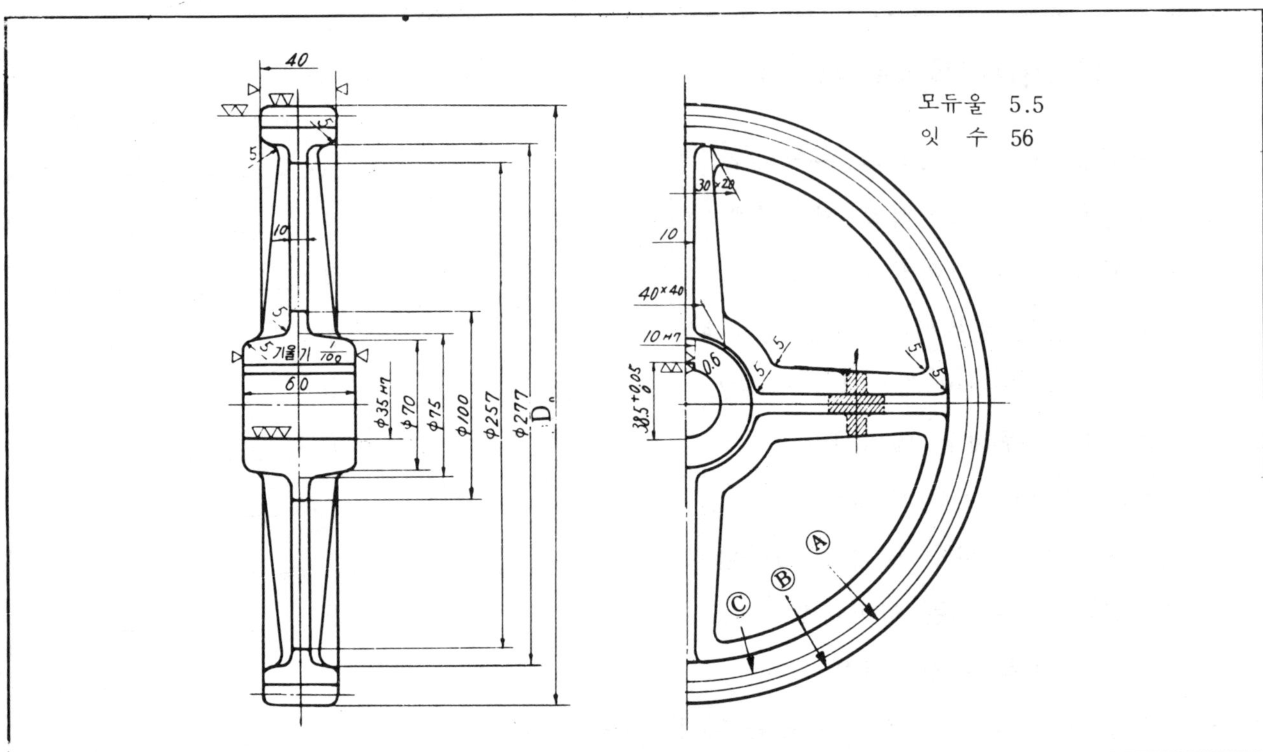

스퍼어 기어(SUPER GEAR)   ( )반 ( )번 이름(   )

1. 기준 피치원의 지름은 몇 mm 인가?	1. ______
2. 이끝원 지름 D_o 는 몇 mm 인가?	2. ______
3. 이 의 나비는 몇 mm 인가?	3. ______
4. 보스(Boss)의 두께는 몇 mm 인가?	4. ______
5. 이 기어의 축 구멍의 공차는 얼마인가?	5. ______
6. 아암(Arm)은 몇 개 인가?	6. ______
7. 아암의 단면을 나타내어라.	7. ______
8. 기어를 보스에 끼울때 쓰일 키이의 규격을 써라.	8. ______
이 기어와 맞물리는 피니온의 잇수가 30일때	9. ______
9. 피니온의 모듀울은 얼마인가?	10. ______
10. 피니온의 피치원의 지름은 몇 mm 인가?	11. ______
11. 피니온의 이끝원 지름은 몇 mm 인가?	12. ______
12. 기어와 피니온의 중심거리는 몇 mm 인가?	12. ______
13. 도면에서 Ⓐ원을 어떤 원이라고 부르느냐?	13. ______
14. 도면에서 Ⓐ원의 지름은 얼마냐?	14. ______
15. 도면에서 Ⓑ원을 어떤 원이라고 부르느냐?	15. ______
16. 도면에서 Ⓒ원을 어떤 원이라고 부르느냐?	16. ______

베벨 기어(Bevel Gear)　　( )반 ( )번 이름( )

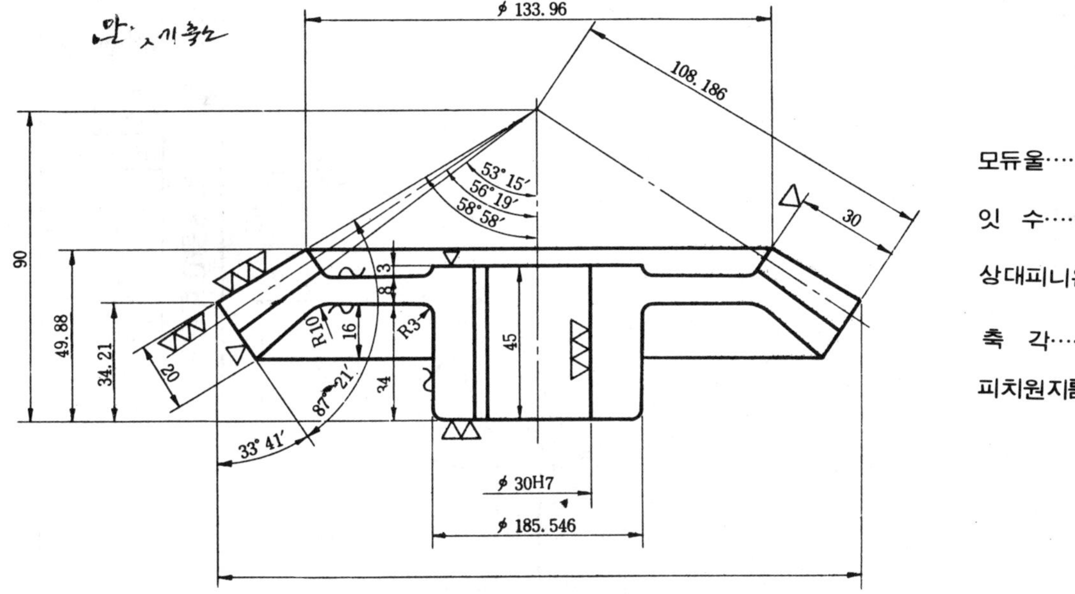

모듀울……………5
잇 수……………36
상대피니온잇수…24
축 각…………90°
피치원지름………?

1. 이 베벨기어의 핏치원 지름은 몇 mm 인가?　1. ________
2. 이 베벨기어의 피치원뿔각은 몇도인가?　2. ________
3. 이 베벨기어의 뒷면 원뿔각은 몇도인가?　3. ________
4. 이 베벨기어의 이끝원 지름은 몇 mm 인가?　4. ________
5. 이 베벨기어의 외단 원뿔거리는 몇 mm 인가?　5. ________
6. 이 베벨기어의 이끝각은 몇도인가?　6. ________
7. 이 베벨기어의 이뿌리각은 몇도인가?　7. ________
8. 이 베벨기어의 이끝 원뿔각은 몇도인가?　8. ________
9. 이 베벨기어의 이뿌리원뿔각은 몇도인가?　9. ________
10. 상대피니온의 피치원의 지름은 몇 mm 인가?　10. ________
11. 상대피니온의 뒷면 원뿔각은 몇도인가?　11. ________
12. 상대피니온의 외단 원뿔거리는 몇 mm 인가?　12. ________
13. 상대피니온의 이끝각은 몇도인가?　13. ________
14. 상대피니온의 이뿌리각은 몇도인가?　14. ________
15. 상대피니온의 이끝원뿔각은 몇도인가?　15. ________
16. 상대피니온의 이뿌리 원뿔각은 몇도인가?　16. ________
17. 상대피니온의 모듀울은 얼마인가?　17. ________

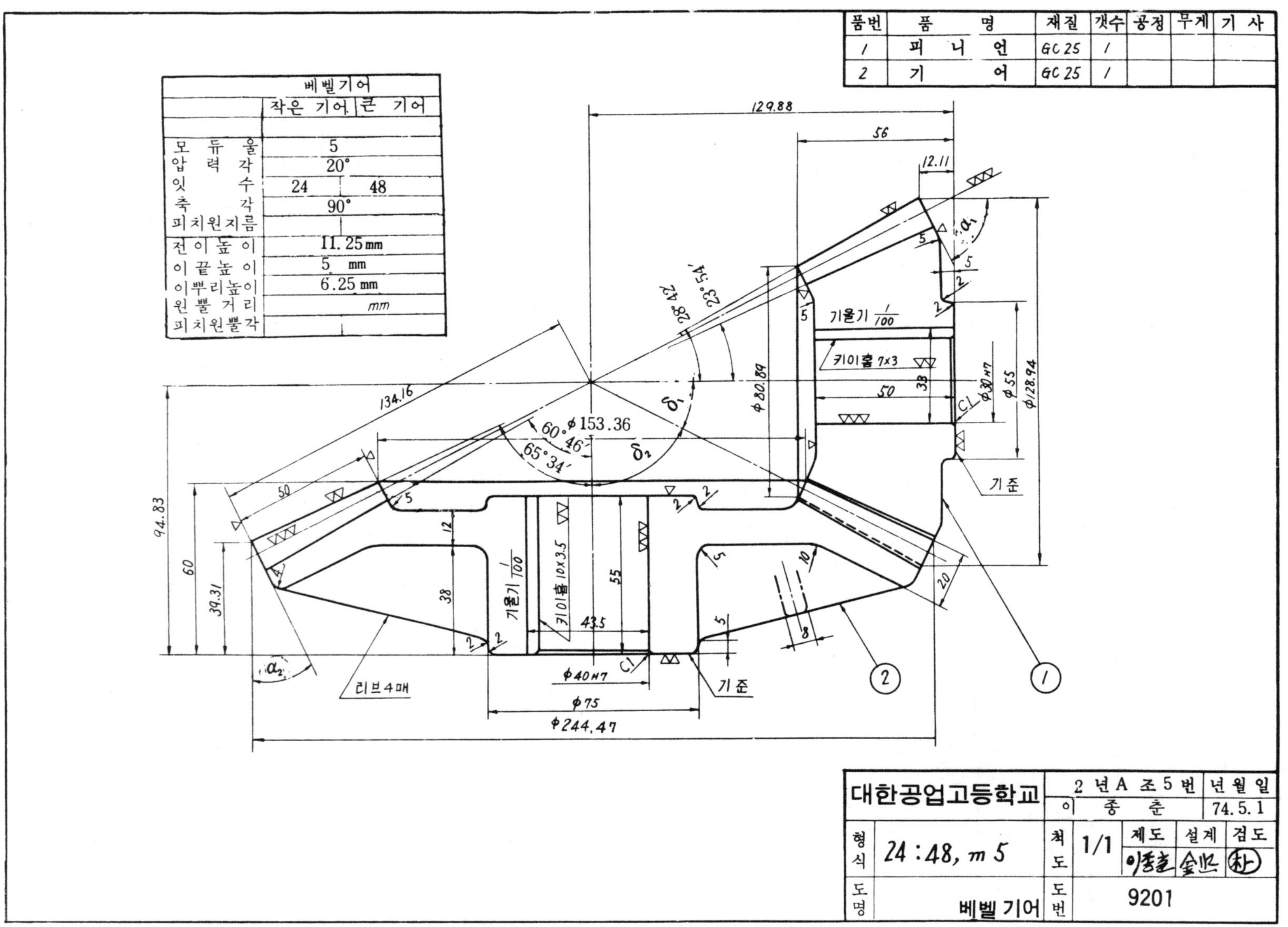

품번 | 품명 | 재질 | 갯수 | 공정 | 무게 | 기사
1 | 피니언 | GC25 | 1
2 | 기어 | GC25 | 1
베벨기어
작은 기어 | 큰 기어
모듈 5
압력각 20°
잇수 24 48
축각 90°
피치원지름
전이높이 11.25mm
이끝높이 5 mm
이뿌리높이 6.25 mm
원뿔거리 mm
피치원뿔각
129.88
56
12.11
28°42'
23°54'
기울기 1/100
키이홈 7×3
50
38
φ30H7
φ55
φ128.94
φ80.89
C1
기준
134.16
60°46'
φ153.36
65°34'
94.83
60
39.31
12
38
기울기 1/100
키이홈 10×3.5
55
43.5
φ40H7
φ75
φ244.47
리브4매
20
10
8
대한공업고등학교
2 년 A 조 5 번
이 종 춘
년월일 74.5.1
형식 24 : 48, m 5
척도 1/1
제도 설계 검도
도명 베벨 기어
도번 9201

베벨기어 (Bevel Gear)　　( )반 ( )번 이름( )

1. 작은 기어(피니언)의 피치원 뿔각 δ_1 은 얼마냐? (단 tan 26° 34′ = 0.5) 1. ________
2. 큰 기어의 피치원뿔각은 얼마냐? 2. ________
3. 작은 기어(피니언)의 뒷면원뿔각은 α_1 은 얼마냐? 3. ________
4. 큰 기어의 뒷면원뿔각 α_2 는 얼마냐? 4. ________
5. 피니언의 피치원지름은 얼마냐? 5. ________
6. 큰 기어의 피치원지름은 얼마냐? 6. ________
7. 피니언의 이끝원지름은 얼마냐? 7. ________
8. 큰 기어의 이끝원지름은 얼마냐? 8. ________
9. 피니온의 원뿔거리는 얼마냐? 9. ________
10. 피니온의 이끝각은 얼마냐? 10. ________
11. 큰 기어의 이끝각은 얼마냐? 11. ________
12. 피니온의 이뿌리각은 얼마냐? 12. ________
13. 큰 기어의 이뿌리각은 얼마냐? 13. ________
14. 피니온의 이끝원뿔각은 얼마냐? 14. ________
15. 큰 기어의 이끝원뿔각은 얼마냐? 15. ________
16. 피니온의 이뿌리원뿔각은 얼마냐? 16. ________
17. 큰 기어의 이뿌리원뿔각은 얼마냐? 17. ________
18. 두 축이 이루는 축각은 몇도이냐? 18. ________
19. 피니온의 축구멍의 허용 최대치수는 얼마냐? 19. ________
20. 큰 기어의 축구멍의 허용최대수는 얼마냐? 20. ________
21. 피니온의 축구멍의 공차는 얼마냐? 21. ________
22. 큰 기어의 축구멍의 공차는 얼마냐? 22. ________
23. 큰 기어의 리브(Rib)의 두께는 얼마냐? 23. ________
24. 피니온에 끼울 키이의 규격을 써라. 24. ________
25. 큰 기어에 끼울 키이의 규격을 써라. 25. ________

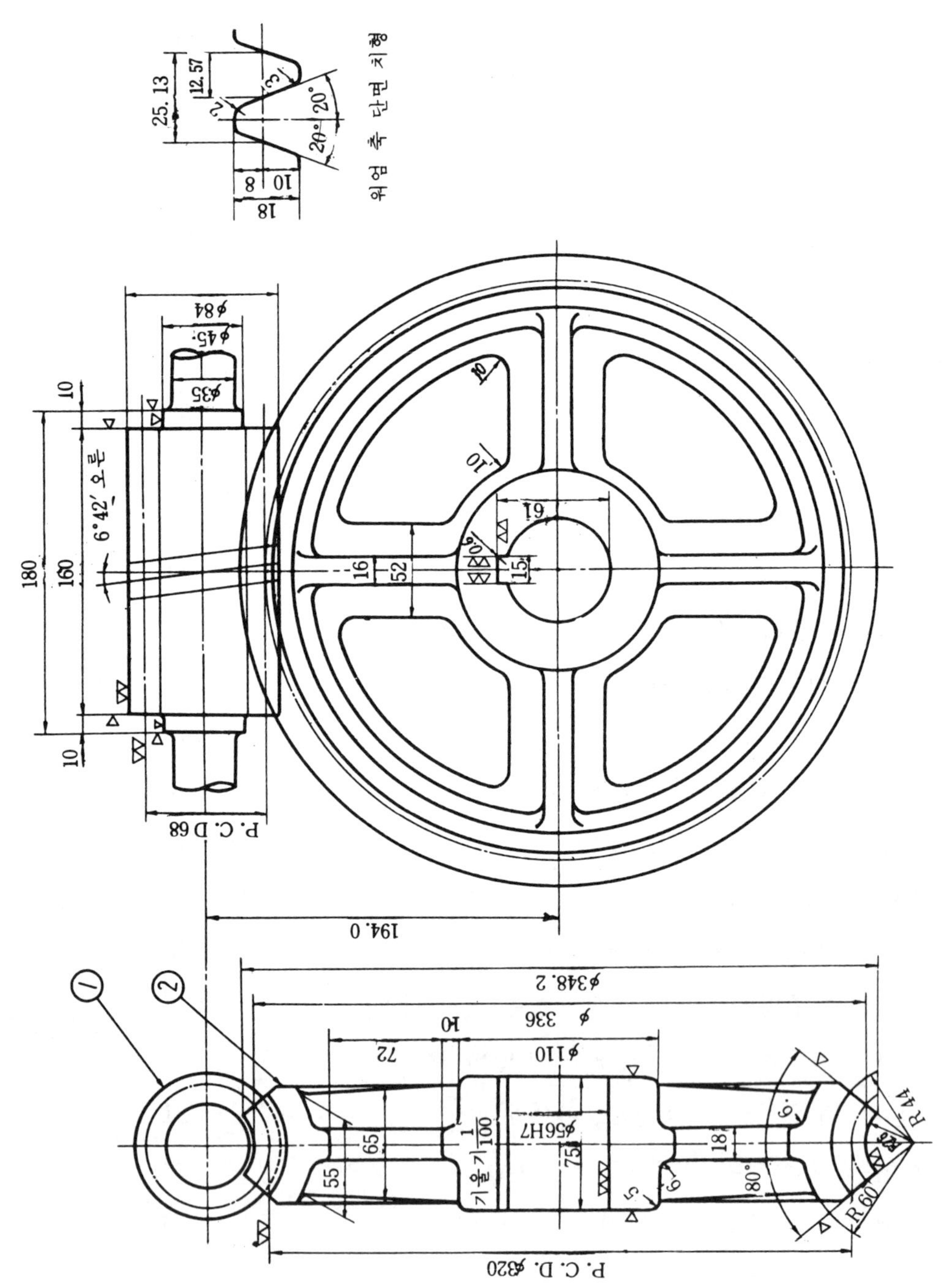

워엄 축 단면 치형
25.13
12.57
20°
2θ°
18
8
10
φ84
φ45
φ35
180
160
6°42′ 오른
P. C. D 68
194.0
φ348.2
φ 336
φ110
72
φ56H7
기울기 1/100
P. C. D. φ320
R44
R60

워엄 및 워엄기어 (Worm and Worm Gear)

(　)반 (　)번 이름(　　　　　　)

1. 워엄축과 워엄기어축의 중심거리는 얼마냐? 1. ________
2. 워엄 잇줄의 비틀림각 및 비틀림 방향은? 2. ________
3. 워엄의 피치원의 지름은 얼마냐? 3. ________
4. 워엄기어의 피치원의 지름은 얼마냐? 4. ________
5. 워엄기어의 잇수가 40일때 모듀울은 얼마냐? 5. ________
6. 워엄기어의 잇수가 40일때 워엄기어의 원주피치는얼마냐? 6. ________
7. 워엄의 잇줄수가 2줄, 워엄기어의 잇수가 40일때 워엄축이 200회전하면 워엄기어는 몇바퀴 회전하느냐? 7. ________
8. 좌측의 단면도에서 워엄이 시계방향으로 돌때 정면도의 워엄기어의 회전방향은? 정면도에서 시계방향을 기준으로 말하여라? 8. ________
9. 워엄기어의 축구멍의 호칭 치수는 얼마냐? 9. ________
10. 워엄기어의 축구멍의 최대허용치수는 얼마냐? 10. ________
11. 워엄기어의 축 구멍의 최소허용치수는 얼마냐? 11. ________
12. 워엄기어의 축 구멍의 치수공차는 얼마냐? 12. ________
13. 워엄의 이끝 높이는 얼마냐? 13. ________
14. 워엄의 이뿌리 높이는 얼마냐? 14. ________
15. 압력각은 얼마냐? 15. ________
16. 워엄의 잇줄수가 2줄일때 리이드는 얼마냐? 16. ________
17. 워엄기어를 절삭하기 위한 재료의 최소지름과 두께는 얼마냐? 17. ________
18. 워엄기어의 아암(Arm)은 몇 개이냐? 18. ________
19. 워엄기어의 보스(Boss)의 지름과 두께는 얼마냐? 19. ________
20. 워엄기어를 축에 끼울 때 쓰일 키이의 규격은? 20. ________
21. 워엄기어의 아암의 단면도를 그리고 치수를 써넣어라.

— 〈**퀴즈 휴게실**〉 —

A회사와 B회사가 신문에 기술사원 모집광고를 내었다. 다른 모든 조건은 같고 다만 다른 것은 다음 조건이다. 수입면으로 보아 어느 회사를 택하는 것이 좋으냐?

(A 사)	(B 사)
① 1년에 100만원	① 6개월에 50만원
② 1년마다 20만원씩 승급	② 6개월마다 10만원씩 승급

단　　원　　14

파이프 이음, 밸브

1. 파이프 및 밸브

파이프는 유체(기체, 액체)의 수송용으로, 밸브(Valve)는 유체 통로를 막았다 열었다하는데 사용된다.

① 파이프 (Pipe)

주철관(Cast iron pipe) : 주로 수도, 가스, 배수관으로 땅속에 매설한다.

강　관(Steel pipe) : 보일러, 화학공업용으로 쓰인다.

동　관(Copper pipe) : 콘덴서(復水器), 급유관, 압력계관 등에 쓰인다.

이 외에도 연관(鉛管), 황동관, 고무 호오스, 염화비닐호오스 등이 있다.

② 파이프 이음쇠

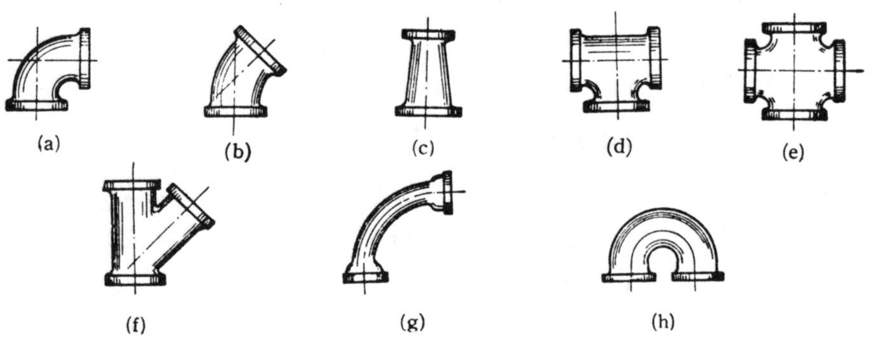

그림 14-1 가스 파이프 이음쇠(1)
(a) 90°엘보우. (b) 45°엘보우 (c) 줄임 죔용 나사
(d) 티이 (e) 크로스 (f) 래터럴 ((g) 벤드 (h) 리터언

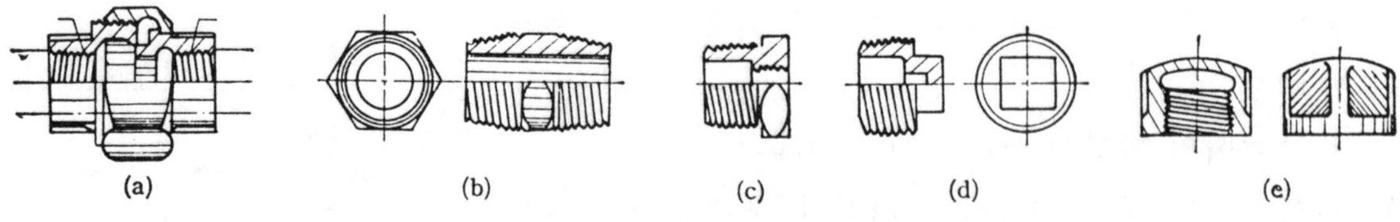

그림 14-2 가스 파이프 이음쇠(2)
(a) 유니언 (b) 니플 (c) 부시 (d) 플러그 (e) 캡

③ 밸　브(Valve)

스　톱　밸브 ┬ 글로우브 밸브…유체의 입구와 출구가 일직선
　　　　　　└ 앵글 밸브…유체의 입구와 출구가 직각

슬로우스밸브—발전소의 도수관(道水管), 상수도의 주도관과 같이 지름이 크고, 자주 개폐하지 않는 곳에 쓰인다

첵　　밸브—유체의 역류를 방지하는 밸브로 리프트형과 스윙형이 있다.

안　전　밸브—파이프속 압력이 일정한 값이상이로 되면 자동적으로 유체를 외부에 흘러 내보낸다.

표 14－1 글로우브 밸브의 재료 및 각부 명칭 칭

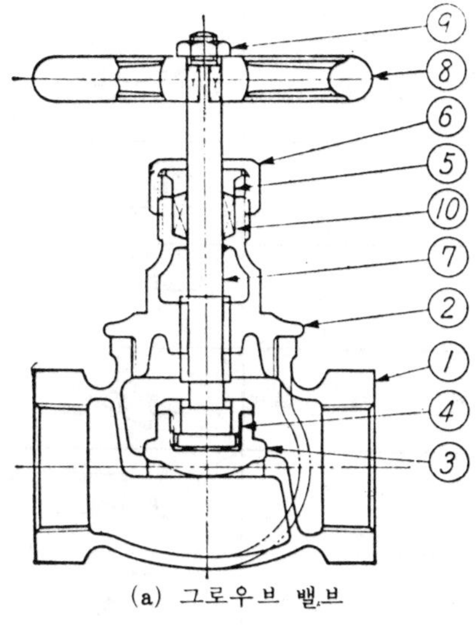

(a) 그로우브 밸브

번호	명 칭	재 료	적 용 규 격
1	밸 브 몸 통	BC 3	KS D 6002
2	덮 개	BC 3 또는 단조용 황동봉	KS D 6002
3	디 스 크	BC 3	KS D 6002
4	디스크 누르개	BC 3 또는 MB_3R	KS D 6002 또는 KS D 5503
5	패 킹 누 르 개	BC 3 또는 MB_3R	KS D 6002 또는 KS D 5503
6	패킹 누르개 너트	BC 3 또는 MB_3R	KS D 6002 또는 KS D 5503
7	밸 브 대	단조용 황동봉	KS D 5507
8	핸 들	GC 15	KS D 4301
9	너 트	MB_3R	KS D 5503
10	패 킹	—	

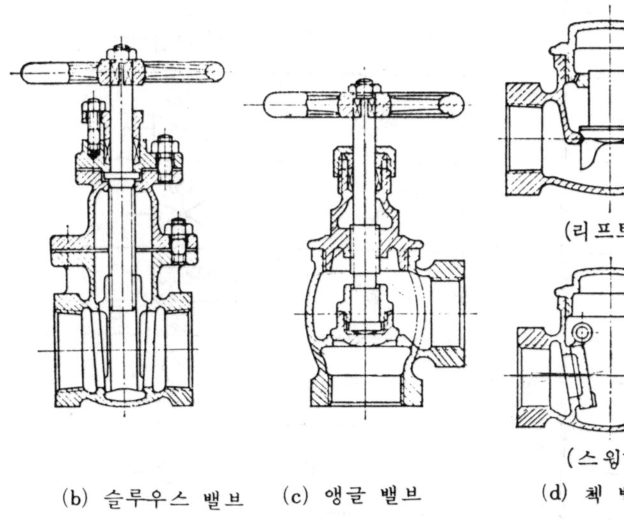

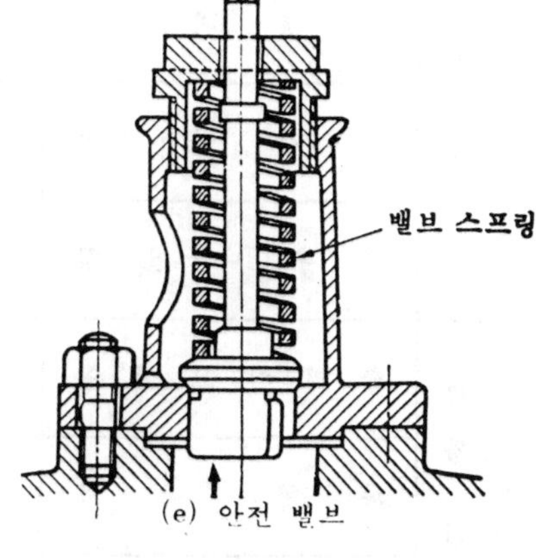

(b) 슬루우스 밸브 (c) 앵글 밸브 (d) 첵 밸브 (e) 안전 밸브

그림 14－3 여러 가지 밸브 종류

〈퀴즈 휴계실〉

(2) 7마리의 새끼 돼지를 현재의 위치를 움직이지 않고 3개의 직선 칸막이를 만들어 한 마리씩 가두어 두려면 칸막이를 어떻게 쳐야하는가? 직선으로 나타내어라.

표 14-1 파이프 이음 및 밸브 기호호

	파이프·파이프 이음	도시 기호
파이프의 접속 상태	접속하지 않을 때  	
	접속할 때  	
	분기할 때  	
파이프의 입체적 표시	파이프 A가 위로 구부러졌을 때  	A
	파이프 B가 밑으로 구부러 졌을 때 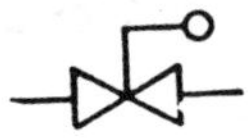	B
	파이프 C가 밑으로 구부져러서 D에 접속하였을 때  	C D
파이프 이음의 종류	일반 (나사)  	
	플랜지형  	
	턱걸이형  	
	유우니언형  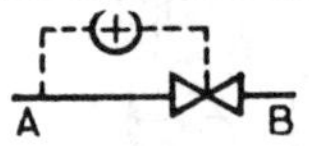	
팽창 이음	슬리이브이음  	
	파형 이음  	
	벤트 이음  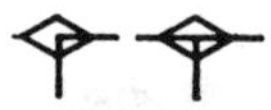	
파이프 이음	엘보우벤트	
	T	
	크로스	
막힘 플랜지		

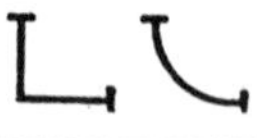

밸브·콕·계기		도시 기호
밸브 (일반)		
앵글 밸브		
체 밸브		
안전 밸브		
추 밸브		
수동 밸브		
밸브 조작	일반	
	전동식	M
	전자식	S
도출 밸브		A B
공기 도출 밸브		
콕	일반	
	삼방	
닫은 상태의 밸브		
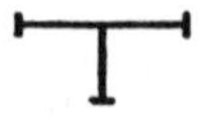 닫은 상태의 콕		
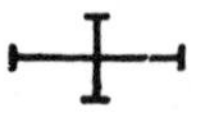 계기	압력계	 P
	온도계	 T

표 14-2 파이프 부속물의 약도법

	플랜지	나사박기	벨형	용접	납땜
이음매					
엘보우					
45° 엘보우					
엘보우 (하향)					
엘보우 (하향)					
벤드					
상향가지엘보우					
하향가지엘보우					
발붙임엘보우					
쌍가지엘보우					
이경엘보우					
이경소켓					
티이 (상향)					
티이 (하향)					
티이					
상향가지티이					
하향가지티					
크로스					
래더럴					
슬루우스밸브					
클러브밸브					
앵글밸브					
첵밸브					
콕					
안전밸브					
유니언					

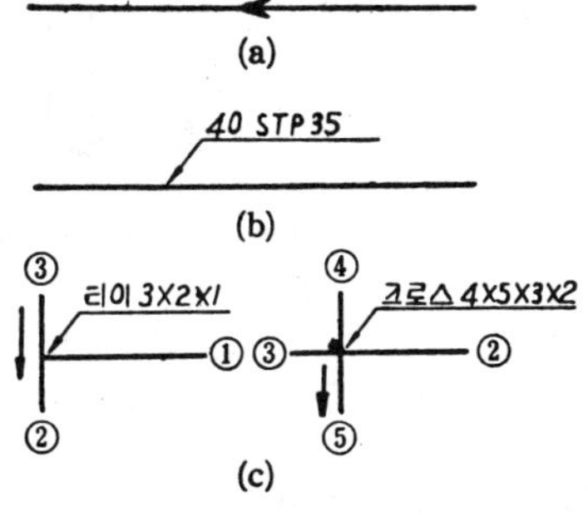

그림 14-4 흐름의 방향 표시

표 14-3 유체의 문자 기호

유체의 종류	문자 기호
공기	A
가스	G
기름	O
수증기	S
물	W
증기	V

그림 14－4 를 그림 14－5 와 같은 한 줄 그림 배관도로 나타내보자.

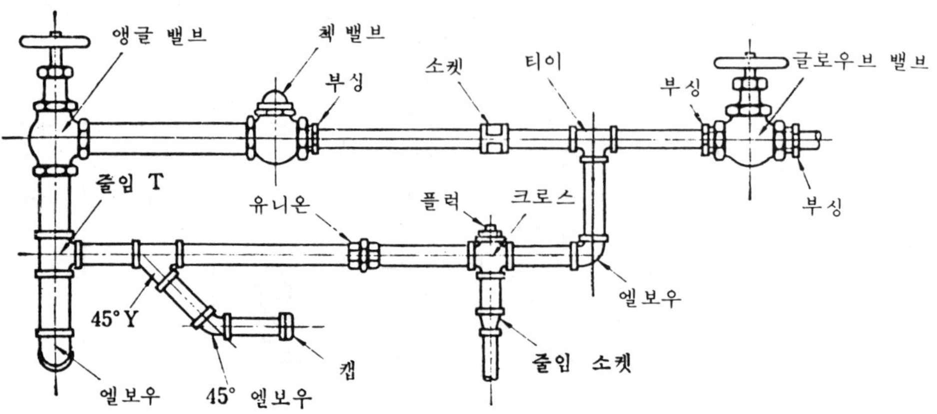

그림 14－4 나사 이음의 사용 예

그림 14－5 의 한줄 그림 배관도의 각 기호를 보고 어떠한 이음, 어떠한 밸브가 설치되어 있나 알아보자.

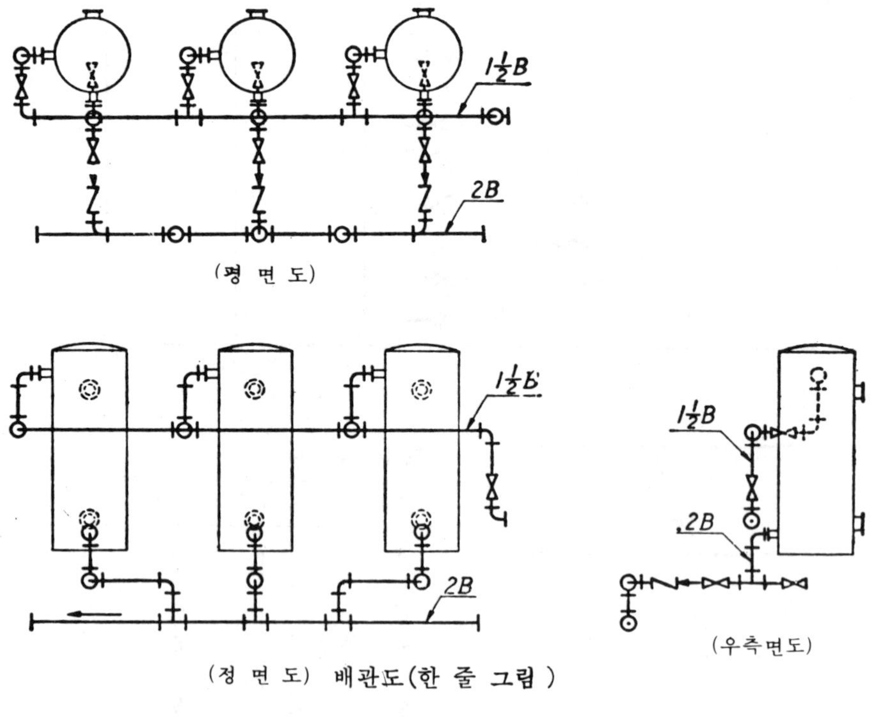

그림 **14－5** 배관도 (한 줄 그림)

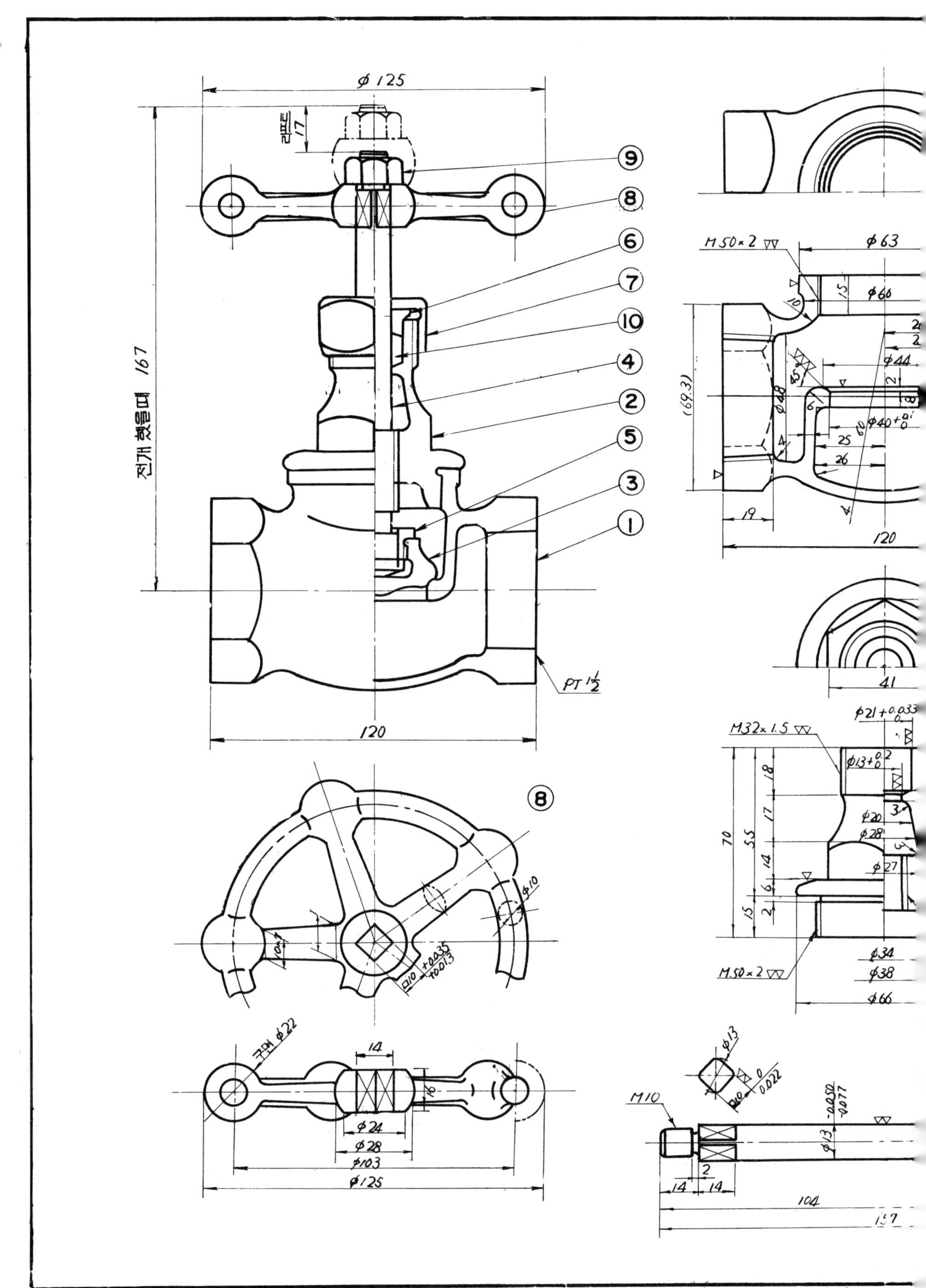

φ 125
렌치 17
9
8
6
7
10
4
2
5
3
1
전개 했을때 167
PT 1½
120
8
φ10
□10 +0.035 +0.013
10
구멍 φ22
14
16
φ24
φ28
φ103
φ125
M50×2
φ63
φ60
15
10
φ44
45°
φ48
(69.3)
φ40
25
60
26
19
120
41
φ21
M32×1.5
φ13
70
55
18
17
14
6
15
2
φ20
φ28
φ27
φ34
φ38
φ66
M50×2
φ13
□10 0 -0.022
M10
φ13 -0.050 -0.077
2
14
14
104

①

품번	품 명	재질	갯수	공정	무게	기 사
1	밸 브 몸 통	Bc3	1			
2	덮 개	Bc3	1			
3	디 스 크	Bc3	1			
4	밸 브 대	MBs1	1			
5	디스크누르개	MBs1	1			
6	패 킹 누 르 개	MBs1	1			
7	패 킹누르개너트	MBs1	1			
8	핸 들	Gc20	1			
9	육각너트1종상2급M10	MBs1	1			
10	패 킹		1			

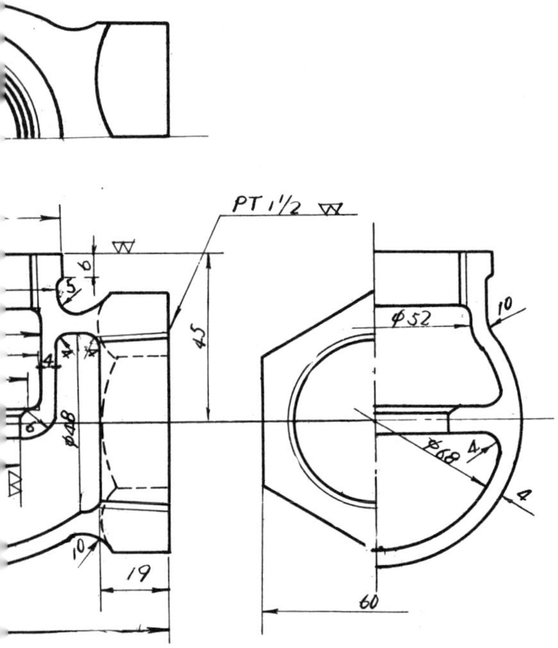

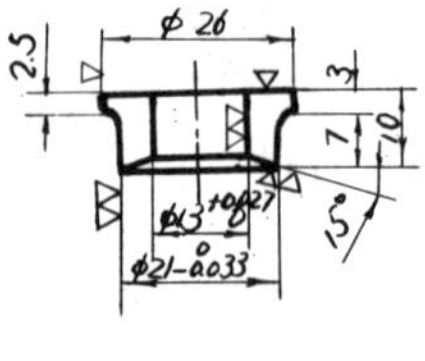

③

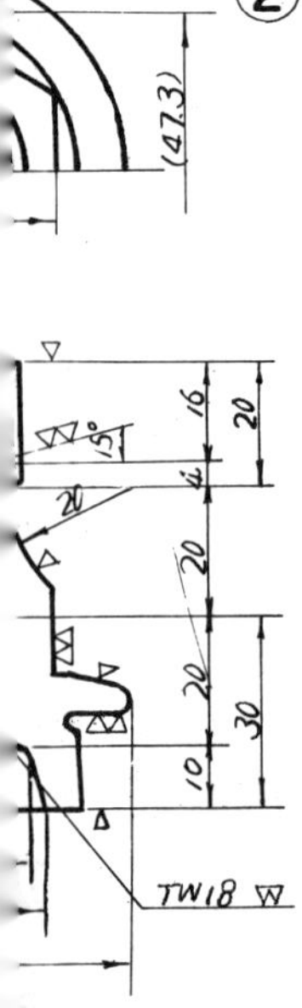

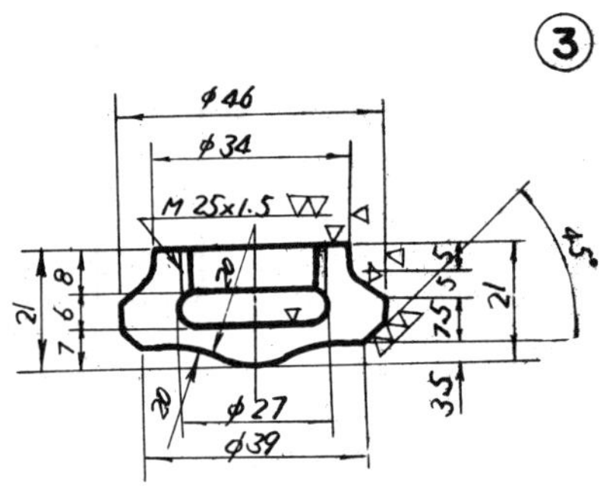

②

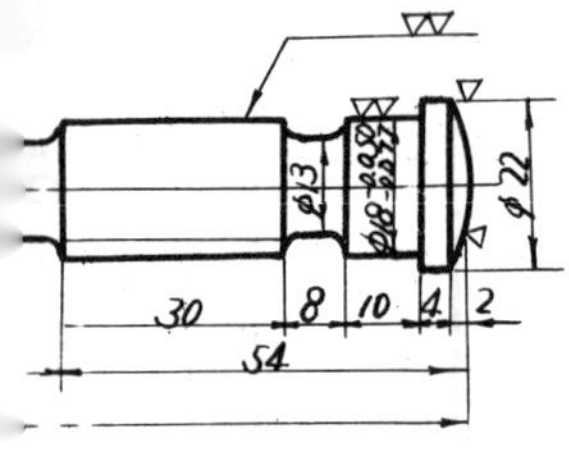

⑤

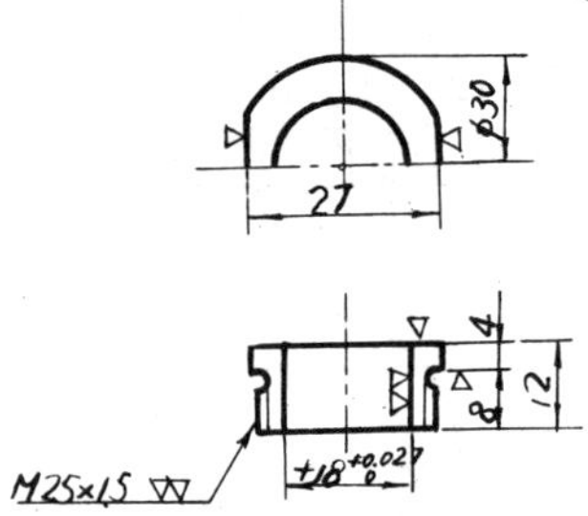

⑦

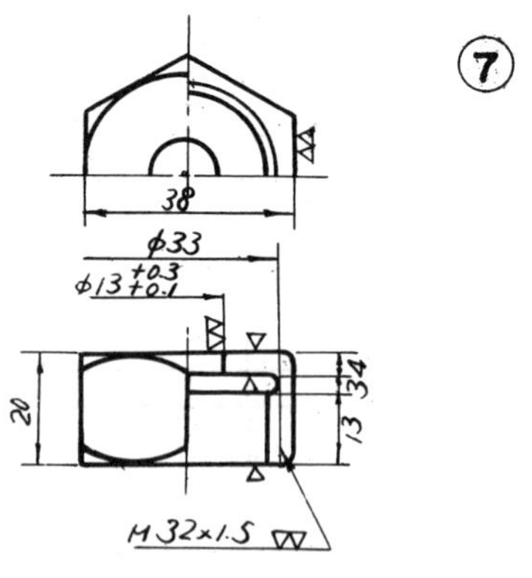

⑥

④

글로우브 밸브(Gloub Valve)　　( )반 ( )번 이름(　　　　　　)

1. 조립도에서 부품번호⑨의 규격을 써라. 　1. ________
2. 부품번호⑨는 어느 부품에 체결(締結)되어 있나? 부품의 품명을 써라. 　2. ________
3. 부품번호⑨는 어느 부품을 고정하기 위한 것이냐? 그 부품의 품명을 써라. 　3. ________
4. 부품번호⑦은 어느 부품에 고정되어 있느냐? 　4. ________
5. 부품번호⑦에는 어떤 나사가 깎이어 있느냐? 나사의 종류를 써라. 　5. ________
6. 부품번호②의 윗부분에는 어떤 나사가 깎이어 있나? 나사의 종류를 써라. 　6. ________
7. 밸브몸통에는 어떤 나사가 깎이어 있 느냐? 나사의 종류를 써라. 　7. ________
8. 덮개②의 아랫부분에는 어떤 숫나사가 깎이어 있느냐? 나사의 종류를 써라. 　8. ________
9. 덮개②에는 어떤 암나사가 깎이어 있느냐? 나사의 종류를 써라. 　9. ________
10. 밸브대 아랫부분에는 어떤 숫나사가 깎이어 있느냐? 나사의 종류를 써라. 　10. ________
11. 조립할 때 밸브대를 덮개 위에서부터 끼울수 있느냐? 　11. ________
12. 부품번호⑤의 ϕ18구멍에는 어느 부품이 끼워지느냐? 그 부품의 번호를 써라. 　12. ________
13. 부품번호⑤의 숫나사의 종류를 써라. 　13. ________
14. 부품번호⑤의 숫나사에는 어느 부품이 끼워지느냐? 그 부품명을 써라. 　14. ________
15. 밸브대에 디스크③이 고정되어 있는 상태로 밸브 몸통에서 뽑아 낼 수 있느냐? 　15. ________
16. 덮개②를 밸브몸통에서 풀때 사용될 스패너의 호칭 치수를 써라(mm로) 　16. ________
17. 디스크③을 풀때 사용될 스패너의 호칭치수를 써라(mm로) 　17. ________
18. 패킹 누르개를 덮개에서 풀때 사용될 스패너의 호칭 치수를 써라(mm로) 　18. ________
19. 이 밸브에서 나사 체결 부분이 몇곳이냐? 　19. ________

(다음 페이지에 문제 계속 됨)

20. 이 밸브에는 몇 인치 파이프에 체결되느냐? 20. ______

21. 이 밸브 부품중 회주철품으로 된 부품명을 써라. 21. ______

22. 밸브 몸통은 어떤 재질로 되어 있느냐? 22. ______

23. 밸브대는 어떤 재질로 되어있느냐? 23. ______

24. 이 밸브에서 가장 정밀한 가공을 요하는 부분은 어느 곳이 이냐? 24. ______

25. 이 밸브를 완전히 열면 디스크는 몇mm 올라가느냐? 25. ______

26. 패킹은 어느 부품과 어느 부품사이에 끼워져 있느냐? (부품번호로) 26. ______

27. 부품 번호⑥은 어느 부품과 어느 부품사이에 끼워지느냐? (부품번호로) 25. ______

— 〈**퀴즈 휴계실**〉 —

① 어떤 아가씨에게 나이를 물어보니 「내 나이 내일 모래면 22세가 됩니다. 그러나 작년 설날에는 나는 아직 10대 였었는데」라고 대답했다. 이런 수가 있을 수 있나? 여기에서 말하는 나이는 모두 만 연령임.

② 그림과 같은 크기의 직6면체의 방에 전등(A)와 스위치(B)가 있다. 이 전등(A)와 스위치(B)를 벽면 (천정, 벽, 방바닥)에 따라 전선으로 연결하고저 한다. 전선의 길이를 가장 짧게 들여 연결하려면 어떻게 배선하여야 하느냐?

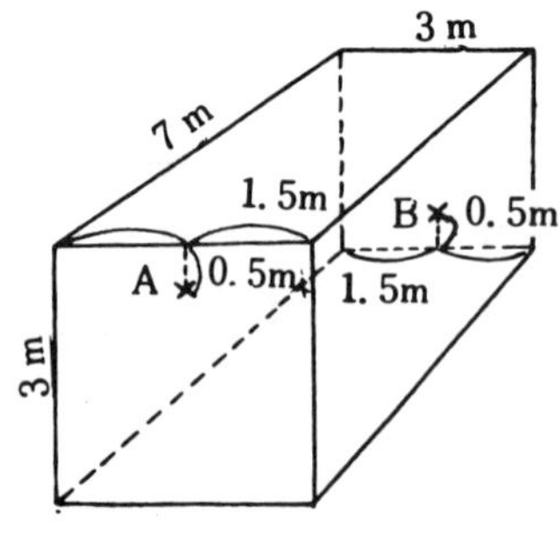

제 2 편

응용 독도 과제

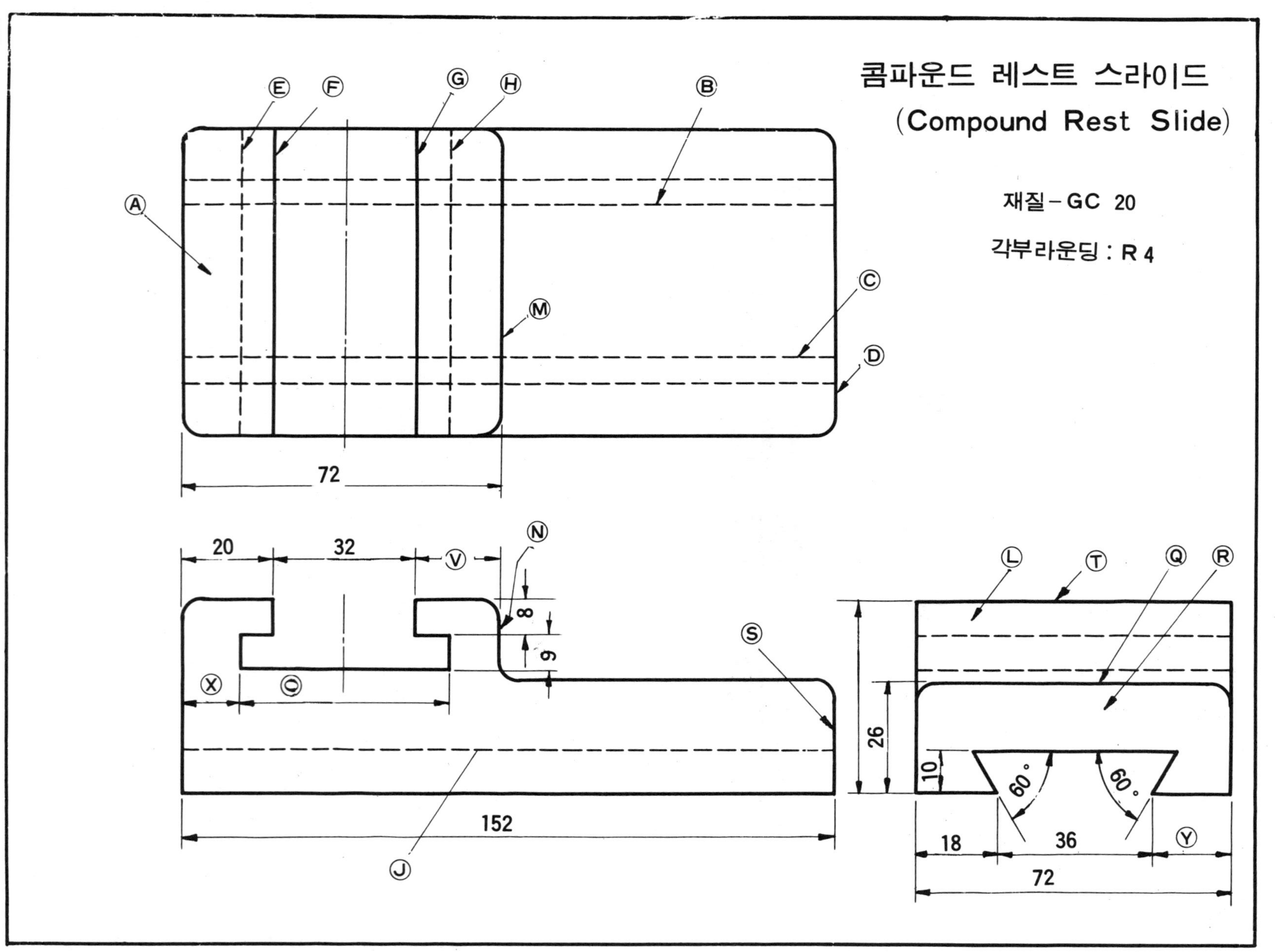

콤파운드 레스트 스라이드
(Compound Rest Slide)
재질－GC 20
각부라운딩 : R 4
Ⓐ
Ⓑ
Ⓒ
Ⓓ
Ⓔ
Ⓕ
Ⓖ
Ⓗ
Ⓜ
72
20
32
Ⓥ
Ⓝ
8
6
Ⓧ
Ⓞ
Ⓢ
Ⓙ
152
Ⓛ
Ⓣ
Ⓠ
Ⓡ
26
10
60°
60°
18
36
Ⓨ
72

콤파운드 스라이드 레스트 (Compound Slid Rest)

( )반 ( )번 이름( )

1. 전체 길이는 얼마냐? 1. ________
2. 전체 높이는 얼마냐? 2. ________
3. 전체 폭은 얼마냐? 3. ________
4. Ⓖ와 Ⓕ사이의 치수는 얼마냐? 4. ________
5. Ⓗ와 Ⓔ사이의 치수는 얼마냐? 5. ________
6. Ⓑ와 Ⓒ사이의 치수는 얼마냐? 6. ________
7. 면 Ⓡ는 정면도의 어느 곳에 나타나 있느냐? 7. ________
8. 면 Ⓡ는 평면도의 어느 곳에 나타나 있느냐? 8. ________
9. Ⓨ의 치수는 얼마냐? 9. ________
10. Ⓥ의 치수는 얼마냐? 10. ________
11. 면 Ⓛ은 정면도의 어느선으로 나타내 있느냐? 11. ________
12. 면 Ⓛ은 평면도의 어느선으로 나타내 있느냐? 12. ________
13. 선 Ⓖ가 나타내는 면의 넓이는 몇 mm^2 인가? 13. ________
14. 선 Ⓗ가 나타내는 면의 넓이는 몇 mm^2 인가? 14. ________
15. 선 Ⓙ가 나타내는 면의 넓이는 몇 mm^2 인가? 15. ________
16. T홈 부분을 모두 절삭(切削)하여야만 할때 절삭해 내야 할 부피는 몇 mm^3 인가? 16. ________
17. 바닥의 더브테일 홈(Dovetail opening)의 절삭해내야 할 부피는 몇 mm^3 인가? 17. ________
18. Ⓠ면과 Ⓣ면과의 직선거리는 얼마냐? 18. ________
19. Ⓧ의 치수는 얼마냐? 19. ________
20. Ⓐ면은 우측면도의 어느 선으로 나타나 있느냐? 20. ________

— 〈**퀴즈 휴게실**〉 —

5마리의 고양이가 5마리의 쥐를 잡는데 5분 걸렸다. 같은 비율로 100마리의 쥐를 100분 동안에 잡아내려면 고양이 몇마리가 필요하냐?

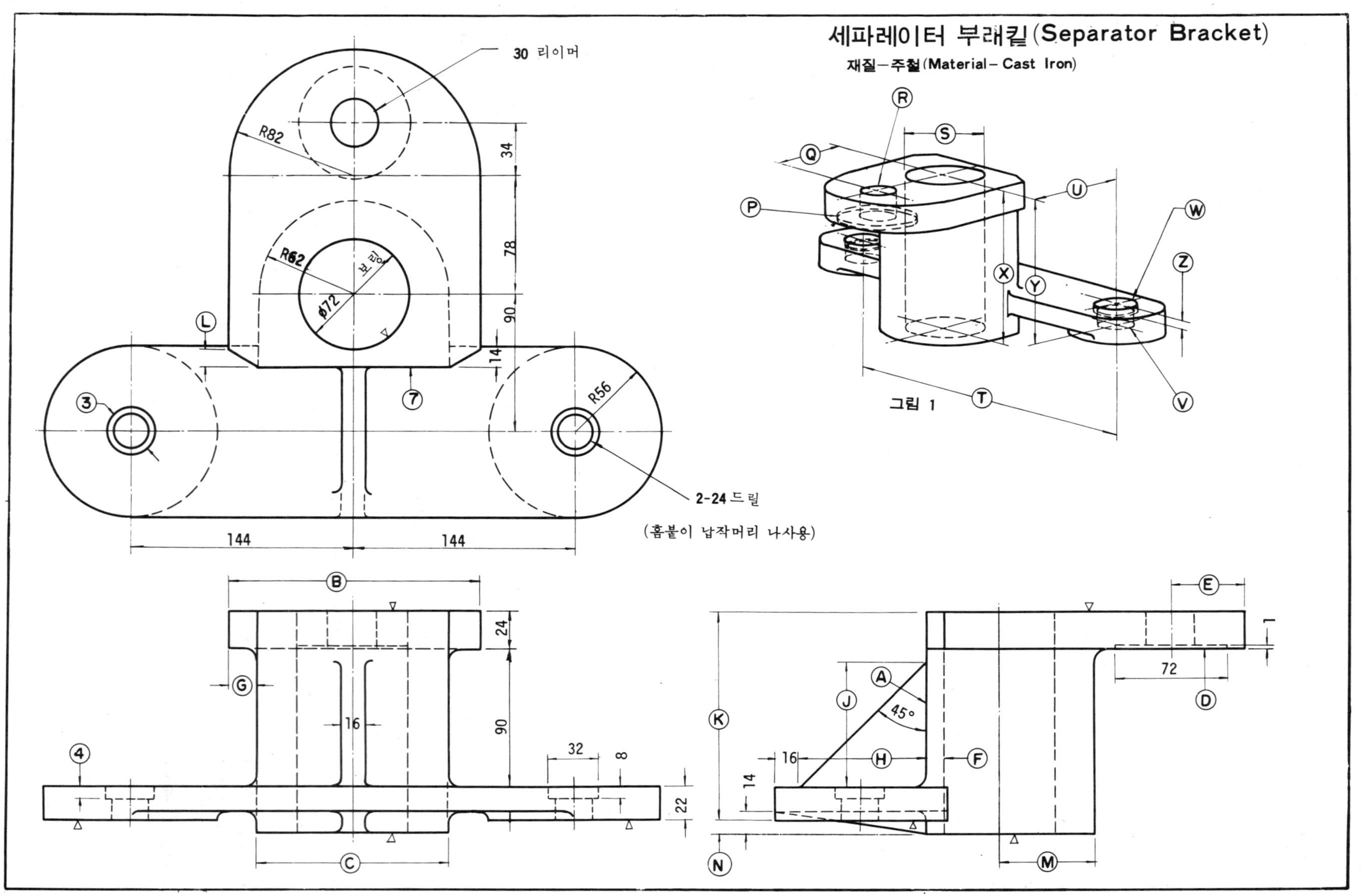

세파레이터 부래킷(Separator Bracket)
재질－주철(Material－Cast Iron)
30 리이머
R82
34
78
90
14
R62
ø72
보링
R56
2-24 드릴
(홈붙이 납작머리 나사용)
144
144
B
C
G
24
90
16
32
8
22
E
D
72
1
A
45°
J
K
H
F
16
14
N
M
P
Q
R
S
T
U
V
W
X
Y
Z
그림 1

(Separator Bracket) 번호(　　) 이름(　　　　)

나타낸 면은 평면도에서 어느 선으로 표시되어 있느냐? 1. ________

2. 이 브래킷에는 몇 개의 구멍이 있는가? 2. ________

3. 드릴 구멍은 몇 개인가? 3. ________

4. 큰 구멍을 완성 가공하는데 필요한 공작기계는 무엇인가? 4. ________

5. 누락된 칫수 Ⓝ은 얼마인가? 5. ________

6. 몇 개의 리브가 있으며, 두께는 얼마인가? 6. ________

7. Ⓜ의 길이는 얼마인가? 7. ________

8. 부품의 전체 길이는 얼마인가? 8. ________

9. 부품의 전체 높이는 얼마인가? 9. ________

10. 부품의 전체 폭(나비)은 얼마인가? 10. ________

11. Ⓑ의 길이는 얼마인가? 11. ________

12. Ⓒ의 길이는 얼마인가? 12. ________

13. Ⓓ와 같은가공 을 무엇이라고 하느냐? 13. ________

14. Ⓔ의 길이는 얼마인가? 14. ________

15. 가공할 면은 몇 군데인가? 15. ________

16. ③과 ④와 같이 가공하는 작업을무엇이라고 하는가? 16. ________

17. ③의 지름은 얼마인가? 17. ________

18. 와셔자리(Spotface)의 깊이는 얼마인가? 18. ________

19. Ⓛ의 칫수는 얼마가 되어야 하는가? 19. ________

20. Ⓙ의 길이는 얼마인가? 20. ________

21. Ⓖ의 길이는 얼마인가? 21. ________

22. Ⓗ의 길이는 얼마인가? 22. ________

23. Ⓕ의 길이는 얼마인가? 23. ________

24. 다듬질 기호(▽)가 있는 면에 가공여유를 3㎜주었을때, 가공전 주물에서 Ⓚ의 길이는 얼마인가? 24. ________

25. 그림 1의 겨냥도를 참조하여 다음 부분의 완성후 칫수를 기입하시오. Ⓟ Ⓠ, Ⓡ, Ⓢ, Ⓣ, Ⓤ, Ⓥ, Ⓦ, Ⓧ, Ⓨ, Ⓩ. 25.

P =___ V =___
Q =___ W =___
R =___ X =___
S =___ Y =___
T =___ Z =___
U =___

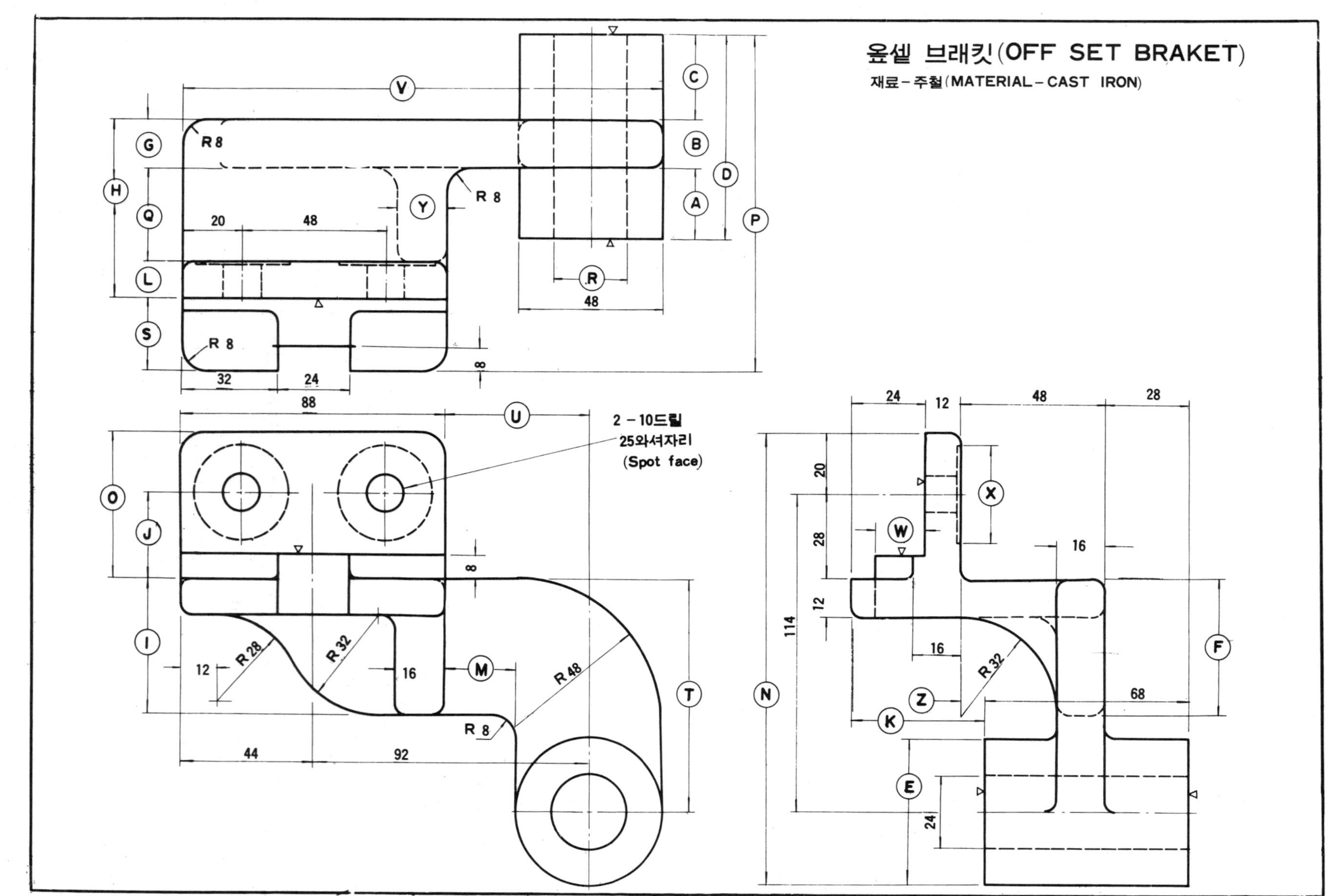
옵셋 브래킷(OFF SET BRAKET)
재료-주철(MATERIAL-CAST IRON)
2-10드릴
25와셔자리
(Spot face)
R 8
R 28
R 32
R 48
114
88
92
44
48
28
24
20
16
12
68
32
8

옵셀 브래킷(OFF SET BRAKET)

A. 독 도 과 제

도면에서 Ⓐ~Ⓩ의 치수를 찾아 다음에 기입하여라.

Ⓐ ______	Ⓑ ______	Ⓒ ______	Ⓓ ______	Ⓔ ______
Ⓕ ______	Ⓖ ______	Ⓗ ______	Ⓘ ______	Ⓙ ______
Ⓚ ______	Ⓛ ______	Ⓜ ______	Ⓝ ______	Ⓞ ______
Ⓟ ______	Ⓠ ______	Ⓡ ______	Ⓢ ______	Ⓣ ______
Ⓤ ______	Ⓥ ______	Ⓦ ______	Ⓧ ______	Ⓨ ______
Ⓩ ______				

B. 제 도 과 제

다음 빈자리에 이 물체 의 생김새를 도면해독을 하지 못하는 사람이 알아 볼 수 있도록 프리이핸드 겨냥도로 나타내어라.

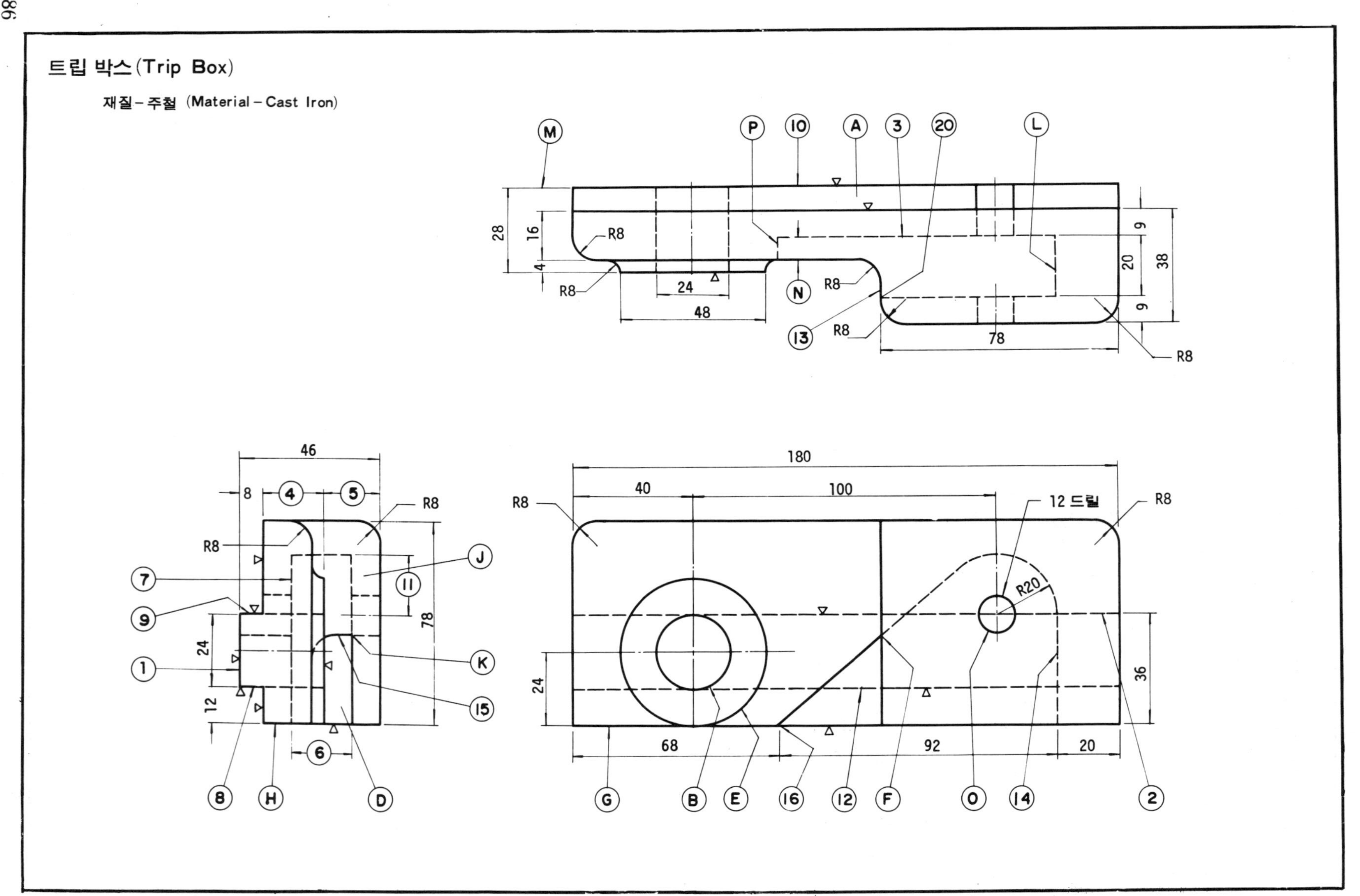
트립 박스(Trip Box)
재질-주철 (Material-Cast Iron)
12 드릴
R20
R8
180
40
100
68
92
20
36
24
46
78
28
16
4
48
38
9
8
12

트립 박스(Trip Box)

번호(　　) 성명(　　　　　)

1. 면 ①은 평면도에서 어느 선으로 나타났는가? 1. ________
2. 좌측면도와 정면도에서 면 Ⓐ의 위치는 어디인가? 2. ________
3. 정면도에서 면 ⑧은 어디인가? 3. ________
4. 가공하여야 할 면은 몇 곳인가? 4. ________
5. 좌측면도에서 면 ③을 나타낸 선은 어느 부분인가? 5. ________
6. 구멍 Ⓑ와 Ⓞ의 중심 사이의 길이는 얼마인가? 6. ________
7. ④의 길이는 얼마인가? 7. ________
8. ⑤의 길이는 얼마인가? 8. ________
9. ⑥의 길이는 얼마인가? 9. ________
10. ⑪의 길이는 얼마인가? 10. ________
11. 면 Ⓙ 는 평면도에서 어느 부분에 나타나 있는가? 11. ________
12. 선 ⑭는 좌측면도의 어느 면으로 나타났는가? 12. ________
13. 선 ⑮는 정면도에서 어느 점인가? 13. ________
14. 보스 Ⓔ의 두께는 얼마인가? 14. ________
15. 좌측면도에서 면 Ⓖ의 위치는 어디인가? 15. ________
16. 평면도에서 점 Ⓚ의 위치는 어디인가? 16. ________
17. 평면도에서 면 Ⓓ의 위치는 어느 곳인가? 17. ________
18. Ⓜ의 길이는 얼마인가? 18. ________
19. Ⓝ의 길이는 얼마인가? 19. ________
20. 점 ⑯은 평면도에서 어느 부분인가? 20. ________

겨냥도 그리기

앞 페이지 도면 왼쪽 위의 빈자리에 이 제품을 겨냥도로 나타내어라.

—〈퀴즈 휴계실〉—

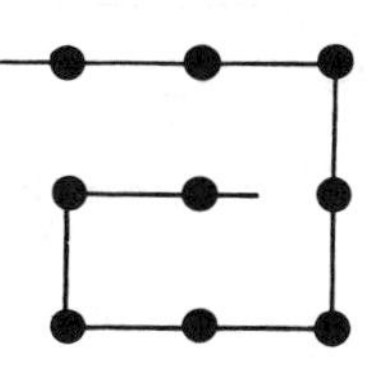

9개의 구슬의 위치를 옮기지 말고 곧은 철사를 세번만 굽혀 전부 꿰도록 하여라. 그림에서는 네번 굽혔음으로 실격이다.

셔 틀(Shuttle)　　　　　　번호(　　)　성명(　　　　　　)

1. 다음의 길이를 답란에 기입하시오.
Ⓐ, Ⓑ, Ⓒ, Ⓓ. Ⓔ, Ⓕ, Ⓖ, Ⓗ
2. 선 Ⓘ는 평면도에서 어느 면으로 나타나 있느냐?
3. 선 Ⓙ는 평면도에서 어느 부분으로 나타나 있느냐?
4. 선 Ⓚ는 평면도에서 어느 부분으로 나타나 있느냐?
5. 이 셔틀 목형을 만들려 할 때 분할선은 어느 선으로 하여야 하느냐?
6. 선 Ⓜ을 나타내는 선은 우측면도의 어느 선인가?
7. 면 Ⓝ을 표시하는 선은 평면도의 어느 선인가?
8. 우측면도의 선 Ⓞ는 평면도의 어느 부분으로 나타나 있는가?
9. 정면도의 면 Ⓟ는 평면도와 우측면도에서 각각 어느 선으로 나타나 있는가?
10. 우측면도의 선 Ⓠ는 정면도에서 어느 선으로 나타나 있는가?
11. 정면도의 선 Ⓡ는 우측면도에서 어느 선으로 나타나 있는가?
12. 평면도의 모서리(Corner) Ⓢ는 우측면도에서 어느 선으로 나타 내었는가?
13. 평면도의 Ⓣ의 길이는 얼마인가?
14. 우측면도의 점 Ⓤ는 정면도에서 어느 점인가?
15. 정면도의 Ⓨ의 길이는 얼마인가?
16. 평면도의 선 Ⓦ는 정면도에서 어느 면으로 나타나는가?
17. 가공할 면은 어느 면인가?
18. 우측면의 면 Ⓥ는 평면도의 어느 선인가?
19. 셔틀의 전체 높이는 얼마인가?
20. 정면도에서 ⑳의 길이는 얼마인가?
21. 셔틀의 전체 길이는 얼마인가?
22. 선 ⑤와 ㉑사이의 길이는 얼마인가?
23. 우측면도에서 ㉓의 길이는 얼마인가?
24. 우측면도에서 면 Ⓛ는 정면도에서 어느선으로 나타나는가?
25. 측정봉의 지름이 20㎜일 때 ㉕의 칫수는 얼마인가?
26. 우측면도 위 빈칸에 셔틀의 겨냥도를 그려보자.

1. A=____ B=____
C=____ D=____
E=____ F=____
G=____ H=____
2. ________
3. ________
4. ________
5. ________
6. ________
7. ________
8. ________
9. ________
10. ________
11. ________
12. ________
13. ________
14. ________
15. ________
16. ________
17. ________
18. ________
19. ________
20. ________
21. ________
22. ________
23. ________
24. ________
25. ________

케이스 커버(Case Cover)　　번호(　　)　성명(　　　　)

〔제도 과제〕

모눈지에 B-B, C-C 및 D-D 단면도를 프리이 핸드로 그 려라.

〔독도 과제〕

1.	드릴 가공하여야 할 곳은 몇 군데나 되느냐?	1.	________
2.	②의 거리는?	2.	________
3.	③의 거리는?	3.	________
4.	가공하여야 할 면은 모두 몇 군데나 되느냐?	4.	________
5.	Ⓐ의 거리는?	5.	________
6.	Ⓔ의 거리는?	6.	________
7.	Ⓖ의 거리는?	7.	________
8.	Ⓕ의 거리는?	8.	________
9.	Ⓓ의 거리는?	9.	________
10.	Ⓗ의 각도는?	10.	________
11.	Ⓙ의 거리는	11.	________
12.	Ⓚ의 거리는?	12.	________
13.	Ⓛ의 거리는?	13.	________
14.	Ⓜ의 거리는?	14.	________
15.	Ⓝ의 거리는?	15.	________
16.	Ⓞ의 거리는?	16.	________
17.	Ⓟ의 거리는?	17.	________
18.	Ⓠ의 거리는?	18.	________
19.	Ⓢ의 거리는?	19.	________
20.	Ⓣ의 거리는?	20.	________
21.	정면도에서 ④는 어느 부분으로 나타나 있느냐?	21.	________
22.	선 ⑤는 A-A 단면도에서 어느 부분으로 나타나 있느냐?	22.	________
23.	Ⓥ의 거리는?	23.	________

인덱스 페데스탈 (Index Pedestal) 번호(　　) 성명(　　　　　)

다음 물음의 답을 옆란에 써 넣어라.

1. Ⓔ의 지름은? 1. ________
2. 정면도의 어느 선이 ⑦을 나타내는가? 2. ________
3. Ⓣ의 칫수는 얼마인가? 3. ________
4. Ⓢ원의 지름은 얼마인가? 4. ________
5. Ⓓ의 길이는 얼마인가? 5. ________
6. Ⓕ의 길이를 결정하라. 6. ________
7. 사각 구멍 Ⓘ의 깊이는 얼마인가? 7. ________
8. Ⓚ의 길이를 결정하라. 8. ________
9. 선 ⑥은 밑면도의 어느 점에서 투영된 것인가? 9. ________
10. Ⓞ의 길이를 결정하라. 10. ________
11. Ⓙ의 길이를 결정하라. 11. ________
12. Ⓝ의 칫수는 얼마인가? 12. ________
13. Ⓜ의 칫수는 얼마인가? 13. ________
14. 다듬질 정도는 몇가지로 나타나 있는가? 14. ________
15. Ⓗ의 길이를 결정하라. 15. ________
16. Ⓒ의 길이를 결정하라. 16. ________
17. Ⓖ의 길이를 결정하라. 17. ________
18. 구멍 Ⓑ의 크기를 결정하라. 18. ________
19. 면 Ⓥ는 정면도에서 선으로 표시되는가? 면으로 표시되는가? 19. ________
20. 선 ④는 우측면도의 어느 부분인가? 20. ________
21. 선 ④는 하면도에서 어느 부분인가? 21. ________
22. Ⓧ의 길이를 결정하라. 22. ________
23. 이 물체의 전체 높이는 얼마인가? 23. ________
24. Ⓨ면은 우측면도의 어디에 나타나 있는가? 24. ________
25. Ⓐ의 길이를 결정하라. 25. ________
26. Ⓛ의 길이를 결정하라. 26. ________
27. Ⓠ의 길이를 결정하라. 27. ________

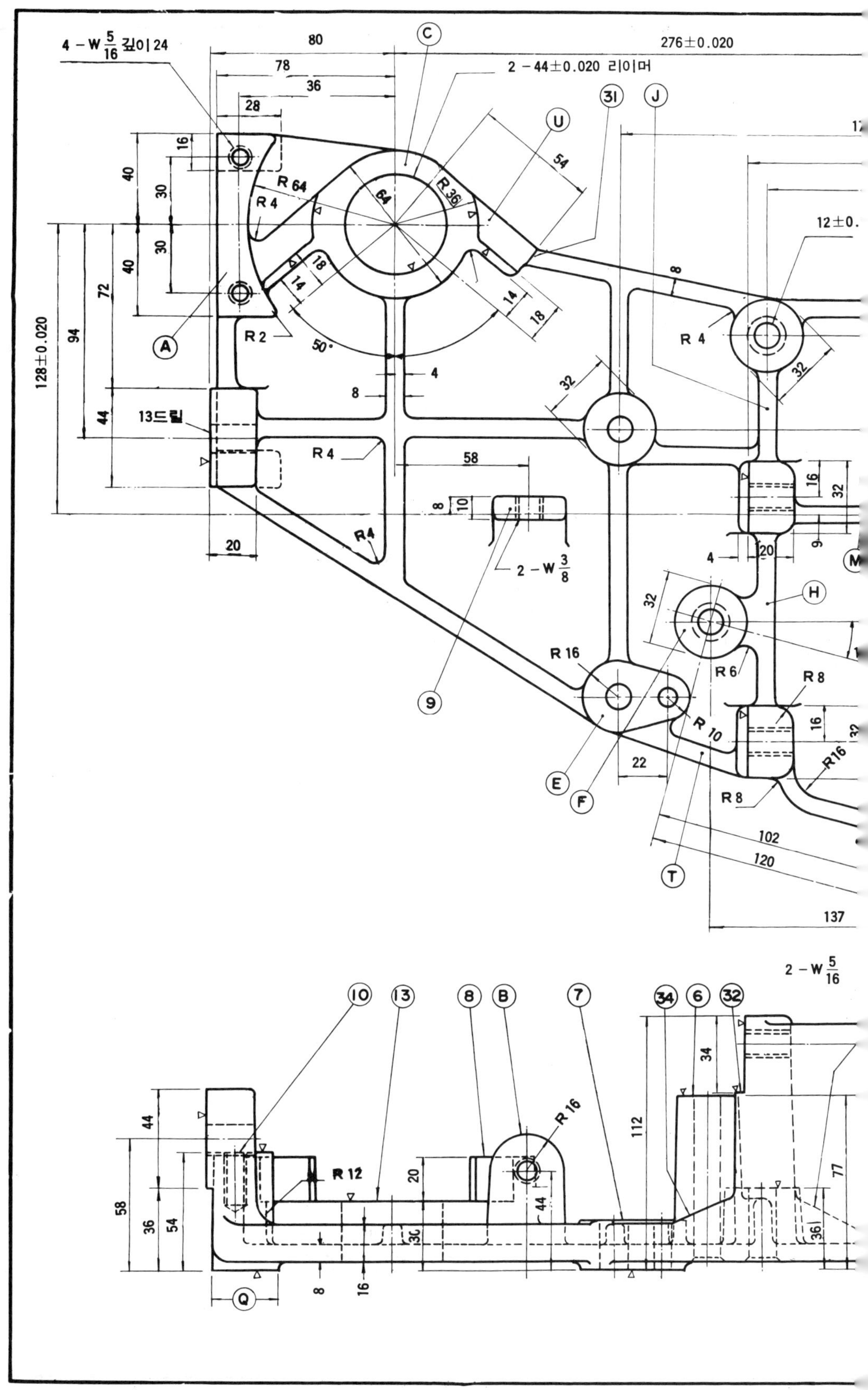

4 - W 5/16 깊이 24
80
276±0.020
78
2 - 44±0.020 리이머
36
28
R 64
R 4
R 36
64
54
12±0.
R 2
50°
R 4
32
13드릴
R 4
58
2 - W 3/8
128±0.020
R 16
R 6
R 8
R 10
R 16
R 8
102
120
137
2 - W 5/16
R 12
R 16
112

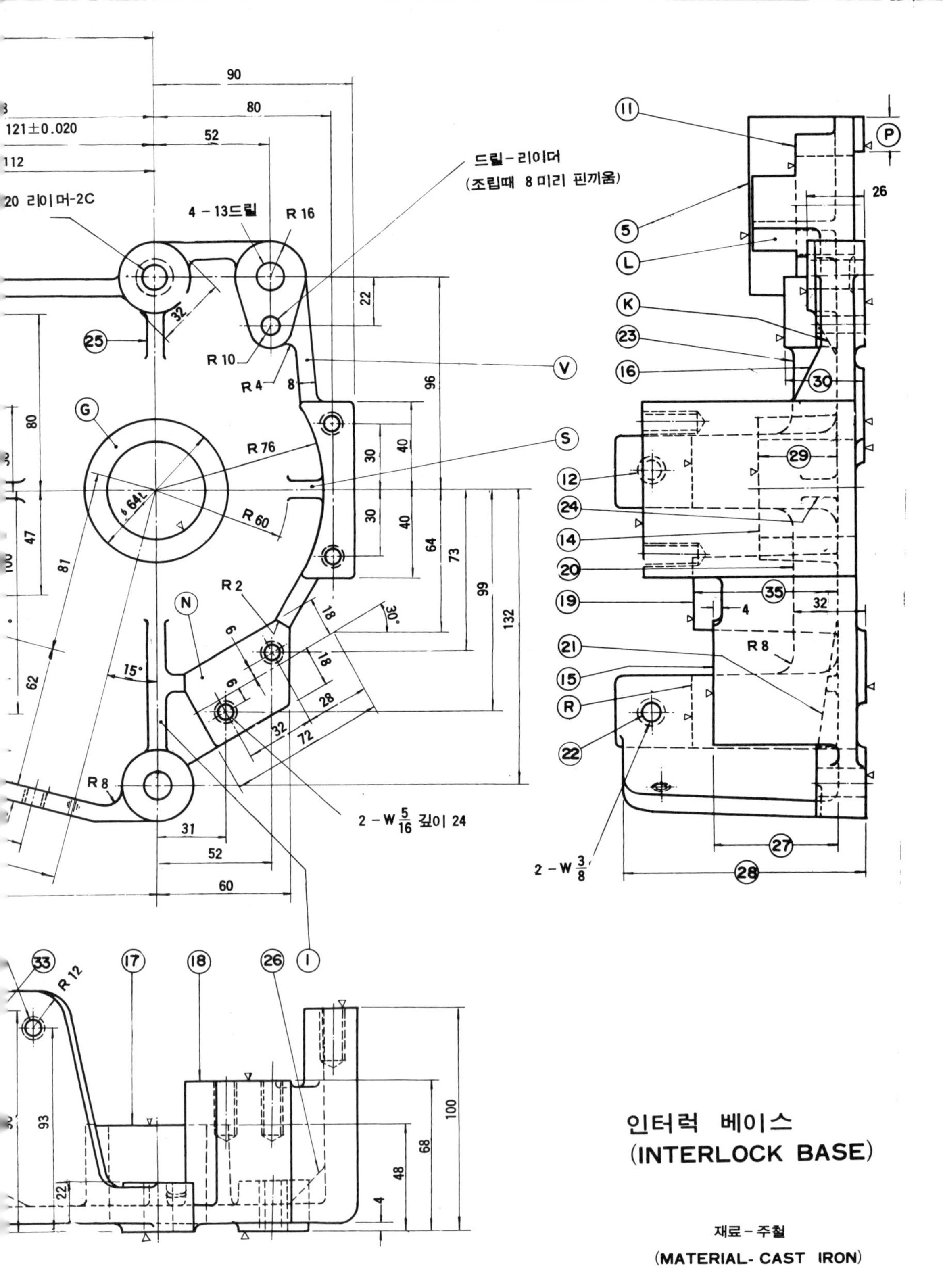

인터럭 베이스
(INTERLOCK BASE)

재료-주철

(MATERIAL- CAST IRON)

인터럭 베이스(Interlock Base)   번호(   )   성명(   )

〔독도 과제〕

1. 정면도에서 Ⓐ면은? 또 우측면도에서 Ⓐ면은? 1. ______
2. 평면도에서 러그(lug) Ⓑ는? 2. ______
3. 정면도와 우측면도에서 가공면 Ⓒ는? 3. ______
4. 정면도에서 Ⓔ면은? 4. ______
5. 정면도와 우측면도에서 가공면 Ⓕ는? 5. ______
6. 정면도와 우측면도에서 가공면 Ⓖ는? 6. ______
7. 평면도와 우측면도에서 가공면 ⑱은? 7. ______
8. 평면도에서 가공하여야 할 면은 몇 군데인가? 8. ______
9. 평면도나 우측면도에 나타나지 않은 가공면은 정면도에 몇 군데나 되나? 9. ______
10. 정면도나 평면도에 나타나지 않은 가공면은 우측면도에서 몇 군데나 되나? 10. ______
11. 탭으로 나사를 내어야 할 구멍은 몇 군데나 되나? 11. ______
12. 드릴링이나 보오링하여야 할 구멍은 몇 군데나 되나? 12. ______
13. 우측면도에서 Ⓗ면은? 13. ______
14. 우측면도에서 Ⓘ면은? 14. ______
15. ㉒나사 구멍의 깊이는? 15. ______
16. 평면도에서 리브(Rib) ㉓은? 16. ______
17. 정면도와 평면도에서 리브(Rib) ㉔ 는? 17. ______
18. ㉗의 거리는? 18. ______
19. ㉘의 거리는? 19. ______
20. ㉙의 거리는? 20. ______
21. 구멍 ⑫의 크기는? 21. ______
22. ㉟의 거리는? 22. ______
23. 우측면도에서·리브(Rib) ㉕는? 23. ______
24. 평면도에서 Ⓛ면은? 24. ______
25. ㉚의 거리는? 25. ______
26. 정면도에서 Ⓡ면은? 26. ______
27. Ⓠ의 거리는? 27. ______
28. Ⓟ의 거리는? 28. ______
29. 정면도에서 Ⓜ면은? 29. ______
30. 평면도에서 리브(Rib) ㉞는? 30. ______
31. 평면도에서 리브(Rib) ⑧은? 31. ______
32. 우측면도에서 Ⓥ면은? 32. ______

— **〈퀴즈 휴게실〉** — 짐을 실은 손수레를 두사람이 앞에서는 밀고 뒤에서는 잡아 끄는데도 손수레는 앞으로 간다. 어떤 경우인가?

코일 프레임(Coil frame)   번호(   )   이름(   )

1. 정면도의 어느 부분이 단면도의 점선2를 나타내는가?   1. ______
2. ③의 길이는 어떻게 결정할 수 있는가?   2. ______
3. 러그(lug)는 이 물체에서 몇 곳에 마련되어 있는가?   3. ______
4. ⑤의 선은 정면도에서 어느 선을 나타내는가?   4. ______
5. 정면도에서 ⑧을 나타내는 점은?   5. ______
6. 선 ⑭는 우측면도의 어느 부분인가?   6. ______
7. 면 ⑮는 정명도의 어느 부분인가?   7. ______
8. 원 ⑯은 우측면도의 어느 부분을 나타내는가?   8. ______
9. ⑰은 우측면도의 어느 부분을 나타내는가?   9. ______
10. ⑱은 우측면도의 어느 부분을 나타내는가?   10. ______
11. 면 ㉒는 우측면도에서 어느 선으로 나타나 있는가?   11. ______
12. 선 ㉔는 정면도에서 어느 부분으로 나타나 있는가?   12. ______
13. Ⓝ의 길이는 얼마인가?   13. ______
14. Ⓥ의 각도는 얼마인가?   14. ______
15. Ⓦ의 각도는 얼마인가?   15. ______
16. Ⓐ의 길이는 얼마인가?   16. ______
17. Ⓑ의 반지름은 얼마인가?   17. ______
18. Ⓒ의 길이는 얼마인가?   18. ______
19. Ⓓ의 길이는 얼마인가?   19. ______
20. Ⓔ의 길이는 얼마인가?   20. ______
21. 러그 Ⓕ의 두께는 얼마인가?   21. ______
22. Ⓙ의 반지름은 얼마인가?   22. ______
23. Ⓚ의 반지름은 얼마인가?   23. ______
24. 다음의 길이는 얼마인가?

Ⓖ Ⓞ Ⓣ
Ⓗ Ⓟ Ⓤ
Ⓘ Ⓠ Ⓛ
Ⓧ Ⓡ Ⓜ
Ⓨ Ⓢ

24. Ⓖ=____ Ⓠ=____
Ⓗ=____ Ⓡ=____
Ⓘ=____ Ⓢ=____
Ⓧ=____ Ⓣ=____
Ⓨ=____ Ⓤ=____
Ⓞ=____ Ⓛ=____
Ⓟ=____ Ⓜ=____

드라이브 · 하우징(Drive Housing) 번호(　　) 성명(　　　　　　)

1. Ⓢ면 가공에 알맞는 공작기계를 말하여라. 1. ________
2. Ⓣ의 길이는 얼마인가? 2. ________
3. Ⓤ의 길이는 얼마인가? 3. ________
4. Ⓥ에서 가공된 후의 러그의 길이는 얼마인가? 4. ________
5. Ⓖ 구멍의 크기와 종류는 무엇인가? 5. ________
6. Ⓥ에서 왜 러그를 파선으로 표시하였는가? 6. ________
7. Ⓧ의 길이는 얼마인가? 7. ________
8. 몇개의 가공용 임시 러그(Lug)가 도면에 나타나 있느냐? 8. ________
9. Ⓑ의 가공에는 어떤 공정이 필요한가? 모두 말하여라. 9. ________
10. Ⓘ에서 점선은 나사 구멍을 나타내는가? 10. ________
11. 구멍 Ⓙ는 정면도에서 어디에 나타나 있는가? 11. ________
12. 구멍 Ⓚ는 정면도에서 어디에 나타나 있는가? 12. ________
13. 가공하여야 할 면은 몇 군데인가? 13. ________
14. Ⓛ의 칫수는 얼마인가? 14. ________
15. 단면 A-A는 어느 투상도에서 절단하여 그려진 것인가? 15. ________
16. Ⓒ의 길이는 얼마인가? 16. ________
17. 받침 자리 Ⓜ의 나비는 얼마인가? 17. ________
18. Ⓞ와 Ⓝ의 크기는 얼마인가? 18. ________
19. Ⓟ, Ⓠ, Ⓡ의 칫수는 얼마인가? 19. ________
20. 원 Ⓩ의 지름은 얼마인가? 20. ________
21. Ⓐ면에서 위부분 가공용 러그(Lug)의 위 끝까지의 거리는 얼마인가? 21. ________
22. Ⓓ와 Ⓔ의 길이는 얼마인가? 22. ________
23. Ⓜ 받침(Lug)의 길이는 얼마인가? 23. ________
24. Ⓦ의 가공은 어떻게 하여야 하나? 24. ________

유니버샬 트로오리(Universal Trolley)

번호(　　)　성명(　　　　　　)

A. 제도 과제

1. 다음 페이지의 모눈지에 Ⓓ부분의 보조투상도를 프리핸드로 그리시오.
2. Ⓐ부분의 세 투상도를 프리핸드로 스케치 하시오.

B. 독도 과제

1. 면 ②을 나타내는 곳은 저면도의 어느 부분이냐?	1. ________
2. 면 ③은 저면도에 나타나 있느냐?	2. ________
3. 면 ③을 나타내는 곳은 좌측면도의 어느 부분인가?	3. ________
4. 트로오리는 몇개의 부품으로 조합되어 있는가?	4. ________
5. ⑥을 나타내는 곳은 좌측면도의 어느 부분인가?	5. ________
6. 너트를 제외하고, 트로오리에는 몇개의 탭구멍이 있는가?	6. ________
7. 탭구멍, 너트 및 와셔구멍을 제외한 드릴구멍과 보오링 구멍의 총수는 몇개인가?	7. ________
8. Ⓢ를 나타내는 곳은 저면도의 어느 부분이냐?	8. ________
9. 트로오리 조립에 필요한 표준 기계요소부품은 몇개인가?	9. ________
10. ④를 나타내는 곳은 정면도의 어느 부분인가?	10. ________
11. ⑤를 나타내는 곳은 좌측면도의 어느 부분인가?	11. ________
12. 트로오리의 전체 높이는 얼마인가?	12. ________
13. 가장 큰 볼트에 사용된 럭크 와셔의 외경은 얼마 짜리가 가장 적당한가?	13. ________
14. Ⓛ를 나타내는 곳은 좌측면도의 어느 부분인가?	14. ________
15. 트로오리의 주물을 가공할 면은 모두 몇 곳인가? (단: 서로 맞다는 면에 다듬질 기호가 하나있으면 양면다 가공된다는 것을 나타낸다.)	15. ________

— 〈퀴즈 휴게실〉 —

두 사람의 아버지가 두사람의 아들에게 용돈을 주었다. 한 아버지는 그 아들에게 1,500원을, 다른 한아버지는 자기 아들에게 1,000원의 용돈을 주었다. 그런데 이 두 아들들이 자기들의 가진 돈을 합쳐 세어보니 1,500원 밖에 늘지 않었다. 어떻게 된 영문이냐? (제한시간 30초)

공구 받침대(Rear tool post)   번호( ) 이름(   )

1. 나사구멍은 몇 군데인가? 1. ____
2. 나사구멍의 수를 치수별로 말하여라 2. ____
3. 관통되지 않은 나사구멍의 깊이를 나사크기별로 말하여라. 3. ____
4 나사구멍이 아닌 다른 구멍의 수를 치수별로 말하여라. 4. ____
5. 원형홈 B의 깊이는 얼마인가? 5. ____
6. 나사 구멍에서 커운터 보어 한 것은 어느 것인가? 각 커운터 보어(Counterbore)의 깊이는 얼마인가? 6. ____
7. Ⓘ의 길이는 얼마인가? 7. ____
8. 홈 Ⓙ의 폭과 길이는 얼마인가? 8. ____
9. Ⓚ는 정면도의 어느 부분에 나타나 있는가? 9. ____
10. Ⓝ는 평면도의 어느 부분에 나타나 있는가? 10. ____
11 선 Ⓢ와 Ⓞ는 평면도에서 어느 곳인가? 11. ____
12. 선 ④는 정면도에서 어느 곳인가? 12. ____
13. 선 ⑦과 ③ 사이의 길이는 얼마인가? 13. ____
14. 홈 Ⓑ를 가공할 특수 컷터의 내경과 외경은 얼마인가? 14. ____
15. 점 Ⓛ과 Ⓠ에서 보스 Ⓒ의 두께는 각각 얼마인가? 15. ____
16. 정면도의 면 Ⓣ는 우측면도에서 어느 부분인가? 16. ____
17. 구멍 Ⓜ의 깊이는 얼마인가? 17. ____
18. 평면도에서 Ⓥ의 길이를 결정하시오. 18. ____
19. 면 Ⓦ에서 구멍 Ⓗ의 중심까지의 길이는 얼마인가? 19. ____
20. 면 ②는 평면도에서 어디인가? 20. ____
21. 원형홈 Ⓑ와 구멍 Ⓜ사이에 나타난 교차한 모양은 어떠한가? 또 이 교차된 모양의 그림은 어느 도면에 나타나느냐? 21. ____
22. 우측면도 위 빈칸에 겨냥도로 물체의 모양을 나타 내어 보자. 22. ____

— 〈**퀴즈 휴게실**〉 —

3자 3개로 나타낼 수 있는 가장 큰 수는?

〈힌트〉 9, 27, 64보다 큰 수임)

이련식 펌푸의 수통(Water Cylinder for Duplex Pump)

(　　)반 (　　)번　이름(　　　　　)

1. 완성제품의 전체 높이는 얼마냐? 1. ______
2. 다듬질 가공하여야 할 면은 모두 몇 군데인가? 2. ______
3. 정면도에서 Ⓔ의 치수는 얼마냐? 3. ______
4. 가공전 주물에서 Ⓕ의 치수는 얼마나 될까? 4. ______
5. 가공전 주물에서 Ⓖ의 치수는 얼마나 될까? 5. ______
6. 가공후의 Ⓗ의 치수는 얼마냐? 6. ______
7. 평면도의 러그(Lug) Ⓘ의 높이는 얼마냐? 7. ______
8. 평면도에서 Ⓙ의 길이는 얼마냐? 8. ______
9. 평면도에서 Ⓚ의 길이는 얼마냐? 9. ______
10. 단면도에서 Ⓝ의 지름은 얼마냐? 10. ______
11. 단면도에서 Ⓞ의 지름은 얼마냐? 11. ______
12. 단면도에서 반지름 Ⓛ은 얼마냐? 12. ______
13. 단면도에서 두께 Ⓜ은 얼마냐? 13. ______
14. 단면도에서 반지름 Ⓟ는 얼마냐? 14. ______
15. 단면도에서 두께 Ⓠ는 얼마냐? 15. ______
16. 정면도에서 Ⓡ의 치수는 얼마냐? 16. ______
17. 탭 구멍은 몇 군데인가? 17. ______
18. 탭 구멍에 사용할 탭을 규격별로 적어라. 18. ______
19. 평면도에서 Ⓤ의 치수는 얼마냐? 19. ______
20. 탭 작업을 하지 않을 드릴 구멍은 몇 군데인가? 또 그 드릴의 크기는 얼마인가? 20. ______
21. 우측면도에서 Ⓥ의 치수는 얼마인가? 21. ______
22. 맨 먼저 기계가공할 곳은 어느 곳인가? 22. ______
23. 정면도에서 Ⓦ의 치수는 얼마인가? 23. ______
24. 단면도에서 Ⓨ의 치수는 얼마인가? 24. ______
25. 단면도에서 Ⓩ의 치수는 얼마인가? 25. ______
26. 우측면도의 점선 ⑤는 평면도의 어느선 또는 어느 면을 나타내느냐? 26. ______

라이즈 블록(RAISE BLOCK)

재질 : 주철

겨냥도 그리기

아래 빈자리에 이 제품의 겨냥도를 그려라.

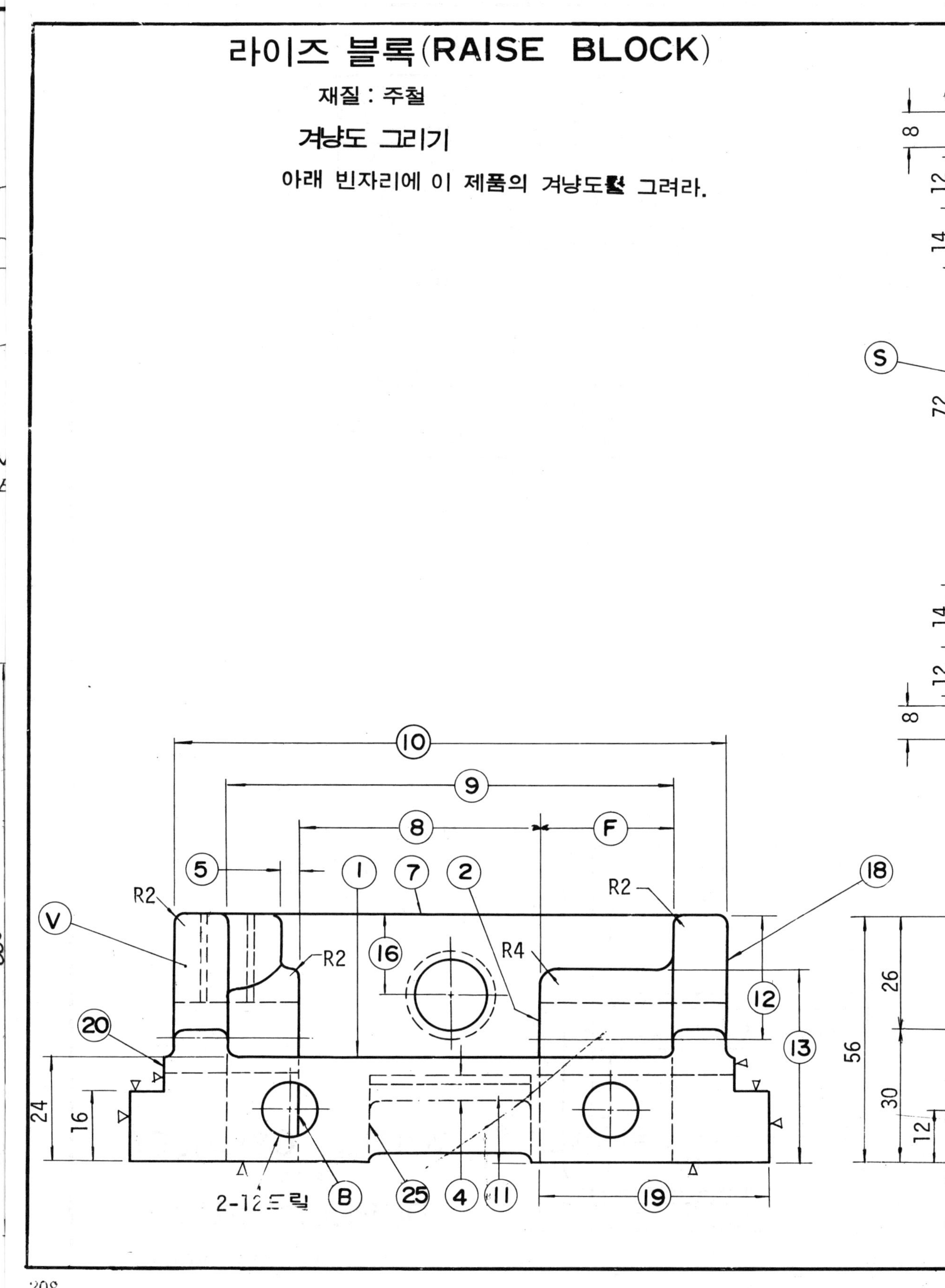

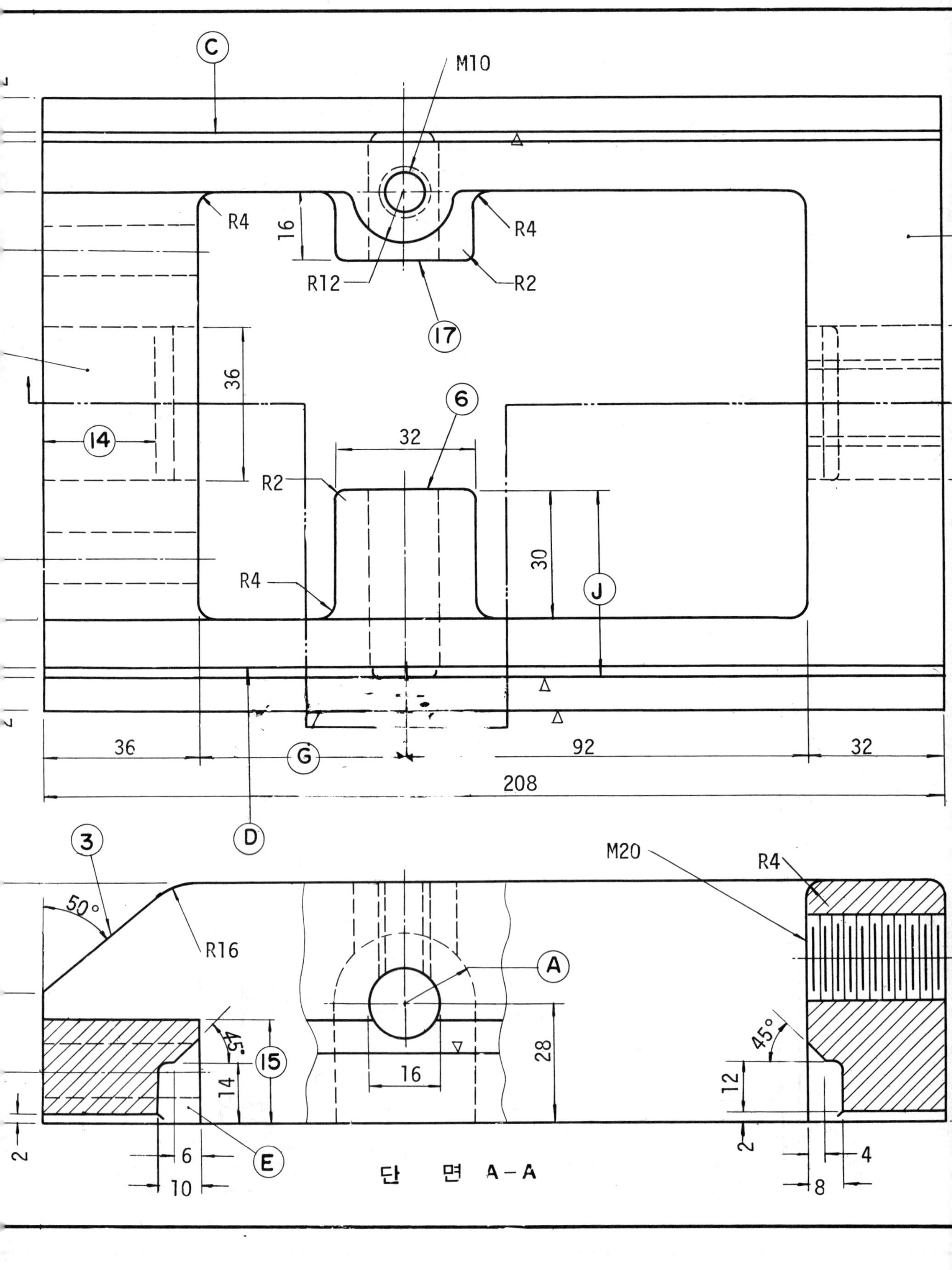
C
M10
R4
16
R4
R12
R2
17
36
6
14
32
R2
30
J
R4
36
G
92
32
208
D
3
M20
R4
50°
R16
A
45°
15
28
14
16
45°
12
2
6
E
10
2
4
8
단 면 A－A

라이즈 블록(Raise block)　　번호(　　)　　이름(　　　)

1. 가장 큰 구멍의 지름은 얼마인가? (나사구멍은 제외)　　1. ______
2. 가장 적은 나사구멍의 크기는 얼마인가?　　2. ______
3. 적은 드릴 구멍의 지름과 구멍수는?　　3. ______
4. 평면도의 어느 면이 ⑦을 나타내느냐?　　4. ______
5. 평면도의 어느 면이 ①을 나타내느냐?　　5. ______
6. 좌측 도의 어느 선이 ⑥을 나타내느냐?　　6. ______
7. 정면도의 어느 부분이 Ⓥ를 나타내느냐?　　7. ______
8. 주물의 가공하여야 할 면은 몇 군데인가?　　8. ______
9. ⑤의 길이는?　　9. ______
10. ⑧의 치수는?　　10. ______
11. ⑨의 치수는?　　11. ______
12. ⑩의 치수는?　　12. ______
13. ⑪의 치수는?　　13. ______
14. ⑫의 치수는?　　14. ______
15. ⑬의 치수는?　　15. ______
16. ⑭의 치수는?　　16. ______
17. ⑮의 치수는?　　17. ______
18. 좌측면도의 Ⓑ는 평면도의 어느 부분을 나타내는가?　　18. ______
19. ⑯의 치수는?　　19. ______
20. 정면도의 면Ⓔ는 좌측면도의 어느 선을 가르키는가?　　20. ______
21. 평면도의 Ⓓ는 좌측면도의 어느 부분을 나타내는가?　　21. ______
22. 평면도의 Ⓒ는 좌측면도의 어느 부분을 나타내는가?　　22. ______
23. ④의 치수는?　　23. ______
24. ⑲의 치수는?　　24. ______
25. 이 물체의 전체폭은 얼마인가?　　25. ______
26. Ⓐ의 반지름은 얼마인가?　　26. ______
27. Ⓕ의 치수를 결정하라.　　27. ______
28. Ⓖ의 치수를 결정하라.　　28. ______
29. Ⓗ의 치수를 결정하라.　　29. ______
30. Ⓙ의 치수를 결정하라.　　30. ______

코너 부래킷(Coner Bracket) 번호( ) 성명( )

A. 제도 과제

그림 Ⅳ에 스플릿 베어링면(Split bearing surface) Ⓚ, Ⓖ의 부투상도를 모눈지에 프리핸드로 그리시오.

B. 독도 과제

1. 가공하여야 할 주물면이 몇 군데인가? 1. ________
2. 나사구멍의 수와 크기를 말하여라. 2. ________
3. 보링구멍의 수와 그치수를 말하여라. 3. ________
4. 드릴구멍의 수와 사용할 드릴의 크기를 말하여라. 4. ________
5. 부투상도의 스켓치도에 Ⓐ의 칫수를 정확하게 기입 하여라. 5. ________
6. 부투상도의 스켓치도에 Ⓑ, Ⓒ, Ⓓ의 칫수를 정확 하게 기입하시오. 6. ________
7. 면 Ⓔ는 가공면이 아니지만 면 Ⓕ는 가공면이다. 가공여유를 3㎜로 하면 그림 Ⅲ의 가공전 주물의 전체 길이는 얼마인가? 7. ________
8. 구멍 Ⓖ는 베어링캡이 조립되기 전에 보링해야 좋은가? 아니면 조립 후에 보링해야 좋은가? 8. ________
9. 면 Ⓜ은 그림 Ⅲ에서 어느 선인가? 9. ________
10. 선 Ⓝ이 나타내는 면은 어느 그림의 어느 선인가? 10. ________
11. 점 Ⓙ의 투영은 그림 Ⅲ에서 어느 부분인가? 11. ________
12. 선 Ⓡ은 그림 Ⅲ에서 어느 부분으로 나타나 있는가? 12. ________
13. 그림 Ⅱ에서 면 Ⓘ는 어디인가? 13. ________
14. 그림 Ⅱ에서 면 Ⓤ는 어느 곳인가? 14. ________
15. Ⓨ의 칫수는 얼마인가? 15. ________
16. Ⓩ의 칫수는 얼마인가? 16. ________
17. Ⓧ의 칫수는 얼마인가? 17. ________
18. 그림 Ⅲ에서 Ⓥ의 위치는 어데인가. 18. ________

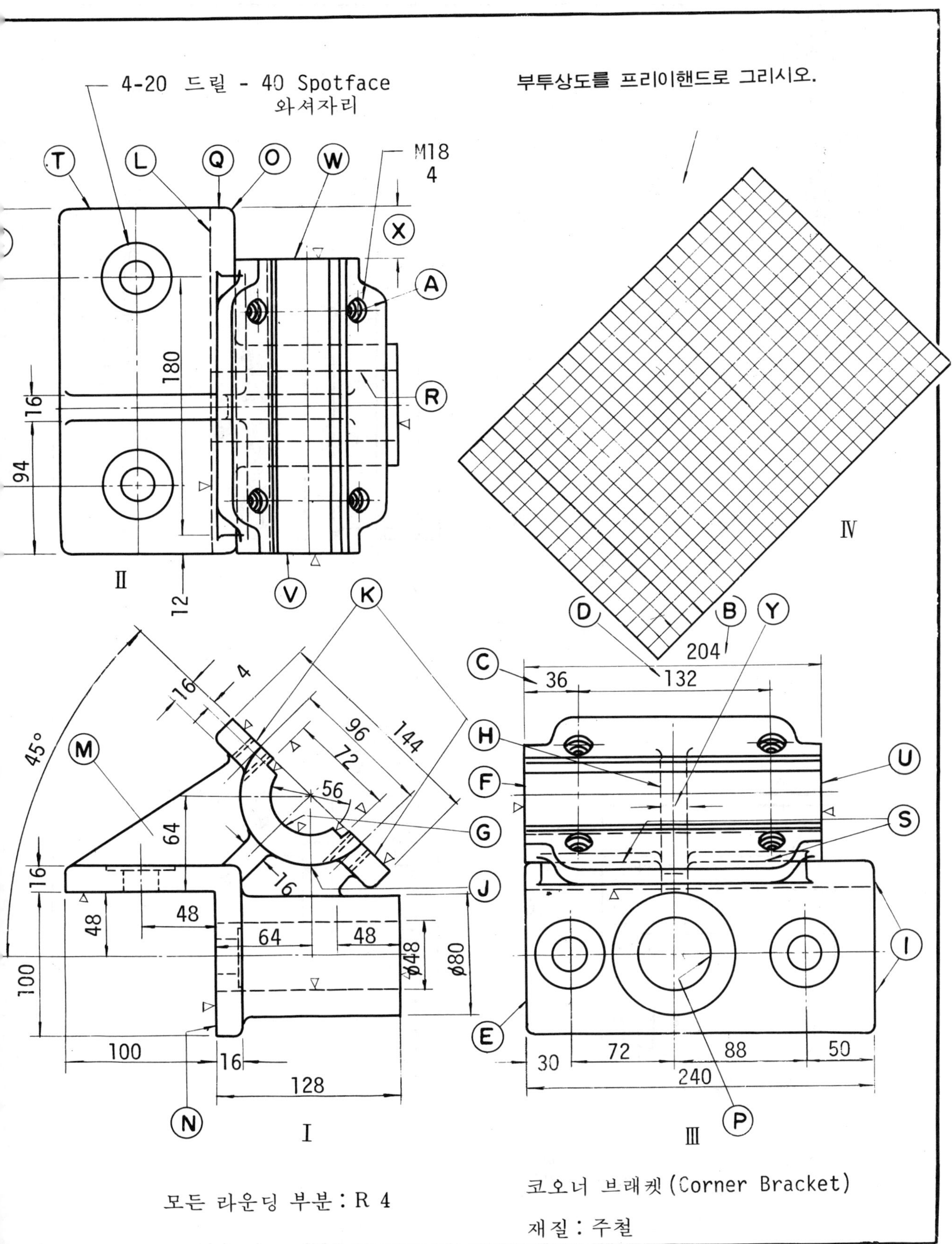

모든 라운딩 부분 : R 4

코오너 브래킷(Corner Bracket)

재질 : 주철

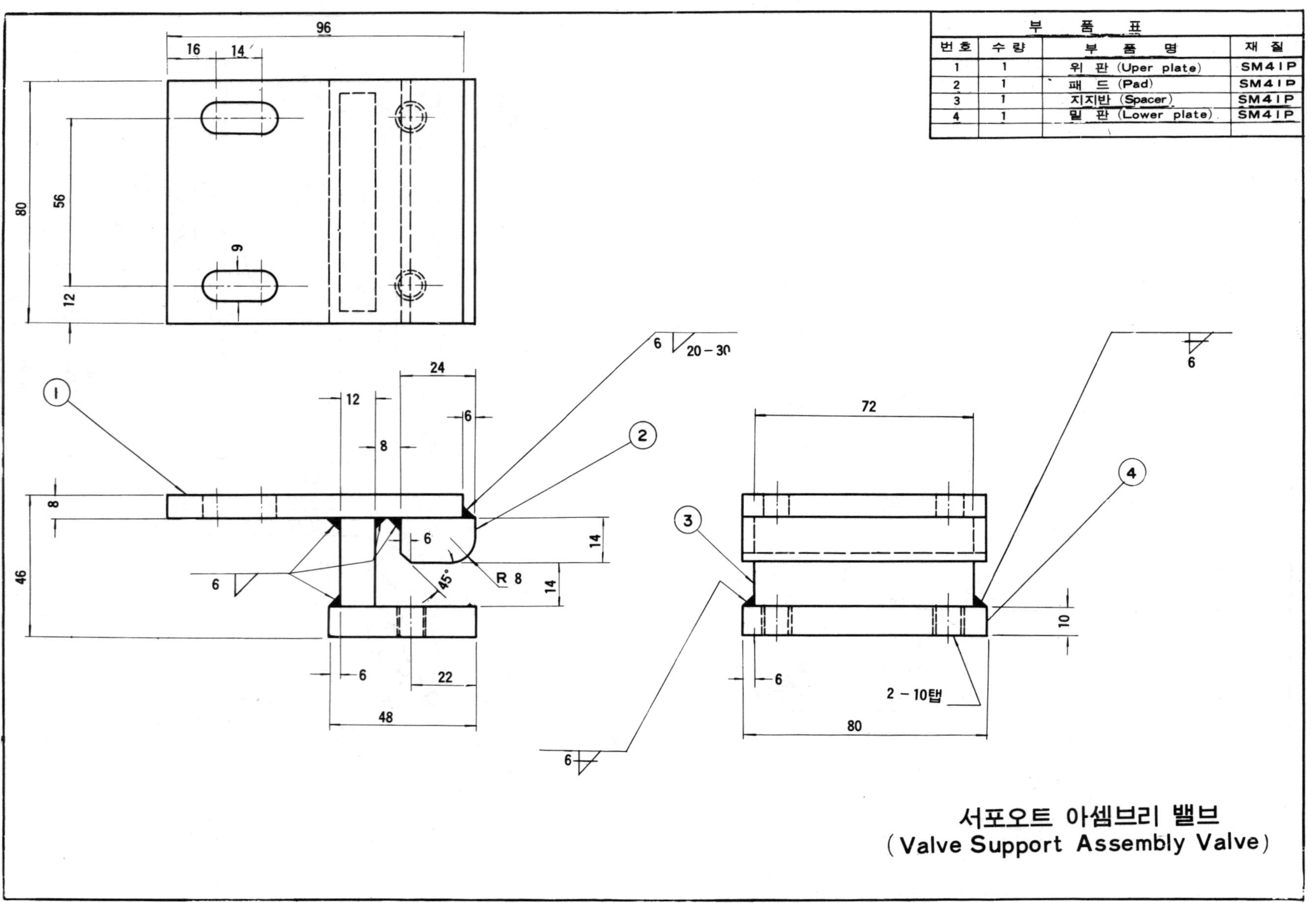

부 품 표			
번호	수량	부 품 명	재 질
1	1	위 판 (Uper plate)	SM41P
2	1	패 드 (Pad)	SM41P
3	1	지지반 (Spacer)	SM41P
4	1	밑 판 (Lower plate)	SM41P

서포오트 아셈브리 밸브
(Valve Support Assembly Valve)

서포오트 아셈브리 밸브(Support Assembly Valve)

(　)반 (　)번 이름(　　　)

1. 몇 조각의 재료로 용접되어 있느냐? 1. ________
2. 부품①의 두께, 폭, 길이는 각각 얼마냐? 2. ________
3. 탭나사 구멍은 어느 부품에 깎이어 있느냐? 3. ________
4. 탭나사 구멍의 중심간의 거리는 얼마냐? 4. ________
5. 부품①의 왼쪽끝에서 장원형(長円形)홈의 왼쪽끝 사이의 거리는 얼마냐? 5. ________
6. 부품①의 명칭을 말하여라. 6. ________
7. 부품④의 명칭을 말하여라. 7. ________
8. 부품④의 두께, 폭, 길이는 각각 얼마냐? 8. ________
9. 부품③의 두께, 폭, 길이는 각각 얼마냐? 9. ________
10. 부품②는 어떤 크기의 각철(角鐵)로 만들어졌나? (두께, 폭, 길이?) 10. ________
11. 이 제품의 전체 높이는 얼마냐? 11. ________
12. 이 제품의 전체 폭은 얼마냐? 12. ________
13. 이 제품의 전체 길이는 얼마냐? 13. ________
14. 부품③의 무게는 얼마나 될까? 14. ________
15. 우측면도에서 부품④의 오른쪽 끝에서 오른쪽 탭 구멍의 중심선까지의 거리는 얼마냐? 15. ________
16. 도면의 용접은 휠렛(Fillet)용접이냐 벗트 (Butt) 용접이냐? 16. ________
17. 부품①과 부품②의 용접은 연속용접이냐 단속(斷續)용접이냐? 17. ________
18. 용접 설명선의 기선(基線)에 붙어 있는 직각3각형은 무엇을 나타내느냐? 18. ________
19. 우측면도의 용접 **기호는** 단속용접이냐 연속용접이냐? 19. ________
20. 각 용접기호에서 숫자6은 무엇을 나타내느냐?
    겨냥도 그리기.
    부품①과 부품②의 용접 부분을 겨냥도로 나타내고 용접 기호에 따라 치수를 기입하여라. 20. ________
21. 부품①의 재질 기호를 표시하여라. 21. ________
22. SM는 무엇을 나타내는가? 22. ________
23. 41은 무엇을 나타내며 그 단위는 무엇인가. 23. ________
24. 재질기호 끝P는 무엇을 나타내는가. 24. ________
25. SB41과 SM41은 어떻게 다르냐? 25. ________

스파이더(Spider)

번호(　　) 성명(　　　　)

1. 정면도의 Ⓘ면은 평면도의 어느 부분인가? 1. ________
2. 정면도의 Ⓩ면은 평면도의 어느 부분인가? 2. ________
3. 정면도에서 스파이더의 전체 높이는 얼마인가? 3. ________
4. 스파이더의 바깥 지름은 약 얼마인가? 4. ________
5. 보울트의 종류중 스텃 보울트의 모양을 프리이 핸드로 나타내어라. 5. ________
6. 스파이더의 두 부품을 결합할 스텃 보울트 구멍의 지름은 얼마인가? 6. ________
7. 두 부품을 연결한 스텃 보울트 나사의 규격을 말하여라. (미터 나사로) 7. ________
8. B-B단면도의 전체 길이는 왜 정면도의 전체 길이보다 길은가? 8. ________
9. 스텃 보울트의 크기를 완전히 나타 내려면 Ⓧ를 어떻게 나타내어야 하는가? 9. ________
10. 가공여유를 3㎜라 가정하면 Ⓕ의 주물 칫수는 얼마인가? 10. ________
11. Ⓓ의 완성 칫수를 말하여라. 11. ________
12. 핀의 중심과 중심사이의 거리 Ⓖ는 얼마인가? 12. ________
13. 스텃 보울트의 와셔자리 네곳을 포함시켜 가공하여야 할 면은 모두 몇 군데인가? 13. ________
14. 반지름 Ⓡ의 길이는 얼마인가? 14. ________
15. Ⓝ의 지름은 얼마인가? 15. ________
16. 단면 C-C에서 점선은 무엇을 나타내는가? 16. ________
17. 단면도 C-C는 C-C절단선 이외에 또 어데를 절단한 것과 같은가? 17. ________
18 단면 A-A와 똑 같은 단면은 몇 군데나 되는가? 18. ________
19. 핀(dowel)의 길이와 직경은 얼마인가? 19. ________

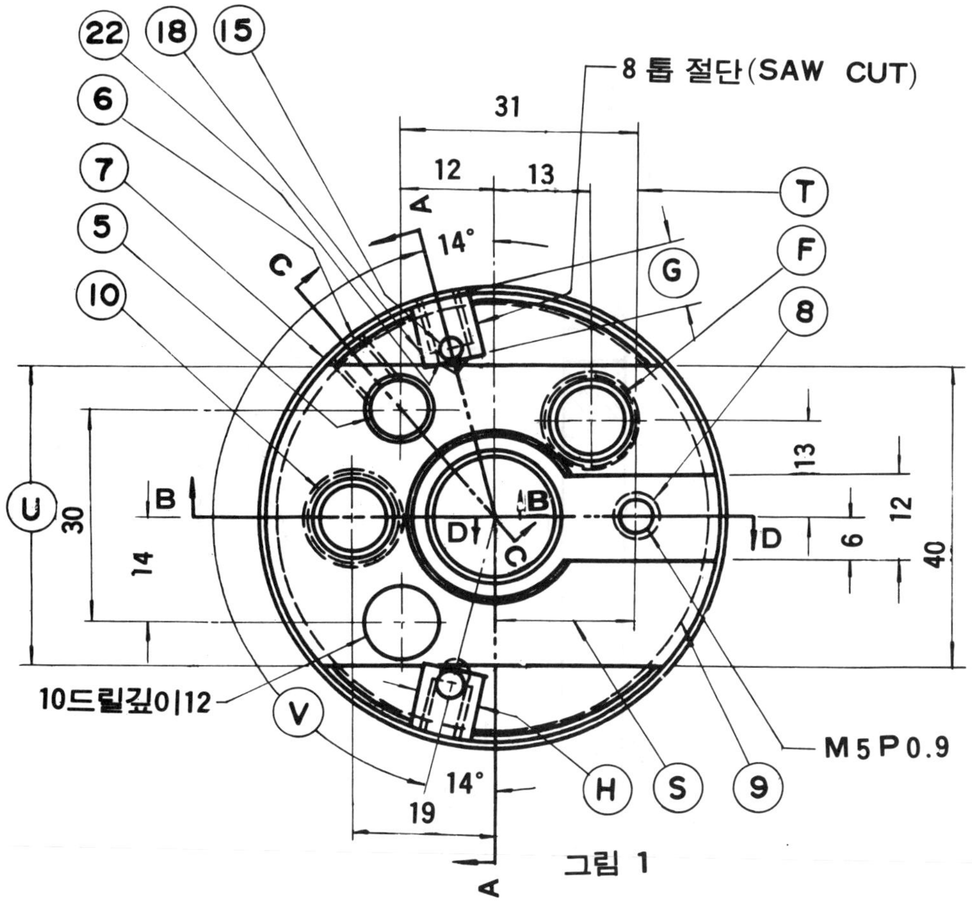

8 톱 절단(SAW CUT)

10드릴깊이12

M5P0.9

그림 1

M9P 1.25

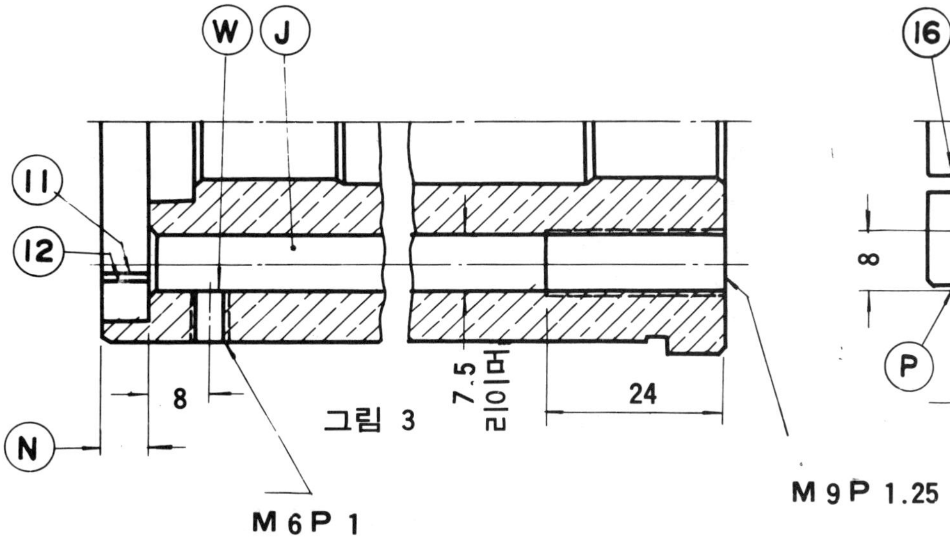

M6P 1

7.5 리이머

그림 3

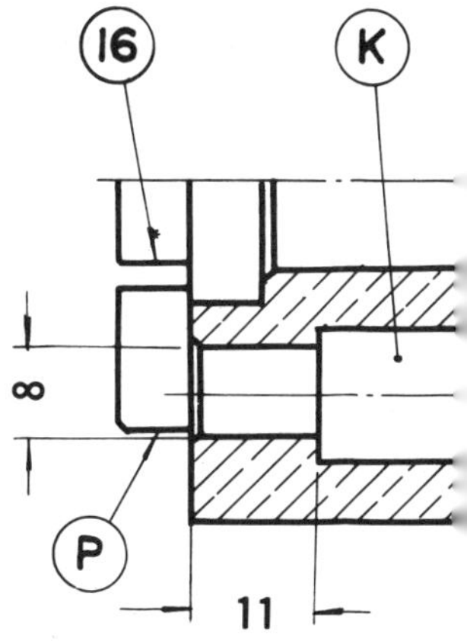

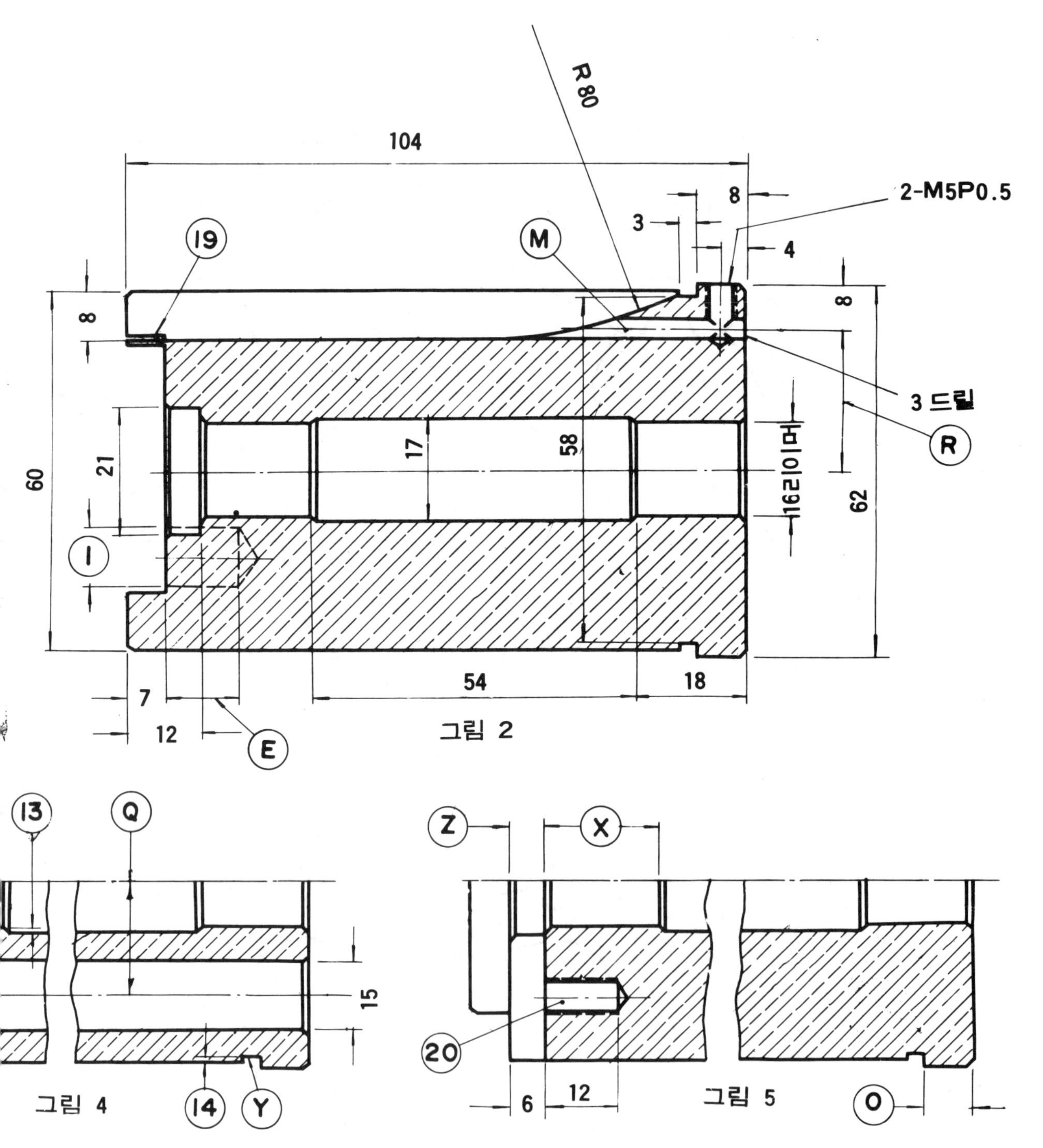

스핀들 베어링 (SPINDLE BEARING)

재질 – 황동 (Material – Brass)

스핀들 베어링(Spindle Bearing)　번호(　　)　이름(　　　　)

1. Ⓠ의 치수는? 1. ________
2. Ⓡ의 치수는? 2. ________
3. Ⓢ의 길이는? 3. ________
4. Ⓔ의 치수는? 4. ________
5. 구멍 Ⓕ의 지름은? 5. ________
6. Ⓖ의 치수는? 6. ________
7. Ⓗ의 치수는? 7. ________
8. Ⓘ의 치수는? 8. ________
9. 그림 1에서 구멍 Ⓙ는 어느 부분에 나타나 있느냐? 9. ________
10. 그림 1에서 구멍 Ⓚ는 어느 부분에 나타나 있느냐? 10. ________
11. 그림 1에서 구멍 Ⓜ는 어느 부분에 나타나 있느냐? 11. ________
12. 어느 그림의 어데에 나사 구멍⑧이 나타나 있느냐? 12. ________
13. Ⓝ의 길이는? 13. ________
14. Y의 치수는? 14. ________
15. 선 Ⓟ는 그림 1에서 어느 점으로 나타나 있는가? 15. ________
16. 그림 1의 어느 단면 절단선이 그림 2와 관계되는가? 16. ________
17. 그림 1의 어느 단면 절단선이 그림 3과 관계되는가? 17. ________
18. 그림 1의 어느 단면 절단선이 그림 4와 관계되는가? 18. ________
19. Ⓣ의 치수는? 19. ________
20. Ⓤ의 치수는? 20. ________
21. Ⓥ의 각은? 21. ________
22. 그림 1에서 구멍Ⓦ는 어느 부분인가? 22. ________
23. Ⓧ의 치수는? 23. ________
24. 그림 1에서 Y선은? 24. ________
25. Ⓩ의 치수는? 25. ________
26. 그림 1에서 선⑪ 및 ⑫를 나타내는 부분은? 26. ________
27. 그림 4에서 점 ㉒를 나타내는 부분은? 27. ________
28. 그림 2에서 점 ⑱를 나타내는 부분은? 28. ________
29. ⑭의 턱의 깊이는? 29. ________
30. 여유 간격 ⑬의 치수는? 30. ________

보조 펌프 받침(Auxiliary pump Base)

번호(　　　)　성명(　　　　　　)

1. 베이스의 재질은 무엇인가?　　1. ________
2. 가공 하여야 할 면은 몇 곳인가?　　2. ________
3. 주조 때 중자 또는 코어(Core)가 사용될 곳은 어떤 문자로 표시되였는가?　　3. ________
4. 선 Ⓔ는 평면도에서 어느 면인가?　　4. ________
5. Ⓒ의 길이는 얼마인가?　　5. ________
6. Ⓕ의 길이는 약 얼마인가?　　6. ________
7. 받침자리 Ⓖ의 두께는 얼마인가?　　7. ________
8. 와셔 자리(Spot face) Ⓗ의 최소지름은 얼마인가?　　8. ________
9. Ⓙ의 길이는 얼마인가?　　9. ________
10. 라운딩 Ⓚ의 반지름은 얼마인가?　　10. ________
11. Ⓛ의 길이는 얼마인가?　　11. ________
12. Ⓜ의 길이는 얼마인가?　　12. ________
13. Ⓡ의 길이는 얼마인가?　　13. ________
14. 중자 또는 코어가 사용될 Ⓧ의 높이는 얼마인가?　　14. ________
15. 코어가 사용될 Ⓧ의 길이는 대략 얼마인가?　　15. ________
16. 받침자리 ①, ②, ③, ④의 수평길이는 얼마인가?　　16. ________
17. Ⓦ의 길이는 얼마인가?　　17. ________
18. Ⓘ의 길이는 얼마인가?　　18. ________
19. Ⓞ의 길이는 얼마인가?　　19. ________
20. Ⓠ, Ⓢ, Ⓨ, Ⓩ와 같이 큰 구멍(Opening)이 마련된 이유는 무엇인가?　　20. ________

— 〈**퀴즈 휴게실**〉 —

나무로 만든 1.8ℓ들이 네모 되가 있다. 이 되 하나를 사용해서 정확하게 그 6분의 1인 0.3ℓ의 간장을 되고저 한다. 어떻게 되면 정확하게 0.3ℓ가 되느냐? (제한시간 25분)

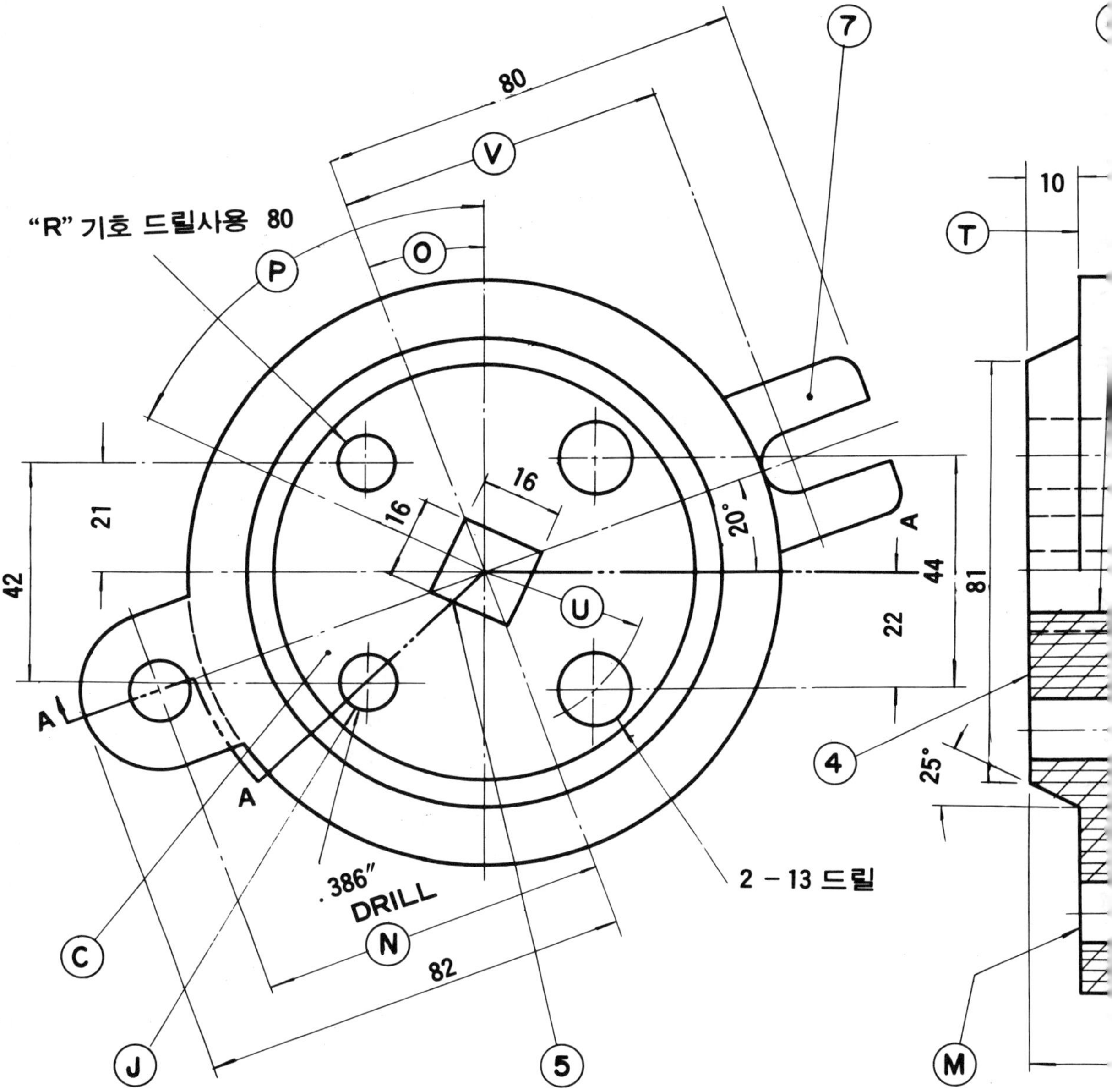

"R" 기호 드릴사용 80

.386" DRILL

2 − 13 드릴

정 면 도

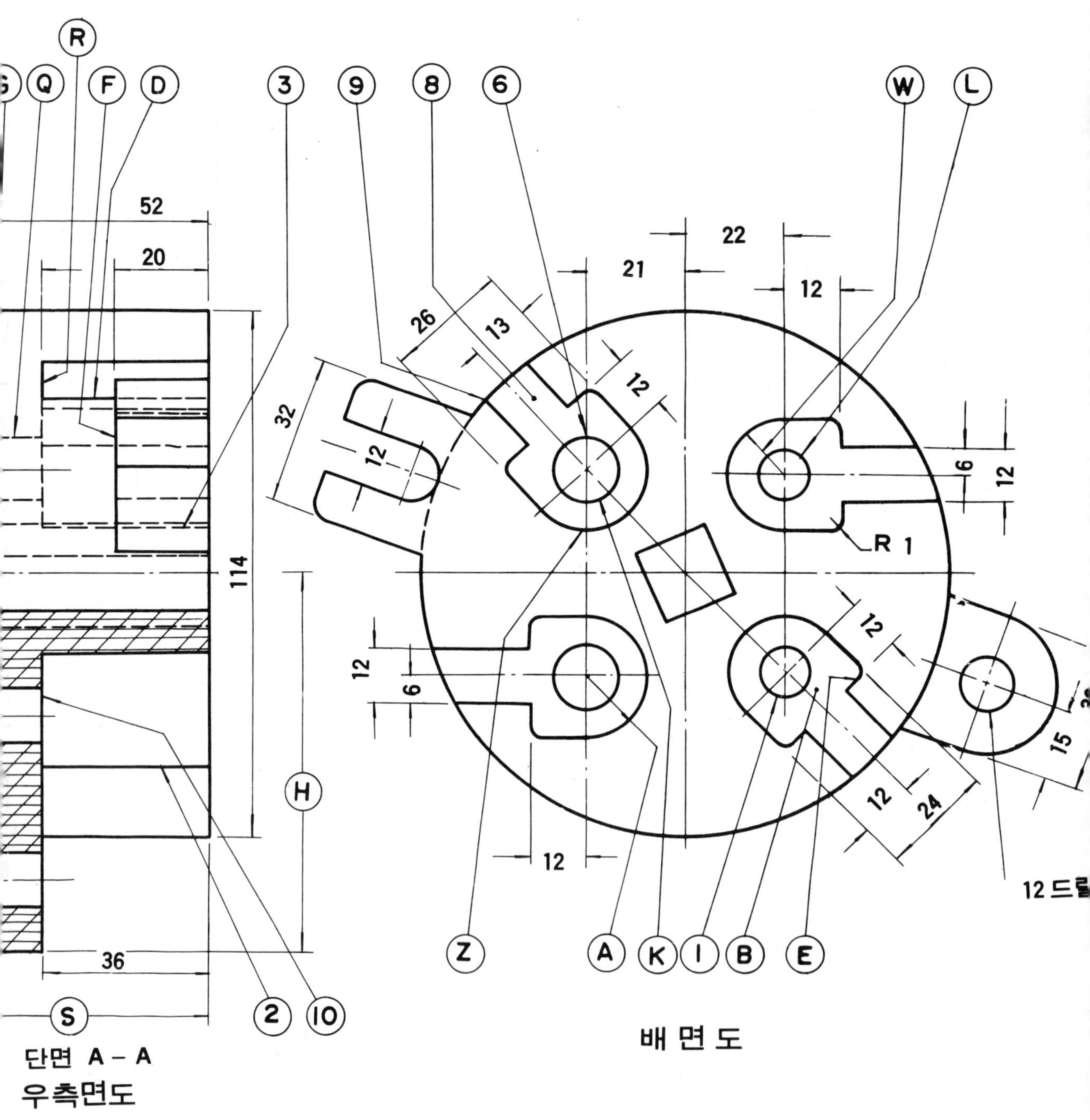

단면 A – A
우측면도

배 면 도

스파아크 조정기
(SPARK ADJUSTER)

재질– 버크라이트 (Material – Bakelite)

스파크 조정기(Spark Adjuster)　(번호(　　)　이름(　　　　))

1. Ⓐ의 반경은 얼마인가? 1. ________
2. ②는 배면도의 어느 면인가? 2. ________
3. 단면 A-A에서 면 Ⓑ는 어느 곳인가? 3. ________
4. 단면 A-A에서 면 Ⓒ는 어느 곳인가? 4. ________
5. 배면도에서 선 Ⓓ는 어느 곳인가? 5. ________
6. 선 Ⓕ는 정면도의 어느 부분인가? 6. ________
7. 선 Ⓖ는 정면도에서 어느 부분인가? 7. ________
8. Ⓗ의 길이는? 8. ________
9. 구멍 Ⓘ의 지름은 얼마인가? 9. ________
10. 드릴 구멍 Ⓙ에는 어떤 기호의 드릴(letter drill)이 사용되어야 하는가? (P 117 참조) 10. ________
11. 드릴구멍 Ⓚ에 사용되는 드릴 칫수는 얼마인가? 11. ________
12. 구멍 Ⓛ의 지름은 얼마인가? 12. ________
13. 구멍 Ⓜ의 지름은 얼마인가? 13. ________
14 Ⓝ의 길이는? 14. ________
15. Ⓞ는 몇도인가? 15. ________
16. Ⓟ는 몇도인가? 16. ________
17. Ⓢ의 길이는? 17. ________
18. 점선 Ⓠ는 배면도의 어느 부분인가? 18. ________
19. 면 Ⓡ는 배면도의 어느 부분인가? 19. ________
20. Ⓣ의 치수는? 20. ________
21, Ⓤ의반지름은? 21. ________
22. Ⓥ의 길이는? 22. ________
23. Ⓦ의 반지름은? 23. ________
24. Ⓩ 는 단면 A-A의 어느 곳인가? 24. ________

— 〈퀴즈 휴게실〉 —

헌 세계문학 전집을 그림과 같이 책장에 꽂아 놓았드니 제 1 권의 첫 페이지에서 제 2 권의 마지막 페이지까지 곧게 좀이 파먹어 들어 갔다. 좀이파먹어 들어간 거리는 얼마냐? 단, 책의 앞뒤 표지 두께는 3㎜이고. 책 내용 부분 은 1.2권 모두 20㎜임.

〈힌트〉 46㎜가 정답이 아님.

유체압력 밸브

번호(　　) 성명(　　　　　　)

A. 도면 선정

다음 　 페이지에 마련된 여백에 요구되는 각 부분의 두 도면을 프리이핸드 스케치 하시오.

B. 질　문

1. 밸브 조립도는 몇개의 부품으로 이루어져 있는가? 　1. ________
2. 부품번호 ①의 재질은 무엇인가? 　2. ________
3. 부품번호 ②의 재질은 무엇인가? 　3. ________
4. 부품번호 ③의 재질은 무엇인가? 　4. ________
5. 부품번호 ④의 재질은 무엇인가? 　5. ________
6. 부품번호 ⑤의 재질은 무엇인가? 　6. ________
7. 밸브가 닫혔을때 스프링의 길이는 얼마인가? 　7. ________
8. Ⓐ의 길이는 얼마인가? 　8. ________
9. 스프링의 무하중 길이는 얼마인가? 　9. ________
10. Ⓔ는 정면도에서 어느 곳인가? 　10. ________
11. Ⓒ에 Ⓓ를 연결하는 보조 리브(rib)는 몇개인가? 　11. ________
12. 이 리브의 두께는 얼마인가? 　12. ________
13. Ⓕ와 Ⓖ부품은 정면도의 어느 곳인가? 　13. ________
14. 스템(Stem)부품 ⑤나사의 인치당 산(山)수는 얼마이며, 이나사는 어떻게 표시되어 있는가? 또 표시된 숫자 또 문자는 무엇을 뜻하는가? 　14. ________
15. 파이프 나사의 호칭 크기는 얼마인가? 　15. ________
16. 파이프 나사의 길이는 얼마인가? 　16. ________
17. Ⓗ의 간격은 얼마인가? 　17. ________
18. Ⓙ의 길이는 얼마인가? 　18. ________
19. 파이프 나사끝의 작은 지름은 약 얼마인가? 　19. ________
20. 선 Ⓚ는스템후리핸드 스켓치 도면의 어느 부분에 나타나 있는가? 그린 도면에 Ⓚ표시를 하여라. 　20. ________
21. 커버의 후리핸드 스켓치 도면의 어느 부분에 Ⓨ가 나타나 있는가? 그린 도면에 Ⓨ표시를 하여라. 　21. ________
22. Ⓟ의 길이는 얼마인가? 　22. ________
23. 각 Ⓛ은 몇도인가? 　23. ________
24. 각 Ⓜ은 몇 도인가? 　24. ________

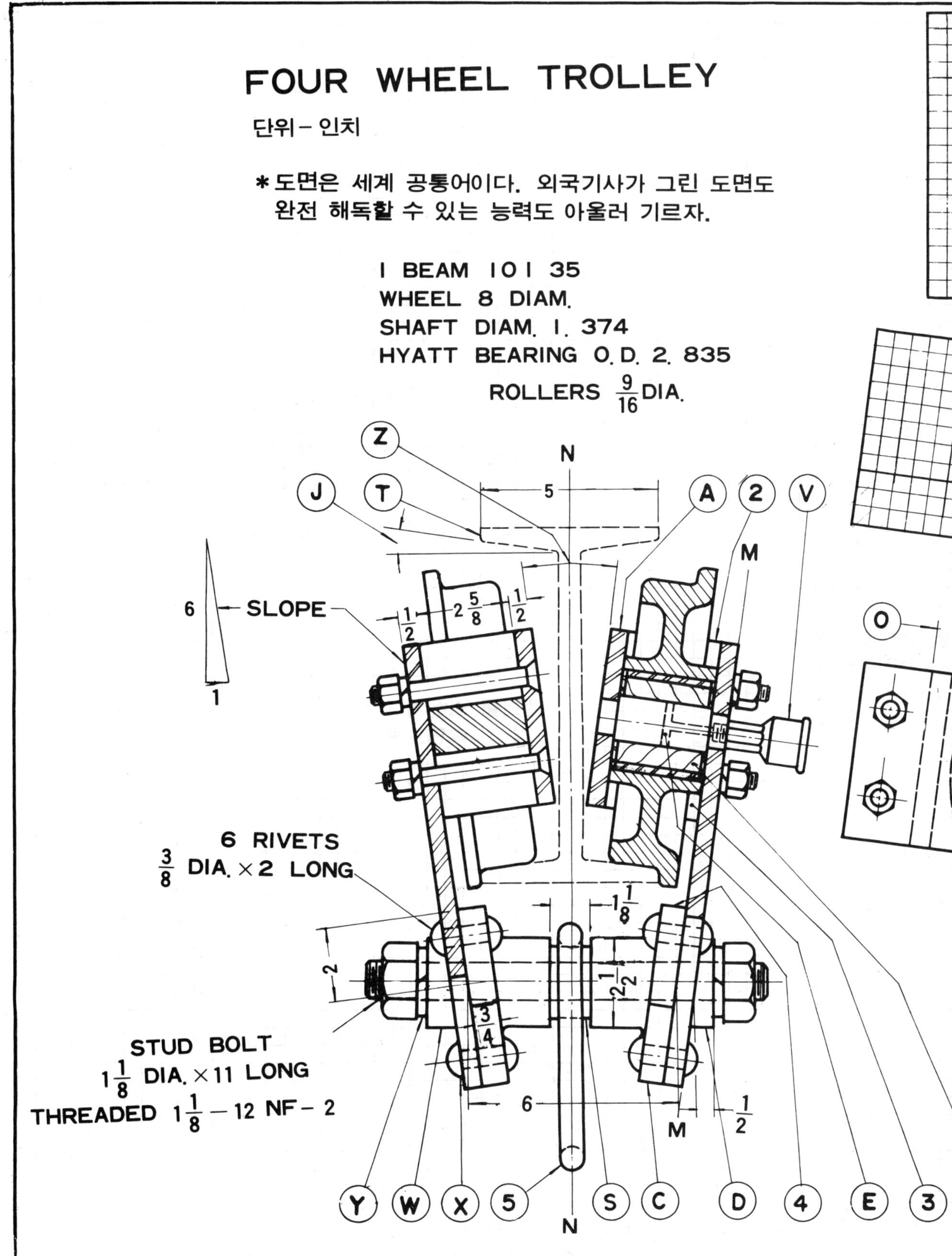
FOUR WHEEL TROLLEY
단위 - 인치
* 도면은 세계 공통어이다. 외국기사가 그린 도면도
완전 해독할 수 있는 능력도 아울러 기르자.
I BEAM 10 I 35
WHEEL 8 DIAM.
SHAFT DIAM. 1. 374
HYATT BEARING O.D. 2. 835
ROLLERS 9/16 DIA.
SLOPE
6 RIVETS
3/8 DIA. × 2 LONG
STUD BOLT
1 1/8 DIA. × 11 LONG
THREADED 1 1/8 — 12 NF — 2
Z
J
T
N
A
2
V
M
O
Y
W
X
5
S
C
D
4
E
3

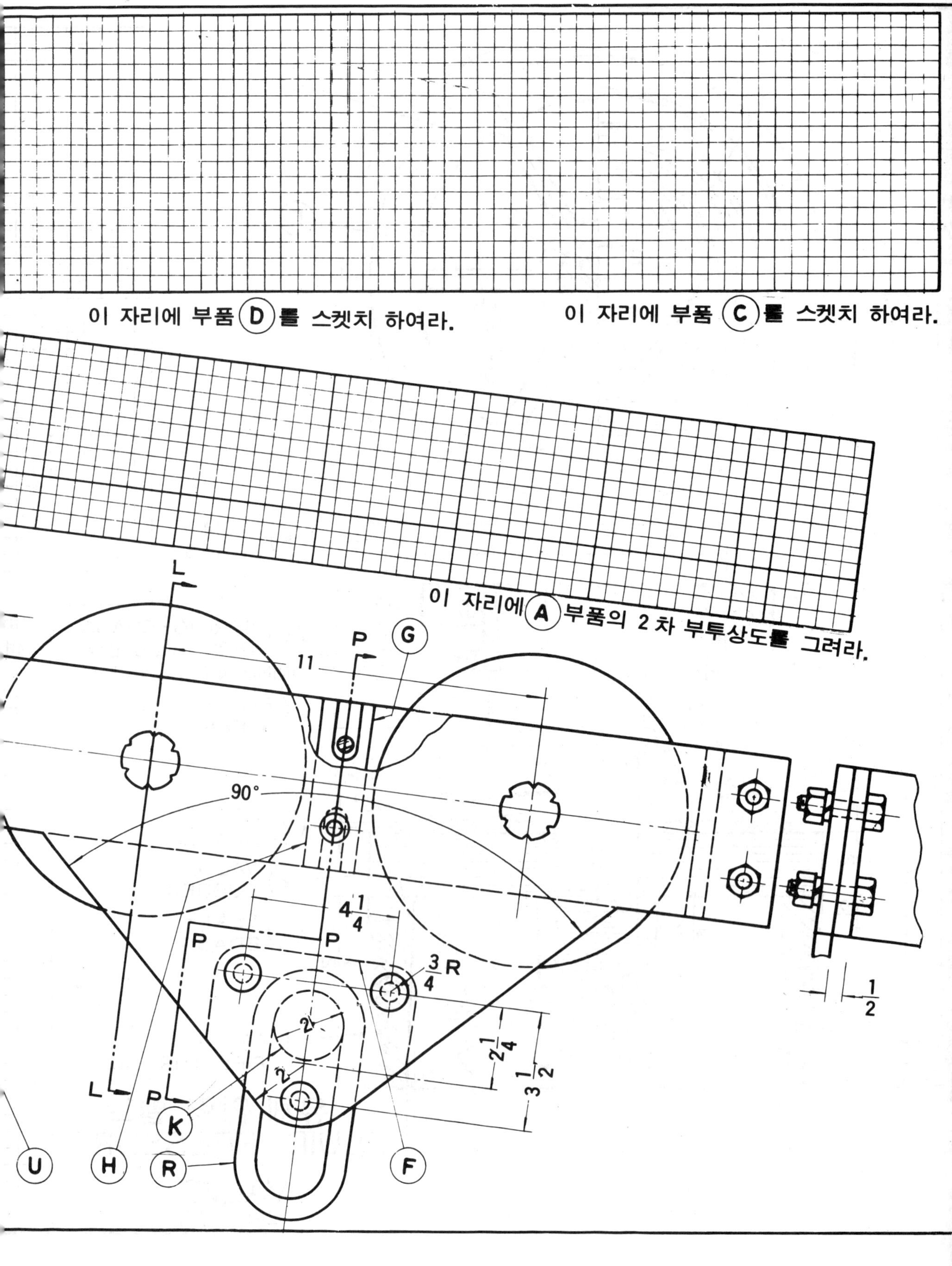
이 자리에 부품 D 를 스켓치 하여라.
이 자리에 부품 C 를 스켓치 하여라.
이 자리에 A 부품의 2 차 부투상도를 그려라.
L
P
G
11
90°
4 1/4
P
P
3/4 R
2
2 1/4
3 1/2
2
L
P
K
U
H
R
F
1/2

네 바퀴 트로리(Four-Wheel Trolley)

번호(　　　)　성명(　　　　　　　)

A. 제도 과제

1. 도면에서 기본 부투상도 그림 Ⓑ위의 모눈지에 Ⓐ부분의 제2 부투상도를 프리핸드로 그려라. 1. ______
2. 모눈지에 Ⓒ부품을 스켓치하고 칫수를 기입하여라. 2. ______
3. 모눈지에 Ⓓ부품을 스켓치하고 칫수를 기입하여라. 3. ______

B. 질　　문

1. Ⓔ의 점선은 무엇을 가리키는가? 1. ______
2. 선 N-N의 왼쪽 단면을 나타낸 절단 선은 그림 B에서 어느 선이냐? 2. ______
3. 선 N-N의 오른쪽 단면을 나타낸 절단선은 그림 B에서 어느 선이냐? 3. ______
4. 정면도에서 부품 ②의 위치는 어데인가? 4. ______
5. 면 ③은 정면도에서 어느 부분인가? 5. ______
6. 정면도에서 선 ④를 나타내는 부분은 어데인가? 6. ______
7. 부품 Ⓣ의 명칭은 무엇인가? 7. ______
8. 부품 Ⓤ의 명칭은 무엇인가? 8. ______
9. 부품 Ⓥ의 명칭은 무엇인가? 9. ______
10. 부품 Ⓦ의 명칭은 무엇인가? 10. ______
11. 부품 Ⓧ의 명칭은 무엇인가? 11. ______
12. 부품 Ⓨ의 명칭은 무엇인가? 12. ______
13. 각 Ⓙ는 몇 도인가? 13. ______
14. 각 Ⓩ는 몇 도인가? 14. ______
15. Ⓞ의 칫수는 얼마인가? 15. ______
16. 부품 Ⓨ의 외경은 얼마인가?(핸드북 등 참고자료의 표를 찾아 보아라) 16. ______

요 오 크(Yoke)　　　　　　번호 (　　)　　이름(　　　　)

1. 탭 나사를 낼 곳은 몇 군데인가? 또 탭 나사를 내기 위해서 어떤 규격의 드릴로 구멍을 뚫어야 하느냐? 　1. ________

2. 주물의 가공하여야 할 면은 모두 몇 군데인가? 　2. ________

3. Ⓒ의 각은 몇도인가? 　3. ________

4. 구멍 Ⓓ의 크기는 얼마인가? 　4. ________

5. 구멍 Ⓔ의 크기는 얼마인가? 　5. ________

7. Ⓖ의 길이는 얼마인가? 　6. ________

8. 만일 Ⓗ의 칫수를 4.877″로 가공했을 경우, Ⓖ와Ⓘ의 위한계치수(上限치수)는 각각 얼마인가? 　8. ________

9. Ⓙ의 길이는 얼마인가? 　9. ________

10. Ⓛ의 칫수가 0.564,″ Ⓜ의 칫수가 0.757″로 가공 되었을 경우, Ⓚ는 얼마인가? 　10. ________

11. Ⓖ, Ⓞ, Ⓟ, Ⓠ가 주어진 치수보다 0.001″ 크게 가공 되었을 경우 Ⓝ의 길이는 얼마인가? 　11. ________

12. Ⓢ의 길이는? 　12. ________

13. Ⓤ의 길이를 결정하시오 　13. ________

14. Ⓣ의 길이는? 　14. ________

15. 각 Ⓥ는 몇도? 　15. ________

16. Ⓦ의 길이는? 　16. ________

17. 변경된 치수를 나타내는 ○속의 문자는 어느 것인가? 　17. ________

18. Ⓧ의 전체 길이는? 　18. ________

19. Ⓨ의 전체 높이는? 　19. ________

20. Ⓩ의 반지름은? 　20. ________

21. 단면 A—A및 단면 B—B의 단면도를 프리이 핸드로 그리고 주요치수를 기입하여라?

기어 펌프 (Gear Pump)

(　　)반　(　　)번　　이름(　　　　　　　　)

1. 덮개②는 몸체①에 무엇으로 체결(締結)되어 있나? 그 체결용 기계요소의 이름과 규격및 수량을 써넣어라. 　1. ________

2. 패킹 누르개⑦은 몸체①에 무엇으로 체결되어있나? 그 체결용 기계요소의 이름과 규격및 수량을 써넣어라. 　2. ________

3. 스퍼기어 축⑤에 로오프 휘일⑧을 고정시키는 기계요소의 이름과 규격및 수량을 써넣어라. 　3. ________

4. 몸체①과 덮개②사이에는 무엇이 끼워있느냐? 또 그 역할은 무엇이냐? 　4. ________

5. 석면판 패킹의 두께는 얼마냐? 　5. ________

6. 두 스퍼어기어 중심간의 호칭 거리는 얼마냐? 　6. ________

7. 두 스퍼어기어 중심거리의 최대치수는 얼마냐? 　7. ________

8. 두 스퍼어기어 중심거리의 최소치수는 얼마냐? 　8. ________

9. 두 스퍼어기어 중심거리의 치수공차는 얼마냐? 　9. ________

10. 스퍼어기어 외경 ϕ45.50h6의 치수공차와 최대치수, 최소치수는 각각 얼마냐? 　10. ________

11. 스퍼어기어의 구멍 ϕ14S7의 치수공차, 최대치수 및 최소치수는 각각 얼마냐? 　11. ________

12. 스퍼어기어 축ϕ14h6의 치수공차, 최대치수 및 최소치수는 각각 얼마냐? 　12. ________

13. 스퍼어기어 축과 기어 구멍의 끼워 맞춤은 어떠한 끼워 맞춤이냐? 　13. ________

14. 스퍼어기어 축과 기어구멍의 끼워 맞춤에서 최대 죔새와 최소 죔새는 각각 얼마냐? 　14. ________

15. 스퍼어 기어 축과 기어 구멍의 끼워 맞춤은 구멍기준식이냐? 축기준식이냐? 　15. ________

16. 두 스퍼어기어의 핏치원의 지름이 39.00㎜이고 모듀울이 3.25이다. 각 기어의 잇수는 몇개냐? 　16. ________

17. 스퍼어기어의 재질을 설명하여라? 　17. ________

18. 이 스퍼어기어는 어떠한 공작기계로 절삭하느냐? 　18. ________

19. 패킹누르개⑦의 구멍의 공차, 최대치수, 최소치수는 각각 얼마냐? 19. ______

20. 스퍼어기어축 ⑤와 패킹누르개⑦의 구멍은 어떤 끼워 맞춤이냐? 20. ______

21. 스퍼어기어축과 패킹누르개 구멍의 끼워 맞춤에서 최대 틈새는 얼마냐? 21. ______

22. 스퍼어기어축과 패킹누르개 구멍의 끼워 맞춤에서 최소 틈새는 얼마냐? 22. ______

23. 스퍼어기어축과 패킹누르개 구멍의 끼워 맞춤은 축기준식이냐? 구멍기준식이냐? 23. ______

24. 로오프 휘일 ⑧의 구멍의 치수공차, 최대치수, 최소치수는 각각 얼마냐? 24. ______

25. 로오프휘일의 구멍과 축⑤와의 끼워 맞춤은 어떠한 끼워 맞춤이냐? 25. ______

26. 로오프휘일과 구멍의 끼워 맞춤에서 최대틈새는 얼마냐? 26. ______

27. 로오프휘일과 구멍의 끼워 맞춤에서 최대죔새는 얼마냐? 27. ______

28. 몸통의 탭(Tap)작업할 곳이 모두 몇 군데나 되느냐? 28. ______

29. 몸통 ①에 기어를 끼워 덮개②를 완전조립하였을 때 이 폭과 몸통사이의 최대틈새와 최소틈새는 각각 얼마인가? 29. ______

30. 조립도에서 로오프휘일이 뒤쪽에서 앞으로 회전하면 이 기어 펌프의 배출구는 (A) (B)중 어느 곳이 되겠느냐? 30. ______

31. 배출구와 흡입구에는 어떠한 나사가 깎이어 있느냐? 31. ______

32. 이 기어 펌프를 완전 분해하면 부품의 총수는 모두 몇개일까? 32. ______

33. 덮개②에서 드릴작업하여야 할곳은 모두 몇 군데인가? 33. ______

— 〈**퀴즈 휴게실**〉 —

나무로 만든 1ℓ들이 네모 되가 있다. 이 되로 정확하게 0.5ℓ의 물을 재려면 어떻게 하면 될까?

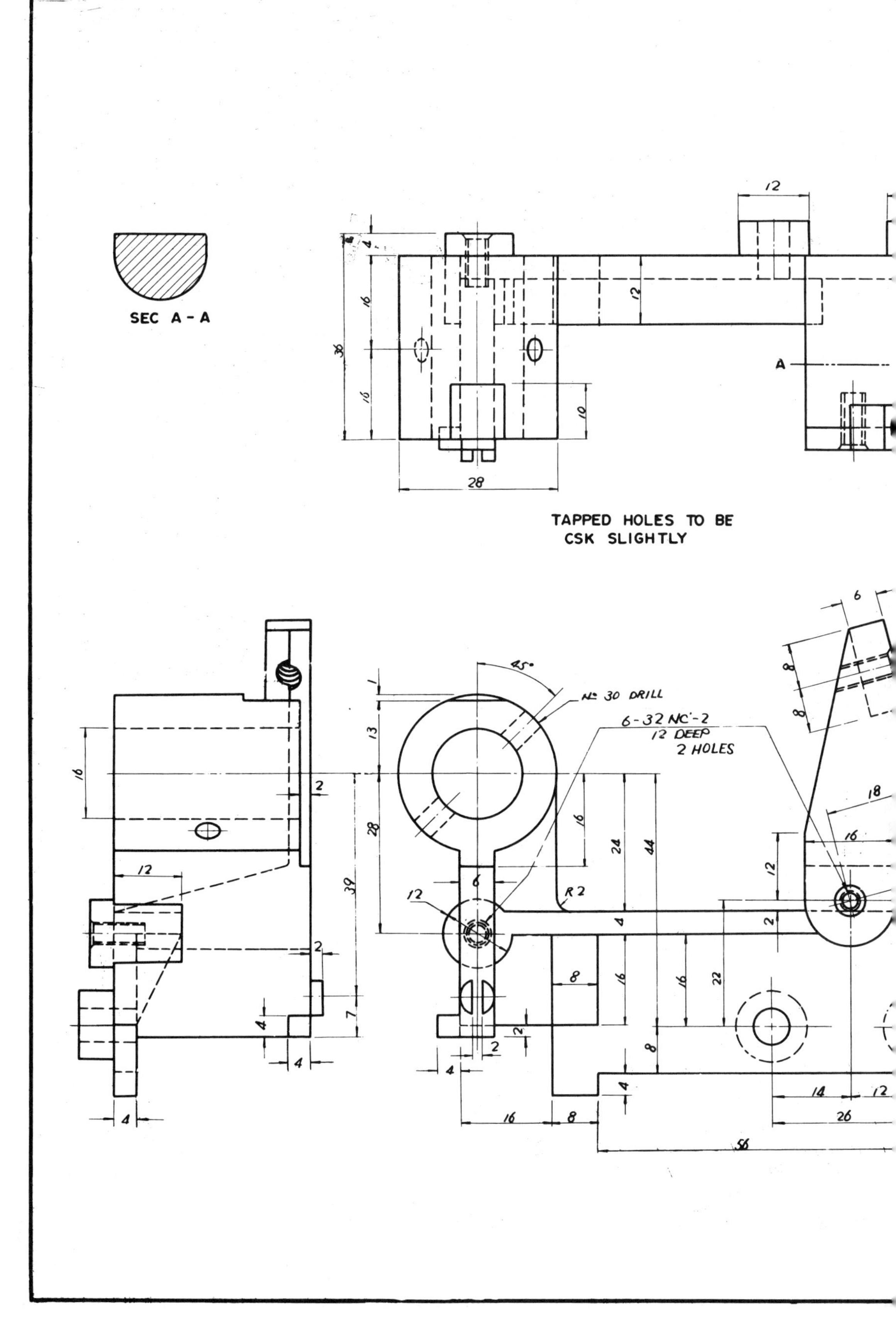

SEC A - A
TAPPED HOLES TO BE CSK SLIGHTLY
No 30 DRILL
6-32 NC-2
12 DEEP
2 HOLES
R2
45°
A

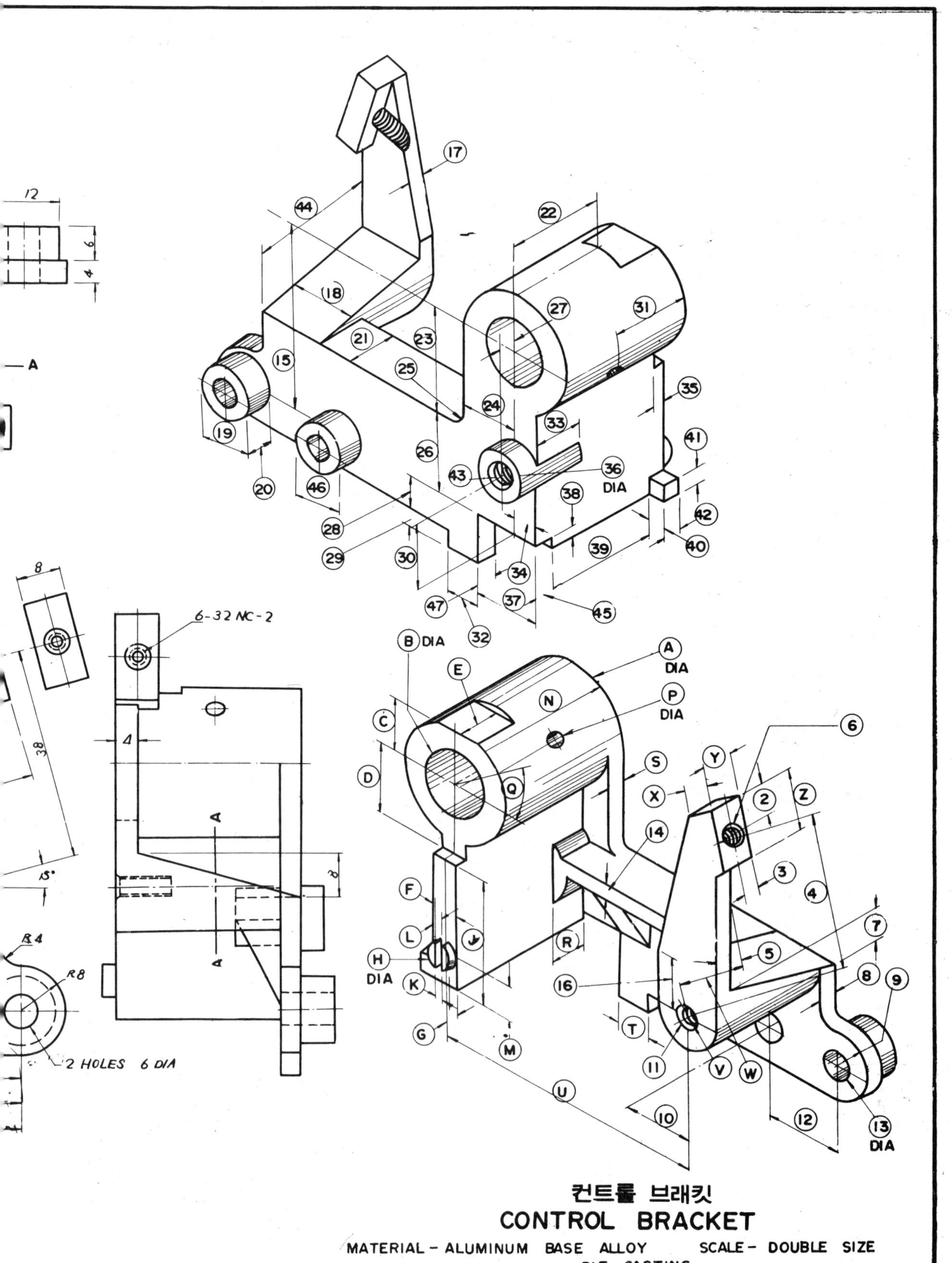

컨트롤 브래킷

CONTROL BRACKET

MATERIAL - ALUMINUM BASE ALLOY DIE CASTING SCALE - DOUBLE SIZE

컨트롤 브래킷 (Control Bracket) (　)반 (　)번 이름(　　　　)

Ⓐ=

Ⓑ=

Ⓒ=

Ⓓ=

Ⓔ=

Ⓕ=

Ⓖ=

Ⓗ=

Ⓙ=

Ⓚ=

Ⓛ=

Ⓜ=

Ⓝ=

Ⓟ=

Ⓠ=

Ⓡ=

Ⓢ=

Ⓣ=

Ⓤ=

Ⓥ=

Ⓦ=

Ⓧ=

Ⓨ=

Ⓩ=

②=

③=

④=

⑤=

⑥=

⑦=

⑧=

⑨=

⑩=

⑪=

⑫=

⑬=

⑭=

⑮=

⑯=

⑰=

⑱=

⑲=

⑳=

㉑=

㉒=

㉓=

㉔=

㉕=
=

㉖=

㉗=

㉘=

㉙=

㉚=

㉛=

㉜=

㉝=

㉞=

㉟=

㊱=

㊲=

㊳=

㊴=

㊵=

㊶=

㊷=

㊸=

㊹=

㊺=

㊻=

㊼=

페데스탈 베어링(Pedestal Bearing)

( )반 ( )번 이름(

1. 전체 높이(Overall height)를 인치로 나타내어라.
2. 제품 오른쪽의 4각구멍(Rectangular hole)의 길이와 폭은 얼마냐?
3. Ⓐ면과 Ⓑ면 사이의 거리는 얼마냐?
4. 우측면도의 구멍 Ⓒ는 평면도에서 어느 곳에 나타나 있나?
5. 평면도의 Ⓓ구멍의 지름은 얼마인가?
6. 평면도의 수평조정나사(Leveling screw) 구멍깊이는 얼마냐?
7. 평면도의 Ⓔ부분의 탭 사나 깊이는 얼마이냐?
8. 우측면도의 중심선과 구멍Ⓒ의 중심선과의 수평거리는 얼마냐?
9. 우측면도에서 물체의 밑면과 구멍Ⓒ의 중심과의 수직거리는 얼마냐?
10. 우측면도에서 Ⓖ의 치수는 얼마냐?
11. 정면도에서 베이스Ⓗ의 두께는 얼마냐?
12. 평면도의 Ⓚ면은 정면도의 어느선으로 나타나 있느냐?
13. 정면도에서 Ⓛ의 반지름은 얼마냐?
14. 다듬질 가공하여야 할 면은 모두 몇 면인가?
15. 평면도에서 Ⓝ의 길이는 얼마인가?
16. 정면도의 보강 늑골리브(Supporting Rib) Ⓜ은 다른 어느 도면(들)에 나타나 있느냐?
17. 우측면도의 Ⓣ는 평면도의 어느 부분에 나타나 있느냐?
18. 정면도의 홈 Ⓟ의 한쪽 길이는 얼마냐?
19. 우측면도에서 Ⓠ의 길이는 얼마냐?
20. 정면도의 보강늑골 리부(Rib)의 길이와 두께는 얼마냐?
21. 우측면도에서 Ⓡ의 치수는 얼마냐?
22. 우측면도 Ⓥ에 뚫여 있는 4각형 공간의 치수는 얼마인가?

1. ______
2. ______
3.
4. ______
5. ______
6. ______
7. ______
8
9. ______
8. ______
9. ______
10. ______
11. ______
12. ______
13. ______
14. ______
15. ______
16. ______
17. ______
18. ______
19. ______
20. ______
21. ______
22. ______

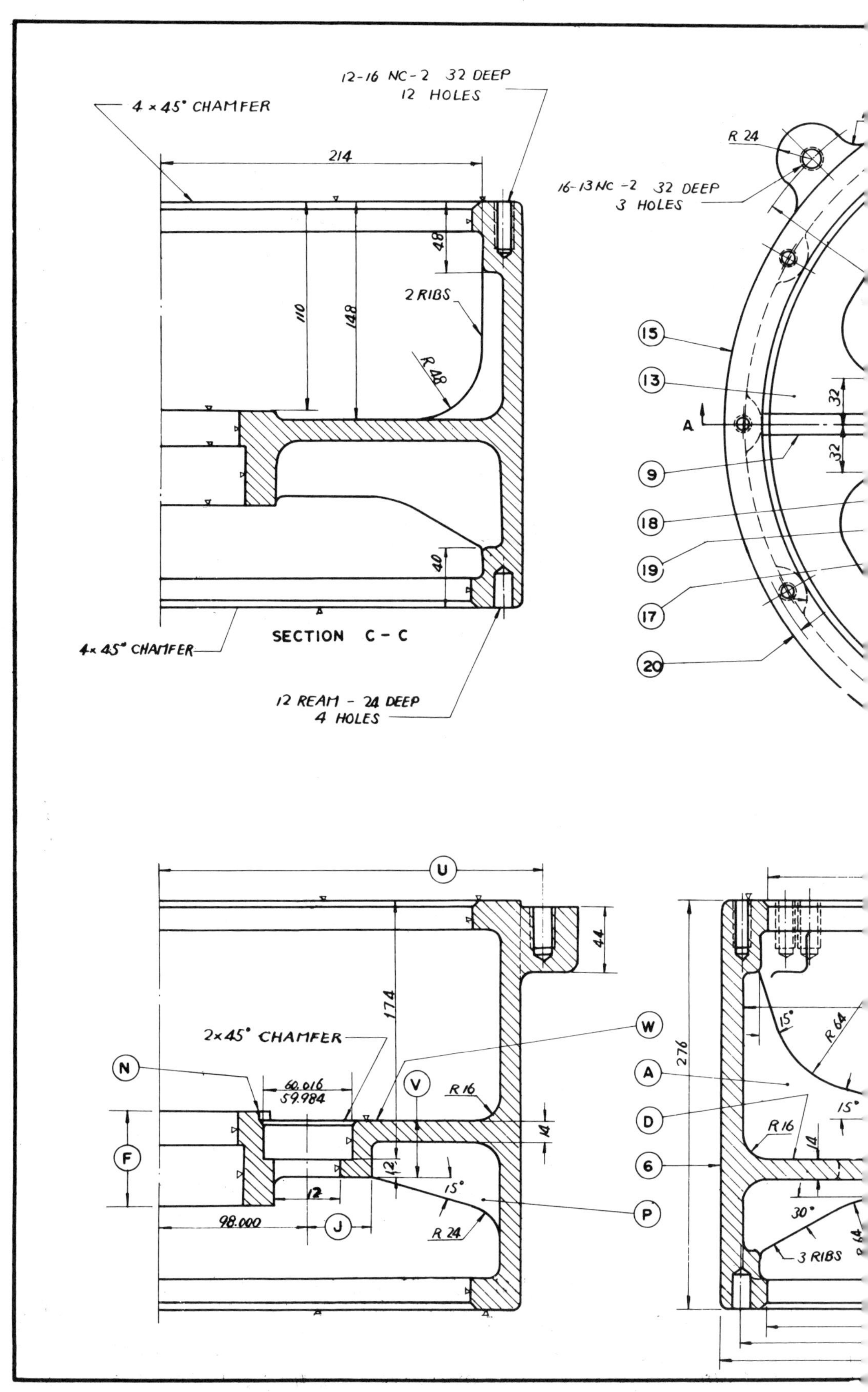

4 × 45° CHAMFER
12-16 NC-2 32 DEEP
12 HOLES
214
48
2 RIBS
110
148
R 48
40
4× 45° CHAMFER
SECTION C - C
12 REAM - 24 DEEP
4 HOLES
R 24
16-13 NC -2 32 DEEP
3 HOLES
15
13
A
32
32
9
18
19
17
20
U
44
174
2×45° CHAMFER
W
N
60.016
59.984
V
R 16
14
F
12
12
15°
P
98.000
J
R 24
276
15°
R 64
A
D
R 16
14
15°
6
30°
3 RIBS

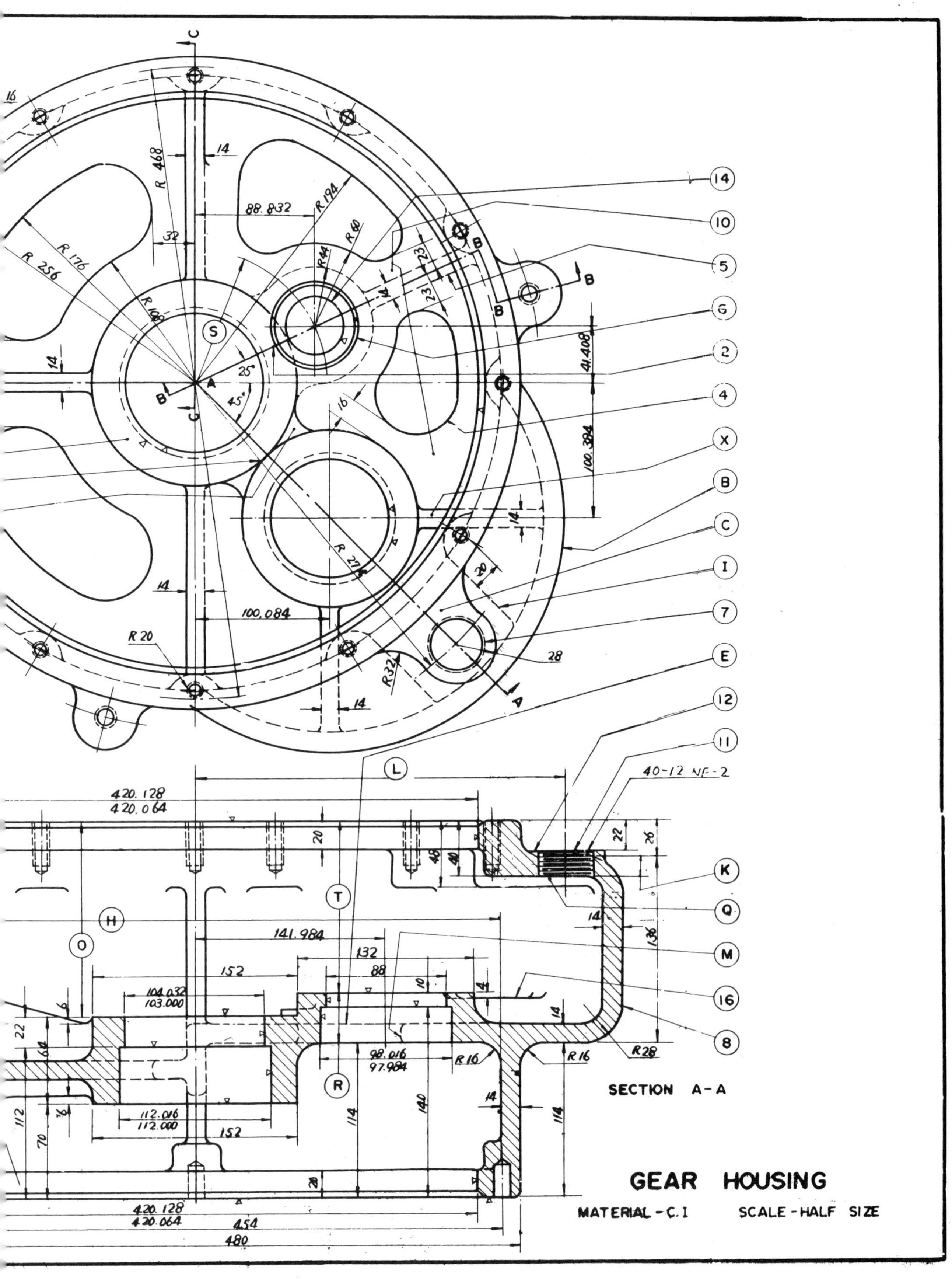
SECTION A-A
GEAR HOUSING
MATERIAL - C.I
SCALE - HALF SIZE
40-12 NF-2

기어 하우징(Gear Housing)

( )반 ( )번 이름(   )

1. 정면도의 Ⓐ면은 평면도에서 어디에 나타나 있는가? 1. ________
2. 평면도의 Ⓑ선은 정면도에서 어디에 나타나 있는가? 2. ________
3. 정면도의 탭나사 ⑪은 평면도에서 어디에 나타나 있는가? 3. ________
4. 평면도의 Ⓒ면은 A-A단면도에서 어디에 나타나 있는가? 4. ________
5. 정면도의 선 ⑥은 평면도에서 어디에 나타나 있는가? 5. ________
6. 평면도의 구멍 ⑭의 크기를 나타내어라. 6. ________
7. 정면도의 Ⓓ면은 평면도에서 어디에 나타나 있는가? 7. ________
8. 정면도의 Ⓔ면 평면도에서 어디에 나타나 있는가? 8. ________
9. 평면도의 구멍 Ⓖ의 지름은 얼마냐? 9. ________
10. Ⓢ의 치수는? 10. ________
11. Ⓛ의 치수는? 11. ________
12. Ⓕ의 치수는? 12. ________
13. Ⓞ의 치수는? 13. ________
14. Ⓡ의 치수는? 14. ________
15. Ⓣ의 치수는? 15. ________
16. Ⓗ의 치수는? 16. ________
17. Ⓤ의 치수는? 17. ________
18. 평면도의 Ⓘ선은 정면도에서 어느 곳이냐? 18. ________
19. B-B 단면에서 리브 Ⓟ는 평면도에서 어디이냐? 19. ________
20. 정면도에서 선 Ⓜ은 평면도에서 어디이냐? 20. ________
21. B-B 단면의 Ⓝ은 평면도에서 어디이냐? 21. ________
22. B-B단면에서 반지름 Ⓙ는 얼마냐? 22. ________
23. 가공하여야 할 면은 모두 몇 면이냐? 23. ________
24. 정면도에서 Ⓚ의 치수는? 24. ________
25. 탭 구멍은 모두 몇 개이냐? 25. ________
26. Ⓥ의 치수는? 26. ________
27. B-B단면의 Ⓦ선은 평면도에서 어느 곳인가 27. ________
28. 평면도의 Ⓧ면은 정면도의 어디에 나타나 있는가? 28. ________
29. 면 ⑱이 $\frac{1}{8}''$깎이어 나간다고 할 때 면 ⑩과 ⑰의 높이는? 29. ________
30. 평면도에서 ⑳의 치수는? 30. ________

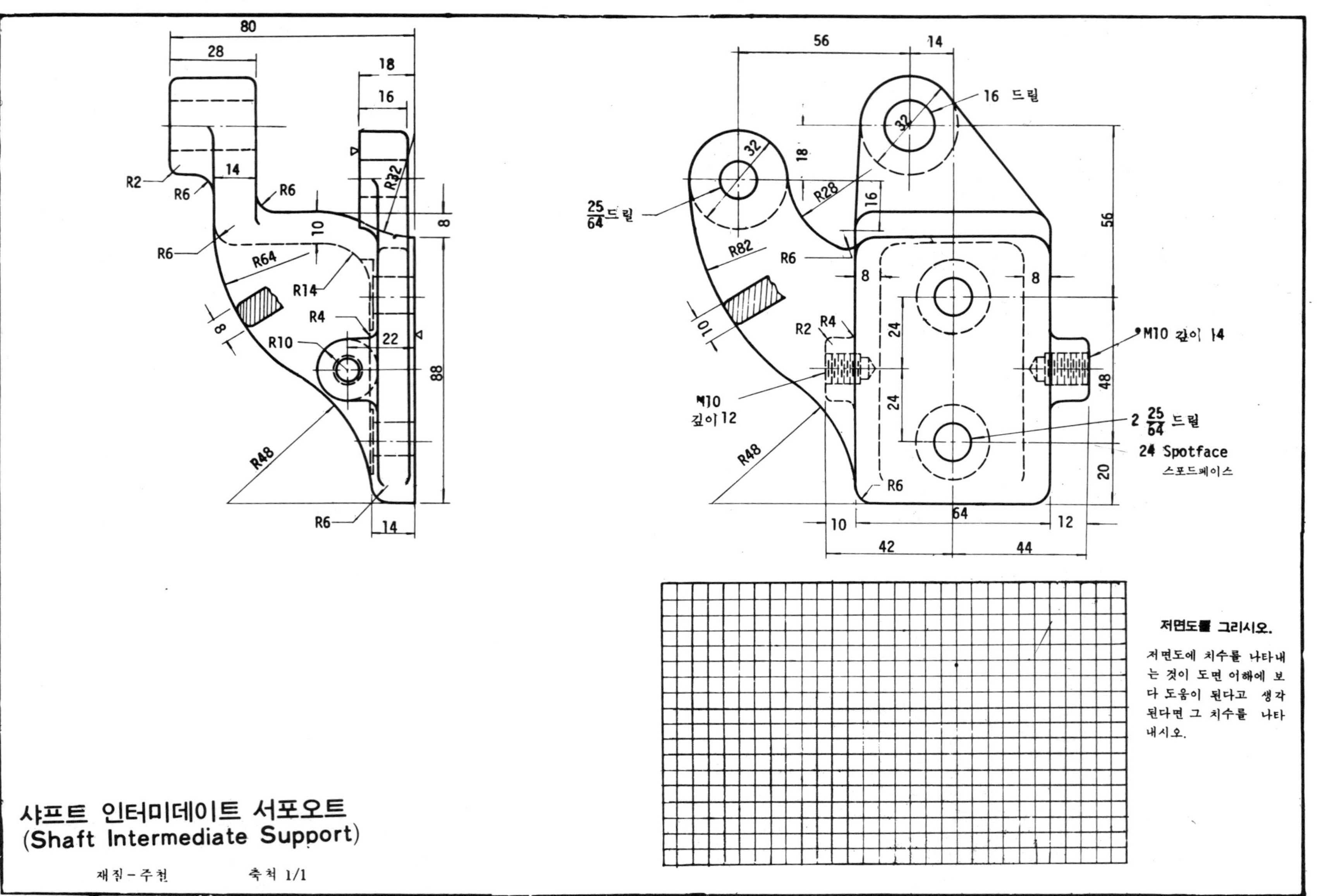

샤프트 인터미데이트 서포트 (Shaft Intermediate Support)

재질－주철　　　축척 1/1

저면도를 그리시오.

저면도에 치수를 나타내는 것이 도면 이해에 보다 도움이 된다고 생각된다면 그 치수를 나타내시오.

다음 그림을 보고 플리이 핸드 스켓치 하여라. 또 그림에 나타나 있는 대로 등각 투상도를 그리고 연필로 명암(明暗)을 나타내어 보자.

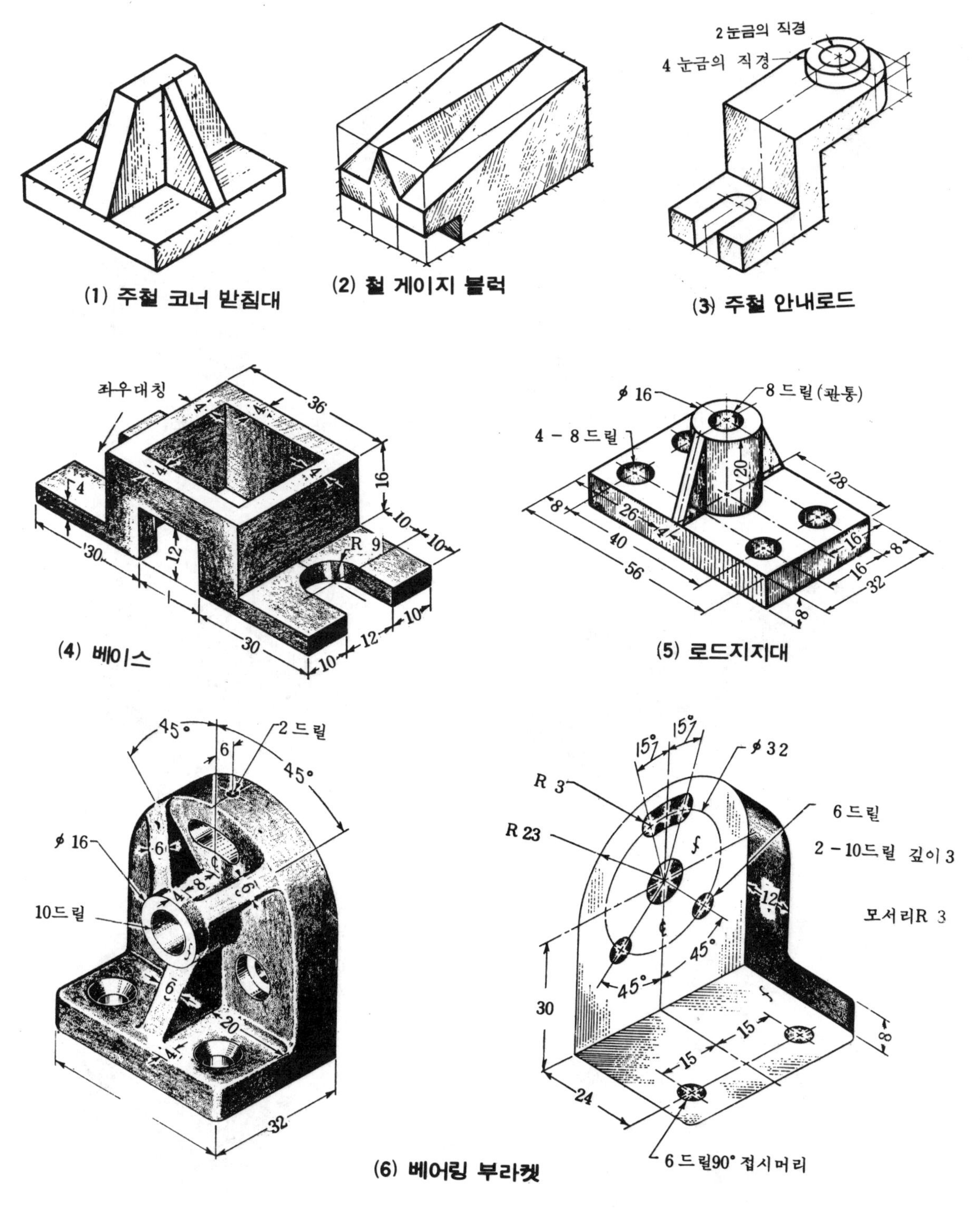

(1) 주철 코너 받침대

(2) 철 게이지 블럭

(3) 주철 안내로드

(4) 베이스

(5) 로드지지대

(6) 베어링 부라켓

다음 그림을 보고 플리이 핸드 스켓치 하여라. 실물의 명암(明暗) 및 치수 표시 방법 등을 되풀이 연습하여 두자.

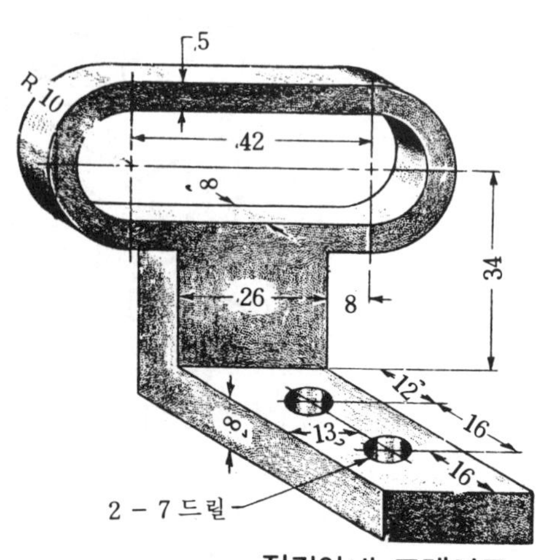

직각안내 프레이트

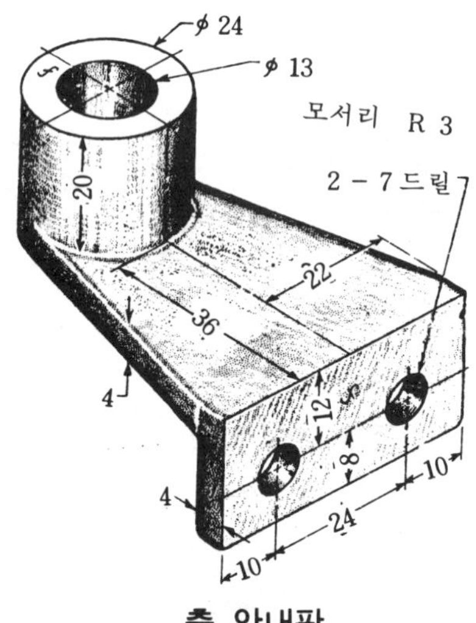

축 안내판

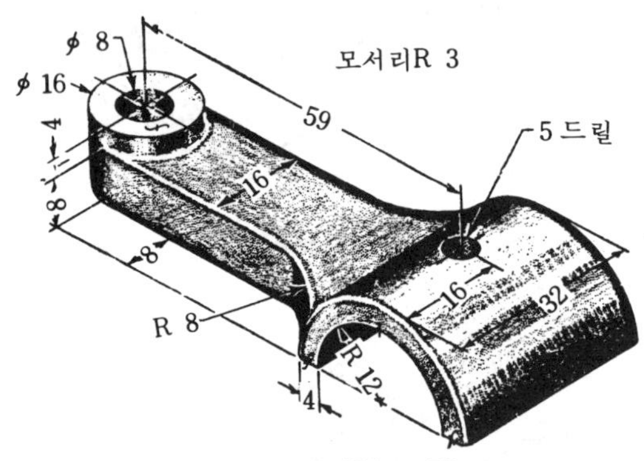

베어링 크램프

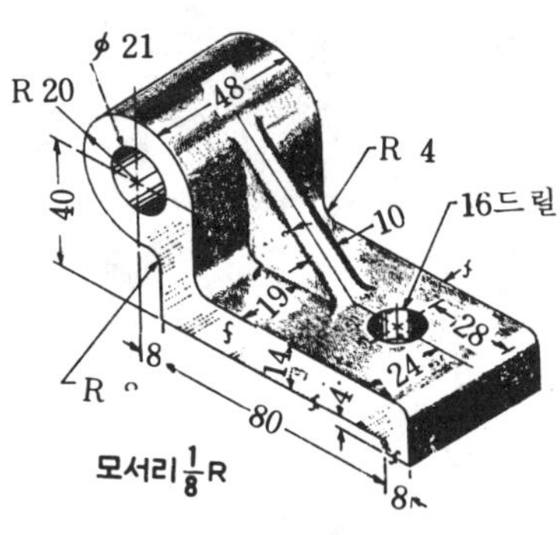

로드지 지대

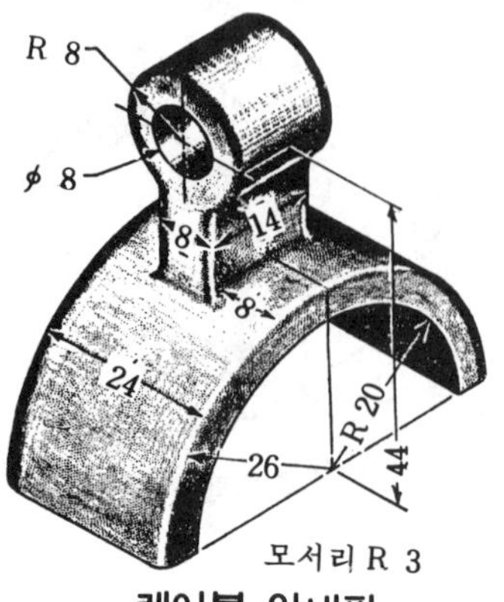

케이블 안내판

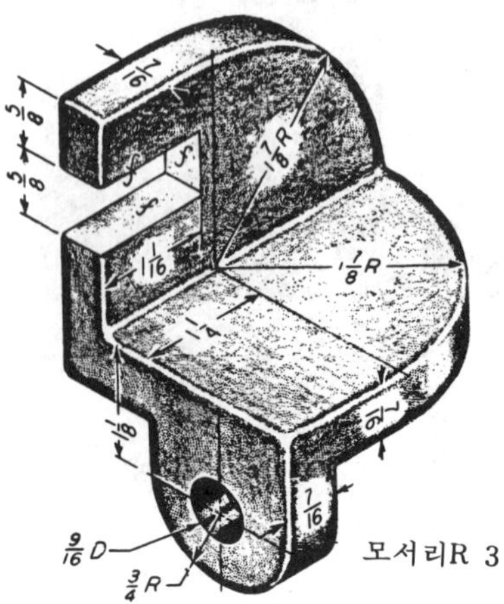

벨트 안내판

참고 도면〉 1972년도 전국 실업계고등학교 실기 경진대회 제도과제임. 입체도의 주요 치수만 주고 부품상세도를 그리는 과제임(K.S제도 규격에 따라 제도하여 보자.)

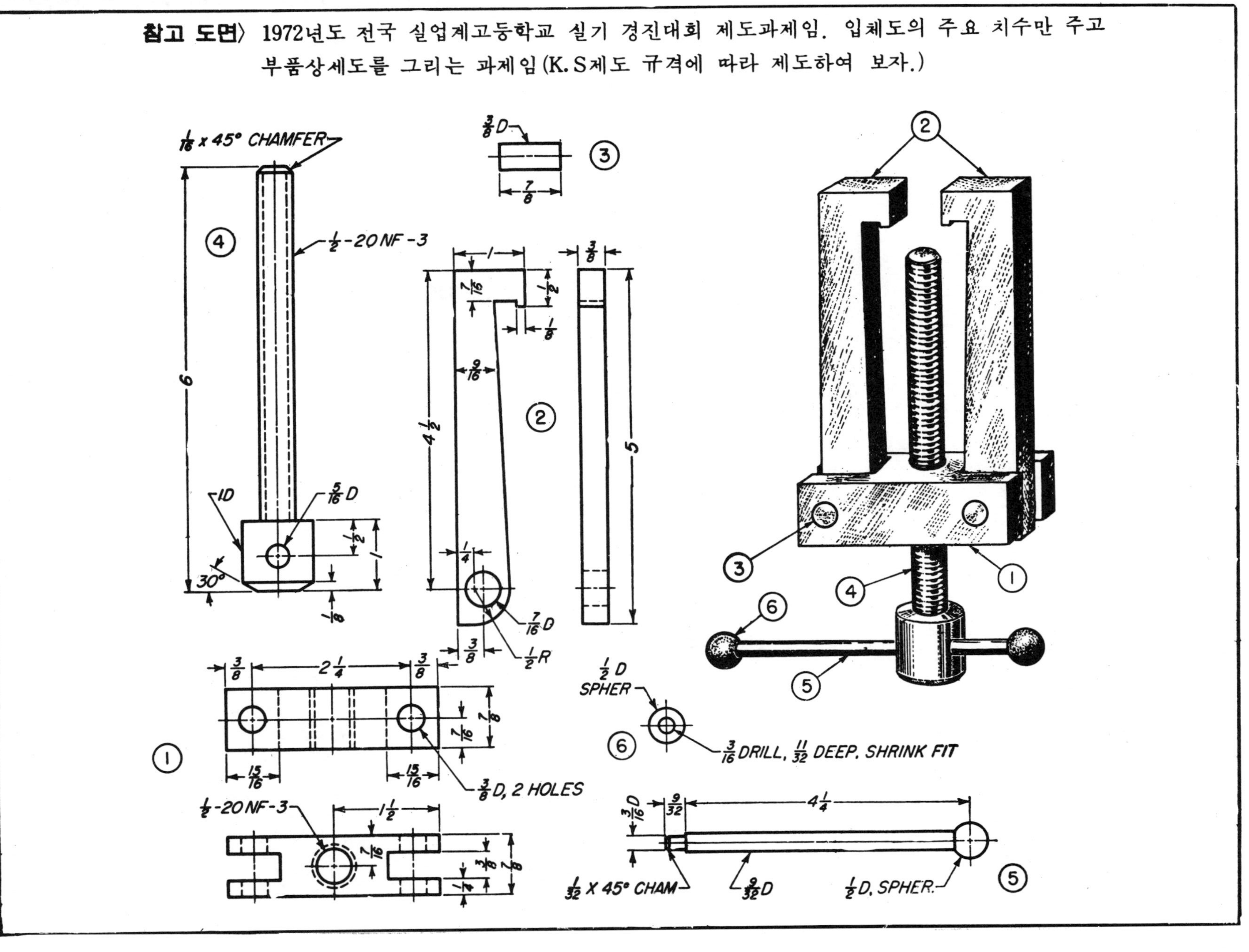

도면 보는 법

1975. 4. 10. 초 판 1쇄 발행
2011. 2. 21. 개정증보 3판 7쇄 발행
2012. 2. 13. 개정증보 3판 8쇄 발행
2014. 2. 26. 개정증보 3판 9쇄 발행
2017. 2. 17. 개정증보 3판 10쇄 발행

지은이 | 이재원
펴낸이 | 이종춘
펴낸곳 | BM 주식회사 성안당
주소 | 04032 서울시 마포구 양화로 127 첨단빌딩 5층(출판기획 R&D 센터)
10881 경기도 파주시 문발로 112 출판문화정보산업단지(제작 및 물류)
전화 | 02) 3142-0036
031) 950-6300
팩스 | 031) 955-0510
등록 | 1973. 2. 1. 제406-2005-000046호
출판사 홈페이지 | **www.cyber.co.kr**
ISBN | 978-89-315-0668-6 (93550)
정가 | 18,000원

이 책을 만든 사람들
기획 | 최옥현
진행 | 이희영
교정·교열 | 문 황
전산편집 | 이지연
표지 디자인 | 박원석
홍보 | 박연주
국제부 | 이선민, 조혜란, 고운채, 김해영, 김필호
마케팅 | 구본철, 차정욱, 나진호, 이동후, 강호묵
제작 | 김유석